中国传统建筑的现代嬗变
——本土化的模因视野

Modern Evolution of Chinese Traditional Architecture
——A Memetic Perspective of Localization

陈泉安 著

中国建筑工业出版社

图书在版编目（CIP）数据

中国传统建筑的现代嬗变：本土化的模因视野/陈泉
安著.—北京：中国建筑工业出版社，2019.1
ISBN 978-7-112-23071-6

Ⅰ.①中…　Ⅱ.①陈…　Ⅲ.①建筑艺术-研究-中国
-现代　Ⅳ.①TU-80

中国版本图书馆 CIP 数据核字（2018）第 287605 号

在现代建筑的本土化过程中，传统建筑的承传是一个影响最为广泛和持久
的议题，在我国其理论和实践均已成就斐然。本书将"模因论"引入建筑学领
域，尝试构建新的观察视角，以文化演化的观念来看待这一建筑现象，在传统
建筑和现代建筑之间搭建起新的解释桥梁，以期对中国现代建筑未来的本土化
进程和地域性塑造有所启示和裨益。

本书可供历史建筑保护工作者、建筑设计工作者以及有关专业师生参考。

责任编辑：许顺法　张　建
责任校对：王　瑞

中国传统建筑的现代嬗变——本土化的模因视野
陈泉安　著

*

中国建筑工业出版社出版、发行（北京海淀三里河路 9 号）
各地新华书店、建筑书店经销
北京佳捷真科技发展有限公司制版
北京京华铭诚工贸有限公司印刷

*

开本：787×1092 毫米　1/16　印张：20¾　字数：515 千字
2019 年 11 月第一版　2019 年 11 月第一次印刷
定价：**92.00** 元
ISBN 978-7-112-23071-6
（33160）

前　　言

在中国现代建筑的本土化过程中，传统建筑的承传是一个影响最为广泛和持久的思潮，其理论和实践均已成绩斐然。本书将"模因论"引入建筑学领域，尝试构建新的观察视角，以文化演化的观念来看待这一建筑现象，在传统建筑和现代建筑之间搭建起文化学的解释桥梁，以期对中国现代建筑未来的本土化进程和地域性塑造有所启示和裨益。

"模因"是文化的复制因子，是文化传递的基本单位。传统建筑的现代承传本质上就是传统建筑的某一部分传递到了现代建筑之中，被传递的部分即为建筑模因，遵循模因传播的普遍规律。本书总体思路为：理论建构→理论应用→获得结论。

第一部分是建筑模因观的架构，为后面的研究提供理论支持。该部分首先讨论了建筑模因的内容，切入点是文化结构的分析。本书认为文化存在"三分"结构：文化的基础物质材料及其组织逻辑、文化的意义。前二者组成了文化的物质外壳，文化的意义附载其上。自然语言具有典型的"三分"文化结构，分别是语汇、语法和语义。建筑具有明显的类语言性，也可以解析出三个部分：建筑语汇、建筑语法和建筑语义。建筑语汇包括建筑材料、色彩、形体，建筑语法包括组件法则、组图法则、组群法则等，建筑语义分为表层语义、引申语义和深层语义等，其中的深层语义是建筑最具价值的核心部分，决定了建筑的气质和面貌。从建筑发展史来看，建筑的语汇、语法和语义均能够得以承传，均可以成为建筑模因。随后，作者还详细讨论了模因论的相关用语及其描述的建筑承传现象。

这一部分最后用两组辅助性实验来直观论述模因传播的特征：模因的复制和变异同时发生，模因的变异具有必然性和随机性，模因的传播轨迹具有不可逆性，模因的变异体具有唯一性，其选择是多元的。在文化的承传中，复制是承传的基础，变异则是革新的动力。现代建筑在接纳传统建筑模因的同时一定会对它们进行多元变异，促进现代建筑的演化。

第二部分用模因论的视野分别对传统建筑的语汇、语法、深层语义的现代承传实践进行观察，并对观察结果进行总结和归纳。该部分首先讨论了传统建筑语汇的模因变异倾向：传统材料语汇受制于自身缺陷，在现代建筑中无法独立运用，必须与现代材料、结构和工艺相结合，其纹理、色彩等可以从传统物理体中剥离出来，被现代材料取代；传统形体语汇的运用则由具象逐渐转向抽象。

然后，作者分别观察了围合法则、轴线法则、隐喻和象征等传统建筑语法和修辞手法的模因变异。其总体趋势是语法成分的调整：传统的围合法则重视空间的伦理性、保守性、私密性、专属性和地域性，而现代建筑则重视围合空间的开放性和外向性。传统轴线法则强调空间的伦理性、私密性、专属性和等级意义，轴线形态呈现虚拟性、单向性，调配的语汇以建筑物为主；现代建筑重视轴线空间的开放性、公共性，轴线形态的虚拟性减弱，方向灵活多变，调配的语汇包括了建筑物和景观元素。传统的象征是程式化的"公共性象征"，寓体和本体的关系呈现一一对应的固定关系；而现代建筑更倾向于使用多元化的、非程式化的"专题性象征"，寓体和本体并非固定关系。

这一部分最后观察了传统建筑的深层语义——阴阳对立、和谐共生的现代转译，指出它们在传统建筑与现代建筑中表达的差异性：表现阴阳对立时，前者使用的是主辅并存的色彩、虚实并置和张弛有序的形体等；后者的表达方式趋向多元化，诸如形体的动与静、完整与残缺、整体与微变、布局的疏密有序等。传统建筑使用效法天象、顺应地脉、响应气候、规则的语法、规范的语汇、与自然的亲密感等来表达天人和谐；现代建筑在面对自然环境和敏感的历史环境时体现出丰富的和谐智慧：自我虚化和隐形、灰色的基调、语汇关联、地景策略、自然材料以及融合自然的姿态等，充分表达对文脉和自然的尊重。

通过以上观察，本书得出基本结论：（1）模因的传播过程必然伴随变异的产生，这说明文化承传与变革共存的客观性，中国传统建筑的现代承传总体表现出了这种特征。（2）现代建筑对传统建筑语汇的使用，整体倾向抽象性、隐喻性、多元性。传统材料语汇必须与现代建筑材料和结构混用。具象的传统形体语汇与现代建筑难以良好兼容，必须加以简化。（3）现代建筑在使用传统建筑语法时必然要对语法成分进行适度调整，现代建筑的象征与隐喻呈现非程式化特征。（4）现代建筑仍能够表现出传统建筑的美学意境，但使用的表达方式与传统建筑完全不同。（5）传统建筑的语汇、语法具有一定的哲学性象征意义，而现代建筑则更强调它们对历史和地域的隐喻。

本书最后建言：中国现代建筑的本土化和地域性塑造应转向对传统哲学、传统美学的深层发掘，更加重视作品的内在思想性而非物质外壳的表现，生态建筑应成为人们的自觉意识；对传统文化和世界建筑思潮应进行理性地甄别、选择，兼容并蓄，并立足于本国现实问题的解决；作为国家软实力的重要组成部分，传统文化的现代承传应是一个严肃的、可持续的、系统的国家工程，而非权宜之策。

目　　录

第1章 绪 论

1.1 研究的缘起

自加入 WTO 以来，中国越来越深刻地融入世界经济体系中，全球化对中国的影响已无处不在。从日常生活到思维方式，西方文化已经渗透到中国社会的方方面面。面对强势的西方文化，源远流长的中国传统文化正遭受着巨大的冲击，似乎要淹没其中。传统上充满诗意的中国的城镇和乡村正面临着地域特色丧失的趋同化危机[①]：千篇一律的建筑遍布大江南北，像是流水线上生产出的产品，单调、乏味，面目相似（图1-1）。

a 包头市新区政府　　　　　　　　　　　b 宁波市新区政府

图 1-1　政府建筑的趋同性

然而，诚如美国政治理论家塞缪尔·亨廷顿所言："在未来世界上将不会出现一个单一的普世文化，而将有许多不同的文化和文明相互并存"[②] 源于西方的现代建筑不可能以单一的面貌统治世界，在它传入中国之初，就开始了各种形式的本土化历程，以期与中国具体的经济、技术、环境、文化等方面的完美融合。尤其是传统建筑的现代承传[③]，成为中国建筑界一个持续不断的努力方向，凝聚为难以割舍的传统情结：从20世纪之初近代教会大学对中国传统元素的主动吸收、民国政府建筑的"中国固有式"探索、新中国成立以后对"民族特色"的追求等，一直延续至当下，"传统现象"贯穿了整个中国的百年现代建筑史，是"中国建筑界最明显、最持久、最广泛的思潮"[④]。其理论和实践已经成绩

---

　　① 王澍，陆文宇.循环再造的诗意——创造一个与自然相似的世界.时代建筑，2012（2）：67

　　② 塞缪尔·亨廷顿.文明的冲突和世界秩序的重建.北京：新华出版社，1998

　　③ 现代汉语词典.北京：商务印书馆，2012：167，200，615."承传"指"继承并使流传下去"，"传承"指"传授和继承"，"继承""泛指把前人的作风、文化、知识等接受过来"。三个词在文献中均频繁出现，本书使用"承传"意在与生物学的"遗传"相对，表明研究领域的专属性。因为下文将论及：文化之承传犹生物之遗传，"模因"之于文化学犹"基因"之于生物学，两对概念分属两个领域的类似现象。

　　④ 郝曙光.当代中国建筑思潮研究.北京：中国建筑工业出版社，2006：26

斐然。

毋庸置疑，无论基于何种理念，对这一现象的各种实践和理论探索都值得首肯——它们无疑使中国的传统建筑与现代建筑实现了较为平滑的对接，形成了连续的演化链条，丰富了整个中国建筑史。

更为重要的是，这个链条上精彩纷繁的细节背后隐藏着某种深层的文化演进逻辑，对它的研究和探讨将为"传统建筑的现代传承"这一议题提供新的观察视角，对中国现代建筑未来的本土化进程和地域性追求将会有所启示和裨益。

1.2 相关概念的界定

1.2.1 文化

文化是一种与基因无关的生命现象。假如以一种包容的态度来看，动物所具有的一些行为特征，例如捕猎技巧、使用工具、阶级性群居等等，都具有文化的意味。然而，人们通常所说的"文化"是人类自身的非基因现象——在自然的基础上，超越本能、有意识地作用于自然和社会的一切活动及其结果，或者说是"自然的人化"[①]。从这个角度上可以说，文化因人类而生，并为人类服务。

人们对文化的认识是一个动态的历史过程。不同的学者在不同时期、针对不同的学科和研究对象，对文化做出了不同的定义。总体来讲，文化的定义有广义和狭义之分，又可称"大文化"和"小文化"[②]。

广义的文化可以说无处不在[③]。梁启超在《什么是文化》中认为："文化者，人类心能所开释之有价值的共业也。……文化是包含人类物质精神两面的各种业果而言。"[④] 它包括了众多领域，"如认识的（语言、哲学、科学、教育）、规范的（道德、法律、信仰）、艺术的（文学、美术、音乐、舞蹈、戏剧）、器用的（生产工具、日用器皿以及制造它们的技术）、社会的（制度、组织、风俗习惯）等"[⑤]。概括地说，广义的文化是"人类在社会实践过程中所获得的物质、精神的生产能力和创造的物质、精神财富的总和"[⑥]。根据广义的文化定义，建筑无疑属于人类文化的重要组成部分。

广义的文化还可以分为不同的层次，如物质文化与精神文化两个层次，物质文化、制度文化、精神文化三层次，还有物态文化、制度层文化、行为文化、心态文化四层次[⑦]

---

① 张岱年，方克立.中国文化概论.北京：北京师范大学出版社，2004；3
② 张岱年，方克立.中国文化概论.北京：北京师范大学出版社，2004；3
③ 美国文化人类学和社会学教授克莱德·克鲁克洪认为"文化是无所不在的"。例如，"打喷嚏"这一细小的纯属生物学现象，因人们不同的行为方式就可以折射出不同的文化。转引自：（英）劳伦斯·比尼恩著，孙乃修译.亚洲艺术中人的精神（序）.沈阳：辽宁人民出版，1988；1
④ 详见：冯天瑜，何晓明，周积明.中华文化史（导论）.上海：上海人民出版社，2010；11。梁氏原文刊于上海《时事新报》副刊《学灯》，1922年12月7日
⑤ 张岱年，方克立.中国文化概论.北京：北京师范大学出版社，2004；3
⑥ 辞海.上海：上海辞书出版社，2009；2379
⑦ 在心态文化之下，又可划分出社会心理、低层意识形态、高层意识形态（包括哲学、科学、艺术、宗教等）。详见：冯天瑜，何晓明，周积明.中华文化史（导论）.上海：上海人民出版社，2010；15～18

（图 1-2）和物质、社会关系、精神、艺术、语言符号、风俗习惯六层次等[1]。随着对文化研究的深入，每个层次的文化里又会划分出更多的次级层次和不同的具体内容。

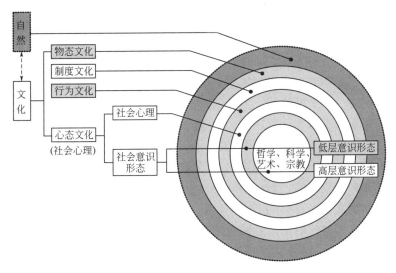

图 1-2　文化的层次论：哲学、科学、艺术、宗教等居核心

　　狭义的文化可以理解为广义文化的一部分。英国文化学家爱德华·泰勒（Edward Tylor）在 1871 年出版的《原始文化》一书中对文化所做的定义是狭义文化比较典型的代表："文化，或者文明，就其广泛的民族学意义来说，是包括全部的知识、信仰、艺术、道德、法律、风俗以及作为社会成员的人所掌握和接受的任何其他的才能和习惯的复合体"[2]。它基本排除了大文化定义中人类的物质创造活动及其结果，而是专注于精神创造活动及其结果[3]。概言之，狭义的文化指"精神生产能力和精神产品，包括一切社会意识形态：自然科学、技术科学、社会意识形态。有时又专指教育、科学、文学、艺术、卫生、体育等方面的知识与设施"[4]。

　　在爱德华·泰勒的"小文化"定义里，包含着价值观、审美观、思维方式等心态文化部分，可以认为是"大文化"的核心部分[5]，在很大程度上决定了文化整体的精神气质和独特性。建筑也不例外：建筑的地域性和独特性，很大程度上也源自于隐伏其内的哲学观、审美观等形而上的精神内涵。

1.2.2　建筑环境

　　一般而言，环境指围绕人类生存和发展的各种外部条件和要素的总体，在时间与空间上是无限的[6]。在建筑现象学的定义之下，建筑环境是"人们生活的世界"，是"由自然元

①　张岱年，方克立.中国文化概论.北京：北京师范大学出版社，2004：3
②　（英）爱德华·泰勒著，连树声译.原始文化.桂林：广西师范大学出版社，2005：1
③　张岱年，方克立.中国文化概论.北京：北京师范大学出版社，2004：5
④　辞海.上海：上海辞书出版社，2009：2379
⑤　张岱年，方克立.中国文化概论.北京：北京师范大学出版社，2004：4
⑥　辞海.上海：上海辞书出版社，2009：0947

素和人造元素组成的整体"①。仔细观察和区别一下那些包绕在建筑周围的空间和相关事物，我们可以将它们划分为既相互区别又相互关联的两部分：由自然元素构成的自然环境和由人类长期有意识的活动而造成的人工的社会环境。它们共同组成了建筑环境的总体——类似于舒尔茨（Christian Norberg-Schulz）所说的"场所"——一个由自然环境和人造环境结合而成的、包含建筑实体的形式和精神意义的整体②。

自然环境包含了"天空"和"大地"里的一切：气候（风象、降水、气温、日照等）、地形、地貌、地质、生物和矿产资源等非人工因素，而社会环境则包括了人类自身的一切和人类创造的一切——广义的文化。因此，建筑的社会环境又可称之为建筑的文化环境，它涵盖了人工的物质因素和非物质因素。物质因素包括：道路、广场、构筑物以及相关建筑、建筑群、村落、城镇等人类聚落③和纳入其中的植物、山石等等，非物质因素则是无形的社会制度、习俗、审美观、哲学观、思想信仰等。

每一座建筑都身处具体的、与众不同的环境之中，不论是自然环境还是文化环境，都有其独特的结构和意义，二者共同形成了建筑环境总体的独特气氛，影响着包裹其中的建筑的性格和表情；作为建筑的创造者和使用者，每一个人也都对建筑施加着影响，从而形成一个人与人、人与建筑互动的状态和情景：场景——广义环境的一部分④。

1.2.3 本土化与地域性

在当前的语境下，"本土化"（localization）可以理解为一个和"全球化"（globalization）相对的过程。如果将"全球化"定义为一个不同国家和地区的思想、观念、经济、技术和文化等方面在世界范围内相互交流、联结成整体的过程⑤，那么，"本土化"就可以定义为由全球化所带来的外来思想、观念、经济、技术和文化等方面适应本地具体情况，被本地吸收、消化、融入的过程。全球化使经济、文化更具趋同性，而本土化则更具逐异性，更倾向于产生多元性和独特性。

本土化是一个客观存在的历史事实，涉及"外来输入"和"本土融合"两方面内容：从人类的整个发展过程来看，任何一个成熟的文明都无法孤立地发展和存在，不同国家和地区的思想、观念、经济、技术和文化等一直处于持续地、或强或弱地交流中。尤其是文化上的相互吸收、融合的过程从未停止过，不论这种过程是主动还是被动的。只不过，借助于便捷的现代传媒和交通，全球化时代的文化交流规模更大、速度更快、范围更广。但是，全球化并非意味着世界一定会趋向单一性，根据日本文化理论家野健一郎"文化内涵的演化"理论得出的结论："各种文化接触越频繁，文化越趋多样化"⑥。

---

① 刘先觉.现代建筑理论——建筑结合人文科学自然科学与技术科学的新成就.北京：中国建筑工业出版社，1999：112

② 参见：Christian Norberg-Schulz. *Genius Loci-Towards a Phenomenology of Architecture*. New York：Rizzoli International Publications, Inc.，1979

③ 本观点参考：蔡镇钰.低碳城市需建立城市与建筑的环境观.中国建设报，2010年8月18日第二版

④ 常青.建筑学的人类学视野.建筑师，2008（12）：85

⑤ 参见：（1）Martin Albrow, Elizabeth King（eds）. *Globalization，Knowledge and Society*. London：Sage. 1990：8～9；（2）Nayef R. F. Al-Rodhan, Gérard Stoudmann. *Definitions of Globalization：A Comprehensive Overview and a Proposed Definition*. Program on the Geopolitical Implications of Globalization and Transnational Security，2006：2～3

⑥ 转引自：李道增."全球本土化"与创造性转化.世界建筑，2004（01）：85

可见，本土化和全球化可以理解为人类整体发展的一体两面，是一个不可偏废的整体（glocalization）①。

源自于西方的现代建筑在进行全球化传播的过程中，每个国家和地区都会依据自身的自然环境和人文环境，对它进行本土化吸收和有机融合，从而构成现代地域性（regionality）建筑，与其他地区的现代建筑产生差异性②。

"地域性"可以被理解为一个常见的历史现象：地区与地区之间、国家与国家之间的建筑，由于自然环境和文化环境的不同，总是或强或弱地存在着天然的差异。因而，"地域性"可以理解为建筑的一个自然属性。由于文化的交流，现代地域性建筑中天然地包含着已经被改造和吸收的外来成分，是西方现代建筑本土化的结果。

中国的现代地域性建筑亦然，是西方现代建筑的普适性和中国的自然、文化等国情相结合的产物。它们具有如下主要特征：（1）回应当地的地形、地貌和气候等自然条件；（2）运用当地的地方材料、能源和建造技术；（3）吸收包括当地建筑形式在内的建筑文化成就；（4）有其他地域没有的特异性并具明显的经济性③。其中，传统建筑的现代承传是中国现代建筑本土化和地域性塑造的一个重要内容，是中国建筑界一个持续不断的努力方向，在中国现代建筑史上形成了难以割舍的传统情结。

1.2.4　传统建筑与现代建筑

现代、当代、近代和古代等都是具有相对性的时间概念。时间轴线是单向性的，如果在这个轴线上将言说者所处的"当下"标注为参照点，那么，从这个参照点到之前不远的时间段就是当代，根据与"当代"的距离远近，再依次向上推移分别是现代、近代和古代（图 1-3）。

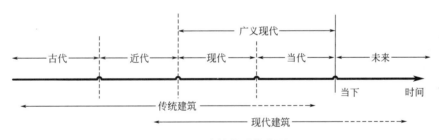

图 1-3　建筑的时代分野

在建筑历史中，现代建筑、当代建筑、近代建筑和古代建筑，大体分别位于时间轴线上的这些区域。随着时间的不断推移，参照点和所有的时间段都在同步后移，若干年以后，当代建筑就会变成现代、近代及至古代的建筑。因此"传统建筑"与"现代建筑"具有历史的相对性。

本书所提到的现代建筑具有"广义"性，跨越了时间轴线上现代与当代的部分。传统

---

① 参见：http://en.wikipedia.org/wiki/Glocalization。这个词最早出现于 1980 年代末由日本经济学者发表在《哈佛商业评论》上的一篇文章里，美国社会学家 Roland Robertson 在 1997 年的"全球化与本土文化"会议上指出，glocalization 意味着普遍化倾向和个性化倾向的共时性。

② 邹德侬，刘丛红，赵建波.中国地域性建筑的成就、局限和前瞻.建筑学报，2002（5）：4

③ 邹德侬，刘丛红，赵建波.中国地域性建筑的成就、局限和前瞻.建筑学报，2002（5）：4

建筑则可以被认为处于"现代"以前的一个漫长的时间范围内。经常被提到的民族建筑、乡土建筑、地域建筑等，都具有某种程度的历史性，从这个角度来说，它们大体也可以归类到传统建筑的范畴[①]。

现代建筑从传统建筑中孕育而生，有一个从量变到质变的发展过程。因此，很难为现代建筑的诞生划定一个明确的时间节点。中国的现代建筑起始点可以被认为是20世纪初，1920年代则是其重要的发展期[②]。

实际上，传统建筑和现代建筑之间并不存在一个清晰的界线，二者的发展存在着时空上的重叠：从全球的范围来看，有的国家或地区的建筑早已非常"摩登"，而有的国家或地区的还保留着浓郁的传统色彩，甚至仍处于原始状态。即使在同一个地区甚至同一个村落，传统建筑与现代建筑也可能并置在一起。现代建筑里会时隐时现地出现某种形态的传统因素，这其实也是二者的另一种重叠，是传统与现代的同体共生。

当然，现代建筑与传统建筑之间存在诸多鲜明的差别，这涉及建筑的"现代性"（modernity）。广义的"现代性"以欧洲启蒙运动的"进步主义"和"以科学理性为基础的理性主义"为核心内涵，主要包括两个方面：①对于社会历史，相信人类历史的发展是合目的和进步的；②对于自然界，相信人类可以通过理性活动和科学知识，并能够以"合理性"、"科学性"为标准控制自然[③]。建筑上的现代性"首先发源于欧洲的工业革命，生产力的发展和新的社会需要促进了新的建筑技术体系和新的功能类型产生，并萌发了新的精神因素，如新的历史观念、新的形式美和新建筑思想"，包含工具层面和价值层面两个部分[④]，例如实用性、科学性、灵活性、独创性、多样性、开放性、流变性等[⑤]，在这些方面现代建筑与传统建筑大不相同。

尽管如此，传统建筑与现代建筑之间并非水火不容的对立关系。美国建筑师路易斯·康认为："未来源于融化的过去。"[⑥] 奥地利建筑师阿道夫·克利尚尼兹看法与之类似："新建筑总是既有建筑的某种变体。"[⑦] 传统建筑的物质形态可能会完全消失，但仍会以某种直接或间接的方式继续在现代建筑里若隐若现。西方现代建筑中有为数不少的"古典主义"、"乡土主义"、"历史主义"等标签，可以证实传统建筑从未离开过人们的视野。中国更是如此，从1920年代的民国到当下，传统建筑一直与现代建筑藕断丝连，如影随形，剪而不断，并且以不同的形态顽强地存在，成为中国现代建筑地域性的重要组成部分[⑧]。

---

① 邹德侬，刘丛红，赵建波.中国地域性建筑的成就、局限和前瞻.建筑学报，2002（5）：4～7

② 参考：（1）邓庆坦.中国近、现代建筑历史整合研究论纲.北京：中国建筑工业出版社，2008年.6～9；（2）邹德侬，曾坚.论中国现代建筑史起始年代的确定.建筑学报，1995（7）：52～54

③ 参考：（1）余碧平.现代性的意义和局限.上海：上海三联书店，2000：1～2；（2）（美）马泰卡林内斯库著，顾爱彬，李瑞华译.现代性的五副面孔：现代主义、先锋派、颓废、媚谷艺术、后现代主义.北京：商务印书馆，2002：48

④ 邓庆坦.中国近、现代建筑历史整合研究论纲.北京：中国建筑工业出版社，2008：29

⑤ 吴焕加.中国建筑传统与新统.南京：东南大学出版社，2003：6～7

⑥ 路易斯·康与阿道夫·克利尚尼兹观点的出发点存在差别：路易斯·康的观点基于人类学的基础，是从制度（institution）和习俗的角度反思建筑形式的起源，认为只有制度源头的认识和改变，才能引起新的内容。参见：常青.建筑学的人类学视野.建筑师，2008（12）：97

⑦ 宋晔皓，孙菁芬.装饰与建筑——评阿道夫·克利尚尼兹.世界建筑，2011（7）：16～25

⑧ 本书的"中国现代建筑"与形成于1920年代、盛行于1940～1950年代的"现代主义建筑"并不相同，而是一个和传统建筑相对的概念。

1.2.5　模因

　　1976 年，英国牛津大学的著名动物学家、行为生态学家、新达尔文主义者理查德·道金斯（Richard Dawkins）在《自私的基因》（*The Selfish Gene*）一书的第 11 章论述了文化的传播与基因传播的相似性[①]，认为文化的传播也是一种"进化"[②] 的形式。生物学的演化依赖的是基因的自我复制，由此，作者推测，文化的演化过程中也一定存在着类似"基因"的复制因子[③]，这就是文化的复制因子——meme，是"mimeme"一词的缩写，而"mimeme"一词源于古希腊语"μιμημα"，意为"被模仿的事物"[④]。

　　Meme 被用于描述文化传播的单位或者模仿的单位，并且与"memory"相关[⑤]。理查德·道金斯认为：Meme 就是在一种文化里，人与人之间传播的一个观念、行为或风格，例如：音乐曲调、思想观念、流行语、服装样式、陶罐制作方式、建筑方法等等，都是不同形式的"meme"，并储存在人类的大脑、书籍或创造物之中，通过模仿被传递[⑥]。

　　此后的 20 多年中，由"meme"一词已经派生出了许多有关的单词：memetics（模因论）、memetic（模因学的）、memeoid（模因似的）、meme pool（模因库）、memetic engineering（模因工程）、memetype（模因表现型）、memeticist（模因学家）、metameme（元模因学）、memeplex（模因复合体）、population memetics（人口模因学）等等[⑦]。当 meme 一词传入中国时，曾出现过"谜米"、"米姆"、"幂姆"、"觅姆"、"密姆"、"縻姆"、"仿因"、"拟子"、"理念因子"、"文化基因"、"摹因"、"敏因"等译法[⑧]。2003 年，何自然在论文中提出一个音义皆备的译法："模因"[⑨]，既表达它"模仿"的原义，又揭示出它与"基因"在各自领域的进化过程中所具有的相似作用。这一译法逐渐被人们普遍接受[⑩]。

　　时至今日，由于使用上的普遍性，meme 一词早就被《牛津英语词典》（*The Oxford English Dictionary*）收录，并给出定义："An element of culture that may be considered to be passed on by non-geneticmeans, esp. imitation"（文化的基本元素，通过非遗传的方式、特别是通过模仿的方式而得到传递）。

　　《韦氏英语词典》（*Merriam-Webster Dictionary*）的定义与之相近："A meme acts as a unit for carrying cultural ideas, symbols or practices, which can be transmitted from one mind to another through writing, speech, gestures, rituals or other imitable phenomena"（携带着文化观念、文化符号或惯例的单位，可以通过书写、言语、举止、仪式

---

① Richard Dawkins. *The Selfish Gene*. Oxford：Oxford University Press，1976：189
② 《自私的基因》（*The Selfish Gene*）一书的"evolve"或"evolution"通常被译作"进化"，带有一定的褒义色彩。本书更偏向于使用中性译法"演化"，因为"进化"有一定的"进步"和"前进"的意味，但以中立的角度看，生物的"演变"有时并无所谓"进步"和"退步"，只有是否适应环境之分。
③ Richard Dawkins. *The Selfish Gene*. Oxford：Oxford University Press，1976：193
④ 参见：http：//en. wikipedia. org/wiki/Meme
⑤ Richard Dawkins. *The Selfish Gene*. Oxford：Oxford University Press，1976：192
⑥ Richard Dawkins. *The Selfish Gene*. Oxford：Oxford University Press，1976：192
⑦ （英）苏珊·布莱克摩尔著，高申春，吴友军，许波译.谜米机器.长春：吉林人民出版社，2001：14
⑧ 钟玲俐，国内外模因研究综述.长春师范学院学报（人文社会科学版），2011（9）：107～110
⑨ 何自然，何雪林.模因论与社会语用.现代外语，2003（2）：200～209
⑩ 吴燕琼，国内近五年来模因论研究述评.福州大学学报（哲学社会科学版），2009（3）：82

或其他模仿现象从一个人的大脑传递到另外一个人的大脑）。

很明显，模因就是文化中被模仿、复制、接纳和传播的那一部分。随着研究的深入，学者们已经认识到：就像基因携带生物的遗传信息一样，模因也携带着文化信息。模因之于文化犹如基因之于生物，是基因之外的第二种复制因子。

传统建筑的现代承传在本质上也是现代建筑接受了传统建筑的一部分，而这一部分可以被视为"传统建筑的模因"，传统建筑的现代传承属于典型的模因传播现象，应当遵循模因传播的普遍规律——这就是传统建筑现代承传的内在文化学逻辑。当然，建筑模因的传播也必然具有自身的特殊性。

1.3 研究的现状

1.3.1 中国传统建筑现代承传的研究现状

在全球化冲击日益加剧的背景下，传统成为建筑界研究的一个热点，研究大家如群星闪耀，研究角度多元，成果丰硕。从世纪之交开始，研究文献总量增长迅猛（图1-4），一直保持着研究热度。硕、博论文量也同步增长，显示出一定的研究深度。除学位论文和专著以外，多数文献以期刊论文的形式散见于国内的各类学术杂志（包括建筑学及相关学科）。以下是部分文献的简要回顾：

邓庆坦的《图解中国近代建筑史》[①]。作者以西方近现代建筑体系的输入和传统建筑文化的延续和复兴为两条主线，将中国近代建筑史划分为四个时期：初始期（1840～1901年）；发展期（1901～1927年）；兴盛期（1927～1937年）；凋零期（1937～1949年），勾勒出中国近代建筑发展演变的基本脉络，并概括阐述了1949年新中国成立后的现代建筑历史。传统建筑的现代承传作为本书的重要内容来进行讨论。

董黎的《中国近代教会大学建筑史研究》[②]。中国教会大学在19世纪末至20世纪30年代期间，首先倡导了中西合璧的建筑新式样，将中国传统建筑语言与西方建筑语言进行融合。后世的"中国固有式"，"社会主义内容、民族形式"以及自1980年代以来的"新而中"建筑等，都或多或少地滥觞于此。作者着重讨论了教会大学的建筑形式与意义之间的关系，演绎出社会和文化的巨大变革对建筑形态构成的决定性作用。

严何的《古韵的现代表达》[③]。在该书的第4章"中国新古典主义建筑的反思"，作者将中国传统建筑的现代承传现象放在了世界新古典主义的时空背景上，考察了这一建筑风格在国内的形成、发展及其建筑本体之后的思想观念：中国新古典主义最初是西方传教士、建筑师为了更有效地传播西方文化、进行商业贸易而采取的中西合璧策略，后来受其影响发展为以宫殿式为特征的"中国固有式"以象征"民族国家"，在经过对其功能性、经济性、结构合理性反思之后，转为"装饰艺术化的中国风"。作者指出：无论是这一阶段的"中国固有式"，还是后来的"社会主义内容、民族形式"，本质上都是以西方的构图来进行传统形式的复兴，为彼时的国家政治体制和民族主义的重要象征，负面作用是导致

---

① 邓庆坦，常玮，刘鹏.图解中国近代建筑史.武汉：华中科技大学出版社，2012
② 董黎.中国近代教会大学建筑史研究.北京：科学出版社，2010
③ 严何.古韵的现代表达.南京：东南大学出版社，2011.本书原为作者的博士学位论文。

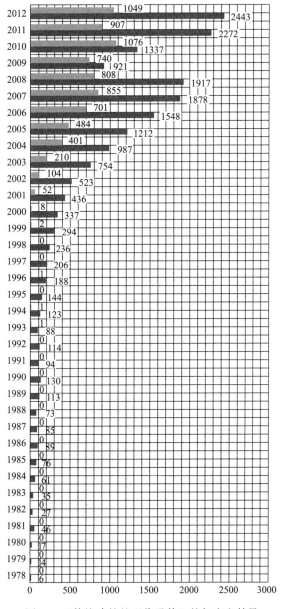

■年度硕博论文量 ■年度文献总量

图 1-4 "传统建筑的现代承传"的年度文献量

西方现代建筑在中国难以发展成熟。

以上三本书都将视角集中于中国现代建筑发育之初的一段历史，尤其是中西合璧现象，本质上是中、西方建筑在语汇和语法上的模因融合，是中国传统建筑现代承传的一个特殊方式。

邹德侬的《中国现代建筑史》[①]。作者将中国现代建筑史研究的起点定为 1920 年代，

---

① 邹德侬，戴路，张向炜.中国现代建筑史.北京：中国建筑工业出版社，2010

把从 1920~1990 年代的建筑历史划分为 7 个阶段。作者没有将传统建筑的现代承传作为独立的篇章来讨论，而是将这一问题放到整个历史背景之下，以典型的建筑作品为例，在每个阶段都客观、务实地记述了传统建筑现代承传的历史轨迹。

以上文献侧重于历史现象的研究，下述文献则侧重于设计实践和建筑理论：

郝曙光的《当代中国建筑思潮研究》[①]。对当代中国建筑思潮的发展历程进行总体把握，归纳出五种主要建筑思潮。其中"传统建筑的现代继承"和"地域特色的不断追求"作为独立的两章，专门讨论传统建筑的现代承传问题。

"传统建筑的现代继承"主要着力于"大传统"的继承问题，回顾了它从"传教士的文艺复兴"、"中国固有式"到"民族形式"的历史，以及改革开放后从"初期的震荡"到"走向整合"的历程，归纳出继承的主要实践手法：模仿、片断、简化、夸张、影像、意象、隐喻和移植，反思这一思潮的共同特征是"对传统文化难以进行客观的认知"，"要真正超越形式模仿而具有创造性，需要的是学贯中西的学者和建筑师的出现"。

"地域特色的不断追求"则主要聚焦于"小传统"的承传问题，回顾该思潮的历程：从 1950~1970 年代"夹缝中的探索"、1980 年代的"外在的地方"、1990 年代开始的"走向内在的地方"，归纳继承的主要实践倾向：形式借鉴、片断移植、环境协调、地方智慧、低技策略、场所复兴和体验环境，指出其局限"更多地表现为对乡土建筑形式的当代借用"，建议其发展方向要注重"地域建筑技术的运用与拓展、关注旧有生存经验与当前生活方式的关联、结合文化保护意识与当代文化建筑意义上的共存"。

薛求理的《建造革命：1980 年以来的中国建筑》[②]。介绍了自 1980 年以来在全球化和现代化的背景下中国建筑的革命性变化，包括民族特征的演变和海外建筑思潮对中国的影响。该书的第二章"'民族形式'和中国特征：负担还是机遇？"是传统承传问题的专题，第七章"中国建筑师群像"和第八章"实验建筑：崛起的一代"则介绍了两代著名建筑师的学术背景和实践。

第二章先是讨论"民族形式"的历程、代表作品，指出它所带来的问题（如对环境的适应性、形式上的新的"单调模式"等），而"地域主义的解决之道"则以对乡土的、地方的"小传统"借鉴打破了这一"正统"，逐渐强化了中国现代建筑的多元主义趋势。虽然我们不该放弃传统，但"民族形式"或"民族风格"不应是中国建筑创作的标准和主流。

第七章和第八章并未将传统承传作为讨论的专题，但对众多著名建筑师实践活动的介绍却表明，他们的作品都或多或少的与传统建筑的形式、材料、美学等方面产生了关联，从侧面反映了这一论题的广度和进展的轨迹。

单军的《建筑与城市的地区性——一种人居环境理念的地区建筑学研究》[③]。该书主要关注的是全球化进程中对传统地区建筑文化的延续与发展问题，其中的第 7 章"中国建筑的地区性课题的理论初探"将中国传统建筑的现代承传作为专题来论述。

① 郝曙光.当代中国建筑思潮研究.北京：中国建筑工业出版社，2006
② 薛求理著，水润宇，喻蓉霞译.建造革命：1980 年以来的中国建筑.北京：清华大学出版社，2009
③ 单军.建筑与城市的地区性——一种人居环境理念的地区建筑学研究.北京：中国建筑工业出版社，2010

作者认为"民族风格"的"大传统"承传只是一个单一的伪命题，"小传统"则更为多元，体现了人居环境地区性的精髓。在策略上应将"拿来"的异国文化与本土文化进行互动，才能使中国建筑走向不断演进的良性循环，才能使中国建筑以多元的、独特的面貌"送出"去，登临世界建筑舞台。融合的成功可以为人类提供一个全新的文化起点。最后以孔子研究院的规划和设计作为案例，从对传统山水园林的借鉴、对高台和明堂建筑的研究、细部设计、雕塑设计等方面来回应自己的论点。该书将中国传统建筑的承传问题放在全球化与地区化交织的背景上进行讨论，对中国现代建筑的地域性追求具有启示意义。

李蕾的《建筑与城市的本土观——现代本土建筑理论与设计实践研究》[①]。论文从自然观、文化观以及城市观的角度对现代本土建筑进行了全面研究，探索一种基于本土意义的现代建筑理论，建构本土理论的现代人文模式。其中第 6 章"我国本土建筑的实践与转向"是对中国传统建筑现代承传的专题研究。论文回顾了 1950～1960 年代的"民族形式"建筑时期从"大传统"到"小传统"的转变，1960～1970 年代的"小传统"的本土性实践和"后现代建筑"引进对传统承传议题的影响，以及 1980 年代以后形成的多元化倾向，指出其中存在的诸多问题，如设计领域的"趋同"、先锋实践研究的欠缺等，为中国本土建筑的发展建言：全球文化与本土文化的优化整合、传统文化与现代文化的优势整合、理论与实践的灵活结合等。

王晓的《表达中国传统美学精神的现代建筑意研究》[②] 将目光投向中国传统美学的现代承传，触摸的是传统承传议题的深层部分。论文提取了中国传统美学中适合现代建筑表达的几个范畴——"崇尚自然"、"中和"、"虚静"、"阴阳"、"模糊"、"气韵"、"混沌"等，研究了相关的哲学与美学思想及其在建筑上表达出的深层意境。结合相关实例，研究了对应的建筑意象——"融入自然"、"师法自然"的"崇尚自然"意象，"多元调和"、"群"、"浩然大气"、"谦和文雅"、"敦厚有力"的"中和"意象，"极简"、"空灵"、"清淡静逸"、"动逸"的"虚静"意象，"视觉模糊"、"对应模糊"、"含蓄"、"抽象、变异与混杂"的"模糊"意象，"分形"、"非线性"、"局部变异"的"混沌"意象，以及"直接表达宇宙"的意象和"气韵生动"的意象等。论文考查的实例不仅涉及中国现代建筑，而且将深受中国文化濡染的日本现代建筑也包含了进去。

吴焕加的《中国建筑传统与新统》。作者对现代建筑的本土化、传统的承传等问题有独到的看法，并有一系列的研究成果发表，该文只是其中一篇。文章对传统建筑和现代建筑进行了多方面对比，厘清了传统建筑与现代建筑在实用性、科学性、灵活性、独创性、开放性、多样性、流变性等方面的差异（表 1-1）[③]。该文可以理解为是对中国建筑的"现代性"比较全面的探讨，使我们看清了传统建筑的"负面"。作者指出：传统的现代承传应当是一个因地制宜的、有所取舍的扬弃过程。

① 李蕾.建筑与城市的本土观——现代本土建筑理论与设计实践研究.申请同济大学博士学位论文，2006

② 王晓.表达中国传统美学精神的现代建筑意研究.申请武汉理工大学博士学位论文，2007.本文后以《"新中国风"设计导则》的书名出版。

③ 吴焕加.中国建筑传统与新统.南京：东南大学出版社，2003：6～7.原文发表于：世界建筑，2000（02）：64～66.本书对原表略作删节。

传统建筑与现代建筑的差别

表 1-1

传统	新统
前现代时期	现代化时期
独立创造、孤立发展	学习、借鉴、引进外国设计经验
历史上向周边地区传播	与世界建筑潮流接轨
封闭性	开放性
超稳定性	流变性
微调、渐变	经常演变、革新
房屋类型少,功能较简单	类型多、功能复杂
采用天然和手工业生产材料	采用工业生产材料
结构类型有限,依靠宏观经验	力学、结构科学、分析计算
层数、净跨度受限制	建筑科技含量高、房屋精密化
建筑设备简单,房屋粗放	实用性、坚固性大提高
扩大规模靠增建个体,添加院落	集中、向上扩展
房屋实际使用质量差	多种建筑设备
工匠、官匠、军匠、行帮组织	营造厂、建筑(施工)公司
工部营缮所、样房、算房	建筑设计院、建筑师事务所、建筑设计专业化
重要建筑遵循法式、则例等	建筑设计突破法式、灵活设计
建筑程式化	建筑任务个案处理、注重功能
通用空间、设计少个性	受社会思潮、世界建筑动向、名师名作影响
大同小异	建筑理念与风格多元多样
风格统一	建筑讲求个性、独创性
房屋:成品、产品	房屋:作品、商品
传统引导	时尚引导
崇尚继承性	高扬创造性
自在状态	自为状态
近似性发展	变异性发展
农业和手工业时代生产力的产物	工业和科学技术时代的产物
满足前现代社会的需要	满足现代社会的需要
历史使命基本结束	方兴未艾、面向未来
民族文化遗产	社会生产力与文化艺术的成果

　　邹德侬的《中国地域性建筑的成就、局限和前瞻》[①]。作者对中国现代建筑有深入的研究，取得了丰硕的成果。该文把地域性建筑看作中国现代建筑中成就最高、最具独立精神

---

　　① 邹德侬，刘丛红，赵建波. 中国地域性建筑的成就、局限和前瞻. 建筑学报，2002（05）：4—6. 本文后收录于邹德侬编著的《中国现代建筑论集》. 北京：机械工业出版社，2003

的创作倾向，分析了从 1950～1970 年代以来的三次地域性建筑的进步历程和 1980 年代以后逐渐形成多元多价景象。从文章内容和所列实例来看，这里的地域性建筑本质上是现代建筑向乡土、地方等"小传统"建筑汲取营养的结果，其局限在于"形式本位"突出，并缺乏技术支持，其发展的关键在于"树立全球化和地域性共处、技术性与地域性并进、经济性服从综合效益、解开形式情结的创新等一系列新观念"。

陈昌勇的《以岭南为起点探析国内地域建筑实践新动向》[①]。这又是一篇从地域性角度来研究传统承传问题的论文。作者以岭南建筑为起点，将目光投向全国，考察最近国内地域性建筑的实践动向，归类出几个重要转变：从符号象征到形式抽象、由装饰表现到材料表现、由技术完备走向乡土低技、由简单分析走向多维定量等，实际涉及了传统建筑的形式、色彩、材料等在现代建筑中的变化，不再追求传统建筑元素的具象表达，不再局限于传统建筑文化的单纯模仿，更注重本土化与国际思潮的联姻，将地域视野拓宽到材料构造、适应气候和低技术等方面，并引入新的分析方法和新技术。这些实践虽然受到很多局限，但将引发人们对中国地域建筑的深层思考。

此外，众多著名建筑师的论文集、作品集、纪念性论文专集、大师访谈录、建筑评论，如《梁思成文集》[②]、《莫伯治文集》[③]、《琴抒》[④]、《当代中国建筑师》[⑤]、《当代中国建筑艺术精品集》[⑥]、《20 中国当代青年建筑师》[⑦] 和《流向——中国当代建筑 20 年观察与解析（1991—2011）》[⑧] 等。这些文献多以建筑师的创作体验、创作历程、设计理念等为主线，以直观、鲜活的实例为基础，以务实、求真、理性的学术态度进行研究，都不同程度地涉及传统建筑现代承传的议题，显示出这一议题的研究广度和深度。

既有的研究文献卷帙浩繁，难以逐一阅读和叙述。通过对这些研究成果的梳理可以看出，学者们在各自的研究方向均已成就斐然。虽然这些成果主要聚焦于建筑历史、设计理论、设计实践等方向，没有从模因论的角度来思考传统建筑的现代承传现象，但已经从宏观上约略勾勒出中国建筑从传统到现代演进的轨迹，总体上已经暗示了承传的内在文化逻辑。

1.3.2 模因论的研究现状

（1）模因论在国外的研究现状

"模因"的概念在 1976 年提出以后，逐渐被学术界所认识和接受，向语言科学、社会学、哲学、生物学、心理学等等更广泛的领域渗透，表现出巨大的研究潜力。迄今为止，国外对模因的研究主要经历了以下几个重要阶段[⑨]：

第一个阶段是发生期。以《自私的基因》在 1976 年的出版为标志，宣告了专门用于

① 陈昌勇，肖大威. 以岭南为起点探析国内地域建筑实践新动向. 建筑学报，2012（01）：68—73
② 梁思成文集. 北京：中国建筑工业出版社，2007
③ 莫伯治文集. 北京：中国建筑工业出版社，2012
④ 蔡镇钰. 琴抒. 北京：中国建筑工业出版社，2007. 本书为一个系列，回顾和总结了作者的建筑设计实践、创作理念、美学思想等。书名源自作者的故乡常熟——素称"琴乡"。
⑤ 曾昭奋，张在元. 中国当代建筑师. 天津：天津科学技术出版社，1988
⑥ 萧默. 当代中国建筑艺术精品集. 北京：中国计划出版社，1999
⑦ 黄元炤. 20 中国当代青年建筑师. 北京：中国建筑工业出版社，2011
⑧ 黄元炤. 流向——中国当代建筑 20 年观察与解析（1991—2011）. 南京：江苏人民出版社，2012
⑨ 以下关于国外模因研究的阶段划分主要参考：钟玲俐，国内外模因研究综述，长春师范学院学报（人文社会科学版），2011（9）：107

描述和解释文化传承现象的"模因"概念的诞生。在随后的几本书中，作者对"模因"继续进行阐述。模因的概念很快吸引了其他学科的注意：美国哲学家和心理学家 Daniel C. Dennett 也认同"模因"的想法，他的著作《意识的阐释》① 和《达尔文的危险观念》② 就从模因角度解释了人类的想法长存的原因；美国学者 Aaron Lynch 的《思想传染：信念如何通过社会传播》③，以模因为研究主题，将模因论引入到意识、心灵或思想领域。模因论还渗透到语言的相关领域，例如用模因论来研究语言的起源和翻译理论④。

第二个重要阶段是深入期。以英国心理学家苏珊·布莱克摩尔（Susan Blackmore）《谜米机器》（he Meme Machine）⑤ 的出版为标志。作者将本书的重点放在了模因论的实际操作层面，将宗教、利他主义、性行为、大脑和语言的起源等放在模因的视野上进行思考，并回答了几个重要问题，例如"什么是模因?"、"模因可以量度吗?"等。

第三个阶段是模因研究的扩展期：（1）模因论渗透向更多的学科领域。例如，模因论被用来研究一些社会现象，尝试用模因论来分析和解决同性恋、精神病等问题；《自私的模因——一个关键的评估》⑥ 的作者 Kate Distin 认为模因论为语言的起源和运用提供了新的诠释角度；而 Chilton 则认为模因论可以解释概念和想法为什么可以传播⑦。此外，模因论还被一些学者运用于科学生态学、现代主义建筑中风格等问题的研究。（2）专门的研究平台出现。1997 年，专门期刊 JOM-EMIT（Journal of Memetics——Evolutionary Models of Information Transmission）在 Edmonds 问世，为学者及时查阅或发布研究成果提供了理想平台；一些模因实验室、模因中心、"模因工程"、网上模因讨论小组、控制论原理专题网页等相继建立起来⑧。

第四个阶段是深化期。在 2008 年的 TED Conference 会议上两种新观点的出现意味着学者们对模因的思考达到了新的深度⑨：（1）Daniel C. Dennett 的新见解是：模因是大脑生态系统中一组新的实体，模因能够竞争、并存、复制、繁殖，模因是一个带有主见的信息包，而这些信息可以承载在一个物理实体上；（2）苏珊·布莱克摩尔的新观点是：人类已经产生出一种新模因——teme，它通过"技术"和"发明"本身来保证自己存活，利用人类的大脑作为复制机械。随着越来越多的东西出现在人类前进的道路上，人类的控制力就越来越小⑩。

这个阶段另一个特点是：相关研究越来越注重理论与实践的结合，尤其是伴随着越来越多的模因研究中心的建立，近年的国外研究者围绕模因展开了很多实证性研究。例如

① Daniel C. Dennett. *Consciousness Explained*. Boston：MA，little Brown，1991
② Daniel C. Dennett. *Darwin's Dangerous Idea*. London：Penguin，1995
③ Aaron Lynch. *Thought contagion：How Belief Spreads Through Society–The New Science of Memes*. New York，Basic Books，1996
④ Terrence Deacon. *The Symbolic Species：The Co-evolution of Language and the Human Brain*. London：Penguin，1997
⑤ Susan Blackmore. *The Meme Machine*. Oxford：Oxford University Press，1999. 中文版又译作《模因机器》。
⑥ Kate Distin. *The selfish meme：a critical reassessment*. Cambridge：Cambridge University Press，2005
⑦ 侯国金. 模因宿主的元语用意识和模因变异. 四川外语学院学报，2008（04）：50～58
⑧ 吴燕琼. 国内近五年来模因论研究述评. 福州大学学报（哲学社会科学版），2009（03）：81～84
⑨ 资料来源：http：//www.ted.com
⑩ 吴燕琼. 国内近五年来模因论研究述评. 福州大学学报（哲学社会科学版），2009（3）：81～84

O'Reilly 于 2000 年提出的直观的商业模因地图，John Paull 于 2009 年提出的模因地图模型等①。

（2）模因论在国内的研究现状

国内的模因论相关研究起步较晚。中国学术界对模因的推介始于 20 世纪末，1999 年《科学》杂志第 5 期对英国心理学家苏珊·布莱克摩尔的著作《谜米机器》的主要内容进行了介绍②。2000 年和 2001 年《自私的基因》和《谜米机器》两本书的中文版相继出版。模因论研究逐步引起了越来越多的国内学者关注。十多年来，国内的模因论研究呈现如下特征：

1）发展迅速。如图 1-5、图 1-6 所示，涉及"模因"研究的年度文献量，从 2003 年的 3 篇已经达到 2011 年的近 200 篇；而其中年度硕士、博士论文量，仅仅用了 6 年时间，就从 2005 年的 1、2 篇达到了 2011 年的 75 篇。

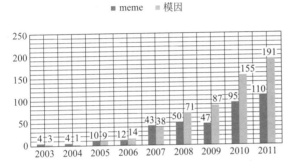

图 1-5　国内模因研究的年度文献量

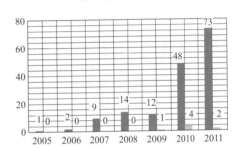

图 1-6　国内模因研究的硕、博士论文年度数量

2）学科分布广。在此期间，模因的应用研究也从个别学科，迅速渗透到 40 个学科（图 1-7）。例如"中国语言文字"、"西方语言文字"、"新闻与传媒"、"文艺理论"、"文化"等学科都对模因的研究和应用表现出较高的学术敏感度。而建筑学领域，也在近四年内陆续出现了应用性的研究文献（表 1-2）。

3）研究成果的时间相对集中。从时间的角度来看，以绝对值来衡量，大量的涉及模因研究的文献出现在 2007 年以后的 5 年间（图 1-5）。例如，涉及模因的年度文献在 2006 年仅有 14 篇，而 2007 年为 38 篇，年度增长量为 171.4%，超过了前 4 年的总和。2010 年的文献量为 155 篇，年度增长量为 78.2%，基本上又是前两年的总和。与此同时，硕博论文的增长趋势也大致相同（图 1-6）。

4）研究成果的学科相对集中。从学科分布来看（图 1-7），涉及模因研究和应用的学科主要集中在"中国语言文字"、"外国语言文字"、"新闻与传媒"等少数学科，它们的文献量占比分别为 49.73%、31.49%、3.78%，合计为 85.00%。如果以"被引用次数"作为标准进行排名的话，这三个学科的文献也基本占据了前十名的位置③（表 1-3）。而建筑学领域的研究文献量占比不到 1%，但都颇具深度（表 1-2）。

① 潘小波.模因论的新发展——国外模因地图研究.广西社会科学，2010（8）：131～134
② 李晓黎.模因论的研究状况及分析.哈尔滨职业技术学院学报.2009（06）：96～97
③ 表 1-2 和表 1-3 数据来源：http://epub.cnki.net/，统计截止日期：2012 年 10 月 25 日。

图 1-7　模因研究的学科分布和文献数量比重

建筑学科涉及"模因"研究和应用的文献　　　　　　表 1-2

题　名	作　者	发表时间	来　源
基于"文化基因"视角的苏州古代城市空间研究	乌再荣	2009-12-28	申请南京大学博士学位论文
变革的机会	俞挺,邢同和	2009-10-05	《建筑创作》杂志
"觅母"影响下的建筑	李林,叶强	2007-06-25	《华中建筑》杂志
"文化基因"解析在五大道历史街区保护与更新中的研究与应用	冯天甲	2010-06-01	申请天津大学硕士学位论文

以"被引次数"为标准的涉及"模因"研究和应用的文献排名　　　　表 1-3

序号	题名	作者	来源	发表时间(年-月-日)	数据库	被引次数
1	模因论与社会语用	何自然,何雪林	现代外语	2003-04-30	期刊	626
2	模因论与隐喻的认知理据	尹丕安	西安外国语学院学报	2005-06-01	期刊	109
3	模因论与翻译的归化和异化	尹丕安	西安外国语学院学报	2006-03-01	期刊	72
4	从模因到规范——切斯特曼的翻译模因论述评	马萧	广东外语外贸大学学报	2005-08-30	期刊	66
5	新闻标题中流行语的模因论研究	杨婕	外语学刊	2008-01-05	期刊	55
6	模因与交际	谢朝群,何自然	暨南大学华文学院学报	2007-06-20	期刊	49
7	模因论对提高外语学习能力的一些启示	高纯娟	桂林电子工业学院学报	2005-08-25	期刊	48
8	模因论与人文社会科学——生物基因理论在语言上的应用	夏家驷,时汶	科技进步与对策	2003-09-30	期刊	45
9	从模因论角度看"××门"现象	刘桂兰,李红梅	外语学刊	2009-03-05	期刊	41
10	论析模因论与语言学的交叉研究	王宏军	北京第二外国语学院学报	2007-04-30	期刊	41

以下仅简要回顾其中四篇：

① 何自然的《语言中的模因》[①]。论文从模因论的角度揭示了汉语的话语流传和语言传播的规律，显示出模因论对语言研究的有力支撑作用。此文的两个重要内容是：语言模因形成的规律，语言模因的传播形式。

作者认为，自然语言的模因得以复制和传播主要体现在三个方面：

一是教育和知识传授。也就是由学习而来的单词、语句以及它们所表达的信息在交际中又复制、传播给别人。如"克隆"原意为无性繁殖，后来被广泛复制和传播，形成"克隆文"、"克隆片"等词。

二是语言本身的运用。在语言的运用中，储存于人类大脑中的模因信息不断被重复、增减、变换、传递，或从一组旧的模因集合重组成新的模因集合。如"阿姨"、"保姆"被组合成为"男阿姨"、"男保姆"，形成了新模因。

---

① 何自然.语言中的模因.语言科学，2005（vol.4）：54～64

三是通过信息的交际和交流。在这个过程中，一种语言模因可以在另一种语言中传播。这主要包括：外来语言和本土语言的混用、地域性的词汇进入到主体语言、语汇的跨领域复制等情形。例如，英语中的"拷贝"（copy）、"NO"、"NBA"等词在汉语中的普遍运用，广东方言"埋单"（"买单"）在汉语中的普及，地质学上的"板块"被借用为股票类型或房产位置，如"商业板块"、"望江板块"等。

作者总结出语言模因的复制和传播的两类基本方式：内容不变而形式不同进行复制，或者内容不同而形式不变加以扩展，即"一义多词"和"一词多义"现象①。前者是模因的基因型，后者是模因的表现型。

模因的基因型传播主要分两种：一是相同信息直接传递，即词形词义同时复制使用。包括引文、口号、转述、名言、警句，重复别人话语等。例如"鞠躬尽瘁，死而后已"常被现代人直接引用来表达为国事尽心尽力的意愿。二是相同信息以异形传递，即"一义多词"现象。如网络语言的"恐龙"＝丑女，"斑竹"＝版主，"水饺"＝睡觉，"PMP"＝拍马屁，"伊妹儿"＝email等等。

模因的表现型传播指模因的形式被复制，而内容已经变化，即词义的变迁现象。例如，眼药广告中的伪成语"一明（鸣）惊人"，丰胸保健品的广告里"做女人挺好"等。这里的"明"、"挺好"等词义已经发生变化。

② 刘静的《中国传统文化模因在西方传播的适应与变异——一个模因论的视角》②。这是模因论应用于文化传播研究的一个实例。作者认为，中国传统文化模因在西方的传播和接受是由于中国传统文化模因的独特性、普世价值和有效性。例如，儒家文化和而不同的人际关系、社会关系、中庸的处世原则、人性本善学说、天人合一、道法自然、无为而治、反对战争等观点，可以"给西方社会提供有意义的价值指引"，"作为治愈西方文化痼疾的药方，弥补西方文化的不足"。

中国传统文化模因在西方文化中的适应策略主要分为归化和异化。归化指在翻译中用异文化的概念结构来作为译文表达的组织框架。例如将"君子"译作"gentleman"；而异化指用源文化的概念作为译文表达的组织框架。例如将"君子"译成"the superior man"、"a man of true virtue"、"an exemplary person"等，保留了源文化的核心模因。

两种策略各不相同：归化翻译时，新模因更易被西方人接受，有利于中国传统文化模因的多产复制与传播，但保真度较差，不能准确复制原模因；而异化翻译时，新模因对原模因的复制比较准确，保真度高，但未必切合西方人认知能力，难以多产复制与传播。因此，中国传统文化模因在西方传播的初期，以归化策略为主，用以帮助西方人对中国传统文化的理解。如援引基督教的名词概念来比附、格义中国传统文化模因。到了后期，随着西方人对中国文化理解的深入，为了最大可能地提高中国传统文化模因的保真度，异化策略就非常重要。

作者认为，为了能够被不断地复制和传播，求得自身的生存和发展，中国传统文化模因在西方的传播过程中主要形成了三种不同的变体：宗教比附型、智慧型和未来哲学型。

---

① "一义多词"和"一词多义"现象是笔者提出的归类法。

② 刘静. 中国传统文化模因在西方传播的适应与变异——一个模因论的视角. 西北师大学报（社会科学版）. 2010（vol. 47）：110～114

第一种变体形成于中国传统文化传播的早期，特点是中国传统文化的模因与基督教模因相结合，如将孔子和耶稣进行比附，在基督教书籍里插入论语等。智慧型变异体形成于 20 世纪上半叶，多致力于发掘原文本的智慧，例如《道德经》的各种译本，将老子哲学看作生活之道的指导。20 世纪下半叶，随着西方对中国传统文化理解的深入，中国的哲学被当作未来哲学加以研究，异化策略被用来挖掘中国传统文化的深层内涵，并力图从中国传统思想里寻找美好未来的启示。

③ 俞挺的《变革的机会》①。这是模因论运用于建筑学的实例。作者在文中用模因论诠释了信息时代一个特殊的建筑现象：建筑设计作品是如何被大众接受、解读或误读，从而又如何影响建筑设计过程的。

在信息时代，大众对海量的信息往往是以一种"浅阅读"的方式进行筛选，形成分散、无序的记忆片断——meme。相对于建筑学专业的系统性、综合性、跨学科性，这些 meme 包含着浓缩的、不完整、不精确、不专业的信息，并顽强地植入大众的记忆深处和意识后台，呈假寐状态，进而在潜意识中影响大众对事物的评价和判断。建筑师设计作品中的概念、美学图景等等都会触发这些 meme，从而使大众对设计作品接受、排斥或者质疑。由于这些 meme 本身是不连续的、片断的知识，由此而产生对作品的误读和歧义。

"浅阅读"和"误读"在信息时代是难以避免的，大众由此形成评价建筑作品的新的 meme，并重新定义建筑作品美学图景的价值意义，这些都成为下一个建筑设计必须参考的背景，从而影响着建筑设计过程和建筑师的地位：建筑师再不能像"前信息时代"那样，成为输出建筑概念和美学图景的主导，而必须考虑到大众"民意"。

④ 乌再荣的《基于"文化基因"视角的苏州古代城市空间研究》。这是模因论运用于建筑学的一篇博士学位论文，体现了模因论在建筑学领域内运用的深度。作者认为建立在以地理环境、生产力等为主要因素的物质决定论基础的城市空间研究未能完整地揭示出文化对城市空间影响的重要性，文化"基因"对城市空间的形成具有不可忽视的作用："文化传播具有与基因传递相类似的特征，文化的'基因'② 对文化系统具有控制作用，并有遗传、变异和选择的能力"。

论文将包括儒家文化和民间信仰在内的吴文化以及苏州古代的城市空间作为研究对象，分别将二者类比为生物的基因型和表现型，"从历时性和共时性两个方面探求文化基因对城市空间的控制机制和规律"，借此揭示文化"基因"的变异与苏州古代城市社会变迁及城市空间结构与形态的演化之间历时性的对应关系，并"为可持续发展的文化遗产的整体性和连续性保护提供一个新的思路"。

5）总体研究深度欠缺。这表现在如下三个方面：首先，推介性文献连绵不绝。从 2003 年开始到 2011 年，在不同学科杂志上不断出现对模因的概念和发展进行介绍的文献，这从一个侧面说明，有的学科尚未触及模因论的深层次运用。第二，博士论文数量的匮乏。从 2009 年到 2011 年，涉及模因研究的论文只有 7 篇。这说明模因论的研究和应用总

① 俞挺，邢同和. 变革的机会. 建筑创作，2009（10）：144～153
② 乌再荣将关键词"文化基因"译成 meme，并强调这个概念由 Richard Dawkins 在《自私的基因》一书中提出。作者还将"涉及人与自然、人与人（社会）、人与神（心与物）的相互关系的'价值观'、'思维方式'、'宗教信仰'等以'内隐'方式存在的文化基本因子"看作是"文化基因"。笔者以为，这与 Richard Dawkins 对 meme 最初的定义略有不同，可以视作 meme 初始概念的一部分，即"模因的基因型"，而城市空间的物理形态则是"模因的表现型"。

体上尚处在一个起步阶段。第三，实证研究的缺乏。例如国外的 meme map 已经开始应用到了商业、心理学等领域的研究，模因理论本身的可视化研究也已经出现，但国内鲜有类似深度的研究文献。

当然，研究深度的欠缺也是模因论自身年轻所带来的一个必然结果，这从另一个侧面意味着模因的应用和深层次研究还存在可挖掘的巨大空间。

6）模因本体研究的不足。这实际上是模因论研究深度欠缺的一个表现。在以上文献中，比较深入的研究是模因论对文化传播现象的解释，而对模因自身传播规律的认识鲜有触及，这成为模因论发展的一个短板。

1.4　研究目的和意义

本书是模因论在建筑学领域的拓展，尝试建构起建筑进化的模因观，在传统建筑和现代建筑之间搭建起一座文化学的解释桥梁，用动态的、进化的、变异的视角来观察中国传统建筑的现代承传现象，并希望从中管窥承传的特征，以期对中国现代建筑未来的本土化过程和地域性追求有所启示和裨益。

1.5　研究方法

本书主要采用如下研究方法：

（1）类比研究。本书采用类比研究法主要基于两方面：1）模因之于文化承传犹如基因之于生物遗传，二者同属复制因子，在传播特征上存在相似性。但模因论尚处于研究的起步阶段，模因概念本身也比较抽象，为了能够使论述更加直观，本书常借用人们已经熟知的基因概念与模因形成对照。2）对建筑模因的划分借用了自然语言的分类法。事实上，建筑本身也可以被视作一种与自然语言类似的表意符号系统，二者在构成上存在相似性，本书因此借用人们熟知的自然语言对更为抽象的建筑进行解析和研究。

（2）对比研究。为了厘清模因所发生的变异，有必要对相邻的两代模因变异体进行对比考察。本书的对比主要发生在中国传统建筑与西方传统建筑、中国传统建筑与中国现代建筑之间。前者是为了更加突出中国传统建筑的独特性，后者是为了寻找传统建筑与现代建筑之间的差异性，以便归纳出传统建筑模因在现代建筑中变异的倾向。此外，在论述传统哲学观和美学观的表达时，考虑到建筑"画幅"巨大且抽象，不易览略其义，笔者用"画幅"较小的传统书画、篆刻与之进行类比，通过二者共同的美学意境来说明建筑的哲理性和美学特征。

（3）辅助实验。根据模因的原始定义，模因以模仿、复制的方式进行传播，在传播过程中总是要发生某种程度的变异。为了直观地描述模因在传播过程中发生变异的规律，本书进行了辅助实验：将一组图案进行了不同形式的人际间临摹传递，形成的所有"摹本"就携带了这一组图案的"模因"，将各个"摹本"逐一排列，观察图案的细节变化，直观展示出模因变异的规律。

（4）问卷调查。模因的变异体能否生存取决于它被人们接受的程度，越受人关注的变异体可以得到越多的生存几率。本书进行了一组问卷调查，让参与者为图形背景中的若干位置选择一个自认为合适的变异图形放入其中，统计出选择结果，分析结果与图形背景的关系，辅助展示大众对建筑模因变异体的选择倾向。

1.6　研究框架

本书研究框架见图 1-8。

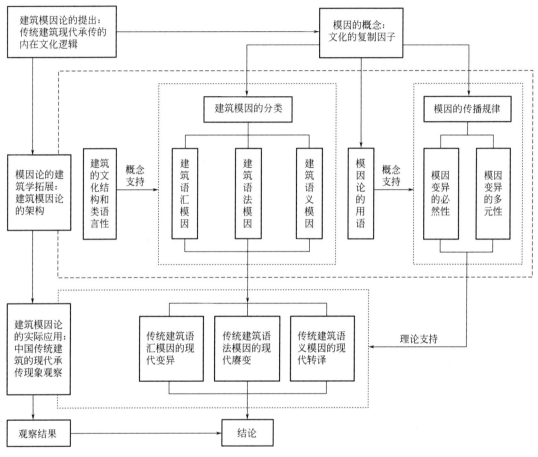

图 1-8　本书研究框架

第2章 建筑模因观的构建基础

本章主要包括两个内容：建筑模因的分类和建筑模因论用语的讨论，目的在于为模因传播规律的研究和传统建筑现代承传的实践观察提供理论支撑。

2.1 建筑模因的内容

2.1.1 文化的"三分"结构

前文在界定"模因"的概念时提到，传统建筑的现代承传是典型的模因传播现象，传统建筑被现代建筑接纳的那一部分就是"传统建筑的模因"。那么，建筑模因都包含哪些内容？为了回答这个问题，有必要先对"文化"的构成作一次分析，这将对建筑模因的理解有所帮助。

文化的定义有广义和狭义之分。无论是广义的文化，还是狭义的文化，在具体的"文化现象"中总包含着一些共同的特征，例如阶级性、民族性、地域性等。本书更关注的是文化的另一些普遍特征：器道性、共享性、传承性、后天性、物质性、历史性等。

文化在人类的活动中产生，并服务于人类：或满足人类最基本的生存需求，或满足人类的精神需求，如表达价值观、审美观、哲学观等。前者可谓之文化的"器用意义"，后者可谓之文化的"道用意义"。通常，二者兼而有之，只是两部分强弱不同。例如，绘制着书画的折扇，既是纳凉的工具，又是一件附载着一定美学意识的艺术品；再如中国传统的"天人合一"观念，在精神层面上反映着人与宇宙万物的辩证关系，而在实际层面上，却又调和着人与人、人与自然的关系，为人类更好的生存服务，体现出"器用"性一面。可以说，文化是功能层面的器用意义和精神层面的道用意义的结合体。

本书所说的共享性是指：文化总是由一定数量的人群共同秉持。文化不是单独一个人的文化，而是一群人所共享的文化。拥有相同文化的人类群体在某一方面或多个方面具有相同或相似的特征。

共享性正说明了文化具有承传性。文化从一个人向另一个人、一个人群，或者从一个人群向另一个人群，进行共时性和历时性地扩散，被另外一群人所接受，从而产生更多数量的继承者。个人的行为、思想、创造等等，如果只是昙花一现，不能在现在或未来被一群人所秉承，就难以被认定为文化。因此，可以认为承传性是文化的一个自然属性。而传统，则可以被理解为在某一固定区域的人群中历时性传播的文化。

承传性又印证了文化的后天性。即：文化是人类在后天的学习中得到的。文化并非生物基因现象，人并非生而知之。子女可以通过基因遗传得到父母的一些生理、外貌特征，却不一定得到父母的知识、信仰和生活习惯等，而这些都需要在后天的传授与学习中获得。从这个意义上说，所谓的天才，并非指他们的知识从母腹中带来，而是在某一领域学习效率极高，领悟能力、创造能力极强的人类个体。

文化的承传性带来另一个问题：文化是如何传播的？又是如何被接收和掌握的？显然，文化并非通过"心灵感应"、"意识"之类的唯心的、非物质的形式凭空产生和传播，而必须以某种能够被感知的、物质的方式被接收、储存和传递。即便是人们常常提到的"非物质文化"，例如口头文学和戏曲表演等，也必须凭借吟诵之声、身形演示才能被人们所听到、看到，才能被书面文字、图画或现代的录音、录像设备所记录、记忆、接收、储存。而人类的视听器官和储存设备所能接收的声音、光影都是具有能量的物质形态，书面文字、图画更是可视、可释的有形的物质存在。

所以，文化又具有物质性。文化的器、道意义必须"盛装"或"依附"在具体的物质外壳或说物理表现之中才能存在和传播，而这些物质外壳或物理表现则由文化的基本物质材料与之相匹配的组织逻辑或规则共同组成。因此，文化包含了这样三个部分：文化的基本物质材料、基本物质材料的组织逻辑或规则以及由二者组成的物质外壳或物理表现所盛装或附载的器、道意义（图 2-1）。它们一起被接收、记忆和传播。

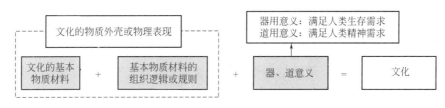

图 2-1　文化的"三分"结构

不同文化具有不同的基本物质材料和与之对应的组织逻辑规则。例如，自然语言的语汇、舞蹈的肢体动作，绘画、雕塑的色彩、材料、线条、图形、体形等等。与之相匹配的逻辑规则是自然语言的语法、舞蹈的动作编排，音乐的节奏、韵律，绘画、雕塑的构图手法、表达手法等等。

文化的物质性决定了文化总是随着时间的流转而处于动态变化之中。文化从源头开始，共时或历时地向周边人群扩散，被一定数量的人群所接受、继承，并继续在更广阔的时空中传递。在"承"与"传"中，文化并非一成不变，而是持续地、或强或弱地发生着各种变化。所有的文化——人类的习俗、意识、语言文字、知识、绘画、舞蹈等，以及直接为人类生存服务的物件、工具、衣饰、美食、建筑、舟车等，人类所创造的一切——都绝非突然之间无由而生，也绝非它的原始面貌，都是在"承"与"传"中，根据人类的需要发生着变化、积累、创新、提高。因此，文化又具有历时性，在时间的长河中变化、发展、消失或异化。

2.1.2　建筑的类语言文化结构

和文化结构对应得最为直观、最为普遍，也最易让人理解的是人类的"自然语言"，尤其是自然语言的可视系统——文字。自然语言最重要的基本物质材料就是语汇，将它们组织起来的逻辑规则就是"句法"或说"句型"，这样就构成一个"语句"。

当然，文化的构成具有"层次性"。以自然语言为例，最小的表义单位是单词、单字，它的基本物质材料是字母、笔画、词根、词缀、偏旁、部首等，再由单词、单字作为基础组合成短语、语句，继而是段落、文本等。它们可以被称作"广义的语汇"。自然语言的每一个层次又对应着不同层次的组织逻辑——"语法",又称"文法"①,如词法、字法、句法②(或句型)等。它们可以被称作"广义的语法"。语言所表达的意义——语义也具有层次性,语言的"体量"越大,结构层次越多,表达的意义越丰富,越完整,越深刻。一个单词、单字只能表达一个物体、一个动作……词义、字义,而这些单词按照某种逻辑规则组合起来,就可以表达一个完整句义,继而是句群、段落、文本……所要表述的意义(图2-2)。

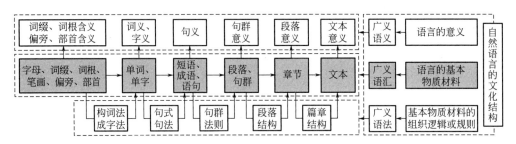

图2-2 自然语言的文化结构及层次

自然语言是典型的表意体系,人们常把具有表意功能的艺术形式类比作"语言",如绘画语言、舞蹈语言、音乐语言等等,因为它们和自然语言一样,具有相同的文化结构。如绘画语言的语汇是画家所运用的色彩、线条等,语法是组织它们的构图手法;舞蹈语言的语汇是舞蹈者的肢体动作,语法是动作的编排逻辑;而音乐语言的语汇指不同的音调,语法则可理解为节奏、韵律、节拍等等。

建筑亦如此。同自然语言一样,建筑也常被认为具有叙事、表意功能,人们通常也把建筑的本体称作"建筑语言"。这是一种合理的类比,因为建筑和自然语言具有相同的文化结构:可视、可触的建筑物理实体就是建筑的基本物质材料——建筑语汇,将建筑语汇"组装"起来的构图手法、比例等就是建筑语法,它们共同组成了建筑的物质外壳,实现建筑的器道意义——建筑语义,满足人类的功能需求和精神需求等。因此,从文化结构的角度理解,建筑和自然语言一样也由三个部分构成:建筑语汇、建筑语法、建筑语义,从而构成了建筑的语言体系。

2.1.3 建筑语言的分类

(1)建筑语汇的分类

我们可以更深入地理解建筑语汇、语法和语义,并对它们进行分类。梁思成在《古建序论》和《中国建筑的特征》中,对"建筑语言"均有相似而详细的论述。梁思成在论述了中国建筑体系的基本特征后总结说:"这一切特点我们可以叫它做建筑的'文法'。建筑和语言文字一样,一个民族总创造出他所沿用的惯例成了法则。"③ "构件与构件之间,构件和它们的加工处理装饰,个别建筑与个别建筑之间,都有一定的处理方法和相互关系,所以我们说它是一种建筑上的'文法'。至如梁、柱、枋、檩、门、窗、墙、瓦、槛、阶、栏杆、隔扇、斗栱、正脊、垂脊、正吻、戗兽、正房、厢房、游廊、夹道等等,那就

---

① 辞海.上海:上海辞书出版社,2009:2795
② 辞海.上海:上海辞书出版社,2009:1180
③ 梁思成.古建序论——在考古工作人员训练班讲演记录.梁思成文集(四).北京:中国建筑工业出版社,1986:82～84.原文刊于《文物参考资料》1953年第3期,由林徽因整理。

是我们建筑上的'词汇',是构成一座或一组建筑的不可少的构件和因素。"①

可以看出,梁思成所谓的"语汇"就是空间"具体的实物"或说物理表现,相当于建筑空间的各类基本要素。而语法,则是语汇的组合方法、原则以及它们的处理方法和相互关系②。

查尔斯·詹克斯(Charles Jencks)有近似的看法:"建筑语言与口述语言一样,必须运用大家都懂得的意义单元。我们可以把这些单元称为建筑艺术的'词汇'。有很多建筑学字典定义了这些词汇的意义:门、窗、柱、隔墙、悬挑物等等"③"建筑艺术与语言共享的另一方面是句法……,一座建筑物必须按一定的规律或连接方法建立起来并放到一起。重力和几何法则则主宰着诸多问题,……这些强制性的力量创造了所谓建筑艺术的句法——这就是组合各种词汇如门、窗、墙等等的方法"④"各种风格柱式间的对比,同时也基于大量句法学上的特性:陶立克柱头的尺寸、柱子之间的关系,它与檐口、檐部束腰、柱础之间的比例"⑤。

很明显,根据梁思成和查尔斯·詹克斯的定义,建筑语汇包含了可以被视觉感知的、可以独立表义的各种大小不等的建筑物质实体,如门、窗、柱子、隔墙、悬挑物等等。而"建筑句法"就是这些词汇的组合方法和构成词汇各部分的关系和比例。

然而,这并不是建筑语汇和建筑语法的全部。上述建筑物质实体又是由最基本的建筑材料、建筑色彩加工而成的具有三维尺寸的几何形体,包括二维的点、线、面以及由面构成的三维几何形体。毋庸置疑,建筑的材料、色彩、单纯的几何形体同样是可以独立表达意义的可视单元。例如,石材意味着冰冷、永恒,而木材代表温暖、生长;金色意味着财富、尊崇,而灰色则象征着含蓄、平静;方形、方锥体代表着稳定、明确,而弧线、曲面体则代表着柔美、模糊⑥。

但是,建筑材料、建筑色彩和纯几何形体只能表达有限的意义。而实际的建筑形体必然是材料、色彩和纯几何形体形成的复合体,是一种复合语汇,可以表达更为复杂、更具深度的意义。例如,柱子是由木材、石材、金属或复合材料加工而成的立方体或圆柱体,被赋予某种色彩、纹理。同样地,传统建筑的坡屋顶由若干片倾斜的直面或曲面组合而成,覆盖在表面的材料可能是陶瓦、石片瓦、茅草、树皮,而色彩则可能是灰色、红色、金黄色或植物材料的本色。

由此,我们将建筑语汇划分为基础语汇和复合语汇(图 2-3)。前者包括了独立的材料、色彩、纯形体等语汇,而后者则是由基础语汇组合而成的具有明确三维尺寸、材料质感、色彩倾向的各类建筑实体,也可以被理解为复合的形体语汇。它们也像自然语言的语汇一样遵从着相应的语法逻辑,组合成更为复杂的建筑单体、建筑群,继而是村镇、城市等规模不等的人类聚落。

---

① 梁思成.中国建筑的特征.梁思成文集(四).北京:中国建筑工业出版社,1986:101~102.原文刊于《建筑学报》1953 年第一期。

② 王辉,丁明达.从梁思成先生"语汇、文法"思想说起——中国语境中的建筑与城市语言学.建筑学报,2011(S1):175~176

③ (英)查尔斯·詹克斯著,李大夏译.后现代建筑语言.北京:中国建筑工业出版社,1986:33

④ (英)查尔斯·詹克斯著,李大夏译.后现代建筑语言.北京:中国建筑工业出版社,1986:38

⑤ (英)查尔斯·詹克斯著,李大夏译.后现代建筑语言.北京:中国建筑工业出版社,1986:41

⑥ 陈治邦,陈宇莹.建筑形态学.北京:中国建筑工业出版社,2006:151~157

```
                              ┌ 材料语汇
                   ┌ 基础语汇 ┤ 色彩语汇
         建筑语汇 ┤          └ 几何形体语汇——包括单纯的点、线、面、体
                   └ 复合语汇——由基础语汇复合而成的建筑形体语汇
```

图 2-3　建筑语汇的分类

（2）建筑语法的分类

如上文所述，自然语言的语汇具有层次性，而组织它们的语法也具有明显的层次性[①]。语言单位按承载意义的容量从小到大排列，得到了这样的层次序列：语言的基本物质材料（字母、词缀、词根或笔画、偏旁、部首）→单词（字）→短语（成语）→语句→段落（句群）→章节→文本（图 2-2）。将语言的基础材料"安装"成单词（字）时要遵守"成字法"或"构词法"，将单词（字）拼接成语句时要遵守"句法"或"句型"，将语句连缀成段落或句群时也要遵守相应的组织秩序——"句群法则"。中国古典文学中某些文体就具有"句群法则"的性质，例如律格和词牌，它们不仅对语句字数、用词对仗、平仄、押韵等作出约定，还对语句的数量及语句之间的顺序等方面做出规定……。

自然语法中的"词法"和"句法"是语言的基础，因为"词法"构成了自然语言最基本、最短的表义单位——单词（字），而"句法"则构成了完整、清晰地传递语义信息的最小的语言单位——语句[②]。任何复杂的段落、章节和文本都是由无数个单词、短语和语句构成的。

建筑语法也像自然语法一样具有层次性，不会仅限于梁思成和查尔斯·詹克斯提到的"建筑句法"。例如，砖、石、瓦、木等材料构成墙体、屋面、斗拱、柱、枋、门、窗等建筑构件（形体语汇）时，要遵守砌筑、铺设、搭接的构造规则；而当这些建筑构件（形体语汇）组合成建筑界面或建筑单体时，则要遵守合理的结构秩序、构图法则等等；建筑单体可以组成更大的"语言"单位——建筑群，同样需要其中的建筑单体服从某种逻辑安排。

由此，我们按建筑语言的组织层次将建筑基本语法主要划分为三类（表 2-1、图 2-4）：

建筑基本语法的分类　　　　　　　　　　　　　　表 2-1

语法名称	语法功能	示例
组件法则	将建筑材料或元件组装成建筑构件或建筑形体	砖石砌法、木件接法
组图法则	将建筑形体语汇拼装成建筑界面、建筑平面或建筑单体	构图手法、比例关系
组群法则	将建筑单体或建筑界面组合成建筑群的法则	空间围合、轴线布局

一是组件法则。即：将建筑材料或元件"安装"成建筑构件——形体语汇的法则。不同的材料具有不同的物理、化学特性，在加工和组合时要尊重这些自然属性，同时渗入人类的美学认知和内心情感。例如，木料是弹塑性材料，木构件可以开挖榫卯，进行穿插、咬合、搭扣等等；而砖与石是耐水、耐磨、耐压的脆性材料，砌筑的规则主要是错缝叠

[①]　辞海.上海：上海辞书出版社，2009：0333

[②]　叶蜚声，徐通锵.语言学概要.北京：北京大学出版社，2010：86～88

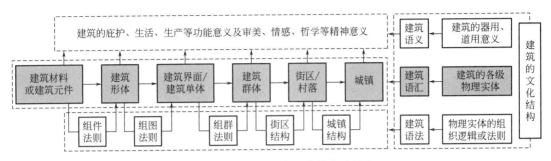

图 2-4　建筑的类语言文化结构及层次

压，但块料的大小、勾缝的方式却因不同的审美需要而存在较大的差别。

二是组图法则。即：将建筑形体语汇拼装成建筑界面、建筑平面或建筑单体的法则，包括手法、比例、构图等内容。不同的形体语汇在组合时要因循材料的自然属性、形体的力学特征，也同样会渗入人类的美学认知和内心情感。例如，为了表达庄严的气氛，人们常使用对称的立面构图，而自由无序的立面则常被用来表达轻松自然的氛围。

三是组群法则。即：将建筑单体组合成建筑群的法则，它们将建筑单体或建筑界面组织起来，形成特定的空间组合，满足更为复杂的功能和精神需求。中国传统建筑常用的组群法则有围合、轴线等等。围合法则可分为规则式围合和不规则式围合，前者生成的空间是皇宫、寺观、宅邸常见的院落、天井等，后者形成的是自由散漫的平面构图和空间形态，如江南文人园林。

同自然语法一样，组件法则和组图法则也是建筑语法的基础。组件法则构成了建筑语言最基本的、最短的表义单位——建筑形体语汇（建筑构件），而组图法则将形体语汇拼合成完整的建筑界面或建筑单体，使散乱的建筑形体语汇具备了完整的表义能力，满足人类的功能和情感需求。

（3）建筑语义的分类

那么，建筑语义又如何理解呢？广义地说，自然语言的"语义"指自然语汇的各个层次——词语、句子、篇章的意义[1]，实际上是人们对某种形式约定的含义，具有一定的象征意味。建筑具有类似的情形，建筑语义指建筑语汇的各个层次——砖、瓦、门、窗、墙、构件、房屋等，以及进一步由多个房屋形成的规模更大的建筑语言单位——建筑群、村镇和城市等所约定或表述的意义（图 2-4）。

根据建筑语义成分[2]的层次性，我们可以将建筑语义首先划分为表层语义和引申语义（表 2-2）。表层语义与建筑语汇本身的自然性质、功能等有关，如色彩、纹理、质感、力学特征、热工特征等等，而引申语义则相对抽象。以木材和石材为例：木材的天然特征是纹理自然、质地柔软、有韧性、热阻高、易湿腐等等，而相比之下，石材虽然色彩纹理多样，但质地坚硬、无韧性、低热阻等等。因此，木材容易和温暖、柔和等概念画上等号，

---

[1]　现代汉语词典.北京：商务印书馆，2012：1591
[2]　语义成分指语义分析过程中切分出来的构成一个词的意义的基本元素。如"单身汉"的语义可以切分成"人、男性、成年、未婚"等成分；"椅子"的语义可切分成"家具、用于坐、有靠背"等。参见：辞海.上海：上海辞书出版社，2009：2713

而石材更多地意味着沉重、坚硬等。进一步地引申，木材象征着亲和力，而石材则表情冷峻，难以亲近。

由此可见，基本语义是人们对建筑语汇最直接、最直观的感性认识，直接附着于建筑语汇的物理表层，通过"浅阅读"的方式就可以理解，而引申语义则通过象征、联想等抽象思维获得，隐匿于建筑语汇的物理表层之下（表2-2）。

建筑语义的分类

表 2-2

语义名称	基本特征	示例
表层语义	直接附着于建筑语汇的物理表层，是人们最直接、最直观的感性认识，通过"浅阅读"就可以理解	木材的温暖、柔和，石材的沉重、坚硬
引申语义	隐匿于建筑语汇的物理表层之下，通过象征、联想等抽象思维获得	木材的亲和，石材的冷峻，柱式象征人性
深层语义	建筑语义的核心，建筑最具价值的部分，是人们深层次的理性认识，需要"深阅读"的哲学思辨	天人合一观

每一个建筑语汇都可能附着一系列的语义层次。例如，维特鲁威将陶立克柱式的特征定义为"严峻、简洁、直率、可信、忠诚、单纯、男性"，将科林斯柱式的特征定义为"精巧、细腻、华美、富装饰性，是处女"，而爱奥尼克柱式则"优雅，但更中性化，缺少男性，偏女性，是妇人"[1]。很明显，这些柱式特征的定义都包含着一系列的语义层次："严峻、简洁、精巧、细腻、优雅……"可理解为表层语义，是人们对这些柱式最直接的感受，而"单纯、直率、忠诚、可信、男性、华美、装饰性、处女、妇人……"则是引申语义，由人们通过联想、象征思维间接得到。

现代建筑语汇也对应着从表层到引申的语义层次。例如，查尔斯·詹克斯在《后现代建筑语言》中说，组成幕墙的玻璃和钢的表层特征是"冷静、无个性、精确、有序，与办公建筑相匹配"，引申的象征意义是"企业的井然有序和经营得当"，木材的表层感觉是"温暖、柔软、有机、纹理自然"，间接的暗示是"适用于人们容易接触的地方，常和砖一起用于居住建筑之中等等"[2]。

现代建筑符号学对建筑语义的层次性有着更深刻的认识。查尔斯·詹克斯认为建筑符号的能指（近于由建筑语汇和语法组成的"建筑的物质外壳"）包括建筑形式、表现物质和感觉媒介三部分，而所指（近于建筑的语义）则包括了美学意义、空间观念、宗教信仰、活动情形、商业目的等[3]，可分为浅层的功能意义和深层的精神意义。后者如建筑思想、社会意识、哲学信仰、生活观念、美学观念等，属于人们的深层的理性认识，是建筑的"深层语义"，也是建筑最具价值的部分，往往与哲学思想相关，决定了建筑作品的面貌气质。它不易通过"浅阅读"的方式理解，而需要"深阅读"的哲学思辨。例如，中国传统礼制建筑的和谐有序之美和园林建筑的萧散自然之境，均源自于"天人合一"观，决非通过简单的一砖一瓦、一门一柱就能够表现出来的，而需要通过对建筑群的总体把握，

---

① （古罗马）维特鲁威著，高履泰译. 建筑十书. 北京：中国建筑工业出版社，1986：81～83
② （英）查尔斯·詹克斯著，李大夏译. 后现代建筑语言. 北京：中国建筑工业出版社，1986：44～46
③ 转引自：张晓非. 符号理论在中国园林研究中应用的初步探讨. 华中建筑，2002（03）：53

甚至反复游历、体验、玩味、揣测……才能获得。

2.1.4　建筑语言的特征

建筑的类语言特征不仅表现在建筑语言的语汇、语法和语义与自然语言相同的层次性，还表现在如下几个方面：

（1）建筑语汇的丰富性和建筑语法的有限性

自然语言的一个重要的普遍特征是：无限的语汇受制于有限的语法[①]。每个成熟的自然语种都有着浩繁的语汇——单词（字）和短语（成语）。例如，英语单词超过 99 万个，《牛津英语词典》（第二版）收录的条目超过 50 万个[②]。汉字目前的最大收录量超过 9 万个[③]，而由这些字组合成的短语数量应该更为庞大。

然而，自然语法的数量却要少得多。英语单词主要可以分为基本词和复合词两种构词法，复合词的结构也可以精简到仅有的前缀、后缀、基本词组合等几种方式，句法则可以压缩为七大类句型[④]，每一大句型又可以划分若干小类。汉语的情形与之相似，汉字的成字规则有"六书"之说，即"指事、象形、形声、会意、转注、假借"[⑤]。如果总结起来，汉字的基本构造方法也只分为两种：独字和复合字，后者的结构也只有左右、上下、内外等大类和若干小类[⑥]（图 2-5），而汉语构词方法亦只可分出合成法、加音法、变音法和直用法四大类和若干小类[⑦]。汉语的句式也不多，1996 年的《汉语水平等级标准与语法等级大纲》列出现代汉语基本句型为 11 大类以及常用的 22 小类[⑧]。

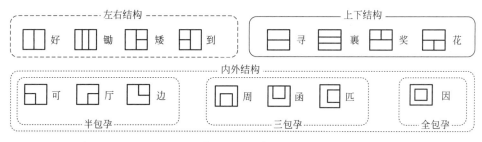

图 2-5　现代汉字的复合构字法及示例

建筑语汇和语法亦如此，同样是有限的语法支配着极大丰富的材料、色彩和形体语汇。例如，传统建筑普遍具有多材并用、多色并施、形体繁复的特征，就一座建筑而言，从屋顶到台阶，往往是砖、瓦、石、土、木、金属等材料语汇并置，多种色彩涂施于不同的部位，而不同部位又形体各异。就不同建筑而言，由于"业主"社会地位、经济水平不同，材料、色彩、形体又有不同，但构图手法、组群手法却非常有限，如单体建筑的"三分"构图（见第 6 章）、建筑群的轴线布局等，被人们反复使用，使千变万化的建筑呈现

①　刘伶，黄智显，陈秀珠.语言学概要.北京：北京师范大学出版社，1986
②　维基百科：http：//zh.wikipedia.org/wiki/%
③　杨润陆.现代汉字学.北京：北京师范大学出版社，2008：187
④　冯智强.英汉语法本质异同的哲学思考.云南师范大学学报，2008（01）：66～67
⑤　此说来自东汉许慎的《说文解字》，但"六书"之说实有争议。
⑥　杨润陆.现代汉字学.北京：北京师范大学出版社，2008：139
⑦　葛信益.汉字构词的特点和方法.语言教学与研究，1979（02）：30～40
⑧　施家炜.外国留学生 22 类现代汉语句式的习得顺序研究.世界汉语教学，1998（04）：77～78

出有秩序的肌理。

（2）建筑语汇的易变性和建筑语法的稳定性

在自然语言中，语汇对时代发展、社会变化最为敏感。语汇的数量总是处于历时性的变化之中（图2-6）：旧的字词消失，新的字词生成。一个人们容易观察到的现象是，现代英语和汉语每年还在增加新的字词和短语。不仅如此，字词形态也同样进行着历时性演变，汉字经历了甲骨、金文、大篆、小篆、隶、楷、行、草……之变，时代不同，书者不同，字体相异。

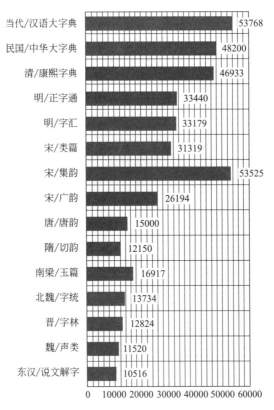

图2-6　各代汉字著作收录字数的变化

但自然语法是"语言中最稳定的结构要素"[1]，能够保持相对的稳定性，变异速度几乎难以感觉到。例如，现代的人们只要能够辨识古汉字，了然其义，就基本能够读懂古汉语文献，重要原因就在于汉语语法在几千年间保持了相对的稳定性，变异的过程属于连续的渐进式。当然，现代汉语还是废弃了一部分古汉语句型，或者很少再使用，例如古汉语的"宾语前置"句型、"……者，……也"或"……，……也"等判断句型[2]。

对于同一建筑"语种"，其基本语法也具有相对的稳定性，维持着较低的变异率，而语汇却处于历时性的变化之中。例如，中国传统的抬梁式殿堂建筑，对称式的布局、三分构图经历千年未曾大变。但是，期间色彩、屋顶、斗栱、装饰构件、纹饰和细部材料等语

---

① 刘伶，黄智显，陈秀珠.语言学概要.北京：北京师范大学出版社，1986
② 薛凤生.试论汉语句式特色与语法研究.古汉语研究，1998（04）：60～67

汇进行着演变：瓦材在色彩单一的陶瓦的基础又发展出色彩斑斓的琉璃瓦，屋面从直线向曲线转变，斗栱从雄浑向繁密转变。西方传统建筑亦如此，檐部、柱体、台阶式的柱式构图，从古希腊到古罗马，再到文艺复兴、折中主义，一直稳定承传，但是檐部纹饰、柱头花饰等，却异彩纷呈。现代建筑更是如此，人们可以继续延用轴线手法进行建筑单体设计或群体组合，而现代材料、形体语汇却日新月异地更替，从沉重的实墙到轻透的幕墙等，从方盒子到流线形，形体变化多端。

（3）建筑语汇的专属性和建筑语法的普适性

在同一种自然语言里，语汇的使用往往受到语境的限制，具有一定的专属性。换言之，语汇不具有普适性，具有阶级性、地域性、时代性、情感性、专业性等特征，属于语言中的"一义多词"现象，即：用不同的词语去定义或描述同一事物。阶级性是等级社会特有的语言现象，例如，"父皇、母后"和"父亲、母亲"分别是皇家和庶民子女对父母的敬称，"驾崩"和"亡故"分别指帝王和庶民的逝世，这些词语分别适用于两个不同的阶级，不可僭越。地域性指在不同地区用不同的词语或用同一词语的不同发音去定义或描述同一事物，即"方言"性。时代性指在不同的时代用不同的词语定义或描述同一事物，例如，"教师"就有"师傅"、"博士"、"先生"等不同的历史敬称，现在的常用词语是"老师"。情感性指在不同情境下使用感情色彩不同的词语定义和描述同一事物。例如，"政治家"和"政客"均指专业从事政治活动的人士，但前者为中性或褒义，后者为贬义，分别被用于赞扬或谴责的场合。专业性主要指不同的学科因不同的研究对象制定特殊的术语，用于描述和定义特定的事物。当然，专业术语也会发生跨学科的语义转移，被借用来描述和定义其他事物，从而产生语汇的"一词多义"现象。例如地质学术语"板块"，现在经常被用于定义房产所在的城市区位和股票的类型，而物理学的"离心力"一词则被用于描述国家或社会的分裂的非团结力量。

但同一种自然语言的语法却具有普适性，使用却相对自由，没有这么复杂的约束。例如语言的句式，在使用上既没有高低尊卑的社会地位之分，也没有专业的限定，可以超越地理空间、时间空间和言语情境的隔阂。一种文体，譬如词牌格律，王侯庶民、古今人士皆可用它来填词赋诗，作者无地位之别、南北之分。

建筑语言具有类似的情形，同一建筑"语种"的语汇不具有普适性，而受到阶级性、地域性、时代性等方面的制约。在中国森严的等级社会，建筑的材料语汇、色彩语汇、形体语汇均有严格的阶段限制，按"业主"的社会地位、建筑的等级地位，形成了一套成熟的用材、用色、用形制度，不可僭越。例如，高档汉白玉、金黄色琉璃瓦、龙凤图案的和玺彩画、三层须弥座、重檐庑殿顶，只有皇家才能使用，庶民建筑只能使用一般性材料、低彩度色彩和小式木作的屋顶。建筑语汇的地域性主要来自于就地取材的传统营造方式，各地自然资源不同，材料的自然属性相异，形体语汇和色彩语汇自然也会产生差别。建筑语汇的时代性主要源于生产力的进步、思想观念的变迁等因素——不同的时代对材料认识水平有别，审美观念会应时而变，材料的加工处理工艺亦随之调整，形体语汇和色彩语汇也会发生变化。并且，传统材料的缺陷会逐步被认识，逐步被改进甚至被淘汰，被新材料取代，形成新的材料体系和结构体系，从而造成建筑"语种"的根本性转变，建筑语汇就发生彻底的演替。从某种程度上说，中国的传统建筑和现代建筑就属于不同的"语种"。

但相同"语种"的建筑语法却具有相对的普适性，不受阶级、地域、时代等方面的约束。例如，中国传统的轴线布局法不仅适用于皇室，也广泛应用于民宅、宗祠、寺观等建筑，而且不分东西南北，贯通中国数千年建筑史。

（4）建筑语法的独特性和有限的通用性

众所周知，不同的自然语种拥有不同的语法规则。表现最为明显的是构词（字）法，不同的自然语言有不同的基础材料及组合逻辑。例如，汉字的基础材料是线条化的笔画、偏旁、部首，适合二维化、图案化的组合规则，尤其是偏旁、部首的组合，有左右、左中右、上下、上中下、内外等结构，形成一个矩形的平面图案，而英文的基础材料是字母、词根、词缀，非常适合水平方向的直线式排列，只有前后位置之分。也就说，自然语言的构词（字）法与它的基本物质材料相关，并与之相匹配。

自然语言的句法也因语种的不同而大相径庭。我们可以对汉语和英语的句型略作比较：汉语句子中的实词直接表义，谓语动词无时态变化，名词无数量之分，人称无主、宾之格，句型相对自由，而英语句型比较注重逻辑，句型相对严谨，谓语动词有严格的时态变化，可数名词有数量之分，人称词形因其成分角色发生相应的改变。例如，在"他给我一本书（He gave me a book）"和"我已经给了他两本书（I had given him two books）"两句话中，汉语的"他""我""给""书"四个词没有任何变化，但英语却区分出主格、宾格、过去式、过去完成式和名词数的变化。并且，英语的每一个句子都要有完整的结构，句子成分缺一不可，但汉语却可以省略某些句子成分，例如在"正在下雨（It is raining）"和"六点钟了（It is six o'clock）"两句话里，汉语均没有主语，而英语却必须有一个虚拟的主语"It"。

但是，自然语言也存在有限的通用语法。例如，"主语＋谓语＋宾语"和"主语＋谓语"句型，以及"形容词＋名词"的构词法等普遍共存于英语、汉语之中，像汉语"有趣的书"、"红苹果"与英语"interesting book"、"red apple"完全是相同的构词方式。

建筑语法亦然。建筑无法脱离具体的自然环境（地形、地貌、气候等）和社会环境（政治、经济、文化、城镇村落等）而独立存在，建筑环境的诸因子都会不同程度地影响建筑的发育过程，形成独特的建筑语汇以及与之匹配的建筑语法。例如，对建筑材料语汇来说，不同的材料有不同的构造逻辑，整齐的块石和不规则的料石遵循着不同的砌筑方法，砖与砖的连接方式与木与木的搭接方式又完全不同；对于单体建筑而言，石制的西方建筑和木制的中国建筑在构图上差异明显，使用了迥然不同的"句型"（图2-7）。

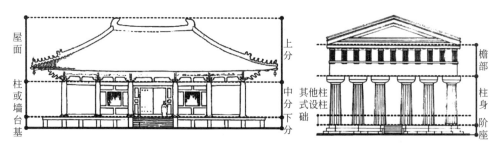

图2-7　中西殿堂式构图差异

但是，正如英语和汉语可以通用有限的句型一样，某些建筑语法也具有通用性。尤其是一些组图法则和组群法则，如组图法则中的"对称构图"和组群法则中"轴线法则"，不仅通用于不同级别、不同地域的同"语种"建筑，甚至可以跨越建筑"语种"，不分材料和结构，不分地域国别，不分现代与传统：明清皇宫的建筑单体是对称构图，建筑群是轴线纵深布置，道观佛寺、庶民家祠亦然，并无地域之别；古埃及神庙、罗马帝国的广场、神圣的教堂、绝对君权的法国王宫以及现代中国现代城市的行政中心甚至大学校园等，也都能够找到这种平衡的构图和严整的序列（图 2-8）。

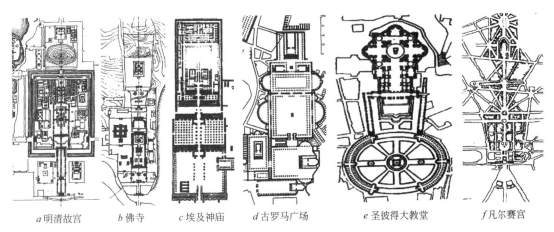

a 明清故宫　　　*b* 佛寺　　　*c* 埃及神庙　　　*d* 古罗马广场　　　*e* 圣彼得大教堂　　　*f* 凡尔赛宫

图 2-8　轴线布局的普适性、通用性及实例

（5）建筑语义的独特性和变迁性

1）独特性

建筑语义的独特性与建筑的文化背景相关，尤其是引申出来的象征成分。不同的文化观念对相同的事物的看法存在差异性，会赋予相同的建筑语汇不同的含义。仍以木材和石材为例。在中国传统"五行"观念里，"木"，象征着东方（图 2-9）、春天、生命等，但石材意味着阴冷、死亡等。因此，木材多用于阳世的建筑及其主要构件，而石材多用做铺地、建筑底部和阴世的陵墓地宫等。但在西方世界，"木"可能有其他的哲学意义，未必和时空产生联系，而"石"则象征着力量、恒久，与生死无关，不论是逝者的陵墓还是世人的宫殿、宅邸等都可以将石材作为重要材料。

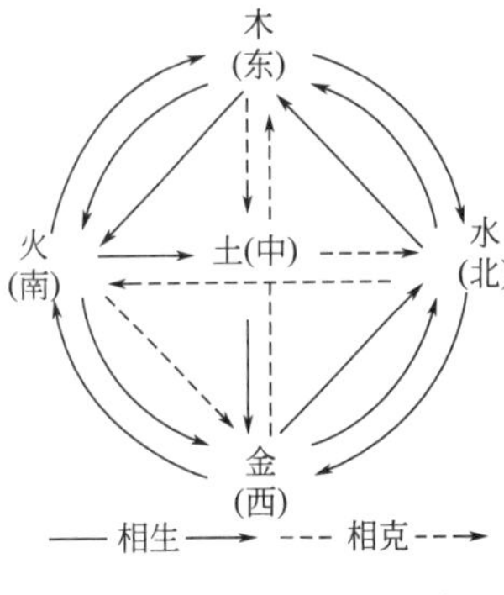

2）变迁性

瑞士学者索绪尔（Ferdinand de Saussure，1857～1913）将自然语言定义为符号，他在《普通语言学教程》一书中规定语言符号的两种关系和语言符号的组成要素：能指与所指，二者大体相当于该书所说的语言的物质外壳和语义。索绪尔认为能指与所指之间存在"随意性"，我们可以将它理解为语汇与语义之间的"非固定性"，即语汇和语义之间并非一一对应，自然语言的典型反映是"一词多义"和"一义多词"现象：前者指一个词语可能有若干个义项。例如，英语中的"happy"一词就

图 2-9　五行与地理方位

有"高兴的"、"幸运的"、"愉快的"等多种义项，汉语的"小姐"一词既可指"对青年女性的敬称"，又可指"母家对已出嫁女子的称呼"[①]。

"一义多词"即前面所指的同一义项用不同语汇表达的现象。从语种角度来划分主要有两种情形：同语种的"一义多词"和跨语种的"一义多词"。前者指一个意义可以用同语种内的不同的词语表达，这些词语之间是"同义词"、"近义词"或"同义语"关系，比如，在汉语里"在极短的时间内"可以分别用"瞬间"、"顷刻之间"、"刹那间"等词来表示，英语中表达"棒极了"的词既可以是"nice、fabulous、great、marvelous、terrific"……，也可以是"very good、very well"等。

当我们用母语来理解外语时，发生的是跨语种的"一义多词"现象，即相同的意义用不同语种的语汇表达出来。最常见的实例是文学"翻译"，将一国语言作品的精神内涵用多种语言表达出来。比如，为了让世界各地的教徒准确理解教义，基督教的《圣经》就被翻译成不计其数的语言版本。"翻译"的本质是语义被复制到了其他语言物质外壳里，是语义模因发生了空间"转换"，也是一种典型的模因现象。

语义的另一种变迁方式是语义容量的增减。例如，当下的中国人称呼年轻女性不敢再轻言"小姐"，因为它的语义进行了扩容，衍生出一个非正式的贬义："从事色情行业的女性"；"美女"一词也增加了一个非正式的义项，不再专指"美丽的年轻女性"，而是可以称呼所有不相识的女性。

建筑的能指和所指之间，即建筑语汇和建筑语义之间，同样也不是一一对应的，一个建筑语汇会有数个义项，或者数个语汇表达相同语义。前文提到维特鲁威刘柱式、查尔斯·詹克斯对玻璃幕墙的定义，都呈现语义的系列化，可以近似理解为建筑中的"一词多义"现象。再如，在中国传统建筑中，金黄色象征富丽、财富、皇权，是典型的"一词多义"；而龙凤形象、金色琉璃瓦皆可象征皇权，屋脊鸱吻和山墙悬鱼均表示克灭火灾，则是典型的"一义多词"现象（表 2-3）。

建筑语义的变迁 表 2-3

语义名称	基本特征	示例
一词多义	同一建筑语汇有多个义项	中国传统金黄色象征富丽、财富、皇权
一义多词（转译）	同一建筑语义可用多种建筑语汇表达	中国传统龙凤形象、金色琉璃瓦皆可象征皇权
容量增减	同一建筑语汇义项的增减	现代金黄色象征富丽、财富，剔除"皇权"含义

建筑语义也会发生容量的增减。以石材为例，今天的中国人不仅已经不再忌讳石材的阴冷、无生命特征，还普遍认可了它的西方语义成分：坚强、永恒，甚至是财富和力量的象征。因而，石材已经被现在的中国人普遍用在各类公共建筑甚至是住宅建筑中。再如，中国现代建筑使用金黄色，显然剔除了"皇权"的义项，而保留了"富丽、财富"等内容。

如前文所说，在自然语言里，一个常见的典型的"一义多词"现象就是"翻译"：将原作的故事情节、精神内涵等用其他形式的语言表达出来。这时候，某种"元"语义寄宿

---

① 辞海.上海：上海辞书出版社，2009：2518

于不同的语言外壳之下，或者说"元"语义在不同的语言外壳下发生了"转译"①。

不仅如此，"元"语义还会使用"非自然语言"进行表达。例如，将文学原著用舞台、电影等可视、可听的语言进行表达。雨果的《巴黎圣母院》和莎士比亚的《哈姆雷特》就曾经分别搬上西方电影银幕和歌剧舞台，甚至被地道的中国京剧语言进行了精彩演绎②（图 2-10），发生了多"语种"的"转译"。中国的传统诗词情境也常被"转译"为可视的绘画意境，例如唐代柳宗元的《江雪》和北宋苏轼的《后赤壁赋》等，在马远的《寒江独钓图》和马和之的《后赤壁赋图》③中得到传神的再现（图 2-10）。虽然它们和原作在表达形式或说语言外壳上存在巨大差别，但思想内容却相近甚至完全相同。

a 京剧版《巴黎圣母院》剧照　　　　　　　　　　b 京剧版《哈姆雷特》剧照

c《后赤壁赋图》（局部）　　　　　　　　d《寒江独钓图》（局部）

图 2-10　文学精神内涵的可视化"转译"

当然，一种哲学观念、宗教信仰、审美意识同样可以进行跨建筑"语种"的多版本"翻译"。例如，用于宣扬基督教义的教堂，就有不同的建筑"语言"版本：高直线条、彩色玻璃的哥特式，形态奇幻、非线型的"高迪式"和"勒柯布西耶式"，以及精确几何体、

---

①　现代汉语词典.北京：商务印书馆.2012：1711."转译"一词原指："不直接根据某种语言的原文翻译，而根据另一种评议的译文翻译。"本书的"转译"与此有别，融合了"转"和"译"两层含义，特指某种宗教信仰、哲学观念等在不同建筑形态或不同艺术形式上的表达，是它们附载于不同的语言物质外壳之中，本质上是它们发生的空间转移。从宽泛的意义上讲，文学"翻译"是典型的语义"转译"现象。

②　雨果的《巴黎圣母院》和莎士比亚的《哈姆雷特》分别被改编为京剧《情殇钟楼》和《王子复仇记》。被改编为京剧的莎翁戏剧还有《李尔王》、《麦克白》、《罗密欧与朱丽叶》等。为了更贴近中国观众，原作的人物名称、地名等进行了"中国化"，剧情也做了某些改编，但原作的精神思想基本得到了保留。参见：(1) 江巨荣.情殇钟楼：从外国小说到京剧.中国文化报，2011 年 11 月 1 日第 008 版；(2) 意栋.《情殇钟楼》的审美文化物质略说.戏剧之家，2012 (08)：5～6；(3) 李伟民.从莎剧《哈姆雷特》到京剧《王子复仇记》的现代文化转型.中国戏曲学院院报，2008 (08)：12～16

③　两幅画分别表现如下情境：《江雪》中的"孤舟蓑笠翁，独钓寒江雪"，《后赤壁赋》中的"江流有声，断岸千尺，山高月小，水落石出"、"适有孤鹤，横江东来，……，戛然长鸣，掠予舟而西也。"

材料纯净的"安藤忠雄式"(图 2-11)等。和自然语言的"翻译"一样，这种现象在本质上也是某种思想观念被复制到了不同的建筑物质外壳之下，发生了空间转换，也是典型的模因现象。我们姑且称之为建筑语义模因的"转译"。

a 哥特式教堂　　　b 圣家族教堂　　　　c 朗香教堂　　　　d "光"之教堂

图 2-11　基督教堂"一义多词"的"转译"现象

2.1.5　建筑模因观的历史视野

对照一下历史的镜子，就不难发现：传统建筑的承传实在是一个司空见惯的、普遍的历史现象。只不过，有的以外显的方式——以传统建筑语汇的再现为主，有的则是含蓄的、内隐的方式——用现代语汇和现代语法来表述传统的语义甚至是审美观、哲学观等传统深层语义。当然，其中总是伴随着比例、构图、组合方式等传统语法的调整。

我们可以简单回顾一下建筑史，将一些重要历史节点串联起来，看一下建筑承传的轨迹。以柱式作为代表的西方传统建筑从古希腊肇始，古罗马对柱式的语汇、语法进行了忠实的继承，但又有所创新，例如柱身比例、柱头花饰的变化，券柱的结合等。在拜占庭建筑、罗马风建筑、哥特建筑中，柱式并没有完全消失，只是不如古希腊、古罗马柱式那样精确、理性。文艺复兴时代是对古典柱式的一次全面回归，柱式再次成为建筑构图中的主角，古典语汇得以承传，并对语法规则进行了创新，而巴洛克风格则显示出语汇的承传和共时性变异。当然，文艺复兴时代也有传统深层语义的回归，那就是古希腊、古罗马建筑中存在的理性和人性精神。19 世纪末、20 世纪初被称作现代主义建筑的前夜，传统柱式进行了一次集中表演，折中主义建筑将历史上的语汇全部展示出来，按不同的语法秩序进行"组装"(图 2-12)。这一次并不意味着西方传统柱式的终结，及至今日，它还在世界各地进行复制和传播。

西方建筑中的另一个经典特征——集中式构图也经历了漫长岁月的演变：古罗马万神庙的穹顶还有些羞涩，并没有成为构图的主角；拜占庭风格的圣索菲亚大教堂的穹顶像一个蹒跚的婴儿，试探着想要站起来；佛罗伦萨主教堂的穹顶被高高的鼓座托了起来，大大方方地向人们展露出自己的妆容，统率着整个建筑，已经成为构图的主角；小小的坦比哀多的集中式构图已经娴熟，它的穹顶覆盖着虚实相映的柱式，更衬托出穹顶的高大；圣彼得大教堂显然是集中式构图进化过程的一个高峰，而且一直延续下去，并从宗教建筑走向世俗建筑(图 2-13)。

柱式和集中式构图伴随着西方的强势扩张，从殖民地时期向全球蔓延至当下，它们被复制了无数次，成为世界建筑史上的强势模因。它们明显包括了两部分：语汇和语法。

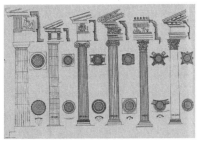

a 从古希腊到古罗马　　　　　　　　b 拜占庭与罗马风建筑变异的柱式

c 帕拉第奥母题和巴洛克建筑　　　　　　　d 巴黎歌剧院

图 2-12　柱式承传的部分历史节点

a 古罗马万神庙　　　　　　　b 圣索菲亚大教堂　　　　　　　c 佛罗伦萨主教堂

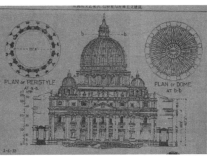

d 坦比哀多　　　　　　e 圣彼得大教堂　　　　　f 恩瓦立德大教堂　　　　g 圣保罗大教堂

图 2-13　集中式构图承传的部分历史节点

　　以"革命者"姿态出现在 20 世纪后的现代建筑呢？西方现代建筑无疑是丰饶的，并且在骨子里弥漫着"革命的、抵抗的、反叛的、个性的"的创新气息。但创新并非无根之木，传统也一直和西方建筑纠缠在一起，欲罢不能、欲语还休。

图 2-14 透平机车间

看看贝伦斯的透平机车间——这个获封"第一座现代建筑"的立面：大跨度结构支撑起来的屋顶下，还保留着两片形象厚重的墙体，带着传统石墙横线条的余味（图 2-14）。

赖特无疑对传统有一丝特殊的迷恋：中美洲玛雅的符号被他以外显的方式组织到了大面积的墙体中；著名的草原别墅，舒缓、深挑的屋顶和简洁方正的烟囱是传统语汇的简化，而支撑屋顶的则是现代的钢结构；"有机建筑"论对建筑与环境和谐关系的强调，是一种内隐的传统，是东方传统环境观的美国式转译[①]（图 2-15）。

a 玛雅符号　　　　　　b 草原别墅　　　　　　c 西塔里埃森

图 2-15　赖特的建筑：传统的语汇和语义

阿尔瓦·阿尔托对传统的爱恋是含蓄但又坦率的，作品的语法无疑是现代的，立面简洁而自由。但他的材料语汇从骨子里带有本土传统的亲切感，建筑氛围体现着人性的味道，这无疑就是北欧建筑一直的精神追求（图 2-16）。

语义贫瘠但曾经风靡一时的"现代主义"是无由而生吗？在 1927 年的"魏森霍夫住宅展"里，光挺的白墙、方正的盒子等日后被贴上"国际式"标签而横行一时的现代特征，却在最初深受来自地中海、中东和北非乡土建筑的影响[②]。"白色国际式"实际上是对传统色彩语汇的承传（图 2-17）。

图 2-16　阿尔托的建筑　　　图 2-17　斯图加特住宅展（1927）的密斯作品

密斯的建筑乍看似乎与传统建筑并不相干。但巴塞罗那世界博览会的德国馆却使用了石材的基座、平直的挑檐，组成了三段式构图，显示出"与传统建筑之间存有某种血脉联

①　吴麒，吴平祥. 赖特与老子：心灵深处的共鸣. 神州大学学报，2008（01）：56～61
②　（澳）卢端芳著，金秋野译. 建筑中的现代性：述评与重构. 建筑师，2011（1）：28～29

系"，而名贵的石材让建筑"可与欧洲许多皇室、贵族的老建筑媲美，从而又与传统建筑多了一层联系"。德国馆似乎深谙传统建筑的构图之妙，气质之美，只不过用现代语汇进行了一次"转译"①（图 2-18）。

| a 平面 | b 外观 | c 水院一角 |

图 2-18　巴塞罗那世界博览会的德国馆

后现代建筑是以"革命者"的姿态出现的。但"革命者"的装备里居然包括了已经被"现代主义"抛弃的传统"武器"：变形的或者更换了材料的山花、柱式，或者语义含混不清的其他语汇（图 2-19）。后现代的古典主义、文脉主义、新乡土主义等等，这些眩目的词语都回首指向了人类走来的方向——传统——那里是一座富矿，现代建筑里还或隐或现地流淌它们的血液。

| a 母亲住宅 | b 变异的柱式 | c 意大利广场 |

图 2-19　后现代建筑中的传统语汇

看看我们身边的邻居，就会明白传统之于现代的价值。印度的柯里亚没有使用传统的语汇，却在借用传统的语法和语义：印度传统文化中的曼荼罗在科里亚的作品中反复出现，斋浦尔艺术中心平面中的 9 个方块对应着太阳系的 9 个星座（7 个是客观存在的，2 个是虚构的），建筑功能也与其相对应的星座性格相呼应②（图 2-20）。

就像密斯、柯里亚一样，安藤忠雄的建筑里也没有传统语汇。但清水混凝土墙、"H"型钢、玻璃、纯净的几何体所透露出来的宁静、单纯气质又何异于日本传统茶室的朴素、娴静之美③（图 2-21）。

---

① 吴焕加.现代西方建筑的故事.天津：百花文艺出版社，2005：128～129
② 汪芳.查尔斯·柯里亚.北京：中国建筑工业出版社，2003：11～13
③ （日）安藤忠雄著，白林译.安藤忠雄论建筑.北京：中国建筑工业出版社，2003：48～49.作者在本书中谈到，自己在设计时常想起千利休的茶室"待庵"的用材特点和空间感受。

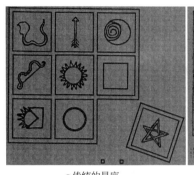 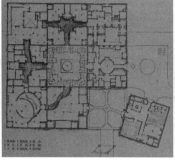 

a 传统的星座   *b* 建筑平面   *c* 透视

图 2-20 柯里亚：斋浦尔艺术中心

a 千利休的"待庵"   *b* 日本传统茶室   *c* 住吉长屋   *d* 小筱邸

图 2-21 传统与安藤忠雄的建筑

反观中国，从秦汉到明清，中国传统的木构建筑一直是一个异常稳定的体系，从屋顶、斗栱、梁柱、台阶等形体语汇，砖、瓦、土、木等材料语汇，丰富多彩的色彩语汇，到轴线构图、围合空间等建筑语法，在历史长河中稳定地承传、缓慢地变化。作为"天人合一"观的建筑表达，礼制建筑稳重有序的和谐之美和园林建筑自由萧散的自然气质，深彻入髓，实现了深层语义的代代相承。即使到了现代，从民国到今下，传统建筑也一直或显或隐地与现代建筑相行相伴，难舍难弃，成为现代建筑地域性的重要组成部分。

通过以上回顾，不难看出，不论是在古代，还是在现代，"传统"建筑的承传本是一个寻常现象。只不过有的侧重于接受"传统"的语汇和语法，有的则深得"传统"语义的美学之妙，有的则是全面的吸收。概言之，建筑的三个部分都能够得到承传，都可以成为传统建筑的模因。

2.2 模因论的相关用语及其描述的建筑承传现象

在划分完建筑模因的类别之后，我们将对模因传播的规律进行讨论。在此之前，有必要厘清其中的一些用语[①]。它们均筛选自模因研究的相关论文，本书将用它们来描述一些

---

① 笔者认为，模因论的研究尚处在完善过程中，许多研究文献借用了其他专业的术语，尚未形成独立的术语体系，故以"用语"一词替代"术语"。

建筑承传现象。

2.2.1　模仿和复制

在《自私的基因》中，理查德·道金斯认为，模因是在模仿中产生的，即文化中被模仿的那一部分。在心理学和社会学的术语中，模仿通常指"依照别人的行为样式，自觉或不自觉地进行仿效，做出同样或类似的动作或行为的过程，或者说是自觉或不自觉地重复他人行为的过程"[①]。而《谜米机器》在讨论模因和模因信息的传递时，苏珊·布莱克摩尔则使用了"广义的模仿"一词，泛指"以任何方式将模因和模因信息从一个人传递给另一个人的过程，既包括通过语言、阅读、教导等方式传递信息，也包括复杂的技能或行为方式等等"[②]。

在文化的学习和传播中，广义模仿确实一直扮演着重要的角色。在人类不同阶段和不同技能的学习过程中，以及艺术学习的最初阶段均存在着明显的模仿现象[③]。例如，儿童往往会通过有意或无意地模仿他人的举止与言行来体会和掌握它们的含义；在语言的学习中，我们要用学来的语汇和语法不断地练习会话和写作。戏剧的学习过程也是模仿的过程——学生需要反复揣摩和练习老师所传授的"手、眼、身、法、步"；在书法和绘画的学习中，临帖和临摹名作自然也是必不可少的功课。

可见，人类文化的高级形态——艺术也离不开"模仿"。古希腊的哲学家们认为"模仿出于人的天性"，艺术起源于"模仿"，是对自然和人类活动的模仿。亚里士多德指出，艺术中所模仿的不仅是现实世界的外形，而且是现实世界所具有的必然性和普遍性[④]。法国学者丹纳在论及艺术的本质时也认为："……艺术家应当全神贯注地看着现实世界，才能尽量逼真的模仿，而整个艺术就在于正确与完全的模仿。"[⑤]艺术是一种创造，艺术创作中的模仿是一种创造性的、有价值的"积极模仿"。

人类的建筑活动也广泛存在"积极模仿"。例如，建筑史上曾经普遍存在的"仿木"现象：当建筑木构转向石构时，木构件的形态被保留下，出现在了石构建筑里（图 2-22）。再如，人们常说的象征与隐喻手法在本质上是对事物更为抽象的模仿，被模仿对象的某种东西被复制了过来，只不过被进行某种简化，与事物的原始面貌产生了较大距离，需要通过想象才能与原物发生形象关联（图 2-23）。当然，也有比较具象的做法，古希腊人就直接将柱子雕刻成写实的人像[⑥]。

传统建筑的承传，在某种意义上说也是一种"积极模仿"，包含对前人作品的学习、借鉴或吸收。例如，古罗马建筑对古希腊的柱式的保留，文艺复兴时代对古希腊、古罗马柱式、拱券等的"复兴"，建筑史上的各种复古、仿古、折中现象，西方现代各类名目的"古典主义"、后现代主义对古典变异地、含混地、隐喻地运用，以及 1920 年代至当下，中国现代建筑中反复出现的不同程度的"传统现象"等，均可以理解为对传统建筑的局部或整体的"积极模仿"。当然，我们通常诟病"消极的模仿"现象——不分原则的抄袭、

---

① 辞海.上海：上海辞书出版社，2009：1595
② （英）苏珊·布莱克摩尔著，高申春，吴友军，许波译.谜米机器.长春：吉林人民出版社，2001：74
③ 辞海.上海：上海辞书出版社，2009：1595
④ 辞海.上海：上海辞书出版社，2009：1596
⑤ （法）丹纳著，傅雷译.艺术哲学.合肥：安徽文艺出版社，1991：57
⑥ （法）罗兰马丁著，张似赞，张军英译.希腊建筑.北京：中国建筑工业出版社，1999：56

a 古希腊柱式的线脚模仿木结构 　　　　　　　　*b* 汉代仿木石阙及其局部

图 2-22　建筑中的积极模仿：古代建筑中的仿木现象

a 雅典卫城的女像柱 　　　　　　　　*b* 里昂火车站

图 2-23　建筑中的积极模仿：象征和隐喻

生搬硬套甚至是完全克隆。

　　无论是"广义模仿"，还是"积极模仿"，有一个共同之处，即：在这些活动过程中，一定伴随着模因信息的复制和转移，即有某种信息从一个人或一种事物被复制或转移给另一个人或另一种事物。建筑的承传亦如此，即：有某种信息从"传统"建筑被复制、转移到了"现代"的新建筑中，或者说是"传统"建筑的模因传递到了"现代"的新建筑中。

　　建筑史上这些普遍存在的"模仿"现象再次提示我们：建筑是以模因传递的方式进行着演变，传统建筑的现代承传遵守着文化进化的逻辑。

2.2.2　模因信息

　　"模因信息"的概念源于对模因更具体、深层次的理解，与模因的储存和传播过程的存在状态有关。美国哲学家和心理学家 Daniel C. Dennett 认为模因是进化程序作用下的信息，是一种信息图式，是信息模式的个人记忆，可以被复制到另一个人的记忆里[①]。复制行为会涉及神经方面的改变，在不同人的大脑中，模因的结构可能是不同的[②]。Aaron Lynch 对模因的看法也接近信息观，认为模因可定义为大脑神经系统中的信息元件，或是神经记忆网络中的突触[③]；Liane Gabora 倾向于把模因定义为大脑中的信息单位[④]，它在大脑中以基因型（genotype）存在，其外部表现型（phenotype）如曲调、思想等，是具

---

①　Daniel C. Dennett. *Consciousness Explained* 〔M〕 New York：Little，Brown and Co. 1991：79

②　许克琪，屈远卓. 模因研究 30 年，江苏外语教学研究，2011（2）：52～55

③　Aaron Lynch. *Thought contagion：how belief spreads through society*. New York：BasicBooks，1996：208

④　钟玲俐. 国内外模因研究综述. 长春师范学院学报（人文社会科学版），2011（9）：108

体的实现方式。文化有可能是通过直接对模因外部表现型的复制得以传承①。

那么，如何理解模因的信息观？这需要对文化结构和模因传播的过程进行分析。如前文所述，文化由三个部分组成：基本物质材料和它的组织逻辑以及它们附载的意义。模因只是文化的一个单元，也包括了这样的三个部分。在模因的传播过程大体分为三个步骤（图 2-24）：首先，模因的物质部分被人类的感觉器官或媒体的接收设备感受，模因被接收和编码，转化为可以被储存或记忆的信息数据；然后是模因的记忆，模因被保存到人类的大脑或媒体的储存设备中；最后是模因的传递，模因仍以可以被感知的物质形式呈现出来，从而进入到下一个传播过程中。

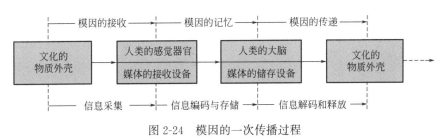

图 2-24　模因的一次传播过程

在一次传播过程的两端，模因就是文化整体或局部的物质呈现，如某种可视、可听的形式、符号、动作、曲调等等；但在模因的接收、记忆和传递阶段，始终伴随着信息数据的采集、编码、存储、解码和释放。这时，可以认为模因就是信息。

模因的信息观使我们更易理解模因与基因的相似之处：信息都是通过复制的方式进行传递的。通过复制，父代的基因将自身所携带的遗传密码传递给子代，而模因也通过复制将文化信息传播给更多的人。传统建筑的现代承传实际也就意味着传统建筑的某些信息被复制到了现代建筑之中，使其成为传统建筑模因信息的携带者。

2.2.3　心理文化结构

"心理文化结构"的概念与加拿大学者 Lloyd Hawkeye Robertson 对"自我"模因地图的研究有关，该论文发表在 2010 年的 *Psychology* 杂志上②。作者的研究建立在以下理论基础上：可以观察到的"我"是由客观的"我"和主观的"我"构成的统一体。每一个"自我"是由各种文化单位——模因构成的认知结构，也就是苏珊·布莱克摩尔所说的："自我"是一个由相互关联的模因构成的模因复合体③。这些模因之间的关系用直观的图形显示出来，就形成了每个人的"自我"模因地图（memetic map）。

作者详述了"自我"模因地图的绘制方法和长达数月的过程：来自不同文化背景的志愿者被筛选后，受邀与作者进行开放式的详细面谈。在初次面谈中，志愿者的叙述被转录，然后被分割成不同的有特定意义的片断，并进行文字注解和编码④，形成有特定意义的"模因"。每一个"模因"都可能与其他"模因"发生关联。将这些"模因"以及它们之间的关系用不同的线条连接起来，就初步形成一个反映出"自我"构成的模因地图。在

①　Liane Gabora. *The Origin and Evolution of Culture and Greativity*.〔J〕*Journal of Memetics*，1997：1
②　Lloyd Hawkeye Robertson. *Mapping the self with units of culture*.〔J〕*Psychology*. 2010（3）：185～193
③　Lloyd Hawkeye Robertson. *Mapping the self with units of culture*.〔J〕*Psychology*. 2010（3）：185
④　Lloyd Hawkeye Robertson. *Mapping the self with units of culture*.〔J〕*Psychology*. 2010（3）：186

经过三次面谈和修改后最终完成每个志愿者的"自我"模因地图。

"自我"模因地图实际上是每个人的"心理文化结构"图，它真实地反映出每个人的外在表现与所经历的文化背景之间的关系。例如，作者介绍了一个女志愿者"毛毛"——一位来自中国内陆城市的女留学生的"自我"模因地图①（图 2-25）：居于中心的是"顺从"（deferent），因为她在面谈中多次提到自己在学生生涯如何听从父母在学业、生活上的安排，个人主见不多。与此相关的是"学生"（student）、"唯一的孩子"（only child）、"女儿"（daughter）、"家庭成员"（family person）和"环境驱使"（environmentally driven）等等，表明她的"顺从"模因与它们相关，正是这些文化环境造成了她的"顺从"；而"基督教"（Christian）与"自我改变"（self-changer）、"关心他人"（caring）发生联系，因为她坦言，从中国来到加拿大后在教会朋友的关心和劝导下，调整了自己，学会了用祈祷来缓解压力。

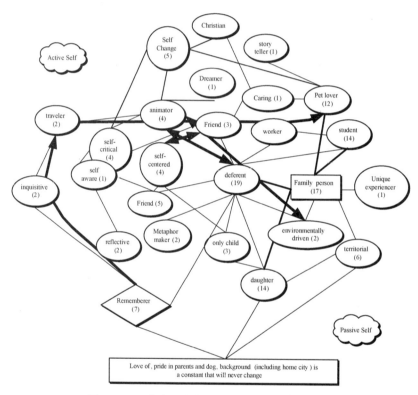

图 2-25　一位中国女留学生的"自我"模因地图

这张图还揭示了人物性格上的矛盾性与文化背景之间的关联。例如，"动画师"（animator）和"顺从"（deferent）之间是一对潜在的矛盾，用双箭头的粗线标出，"朋友"（friend）和"自我为中心"（self-centered）、"自我改变"（self-changer）和"环境驱动"（environmentally driven），也显示出她被动的和主动的"自我"之间的冲突。这从侧面反映了人物外在表现的复杂性实际上也是其复杂文化经历的客观投射。

---

①　Lloyd Hawkeye Robertson. *Mapping the self with units of culture*. [J] *Psychology*. 2010（3）：187～190

"自我"模因地图还用数字来反映志愿者心理文化构成的大致比例，即某种文化背景对心理影响的程度①。例如，括号内的数字"17"是"毛毛"在叙述中提到的"家人"（family person）的次数，而"19"表现她的外在表现"顺从"（deferent）非常突出，真实反映出家庭文化环境的影响程度和她的外在表现程度的一致性。

"自我"模因地图直观地反映出这样的实事：每个人的外在表现都是其内心文化构成的真实反映，即佛教所说的"相由心生，境由心造"，而内心世界的文化构成来源于他（她）所经历的文化环境，即："心由境造"。在这里，心理文化结构是一个中间环节，将人的外在表现与他（她）所经历的文化环境连接了起来。

"自我"模因地图或心理文化结构为传统文化的承传提供了重要的心理学解释：先是传统文化环境对人们施加影响，潜移默化地沉积于人们心中，然后反映在人们的行为、创作等外在表现上。建筑亦然。传统建筑对每一位建筑相关人——建筑师、业主、大众的心理施加影响，促成了他们的心理文化结构，又间接投射于他们的外在表现——建筑师的作品、业主和大众的欣赏口味及评价标准。当然，他们的心理文化结构是一个多元结构，不同文化经历都在其中占据一定的位置，但"地位"不同，对他们外在表现的影响程度亦不同。建筑师作品中传统表达的程度、内容、方式等方面的差异性，在一定程度上就是传统建筑在其内心世界存在状态的真实反映。

2.2.4 宿主、携带者和代际

（1）宿主和携带者

模因是文化中在人与人之间传播的那一部分，它在文化的物质外壳与信息储存物（人类的大脑和媒体储存器）之间转移。在某些模因研究文献里，这两部分被分别称为"宿主"和"携带者"。

宿主（又称寄主）原本是生物学术语，通常指寄生性的病毒、细菌、真菌、原虫、蠕虫、昆虫等所寄生的植物、动物或人，也指具有共生关系的两个不同种类生物中个体较大的一个②。当模因被理解为一种可以在人与人之间传递的信息时，模因信息的储存物——人的大脑中或媒体的储存器，就是模因信息的宿主。

丹尼特（Daniel C. Dennett）将模因理解为观念，把承载模因并可以把模因传播开来的"物理客体"定义为模因的携带者③。例如，图片、书籍、工具、建筑物等等，都可以被视作是模因的携带者④。布罗迪（Richard Brodie）也认同"携带者"的说法⑤，并将丹尼特所说的"物理客体"进一步修正为"物理表现"⑥。"物理表现"是一个包容性很强的用语，可以被理解为人类感官可以辨识和接受的各种物理形态，不仅包括了图片、书籍、

① 作者借用"模因"地图分析的方式直观地寻找每个人外在表现的文化根源，并成功地用于预防"自杀"的心理学治疗。见：Lloyd Hawkeye Robertson. *Self-mapping in treating suicide ideation*：*A case study*.［J］*Death Studies*. 2011（3）：267~180

② 辞海. 上海：上海辞书出版社，2009：2168

③ 参考：（1）Daniel C. Dennett. *Consciousness Explained*. Boston：MA，little Brown，1991：204；（2）Daniel C. Dennett. *Darwin's Dangerous Idea*. London：Penguin，1995：348

④ （英）苏珊·布莱克摩尔著，高申春，吴友军，许波译. 谜米机器. 长春：吉林人民出版社，2001：113

⑤ Richard Brodie. *Virus of the Mind*：*The New Science of the Meme*. Seattle：Integral Press，1996

⑥ （英）苏珊·布莱克摩尔著，高申春，吴友军，许波译. 谜米机器. 长春：吉林人民出版社，2001：113

工具、建筑物，还涵盖了人类的言行、各种文化物质实体、计算机屏幕的界面显示，等等。

在此，我们可以对模因的"宿主"和"携带者"加以区别：隐藏于宿主内的模因无法被人类的感官直接识别和接受，而附载于携带者内的模因可以被人类的感官直接感知。如果模因仅仅封闭在"宿主"的世界内，比如在计算机之间被来回拷贝，人类就无法感知模因的存在，模因的这种传播对人类而言毫无意义。只有当模因依附于携带者，即以某种物理表现展示出来时，模因才可能被人们识别和选择，对人类而言才可能具有存在的价值。我们可以将计算机的储存器等理解为一种辅助性的机器宿主，它们的作用在于帮助人类的大脑宿主进行更加准确的拷贝和更长时间的记忆和保存。模因必须通过人类大脑的选择、记忆、释放才能进行真正意义的传播。

通常所说的"建筑是文化的载体"，在这里就可以被理解为"建筑是模因的携带者"。从宽泛的意义上说，不仅仅是建筑实体，建筑的模型、图纸、计算机虚拟图像等等，都可以被视为建筑的不同"物理表现"，它们也是建筑模因的携带者，或说是建筑模因的载体。同时，我们可以将建筑模因的"宿主"理解为包括建筑师、业主在内的人类的大脑，而计算机储存器则是"辅助宿主"。图片、图纸、书籍、模型、计算机的虚拟图像和实体的建筑物等等，这些建筑模因的"携带者"或"载体"之间的重要区别在于各自模因信息携带能力有所不同：实体的建筑物附载的模因信息最多，而在其他载体里，模因信息的附载量具有相对的限度（图 2-26）。

（2）代际

那么，如何理解模因传播的"代际"呢？生物学里的"代际"具有历时性的特征，基因由父母遗传给子女，父母与子女之间就是一个"生物代际"。如前文所述，承传性是文化的一个自然属性，文化的承传过程也存在"代际"现象。在模因论中，代际也具有历时性特征：模因以信息的方式在人与人之间传播，在传播的链条上，相邻的两个人类宿主或两个载体之间，就是一个"文化代际"（图 2-26）。

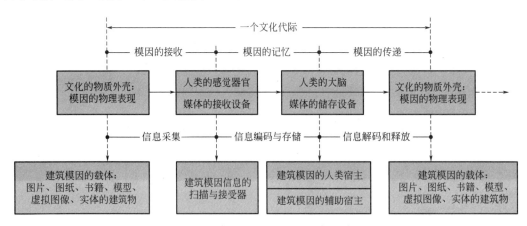

图 2-26　建筑模因的宿主、载体和代际

生物的"代际"和文化的"代际"概念明显不同。基因的传播是历时的、纵向的，发生在具有"代际"关系的生物体之间，二者之间有"血缘"关系；而文化的传播则不然，模因的传播既可能是历时的、纵向的，也可能是共时的、横向的，"代际"

两端的传播者和接受者之间不一定有生物上的"血缘"关系。例如，一种技艺的承传，既可以发生在父子之间，也可以同时发生在朋友、邻里甚至相距千里、互不相识的人之间。

正如生物学上"父代"与"子代"之间存在普遍的差异一样，文化的代际之间也存在或多或少的差别。例如，中国的汉字，从甲骨文到现代文字的进化链条上，每一种字体之间都存在一定的差别（图 2-27）。建筑也是如此，古罗马建筑继承了古希腊建筑的多立克、爱奥尼、科林斯柱式[①]，但"子代"的比例、构成都与"父代"产生了明显的差异（图 2-12a）。中国的建筑也如同中国的文字一样保持连续的传承，但一些重要元素，如屋顶、斗栱等等，却在不断地产生着或大或小的代际差异——檐口的线条、屋面的坡度以及斗栱的大小等等，一直处在变化之中（图 2-28）。这再次说明，承传不应是原样"复制"，而应成为一种创造行为，应伴随着差异性的产生。

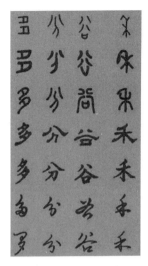

图 2-27　汉字代际演变

图 2-28　屋顶与斗栱的代际演变（唐、宋、明清）

2.2.5　变异度、保真度和选择性

（1）变异度与保真度

"变异"一词在生物学里是指同一起源的个体之间的性状差异[②]。模因的代际传播会产生代际差异，这就是模因的变异。"变异"往往意味着模因的初始信息产生了衰减，我们可以用"变异度"来描述模因初始信息的衰减程度。如果模因的信息是可以测量的话，那么，"变异度"大体可以被认为是衰减的模因信息量与模因初始信息量的比值。

---

① 陈志华.外国古建筑二十讲.北京：生活·读书·新知三联书店.2002：34
② 辞海.上海：上海辞书出版社，2009：0155

"保真度"原本是用于表征器件或设备的输出信号与输入信号相似度的参数[1]，与"失真度"相对。而在模因论的研究中，"保真度"可以被认为是一个与"变异度"相对的概念，被用于描述模因信息被保留的程度，即保留的模因信息量与模因初始信息量的比值。

在文化的传播中，保真是相对的，而变异是永恒的，二者总是相伴而生。一定的模因保真度，保证了文化在传播中所具有的连续性、稳定性，使它不至于在短短的几个代际之间就很快异化成为其他"物种"。

但是，随着自然环境和文化环境的变迁，文化服务人类的器道意义也要相应发生变化，模因在传播中就不可能保持一成不变。每个人在当下所能感知的文化——人类的知识、艺术、车舆、衣饰、器具等等——人类的一切文明成果，都并非没有根由地突然而生，都是在初始"父本"的基础上，经过若干个代际变异进化而来的（图 2-29）。

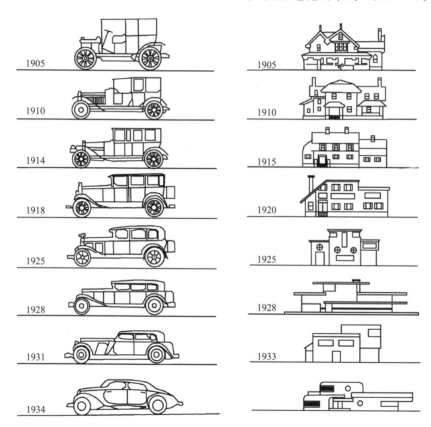

图 2-29　汽车与房屋的演变

建筑的进化同样是保真与变异并存，而变异保持着恒常性。在上面的实例中，古希腊的多立克、爱奥尼、科林斯柱式在传承到古罗马时具有相当的保真度，"父代"的柱头、檐部等特征清晰可辨，使人们可以感知二者之间的"血缘"关系。但是，它们必须要适应古罗马建筑的器道意义——柱式承重作用减轻了，罗马建筑的审美观变化了，三柱式随之发生变异：原本壮硕的多立克柱体变得修长了一些，柱身长细比向爱奥尼柱式

---

① 辞海.上海：上海辞书出版社，2009：0107

靠拢；而爱奥尼柱式的柱础和檐部发生了显著变化，科林斯的柱体则没有了垂直的齿槽（图 2-12a）。

中国古代建筑的屋顶、斗栱也在稳定传承中悄悄发生着变异：檐口从汉代的直线，变异成唐宋以后的曲线；屋面也逐步向曲面过渡，并从唐宋的飘逸宏大，变异为明清以降的浑厚；斗栱则从唐宋的雄壮宏硕变异为到明清的纤丽繁密（图 2-28）。

传统建筑的"积极"承传就是要保持与"父本"存在一定程度共性的同时，又要与"父本"存在一定程度的差异性，即"熟悉化"与"陌生化"的并存，而不是追求高度的相似性，甚至"克隆"。

（2）选择

在文化的传播中，模因的变异是恒常的。而且可以设想，产生的变异体恐怕也会不止一个，变异应该是多元、多向的。例如，每一个汉字在进化过程中就诞生了多种变体（图 2-30），而每一种西文字母也会有无数种写法。

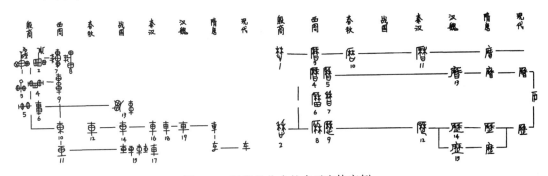

图 2-30　汉字进化中的多元变体实例

建筑的进化过程也同样会产生多元的变异体。古希腊的规范柱式不是一天形成的，在规范化之前一定会有多种不同的变体[①]（图 2-31）；中国传统建筑的屋顶也一定是经过多元变化，最后才形成一个规范的样式。

图 2-31　希腊多立克柱进化过程中的多种变体

既然模因的变异是多元的，那么什么样的模因变体才能够存活下来并有机会继续传播？

在生物的进化过程中，基因的变异也会是多元的，从而使不同的生物个体产生不同的性

---

① （英）克里斯多福·泰德格著，吴谨嫣译.古希腊：古典建筑的形成.上海：百家出版社，2001：31～62

状，而那些能够适应自然环境，能够被自然所选择的个体才能够存活下来，这种变异的基因才有机会继续遗传下去。于是，生物进化的机制可以描述为：基因的多元变异＋自然选择。

文化的进化也同样遵循着类似的机制：只有满足人类需要的模因变体，才可能被人们所选择，才有机会继续传播。而人们在选择的过程中，一定会以人类所处的自然环境和自身的文化环境作为重要的取舍标准，也就是说，模因的变化要经历自然与文化的双重选择。所以，文化进化的机制就是：模因的多元变异＋自然与文化选择，只是在具体的情形下选择的侧重点有所不同而已。

例如，在佛教和基督教里，借助于绘画、雕塑等偶像来宣扬教义，普遍被人们认可和接受，而伊斯兰教却不允许偶像崇拜；饮酒的习俗在世界各地普遍存在，人们已经习以为常，并把它当成生活情趣的一部分，但伊斯兰教却禁止饮酒；在现代世界，多数地区的人们选择了一夫一妻的婚姻制度，对近亲结婚也保持了一定程度的忌讳，而在许多伊斯兰地区，一夫多妻和近亲通婚依然是合法的；再如，性感、暴露的着装，在当今的开放社会里被人们普遍容忍甚至是欣赏，而在保守的伊斯兰社会则是一种绝对的禁忌。在以上实例中，模因的选择主要取决于人类的文化环境，文化环境的差异决定了"偶像崇拜"、"饮酒"、"一夫一妻"、"一夫多妻"、"近亲通婚"和"性感着装"在两个世界里迥然不同的生存状态。

而在另外的情形中，模因的选择则主要取决于自然环境。例如，不同的自然环境选择了不同的生产技艺，而这些生产技艺在另外的自然环境中将会被淘汰，无法得到传播。草原民族以牧养牲畜为生，由此产生了制作马具、奶食的生产技艺，而生活在海江湖泽的人们则与之完全不同，以渔猎为生，发展出制船结网的技艺。两种不同的生产技艺在对方的自然环境中毫无用武之地。再如前文提到的性感、清冷的衣着，在温暖的世界里可以是时髦女性的最爱，但对于终年生活在严寒的北极地区的爱斯基摩姑娘来说，它们没有存在的意义。

在建筑的进化中，双重选择机制也一直在左右建筑的演变方向。例如，在东南亚高温、高湿的自然环境里，人们普遍选择了底层架空的干阑式建筑来达到通风和避湿的目的。但是，由于生活观念（例如家庭成员的地位关系）、宗教观念（例如祖先灵魂或牌位的居住、放置场所）、进入建筑的方式等文化上的差异，人们却给它们选择了不同的屋顶形式、平面布局等[①]（图2-32）。

分布在中国境内众多的清真寺也为文化选择提供了生动的实例：在中国传统观念里，"南向"是建筑的"正统"朝向，尤其是在北方地区，"南向"具有合理的生态逻辑，但清真寺的朝向却选择了"西向"——伊斯兰教圣城麦加的方向。

建筑演变的自然选择当然更易理解：不同的气候环境——风象、降雨、地形、地貌等选择不同了建筑形态：吊脚楼是山地居民的选择，在平原地区没有存在的必要；在中国夏季湿热的南方地区，建筑主立面倾向开敞通透，而在冬季寒冷的北方却偏于厚重（见第6章），两种特征显然是气候选择的结果，并不能完全用文化来解释，因为它们的居住者（尤其是汉族居民）可能具有相近甚至完全相同的文化观念。

正如基因变异和自然选择之于生物进化的重要性一样，建筑的进化也离不开模因的变

---

① （日）藤井明著，宁晶译.聚落探访.北京：中国建筑工业出版社，2003：182～183

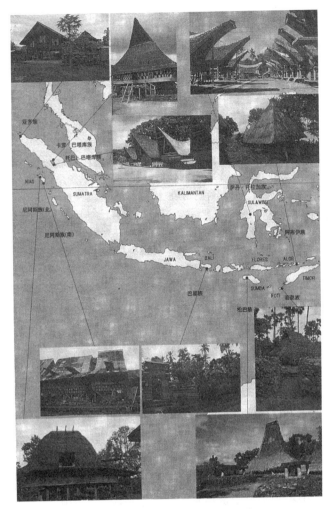

图 2-32　干阑式建筑的各种屋顶

异以及自然和文化的双重选择。建筑进化的过程正是这样的：人们对"传统"建筑的整体或某一部分进行接纳和变异，会产生多种变异体，但只有那些适应当地自然环境（气候、地形、地貌等）和文化环境（经济、宗教、哲学、村落、城镇等）的变异体最终能够得到承传。

2.2.6　多产性与长寿性

　　理查德·道金斯在《自私的基因》一书中指出，衡量模因被成功复制的指标有三个：保真度、多产性和长寿性。"保真度"指模因信息复制的准确程度，使传播中的文化不至于很快被异化为别的"物种"，"多产性"指模因必须被复制足够的数量。"长寿性"和"多产性"具有一定的关联：模因被复制的数量越大，它就越有可能获得更多的"生存"机会，越有机会长时间地驻足于人类的大脑，越可能得以长存，从而成为强势模因。例如，一首音乐，一支歌曲，一个故事，一篇文章，被传唱、传说、转载的次数越多，就越流行，就越有可能被长久地保存下来；一种技艺，学习和使用的人越多，就越有可能被长时间地承传下去。

那些成功的宗教往往正是依赖传播的数量优势长存于世。基督教（包括东正教、天主教）就可能是世界史上最成功的宗教：今天，它拥有20亿信徒，《圣经》也成为世界史上发行量最多的书籍[①]，这就保证了基督教可以得到比其他宗教更多的传播机会，使得基督教能够更好地传播下去。

那么，什么样的模因能够被成功地、大规模地、长时间地复制和传播呢？苏珊·布莱克摩尔认为是那些简洁、易辨识、突出而又有足够信息含量的模因[②]。能够风靡一时的现代流行歌曲往往就是那些节奏最简单、最易上口的。当然，要想"生存"更长的时间甚至成为经典，它必须具有足够的信息含量，具有悠长的艺术魅力，能够感人至深，引起人类心灵的共鸣。文学作品也是这样的，一首诗歌、一句名言，也许字数不多，但哲理深长，历久弥新。

建筑同理。通俗地来说，就是建筑中那些最简洁、最突出、最感人、最易于被辨识或说最有特色、令人印象最深的部分，如建筑的某些构件、设计手法或建筑所表达的美学意境，如果很容易被人们记住，或者很容易令人感动，就会得到更多承传的机会，从而成为强势模因。例如，在欧洲传统建筑里，山花的三角形、穹顶的轮廓、柱式的构图，都清晰而又肯定，往往最容易被人们采集到记忆里，帮助它们得到更多复制和传世的机会。

中国传统建筑具有同样的情形。比如，殿堂式建筑硕大的屋顶、柱廊的构图、大台阶、高纯度的颜色以及园林建筑清雅的色调、幽深的意境，通常最容易打动人们的心灵，从而被人们长久记忆，帮助它们更好地世代相传。

当然，多产性和长寿性在文化承传中的作用具有两面性：一种模因一旦凭借着多产性和长寿性成为强势模因，这种文化的传播就会在竞争中处于优势地位，同时又会排挤其他文化的传播空间。建筑理论家尼克斯·赛林格罗斯（Nikos Salingaros）就认为多产性与长寿性具有破坏性的力量。他特别批评设计上对于经典实例背离现实的"克隆"："建筑杂志上所描绘的示范性建筑图片，深深地铭刻在我们的记忆里，虽然它们对日常生活毫不相干，但我们却在设计中不知不觉中重塑它们"[③]他细数了1920年代以来流行于世的各种建筑模因，认为，这些模因已经让现代建筑与人们的需求脱节，因为它们缺乏与生活的联系性和必要的现实意义，并由此阻碍了"建筑创作与现实世界的必要结合"。这样的建筑模因尽管被一再复制，但设计结果却虚假无益[④]，造成了盲目的趋同性和文化多元性的丧失。

这种负面作用是客观的，并且不以人的意志为转移。例如，在中国的建筑界，我们一直诟病所谓的"欧陆风"在中国大陆泛滥与漫延。但另一方面又无法让人否认和回避：从历史的角度来看，从源头的古希腊和古罗马建筑，一直到文艺复兴建筑、近代的殖民地建筑、折中主义建筑以及现代的各式"古典主义"、后现代建筑等，两千多年以来，西方古典建筑的各类语言，被大量地模仿复制，成为世界建筑史上长寿的强势模因，在中国大陆的泛滥只是它强势传播史的一个支流而已。虽然我们清醒地认识到它对现代建筑地域性造

---

① 维基百科：http://zh.Wikipedia.org/
② （英）苏珊·布莱克摩尔著，高申春，吴友军，许波译.谜米机器.长春：吉林人民出版社，2001：93～101
③ Nikos Angelos Salingaros. *A Theory of Architecture*. Solingen：Umbau-Verlag，2006：249
④ Nikos Angelos Salingaros. *A Theory of Architecture*. Solingen：Umbau-Verlag，2006：259

成的危害，但它并不会因我们的好恶而突然消失，还会在世界各地的某些建筑中，以某种变体甚或"克隆体"的形式或隐或显地继续存在。能够医治"欧陆风"的良药是时间，随着时代的进步，社会整体的心理文化结构会逐渐发生调整，人们会慢慢建立起对本土文化的自信。当然，这种进步不会自动到来，需要整个社会的共同努力。

再如，我们一直轻慢那些从 1920 年代延伸至当下的各类现代"屋顶"。但从历史的角度来看，作为中国传统建筑构图中分量最重的一部分，在中国建筑史上被一代代复制和承传，在对周边地区的辐射中也不曾被遗弃，同样形成了中国建筑史上长寿的强势模因。由于它久居人们的视野和头脑，尽管它初始的器用价值已经削弱，但可以预言：在以后某种场合的中国建筑中，"屋顶"还会以某种变体甚或相对地道的方式或隐或显地表现出来。当然，随着它的缺陷被人们逐步认清，它的生存将变得越来越困难。

2.2.7　模因复合体和分离性

（1）模因复合体

在《谜米机器》一书中，苏珊·布莱克摩尔使用了模因复合体（memeplexes）一词来描述文化的复合现象[1]，即：文化是由不同的部分组成的，这些不同的部分是源头不一的单个模因，但它们会整体地或独立地传播出去。它们的整体组合就是一个模因复合体。例如，宗教就是一个模因复合体[2]。在理查德·道金斯看来，罗马天主教作为模因复合体包含了如下内容：上帝的观念（上帝无所不知、无所不能）、耶稣基督的信仰（上帝之子耶稣基督由圣母玛利亚感而孕育，被钉于十字架上之后死而复生，并且永远可以听到人们的祈祷）以及对牧师和教皇的认同（听到教徒虔诚忏悔的牧师能拯救教徒罪孽深重的灵魂，教皇代言上帝，牧师在主持弥撒时，他们的面包和葡萄酒真的会变成耶稣的肉体和血液等）[3]。

事实上，所有的文化都不是单一的组成，都具有复合特征，都称得上是模因复合体。这就意味着一种文化总是处于与异质文化的交流之中：世界上任何一种文化都不是独立地、与世隔绝地演化过来，都或多或少地从异质文化里吸收和融合进来某些东西。

建筑也可以被视作一个模因复合体。古罗马的万神庙是古希腊"柱式—山花"形制与新发展起来的穹顶的复合；文艺复兴的坦比哀多是古典柱式与饱满的穹顶的共生体——一个经典的集中形制；而圣彼得大教堂，则将"柱式—山花"形制和"坦比哀多"式的集中形制融为一体；西班牙的穆达加风格教堂是哥特式的构图，但却混合了伊斯兰建筑的细密装饰和马蹄形券；布达拉宫有藏式建筑的巨大基座、显明的红白二色和汉式建筑的屋顶（图 2-33）。常青在《建筑志》一书说："汉唐之际，中国传统的'大屋顶'殿堂建筑，从头到脚都受到了丝绸之路建筑文化的洗礼，带着一身'胡气'——基座袭用了西域塔庙的须弥座，屋脊鸱尾的原型很可能是古印度屋顶上的摩羯鱼，而后世普遍使用的琉璃瓦工艺也源自西域。"[4]

---

① （英）苏珊·布莱克摩尔著，高申春，吴友军，许波译.谜米机器.长春：吉林人民出版社，2001：34
② （英）苏珊·布莱克摩尔著，高申春，吴友军，许波译.谜米机器.长春：吉林人民出版社，2001：341～368
③ 参考：（1）Richard Dawkins. *Viruses of mind*：*In Dennett and his Critics*：*Demysifying Mind*. Oxford：Blackwell. 1993：13～27；（2）Richard Dawkins. *Memesis*：*The Future of Evolution*. Mind Viruses In Ars Eletronica Festival 1996；Vienna：Springer，1996：40
④ 常青.建筑志.上海：上海人民出版社，1998：307～308

a 穆达迦风格的教堂　　　　　　　　b 布达拉宫及汉式屋顶

图 2-33　建筑的模因复合现象

复合性构成同样是现代社会的普遍现象。例如，一个达尔文进化论的研究者，可能同时又是一位虔诚的基督教徒，信仰全知全能的上帝。各种文化共同构成了现代社会的整体，共同影响着人类对现实世界、对"自我"内心的认知。可以说，人类的心理文化结构也是一个模因复合体。在前文中，加拿大学者 Lloyd Hawkeye Robertson 对来自不同文化背景的志愿者进行的"自我"模因地图分析，已经揭示了每个人心理世界的文化构成。那个来自中国大陆内地的女留学生"毛毛"的文化心理结构就是源自两种不同文化的模因复合体：对父母的"顺从"、对家乡和家人的"骄傲"是她中国文化的投射，而她在焦虑时去"祈祷"以寻求心理慰藉的行为则是基督教影响的结果。

建筑具有相似的情形。建筑的相关人——建筑师、开发商、业主甚至大众，其心理文化结构也同样是模因复合体，其知识结构也是复合的、多元的：既有潜移默化的传统哲学观，也有现代的甚或是异国的价值观、审美观。只是，各种模因在不同人的心灵世界占比不同而已。这样的模因复合体投射出来的物理表现就是：建筑师作品的多样性、业主对建筑预期的多元性和大众的建筑欣赏口味的复合性。

而且，人们的心理文化结构是动态的，模因成分会进行历时性的调整：随着信息化和全球化的深入，人们会在更短的时间内接触到更多种类的文化信息，会有更多源头不同的模因不知不觉地栖居于人们的心灵，投射于现实世界时所形成的物理表现也呈现历时性的变化，从而促成了建筑的时代特征。

（2）模因的分离性

模因复合体里的模因单体各有源头，也就是说，它们可能首先是从各自的"母体"——原先的模因复合体上分离出来，然后进行了重新组合。分离可以被理解为复合的逆向过程，这也就意味着，这些分离出来进入到当前模因复合体中的模因单体，还有可能再次分离出去，再次传播并进入到下一个模因复合体中。因此，模因复合体看上去是有机的，但又是松散的。

模因复合体具有层次性，即：不同的模因单体占比有多寡，"体积"有大小。即使那些看起来已经非常基础的文化元素，也有可能被视作一个模因复合体而分离出更小的模因单体。例如，单个汉字已经可以被认为是汉文最基本的单元，但它的笔画、部首却还可以分离出来，成为模因单体，进入到其他文化体系中，在历史上的西夏文、契丹文和现实的日文中就可以感知到它们的存在①（图 2-34）；西方文字也有同样的现象，今天我们所看到的英语单词有很多词根、词缀来源于其他语言（如希腊语和拉丁语）。

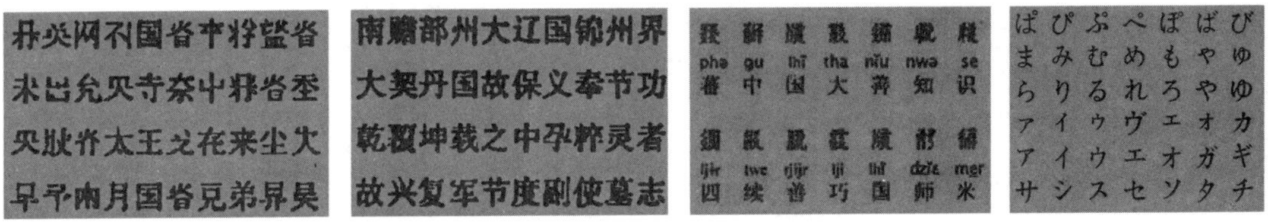

a 西夏文与汉字对比　　　　b 契丹文与汉字对比　　　c 平假名和片假名

图 2-34　汉字模因的分离与重组

　　模因的分离是模因复合的逆向过程。在文化进化的过程中，二者紧密相连、共时伴生，无法截然对立地分开。因为，每一个模因复合体的形成，就意味着一定有某些模因单体从"母体"中剥离出来；而每一次分离，也就预示着模因单体要寻找下一个去处，进入到下一个模因复合体中。众所周知的实例是现代汉语和现代英语依然进行着模因的分离与复合——用偏旁部首、独字或单词、词缀、词根等进行组合创造新的文字或单词，如现代汉字中的"癌"、"钚"、"铌"等由已知的部首和独字组合而成，而英语每年也要增加大量新词，其中很大一部分是通过既有的词根、词缀或单词等组合形成的。

　　分离也是建筑模因复合体形成的逆向过程，其单个模因的分离也是一种常见的"自然"现象。传统建筑的现代承传，即意味传统建筑模因从自身的模因复合体里分离出来，在现代建筑之中找到栖身之所，构成一个新的模因复合体，只是两种模因构成的比例不同而已。

　　前文我们提到，建筑语言的三个部分均可以得到复制，可以成为模因。这三个部分有时被整体复制，有时却被分别挑选出来，从"母体"中剥离，进入到下一个模因复合体中。19 世纪末 20 世纪初的折中主义就是靠语汇模因的分离现象"干活"的：历史上各种式样从各自的"母体"中离析出来，被建筑师们拿来组装到了不同的建筑里。现代建筑也不例外，人们可以真切地看到各式古典的柱子（图 2-35）、形态各异的屋顶等。它们都从各自的"母体"中分离出来，然后经过各种变异，复合到了新的建筑之中。只不过，有的复合得比较平滑，有的比较生硬，有的比较写实，有的变异度较大。

　　建筑语法相对的稳定性、普适性和有限的通用性意味着它具有一定的保真度，它也能够分离出来，被用以组装新的语汇。在中国的现代建筑里，就存续着顽强的传统语法模因：大片出现的政府建筑群，甚至在需要自由氛围的高校建筑群、博物馆、文化中心等，都有着严整的轴线布局，与传续了千年的宫、观、寺、庙……建筑的空间组织方式一样；而高大的台阶、虚实的中间、硕大的顶部，这样的三段式构图，从传统堂殿建筑中分离出来，延续到民国建筑直至当下。

　　建筑语义是内隐的，它是被包裹在繁缛的物质表象之下的建筑核心部分。从传统建筑

---

① 参考：（1）（日）西田龙雄著，鲁忠慧译.西夏文字的分析.西夏研究，2012（02）：69～78；（2）于宝林.契丹文字制时借用汉字的初步研究.内蒙古大学学报（社会科学版），1996（03）：59～64；（3）陈宝勤.日本文字与中国汉字.汉字文化，2001（03）：47～49

a 变异的柱式　　　　　b 柱式大楼方案　　　　　c 柱式的玻璃体

图 2-35　建筑语汇分离与变异的实例

到现代建筑，建筑语义转译现象与自然语言的"一义多词"以及翻译现象十分相似，即语义被分离并保留了下来，但使用了其他的、不同形态的语汇进行表述。

2.2.8　拉马克式的进化

生物进化理论的发展和完善并非一日形成，历史上曾经存在着两种完全相反的进化理论：拉马克学说和魏斯曼学说。法国博物学家拉马克（Jean Baptiste Pierre Antonine de Monet Lamarck，1744～1829）认为，生物在新环境的直接影响下，习性会改变，某些经常使用的器官发达增大，而不经常使用的器官逐渐退化。生物可以不断地加强和完善这些获得的适应性状，并且传给后代，使生物逐渐演变，最后转变为新的物种[①]。

德国生物学家魏斯曼（August Weisman，1834～1914）是拉马克学说的反对者，他提出"种质连续学说"，认为生物体由种质和体质两部分组成，遗传必须通过种质，与体质无关[②]。魏斯曼将实验鼠的尾巴切断，但它的后代并没有继承残断的尾巴，而是长出了和"父代"一样的完整的尾巴。这就证明，生物无法通过体质进行遗传和进化。也就是说，生物的遗传和进化与拉马克所说的获得性状无关。

魏斯曼学说中的"种质"概念可以近似地理解为今天尽人皆知的"基因"。基因论证实了拉马克学说在生物学领域的尴尬：生物遗传的本质是基因中遗传信息的复制，基因控制着生物的某些性状，基因的变异才会引起生物某些性状的改变，只有基因控制的性状才能够借助于基因的复制进行遗传，而那些为适应环境而后天改变的性状无法得到遗传。

那么，对于文化进化来说，拉马克学说是否正确呢？在生物的遗传中，基因（DNA双螺旋结构上的碱基序列）的复制直接发生在基因的宿主——生物的细胞中，没有中间环节。而文化进化的情形则大不一样：模因的信息在宿主和载体之间交换，载体是模因信息的中间环节，宿主必须借助于模因的载体——某种物理表现才能感知模因的存在，才能对它进行储存和选择，模因才能得到下一次传播的机会。我们可以将拉马克所说的"获得性状"类比为文化的"物质外壳"或者说模因的"载体"——"某种物理表现"。这时候，拉马克的进化学说则是完全正确的。所以，苏珊·布莱克摩尔在《谜米机器》一书中就指出："模因的进化是'拉马克式'的"[③]。

---

① 辞海.上海：上海辞书出版社，2009：1287
② 辞海.上海：上海辞书出版社，2009：2374
③ （英）苏珊·布莱克摩尔著，高申春，吴友军，许波译.谜米机器.长春：吉林人民出版社，2001：101～109

"拉马克式的进化"无疑为后续的模因研究提供了一个重要的理论依据，即：我们可以通过对模因载体——能够被人类感知的某种物理表现——的直接观察来确认模因所发生的变化。即使隐藏于文化物质外壳下的器道意义，也能够通过对物质外壳的"深阅读"而被抽离出来。

在传统建筑的现代承传中，建筑物质外壳的任何变异都能够被人们直接观察到。并且，还可以进一步通过对这些变异体解读出隐匿于物质外壳之下的深层的功能意义、美学意义甚至是哲学观念。

2.3　本章小结

本章包括两个内容：建筑模因的分类和建筑模因论用语的讨论。

（1）对建筑模因的分类基于文化的"三分"结构，即文化由三个部分组成：基本物质材料、基本物质材料的组织逻辑以及它们所附载的文化意义。前二者构成了文化的物质外壳，附载其中的意义则包括功能意义和精神意义。自然语言具有典型的"三分"结构：语汇、语法和语义。

建筑具有类语言性，与自然语言具有类似的文化结构，包括了建筑语汇、建筑语法和建筑语义三个部分。建筑语汇指建筑的材料、色彩、形体，建筑语法指建筑的组件法则、组图法则和组群法则，而建筑语义则可分为基本语义、引申语义和深层语义。其中的深层语义是建筑最核心、最有价值的部分，与审美观、意识形态等哲学观念密切相关，并决定了建筑的面貌气质。建筑语汇具有丰富性、易变性和专属性，建筑语法具有稳定性、有限性、普适性和有限的通用性，建筑语义则具有独特性和变迁性。从建筑历史的角度来看，建筑的三个部分均可以得到承传，成为建筑模因。

（2）对建筑模因论用语的讨论涉及它们所描述的建筑承传现象。其中"模仿和复制"是模因概念的起点，"模因信息"则说明模因的传播过程伴随着"信息"的复制和转移。传统建筑的承传实质上就是一种创造性的、有价值的"积极模仿"行为，承传的过程伴随着"范本"模因信息向新建筑的复制和转移。"模因复合体和分离性"说明建筑是一个有机的但又松散的复合文化结构，它的每一部分均可以被剥离出来得以承传，均可以成为模因。建筑模因承传的中间媒介——人类的大脑和媒体储存器是"宿主"，而各种"物理表现"——建筑实体、模型、图纸等是建筑模因的"携带者"，或说"载体"。建筑模因在传播的过程表现出"变异"的必然性和"保真"的相对性，对变异体的选择则遵守"自然环境＋文化环境"的双重选择机制。适宜的"保真度"产生"熟悉化"，必要的"变异度"产生"陌生化"，二者对于建筑的进化具有积极意义，是创新的重要动力。"多产性"指模因能够被大量复制，使模因能够获得更多的生存机会，保证模因的"长寿性"。但对于建筑承传来说，多产性和长寿性具有两面性，可能造成建筑的趋同性和地域性的缺失。"心理文化结构"解释了承传的心理学依据：传统文化环境对所有的"建筑相关人"——建筑师、业主、大众等施加心理影响，并呈现于他们的外在表现——建筑作品、欣赏口味和评价标准等。"拉马克式的进化"则说明，模因的变异可以通过对物理表现的观察判断出来。

第3章　建筑模因的变异和选择

上一章提到：在模因传播过程中，保真只是相对的，而变异是永恒的，变异和选择是文化承传过程中创新的动力。本章将重点关注模因的变异和选择的特征，这有助于更好地理解传统建筑承传中的多元现象。在此之前，我们要先理清模因传播的形式，为后续讨论提供方便。

3.1　建筑模因传播的形式

3.1.1　直线式和辐射式

基因的世代遗传是历时性的纵向传播，而模因也存在着相仿的传播形式。例如，一门秘不示人的传统技艺在家族内部世代相授，甚至只能在长门长子之间代代相袭。这时，模因的每次传播只产生一个"子代"，模因沿着时间轴传递下去，传播的轨迹呈现一条直线，如图 3-1 所示，O 代表模因的初始宿主或载体，而 1R、2R、3R……nR 分别代表传播链条上"子代"宿主或载体的代际位置。

然而，在现实生活中，模因的直线传播只是一个极端现象。模因必须进行足够数量的复制，才能够得到更多传播的机会，以便保持相对的长寿性。例如，为了避免传统技艺失传，可以使每一代承传者保持一定的数量，以便增加继续承传的机会。这时，模因的每一代传播就有了若干个"子代"（如图 3-2 中的 1A，1B，1C，1D……），它们与 O 点的代际距离相等，模因的传播轨迹就是由中心向周围散发的辐射线。这可以视作模因传播最基本的传播方式。

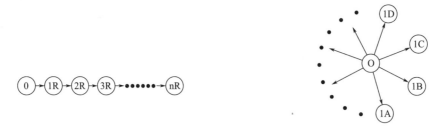

图 3-1　模因的直线式传播　　　　　　　图 3-2　模因的辐射式传播

实际上，辐射式并非模因独有的传播形式，生物基因的传播有类似的情形：基因的宿主——生物个体一生中可以产生多个"子代"。例如，一株植物在生命周期内可以产生无数个种子，一个妇女在育龄期内在理论上能够生育 20～25 个子女[1]。在这两个实例中，在

---

[1]　（英）苏珊·布莱克摩尔著，高申春，吴友军，许波译. 谜米机器. 长春：吉林人民出版社，2001：224

一个代际之内，基因从一株植物、一个妇女向无数种子、多个子女呈现辐射式传播。

以上实例的一个共同点是：基因的辐射式传播既可以是共时的，也可以是历时的。例如，在生命周期内，植物既可以一次繁育多个"子代"，也可以分期产生多个"子代"，"子代"之间虽然"年龄"相差悬殊，但它们在基因的传播链条上都处于同一个代际位置。

模因的辐射式传播类似。例如，一门技艺的多个承传人，既可以是同一学期的弟子，也可以是不同学期的弟子。尽管他们入门时间不同，年龄各异，但都处于模因传播链的同一个代际位置。

在以上实例中，产生的"子代"数量与"父代"载体或宿主的存活时间和传播能力相关。在没有文字、没有图画、没有音像设备等情形下，技艺的模因载体只靠难以保存和复制的听觉语言，模因的宿主——师傅的生命周期严重制约了"子代"的数量。而文字、图画和现代化的音像设备、储存设备改变了有声语言的缺陷，延长了宿主的生命周期。并且，这些模因载体和宿主可以有无数个一模一样的复制体，从而使模因传播可以不受时间限制。

建筑模因的辐射传播也可以是历时性的。例如，一本《鲁班经》、《园冶》、《营造法式》、《建筑十书》，一套设计模型和图纸，一座存世的传统建筑等等，与一位匠作师傅的口传心授不同，它们能够跨越时光的藩篱，产生无数个阅读者和承传者。

3.1.2　链式

模因的传播形式实际上远非这么简单。模因一旦进入到传播程序，就会进行爆炸式地复制，产生惊人数量的"子代"。例如，一门技艺可以一代一代地传播下去，每一次辐射式传播会产生若干个"子代"，如图 3-3 中的 1A、1B、1C、1D……。每一个"子代"又会进行辐射式传播，产生自己的若干个"后代" 2A、2B、2C、2D……。模因以这种方式无限地传播下去，会得到第 n 代复制体 nA、nB、nC、nD……，最后形成由无限个辐射形状组成的复杂的传播轨迹。

模因的这种传播过程，与链式反应的铀原子核裂变过程相似：受一个中子打击的一个 U235 原子核裂变成两个轻原子核，释放三个中子去打击其他三个 U235 原子核，每一个被打击的 U235 原子核也分别释放两个轻原子核和三个中子，如此往复（图 3-4）。这时，中子的形成轨迹类似模因传播的上述形式。在这里，我们不妨将模因的这种传播形式也形象地称作"链式"。

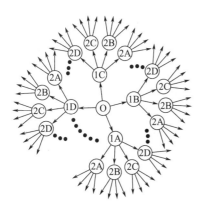

图 3-3　模因的链式传播

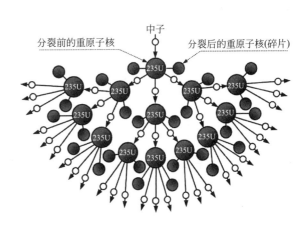

图 3-4　原子核的链式反应

模因的链式传播，又类似于病毒在人群中的感染过程：一个初始的病毒携带者可能有若干个接触者，从而制造出若干个"一代"病毒感染者，而每个"一代"感染者会再产生若干个"二代"感染者，如此一来，感染者就会以几何数量增加，产生爆炸式的传染效果。

现代信息技术使模因的"链式"传播显得更加便捷。例如，现代的"病毒式营销"就是借助于网络传媒，将商品信息以一点对多点的方式进行"一代"复制，再以同样的方式进行"二代"复制如此重复，呈爆炸式地传达给受众。再如，一个有趣的故事可以通过网络或手机同时发给多位"一代"读者，而他们又以同样的方法转发给更多的人。在传播过程中，商品信息、有趣的故事等作为模因，拥有的宿主数量呈现指数级增长。

现代建筑的传播与之类似。例如，所谓的"欧陆风"在中国的传播过程就可以近似地理解为一种链式传播：最初，这种风格只在少数城市出现，很快就被其他城市模仿、借鉴甚至照搬复制，再以辐射的方式对更多的城镇甚至乡村进行"传染"。现代的信息技术为建筑风格、建筑思想的传播提供了更为快捷的工具，新潮的建筑语言、新奇的建筑理论等被一波一波地转载，在极短的时间内便呈现在世界各地的电脑屏幕和杂志上，从而加速了建筑风格和建筑思想的全球性蔓延。

至此，我们可以回过头来总结一下：模因传播最基本的方式为辐射式，完整的方式是链式。而直线式则可以被看作链式传播的一个特例，或说是链式传播的一个剖面，类似于一个"击鼓传花"式的游戏。

3.1.3　场式

经过复杂的链式传播，模因将最终附载于人类所能感知的所有的事物：语言、文字、图像、建筑、城镇、村落等等，最终将形成一个稳定的、无所不在的文化环境。就如同地球磁场，浸润其中的每一物体都要受到磁化或吸引。文化环境同样具有"场"的特征，也在有意无意、无时无刻地影响着每一个身处其中的人，使之成为模因的宿主，进而影响并附着于人的物理表现——他（她）的言行和创造物之中。身处"文化场"中的人们会被潜移默化，又以自己的物理表现增强"文化场"的能量，再"磁化"更多的人。

"文化场"现象尤其广泛地存在于宗教信仰、美学观念、哲学观念等隐性模因的传播过程中。这些思想意识附载于音乐、文学、绘画、衣饰、言行、建筑等人类可以感知的各类物理表现，隐伏其中，形成无处不在的氛围，人类身处其中无法逃避。例如，基督教的教义就广泛地存在于宗教音乐、宗教绘画、教徒的生活方式、行为举止……之中，教堂则用雕刻、玻璃画和充满神秘感的空间来表达教义。再如，中国儒家思想既可见于浩繁的典籍，又可见于人们日常的社交礼仪、处世方式，还可感于规整有序的建筑群……。人们濡染其中，所有的物理表现最后与之保持默契。因此，场式传播是立体式、全方位的。除此之外，场式传播还有如下特征：

（1）文化场与人类的心理文化结构、物理表现的互动性。模因信息悄然无声转移到人类的大脑之中，驻足于人类的心灵，促成人类的心理文化结构，最终呈现为某种可以被他人所感知的物理表现——人类的言行和创造物，而它们携带的模因信息再次进入到"文化场"中，再被他人所感知和捕捉（图3-5）。所有的建筑相关人——建筑师、开发商、业主、大众等等，也都处于具体的文化场中，在潜意识中受到"磁化"，影响他们的心理文

图 3-5　文化场与心理文化结构的互动

化构成，继而左右着人们对建筑的看法和判断，由此而得的建筑又反过来感染身处其中的人类，从而形成人与建筑的互动。

（2）文化场的开放性与动态性。如前文所述，任何长寿的文化都不是孤立地发展和演化，总要与外部世界进行模因交流。也就是说，文化场是一个开放的体系，不断地接纳着异质的或本土新生的模因，调整模因成分的构成，继而影响着人的心理文化结构，并以变化的物理表现展示于世，从而推动着文化整体面貌的更新演替，形成文化的时代特征。

置身于文化场中的所有建筑相关人的心理文化结构也会随之进行调整，更新着对于建筑的看法和判断，最终实现建筑、城镇、村落等风貌的历时性演替，促成建筑整体的时代特征。例如，古希腊、古罗马的文化氛围是人文的、理性的，建筑追求的是开朗的性格、和谐的比例；而中世纪是宗教的世纪，文化场转变为唯神论和非人文性，于是罗马风建筑、哥特建筑都沾染上了神秘的色彩。

不仅如此，文化场的动态性还表现在建筑师个人作品风格的转变上。很难想象一个建筑师能够终其一生固守不变的风格，因为他（她）并非生活在真空之中，一直处于变化的文化场的影响之下其心理文化结构必然要发生适当的调整，并在作品中来回应文化场的变化。例如，勒·柯布西耶生活的早期感受到的是人类工业文明的熏染，崇尚的是抽象的、理性的、简洁的机器美学，而萨伏伊别墅光挺的白墙、自由的平面、方正的体量以及傲然于自然的表情等，就是"大工业社会"文化场的真实注解。而他晚年的朗香教堂则显得神秘、怪诞，难以捉摸，也反映出文化场的转变——彼时法国哲学家萨特宣扬"存在主义"：世界是荒谬的，人是被抛到这个世界来的，人孤立无援，人只能依靠非理性的直觉，通过自己的烦恼、孤寂、绝望，才能真正体验自己的存在[①]。

3.2　模因的变异特征

3.2.1　模因变异的本质

在前文中，模因的一次传播过程被分解为三个阶段：模因信息先是从载体中被采集出来，被人类的感官或媒体接收设备感知，然后被编码和存储，最后被解码和释放，附载于新的载体之上。在传播中，模因的保真是相对的，而变异是永恒的。模因的变异证明其初始信息发生了某种程度的衰减。模因信息的改变可能发生于上述过程的每一个阶段（图 3-6）：

在信息的采集阶段，模因的部分信息可能发生丢失。例如，与现代摄影相比，用文字记录的建筑形象是模糊的，"如鸟斯革，如翚斯飞"、"廊腰缦回，檐牙高啄"等，只能描

---

① 吴焕加. 现代西方建筑的故事. 天津：百花文艺出版社，2007：190～192. 作者在分析朗香教堂的神秘气息时，提到另一个文化根源——勒·柯布西耶母亲家族曾经信奉的倾向于天命的中世纪阿尔比教。

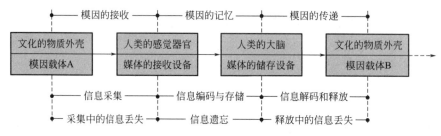

图 3-6　模因初始信息的丢失引起模因变异

摹出粗略的建筑意象，而无法提供更多的细节信息；黑白照片记录的建筑形象虽然比文字清晰、生动，但也只能记录建筑的形体、光感等，而建筑的色彩信息却丢失了。

　　栖居于人类大脑中的模因信息也会随着时间的推移而逐渐流失。德国心理学家艾宾浩斯（Hermann Ebbinghaus，1850～1909）所做的遗忘曲线（图 3-7）揭示了记忆的规律：人类的记忆会经历一个先快后慢的遗忘过程：在记忆活动停止后，记忆的信息会很快被遗忘，一天之后只有 33％ 的信息会保持下来，一个月之后保持的信息只有原来的21％了。

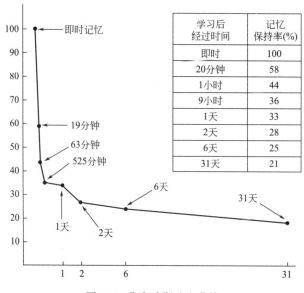

学习后 经过时间	记忆 保持率(%)
即时	100
20分钟	58
1小时	44
9小时	36
1天	33
2天	28
6天	25
31天	21

图 3-7　艾宾浩斯遗忘曲线

　　当然，人类现在已经发明了各种帮助自己长时间准确记忆的辅助工具——各类媒体存储器。但在解码和释放阶段，模因信息依然可能丢失。譬如，严格地说，再细腻的彩色打印机也无法 100％ 地还原影像色彩，总会存在细微的色彩偏差。建筑亦如此：即使有准确的信息记录，人们可能也无法 100％“克隆”、“复原”一座传统建筑，因为模因信息在释放和还原中会遇到种种不可预知的麻烦：也许无法找到与范本同样的材料而只能使用当下的材料，也许无法提供同样的地理环境而只能对建筑范本的某些尺寸加以调整，也许范本的施工技术已经失传而必须以新的工艺加以代替。总而言之，建筑的所谓“克隆”、“复原”至少要伴随着对范本的细微改变。

一言以蔽之，在模因传播过程中，模因信息的丢失无法避免，这就意味着变异是难以回避的客观现实，不论是什么原因造成的，这才是文化进化的正确逻辑。这有助于反思当下诸多历史文化名城的复古风潮：今天的仿古建筑、仿古大街，永远也不可能100％地回到它们被拆迁、被破坏前的原貌，即使有照片、绘画等作为模仿的参照，更何况还存在时空隔阂、材料匮乏、工艺遗失等不可预知的困难。

仿古的城市和建筑实际上是现代和传统的混合，传递出来的是混乱的历史信息。对传统建筑整体或局部毫无变化地生搬硬套有悖于文化进化的客观规律，必须对它们进行某种调整，才可能比较恰当地存在于现代建筑之中。变异才是文化进化的逻辑，才是传统建筑现代承传的合理做法。

3.2.2 模因的变异特征

（1）模因变异的辅助实验描述

模因与基因都是复制因子，二者在各自领域内扮演着类似的角色：生物的进化本质是基因的变异和自然选择的结果，文化的进化本质是模因的变异和双重选择的结果；基因的变异为自然选择提供了材料，而模因的变异则为双重选择提供了材料。因此，不论是生物还是文化，变异都是进化的基础。接下来的问题是：模因的变异存在哪些规律？

苏珊·布莱克摩尔在《谜米机器》一书中指出："模因的进化是'拉马克式'的"[①]。也就是说，模因总是通过可以被人感知的某种物理表现进行传播，人们可以通过视觉和听觉的直接观察、体验、分析来研究模因变异的规律。

附录借助一组图形在不同临摹过程中形成的近300幅摹本来辅助说明图形"模因"的变异特征。在临摹的过程中，"范本"中的某些成分，例如色彩、造型、构图等等，被"摹本"复制过来，可以被理解为模因。可以想象，摹本与范本之间总是无法避免地存在或多或少的差异。也就是说，在临摹过程中，模因发生了变异，并且可以被直接观察到[②]。

如果每代摹本都被后来的学习者临摹，那么模因将会发生持续变异，最后的摹本与初始范本之间的差别就会加大。所有这些摹本按临摹的次序排列起来，就会形成一条模因演化的可视链条，从而直接地分析模因变异的规律。

附录的辅助实验模拟了两种临摹传递形式：直线式传递和辐射式传递。每种传递形式各进行2～3次，分别由成人和幼儿参与完成。直线式传递过程每组最多得到30幅摹本，辐射式传递过程采集了两代摹本，其中幼儿组共得到156幅摹本。

使用幼儿参与实验的目的在于借助于幼儿对图形理解和画图技巧上的不足来放大图形在传递过程中的变异量。实验还对成人组的30幅摹本进行图形分析和数据采集，用得到的数据绘制每个图形边长、内角的变化趋势曲线，直观地展示图形变异的轨迹。

（2）辅助实验的结果

通过对表格和曲线图的分析，可以看出图形的变异呈现出以下共同特征：

1）变异的随机性

面对同样的范本，幼儿的12幅一代摹本1A、1B、1C、……1K、1L没有两张完全相同，每幅摹本中的三个图形都进行了不同程度的明显变异。它们各自的12幅二代摹本，

---

① （英）苏珊·布莱克摩尔著，高申春，吴友军，许波译. 谜米机器. 长春：吉林人民出版社，2001：101～109

② 关于实验，请详见附录1，此处仅作略述。

也都向不同的方向进行变异。

成人组的12幅一代摹本虽然对范本进行了较为忠实的临摹，但是某些图形还是出现了较为明显的、无规律的变异：1A、1B、1G、1M明显将范本中的正方形压扁成了矩形，而1E、1J分别将正方形和三角形的一个水平边线画成了斜线。成人组的二代摹本对一代摹本忠实临摹的基础上，同样表现出无规律的变异倾向。

通过以上分析可以看出：图形在辐射式传递中发生的变异具有随机性。

幼儿的第1幅摹本和最后的摹本之间均产生较大的差异。对于相同的第11幅摹本，两个最后摹本也大不一样，也就是说，两个传递链条朝着不同的方向进行变异。这说明，变异的链条也是随机的、唯一的、不可重复的。

成人的直线临摹传递表现出相对的稳定性，但是变异一旦发生，每一个变体就朝着不同的方向进行演变。这说明，图形在直线式传递中的变异也具有随机性。

2）变异体的多元性和唯一性

变异的随机性、无方向性和无规律性造成了这样的事实：在那些发生变异的摹本里几乎找不到两张完全相同的。例如，在成人组辐射式传递中产生的一代摹本里，所有图形都或多或少地存在差异，其中的1A和1B大致相同，但仍然存在细微的、可以被直接观察到的差别；在二代摹本里也有相同的情形：被列为实验对象的1E、1L和1M都各自产生了差别不等的12个二代摹本。

幼儿组的辐射传递更能说明这一问题：所有的一代摹本和二代摹本都找不到变异的倾向性，每个摹本的图形均可以认为是一个独一无二的个体。

在直线式传递过程中，产生的每幅摹本都与上一代摹本不尽相同。尤为明显的是幼儿组直线式传递产生的一代摹本和最后的摹本，二者的反差如此之大，如果不是将传递过程所有摹本都连接起来，甚至无法肯定二者之间的关系，也无法判断两个最后摹本都和第11代摹本之间的同源性。总之，两个链条上的每个摹本都是唯一的、没有重复的个体。

3）变异过程的单向性

如上文所述，初始范本经过不同的传递链条最终的结果完全不同。由于后代摹本对前代摹本信息存在一定保真度，加上变异的随机性，变异总是沿着时间轴线持续下去。也就是说，以传递链条最后的摹本为起点进行反向传递，不可能产生初始摹本。传递的过程一旦出现变异，变异将向着某一个方向持续地推进而不可逆转。

3.2.3 模因变异的基本类别

（1）低速变异与高速变异

如前文所述，在模因的传播过程中，代际的产生可能是历时的，也可能是共时的。模因的变异存在代际之间，模因的初始信息量（F_o）在代际之间衰减。在相同的代际之间（ΔG）的衰减量（$\Delta F = F_o - F_p$，F_p为变异体的模因信息量）就是模因的代际变异速度（$V_g = \Delta F / \Delta G$）。

在辅助实验中图形经历了相同的代际临摹传递，幼儿组的1代摹本和30代摹本之间已经是天壤之别，模因信息的衰减量较大，如果没有一系列中间环节，人们无法将它们之间联系在一起。而成人组的情况完全不同，尽管经历了种种不规则的变化，首尾两张摹本之间依然具有一定的相似度，信息的衰减较少。图形在幼儿组呈现的是一种"高速变异"，在成人组里表现的则是"低速变异"。

作为一种"复制因子",模因的变异可以被积累起来,经历的代际越多,变异的叠加值越大,文化就越有可能异化为别的"物种"。因此,要在相同时间内获得最大程度的保真,就要控制传播的代际,减少因代际过多而产生的变异量。例如,在相同的时间内,一个故事在口口相传中可能会经历多个代际转述,最后形成多个变异版本,某些版本甚至与最初的故事迥然不同。然而,在同样的时间内,当这个故事以书籍的方式出现时,所有转述者可能都是这个故事的第一代读者,从而最大限度地保持了故事的原始面目。在这里,故事从书籍传播到所有读者那里只是一个代际,模因变异量(ΔF)大为减少。

中国古代建筑常被人们认为是一种稳定的体系,在上千年的时间内发生的变异量非常有限,是一种低速变异。其中一个重要原因就是:在这么长的时间内,匠人们学习的几乎是同一个成熟的、甚至成文的规范体系,尽管经历漫长的岁月,但建筑模因的传播代际非常少,减少了由多个代际而产生的变异量(ΔF)。相对于传统建筑,现代建筑具有革命性的改变,传统建筑的某些特征被现代建筑保留下来,但伴随着现代建筑代际的频繁更迭,这些特征正在进行高速变异,从最初写实性承传逐渐演化出各种变异版本。

(2)减法变异与加法变异

上文提到,模因在传播中存在分离与复合现象。模因复合体的某些构成部分会被分离出去,使其整体的"物质成分"减少,而分离出去的部分有可能被装入另一个模因复合体中,使其物质成分增大。前者可称之为模因的减法变异,而后者可称之为加法变异。

当下所使用的部分简体汉字,实际上就是汉字减法变异的结果:繁体汉字中的某些成分被分离出去,"物质成分"减少了,但另一部分保留了下来。例如,简体的"爱、标、云、开、飞、里、术、宁"等字,分别是繁体"愛、標、雲、開、飛、裡、術、寧"等字中的一部分剥离出去后形成的。

当然,汉字在进化史上也同样会发生加法变异。表 3-1[①] 里的汉字在甲骨文、金文、篆体之间的演变中就存在加法变异现象。例如,"宫、井、吕、上"等字,从金文到小篆的演变中,明显增加了一些构件,而"命、穆"二字从甲骨文向金文的演变中也或多或少增加了某些元素。

汉字演变中的加法变异实例 表 3-1

字体 \ 例字	宫	井	吕	龙	命	穆	上
甲骨文							
金 文							
小 篆							

① 李乐毅.汉字演变 500 例.北京:北京语言大学出版社,1992:109,172,201,206,223,229,289

加法变异、减法变异与模因的分离性和复合性相关：模因复合体的某一部分可以分离出来，表现为该模因复合体的减法变异。分离体也可以进入到新的模因复合体，则表现为该模因复合体的加法变异。

建筑在承传过程中会发生类似的现象。建筑的某一部分语汇如果分离后没有补充进来新的东西，建筑将表现为减法变异，使建筑显得更加抽象、单纯。例如，现代建筑某些大屋顶省略了传统的脊饰，就是典型的减法变异。

分离和减法的逆向过程就是复合和加法。中国的楼阁式塔就是复合和加法的结果：下部是本土的楼阁，顶部的塔刹则是源自印度的窣堵坡；唐代斗栱多用偷心造，后世增加横栱成为计心造，至明清又变得异常繁密，其过程也是典型的加法变异；重檐屋顶和抱厦也可以被视为在基本屋面形式上进行加法变异的结果。

（3）拓扑变异

拓扑变形描述的是几何图形在一对一的双方连续变换下不变的性质。例如，当橡皮膜变形但不发生破裂或折叠时，画在橡皮膜上的图形的某些性质不变，如曲线的闭合性和相交性等[①]。

模因的某些变异就具有拓扑变形的特征。上述实验中，某些摹本图形虽然出现整体或局部的缩放、扭曲、倾斜等，但图形的一些基本特征并没有改变。例如，三角形、矩形、正方形发生的一系列变异，使各边线的比例、角度均发生了显著变化，但仍然保持着各边的围合封闭，边线依然相交，呈现拓扑变异的特征。

某些字体之间的变化其实也可以被认为是拓扑变异。例如，隶书、楷书、行书等字体之间的差异性实际上就是拓扑变异：字体的结构、成分并没有变化，只是笔画的线条特征发生了改变（表3-2）。甚至可以认为，秉承同一种字体的不同作者的书法作品之间的差异性也可以被视作拓扑变异。

字体的拓扑变异实例 表 3-2

例字＼字体	隶书	楷书	行书	姚体	新魏
本	本	本	本	本	本
模	模	模	模	模	模
建	建	建	建	建	建
论	论	论	论	论	论

建筑是视觉艺术，建筑的各种形体语汇从某一角度来看也具有图形特征。这些形体语汇在传承中，同样可以发生拓扑变异：它们可以缩放、扭曲、倾斜，但某些基本特征没有

---

① 辞海.上海：上海辞书出版社，2009：2310

消失。例如，坡屋面由二维面变为三维曲面，檐口由直线变为曲线等等，均可视作拓扑变异。

（4）材质变异

这是建筑模因变异的特殊形式。建筑实体均为由具体材料构造而成的几何形体，具有特定的色彩和质感，蕴含着某种意义和情感。当几何形体保持不变而将材料进行更换时，就会产生不同的质感，转换为别的意义。材质变异在传统建筑的现代承传中较为常见。例如，将屋面材料由传统的瓦材更换为现代的金属、钢筋混凝土或玻璃，将斗栱由传统的木材更换为现代的金属、钢筋混凝土等，在保留传统建筑模因的几何信息的同时，材料的色彩、质感完全发生改变，造成既熟悉又陌生的感觉。

（5）语义转译

在前文中，我们指出文学作品的多语种"翻译"是典型的"元"语义转译现象，即：原作中的精神内涵、叙事内容等寄宿于不同自然语言的物质外壳之下，是"元"语义的空间转移。而且，文学作品的"元"语义还可以在可视化的"非自然语言"的物质外壳之间进行"转译"，如雨果的《巴黎圣母院》和莎翁的《哈姆雷特》被"转译"为可视、可听的西方戏剧、电影和中国的京剧，传统的中国文学作品可以在咫尺画面得以重现。建筑也可以对精神内涵等进行"转译"，如基督教堂的多元形态。这预示着，中国传统建筑隐伏的深层语义，如"阴阳"、"天人合一"等哲学观念和审美观念，也可以完全抛弃其传统语言外壳，而借用完全现代的语言外壳进行表达。

3.2.4　建筑模因的变异特征

（1）建筑模因变异的随机性

上述实验中，作为"模因"的图形在传递过程中的变异特征一览无余：变异的过程是随机的、单向的，变异体是多元的和唯一的。

事实上，人类已知的复制因子——不论是生物的基因还是文化的模因，在传播过程中都可以观察到类似的情形。例如，在生物进化过程中，基因的变异也不会沿着一条规则、清晰的链条进行下去。今天的人类可以将古生物的化石挖掘出来，通过先进的技术手段确认其存在的地质年代，由此拼接出一条生物演化的轨链条。但是，从链条上的任何一点都无法预知下一个点将发生怎样的变化。生物之间的差异只可以在现实中被找出来，而不可以被预设。换言之，基因的变异也是随机的。

模因的变异方向同样无法预测，我们可以从不同文化的演化史中找到许多生动的例子。例如，人们可以通过各种文献和文物罗列出每一个汉字在历史上出现过的所有字体，但很难根据现存的字形来预测它未来的走向。在经历了甲骨文、金文、篆体、隶、草等字体后，楷书使汉字更规范、更易把握。但楷书继续衍生出"虞、褚、颜、柳、欧、赵"等字体（图 3-8），而且可以确信，楷书还会继续出现新体，但我们无法预测新体的真容。书法家的作品可以构思、可以酝酿，但字体变化却因时、因势而变，没有一定之规。

与字体相关的是中国传统书法的传承与演变。众所周知，书法学习的重要方法是"临帖"，从中获得笔势、结构等营养，为我所用，但必须求变求新，集腋成裘，模因的变异从量的积累到质的变化，便诞生新的书体。中国传统山水画的模因变异与之类似：薪传者师承前人，从中学习绘画的技法、构图和美学思想，绘画的模因便被"拷贝"下来。但绘

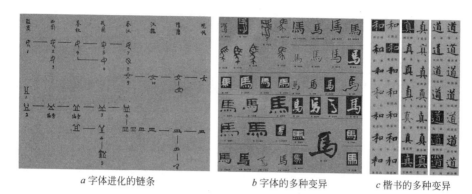

a 字体进化的链条　　　　b 字体的多种变异　　　　c 楷书的多种变异

图 3-8　汉字书体变异的随机性

画学习的原则是"学我者生，像我者死"，要"借古开今"，模因最终要发生变异，通过变革与创新，自成一格，方能开宗立派。明代王世贞在《艺苑卮言》中评价山水画的发展说道："山水画至大、小李一变也，（五代）荆、关、董、巨又一变也，（北宋）李成、范宽又一变也，（南宋）刘、李、马、夏又一变也，（元）大痴（黄公望）黄鹤（王蒙）又一变也"。中国山水画由魏晋南北朝的画中"衬景"到隋唐的"独立"成画，从五代两宋的第一次高峰，到元明清乃至当下，历经迭变①，名家辈出，无一不是师承前人，变化新风，进化的谱系实际上是一株枝条繁杂的藤蔓（图3-9）。模因的每一次变异就形成一次不可预测的、随机的分枝，因时、因地、因人发生变异出新，而且呈辐射状的多向性。隋唐画家不会预想五代会出现荆浩、关全、董源、巨然等，两宋之前无人料到会有李成、范宽、马远、夏圭等，更不会推算出元、明、清、近、今的黄公望、倪瓒、董其昌、吴昌硕、齐白石、张大千、李可染等。

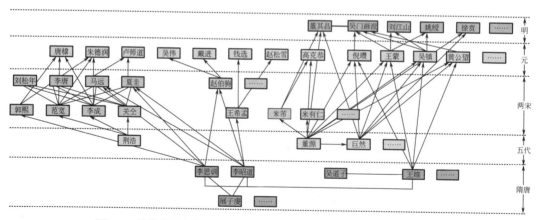

图 3-9　传统艺术的模因传播与变异：山水画流派的演化谱系（局部）

　　与书法、绘画类似，中国传统戏剧的发展也严重依赖于"师承"关系，其流派的演变过程也明显属于模因的随机变异：薪传者学习老师的"手、眼、身、法、步"和"念、唱"等表演艺术，模因被薪传者复制下来。但是，每位薪传者在身体条件、嗓音特点、美

学理解上都会与老师存在一定的差异①，这就造成模因复制过程中的某种变异，当这种变异达到一定量的积累时，就会诞生新的"流派"。在京剧发展的二百年时间里，从以"生"行为主，发展到"旦"行崛起，"净、末、丑"各行并盛，也犹如山水画的演变谱系，是一株株逐渐呈多向辐射状分布枝叶的茂盛的藤蔓，每一位演员、每一个新流派的横空出世都是一个不经意之间生长出来的枝条（图 3-10）。可以想象，薪传者与老师的种种差异性是不可测的，不同的薪传者会形成各种无法预设的新"流派"。薪传者的天赋异禀和自身的转变都无法预测，没有人能够在王瑶卿、乔慧兰等人之前推算出"四大名旦"的出世，也无法知晓在"四大名旦"之后又有多少有个性的薪传者出现。可以确信的是，有多少个薪传者就可能形成多少个新的表演风格。

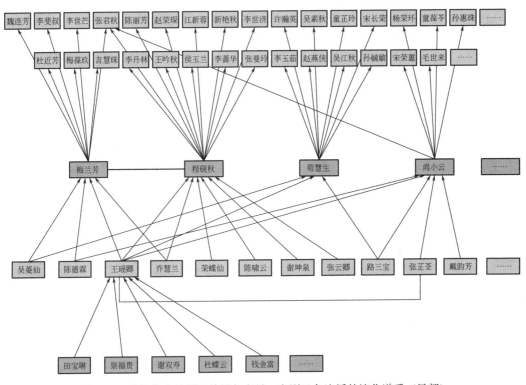

图 3-10　传统艺术的模因传播与变异：京剧旦角流派的演化谱系（局部）

模因变异的随机性不仅反映在传统文化的承传之中，也广泛地体现在现代文化的传播过程中。例如，现代汽车造型深刻地反映着现代人类的价值观、生活方式、情感需求、民族性格、审美观、历史传统等②。从汽车诞生之初到当下，它的造型演变过程曲折而复杂，大体上沿着经典风格、锋锐风格、流动风格和楔形风格四条路子交错或融合地发展下去③（图 3-11），汽车造型代代相承，某些模因信息就被拷贝和传递下来。但伴随着生产工艺、技术变革、审美情趣、生活观念等影响因子的不规则变迁，期间又衍生出无数种令人眼花

①　常立胜.谈京剧流派艺术.中国戏曲学院学报，2011（05）：30~31
②　张磊.产品语义学在中国汽车设计中的应用研究.申请天津理工大学硕士学位论文，2011：12
③　彭岳华.现代汽车造型设计.北京：机械工业出版社，2011：2

缭乱的款型，准现代、软壳体、流动壳体、巴洛克式等①，而每一种造型又有多种色彩组合。汽车造型总体的发展趋势也许可以预测，但具体的形态在设计图纸诞生之前却难以想象，因为各种影响因子以及设计师的灵感随时都会发生无法预料的改变。

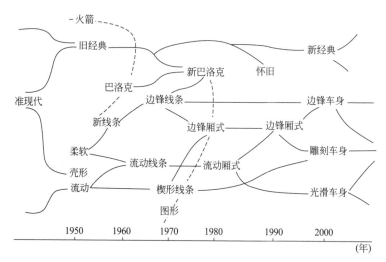

图 3-11　汽车造型演变的无序轨迹

现代婚纱设计具有类似的情形：婚纱从诞生到现代，总有某些东西——模因信息被代代传袭下来，但人们只能大体预测婚纱的总体趋势，在设计图纸完成之前，无法预测具体款式的形态。因为婚纱的款式明显受到面料、审美观念、传统观念、流行趋势、设计师的偏好等可变因素的影响，每一款婚纱的肩部、领口、袖口、束腰、头饰、缀饰、色彩、花纹等都可能发生任何意想不到的变化②，而设计师又可能对自己的作品进行随时调整。

模因变异的随机性使文化的进化充满着不可预知性。文化的进化史只可以被发现，却不可能预设。建筑亦然。文艺复兴之前，无人能够预测伯鲁乃列斯基、伯拉孟特、拉斐尔、米开朗琪罗、帕拉第奥等，以及后来的各式古典主义、折中主义等。建筑师的创作也是随机而变的：面对同样的设计条件，相同的建筑师在不同的时间、不同的建筑师在相同的时间都会产生不同的方案，这些作品的差异性无法预测。

2003 年的"中国青年建筑师设计竞赛"是模因随机变异的一个生动注解：设计的场地具有强烈的历史感——西安火车站前，一个明代古城墙断裂的地方，题目要求把断裂的城墙以合理的方式连接起来。

显然，带坡顶的火车站、古老的城墙和周边传统建筑形成的历史环境是设计者无法逃避的，很多方案明显将城墙或传统建筑的某些特征吸收了进来，完成了模因传递的过程。但没有一个答案完全照搬了传统，模因都发生了不同的变异（图 3-12～图 3-14）。这些变异无法预设，它与设计者的知识背景、审美观、对传统的理解、甚至瞬间的灵感等相关。这些实际都是无法控制的因素。莎士比亚说："一千个人心中有一千个哈姆雷特"，同样，"一千个建筑师就会有一千个设计方案"。而且，如果给每一位设计者若干次机会，相信每

①　彭岳华.现代汽车造型设计.北京：机械工业出版社，2011：2～16
②　冯晓冉.影响现代婚纱设计的因素分析.服装服饰，2013（05）：77～79

图 3-12　"西安城墙连接工程"设计竞赛的设计条件

图 3-13　"西安城墙连接工程"设计竞赛部分答案

图 3-14 "西安城墙连接工程"的竣工现场

次得到的答案也不会完全一样。

北京的长安街为我们提供了另一个鲜活的例子：在这条充满政治气息的街道两侧，矗立着一幢幢体积庞大的现代建筑，设计的时间跨度长达数十年。不同时代的建筑师共同浸润于强烈的传统"文化场"中，传统的"坡顶"作为一种强势模因进入了不同建筑中。呈现于人们眼前的事实是：这些坡顶的变异呈现出无序性和不可测性（图 3-15），其背后折射出建筑技术的时代差异、建筑师的不同理解、业主的审美观及其心理文化结构等一系列无法预知的影响因素。

（2）建筑模因变异体的多元性和唯一性

在实验中，图形变异的随机性使得摹本多元化，并且没有重复性，近 300 幅摹本里无法找到两幅 100% 相同的。拿掉传递链条上的任何一个点或若干个点，都将无法使第 1 幅摹本和最后的摹本联系起来，因为链条上的任何一个中间环节都无法替代，也无法复制，是唯一的。作为复制因子，基因变异体也是不可复制的：生物进化链上不会出现两个完全相同的生物体，所有的生物种类和生物个体都是唯一的。

文化与之相似。文化进化链条上的每一个环节都具有唯一性，无法复制和伪造。汉字演化史上诞生了多种字体，每一种都是独特的，即便是地道掌握了同一种书体的传承者之间，也会产生无法预知的差别，形成与众不同的风格，甚至每位书法家一生中都不可能写出完全相同的两个字——只有印刷品才能做到。

传统绘画和戏曲亦然，师承相同的不同画家之间、表演者之间、师傅与弟子之间必然存在不同的风格差异。不同流派的作品风格和表演风格必然具有与众不同之处，这些独特性和差异性才是画家和演员的艺术价值所在，否则只是一个"赝品"制作者和高超的"模仿"者。即使同源同派的不同画家之间，其风格也不尽相同。例如，五代北宋间的关全、李成、范宽等人直接或间接地与北派山水画的奠基者荆浩存在渊源[1]，但风格却明显不同——关全的"峭拔"、李成的"旷远"、范宽的"雄强"[2]（图 3-16）。再如，京剧著名的"梅、尚、程、荀"四大名旦均受到旦角艺术崛起的代表人物王瑶卿的影响，但又都根据自身的天赋异禀，吸众家之长，变革转化为自身的特点，皆不同于前辈——梅腔"如岭南之冬日，梅花绽开"，"圆亮清润、如玉击磬"；程腔"如秋天，凄清沉稳"，"吐字归韵、气口劲头"；尚腔"如夏天，烈日炎炎"，"浑厚峭拔、满纸烟云"；荀腔则"如春日，温暖和煦"，"嗓音娇亮，甜而带沙"[3]……。

① 陈云刚.北派山水画研究与实践.申请中国美术学院博士学位论文，2010（05）：28～75
② 董晓畔.山水画的源流与意趣.艺术研究，2003（02）
③ 安志强.京剧流派艺术.中国戏曲.1999（09）：61～63

图 3-15 北京长安街：坡顶模因的无序变异

　　　　a 荆浩 匡庐图　　　　　*b* 关仝 秋山晚翠图　　　　*c* 李成 晴峦萧寺图　　　　*d* 范宽 溪山行旅图

图 3-16　北派山水画的模因变异

　　现代工业设计同样忌讳没有任何创造价值的"山寨"版。变异与创新才是现代文化发展的动力之源。同一品牌的不同款式的产品，即使有某种模因的强烈延续，但也一定会依据具体的工艺要求、时代要求等进行变革和调整，而决不会一成不变地复制下去。例如，工艺精良的宝马汽车，其前脸一直延续了"双肾"的进气栅传统[①]，但这一模因在不同时代、不同款式的汽车中发生着一系列改变，而所有变异体绝无雷同，都具有独特性，不可以套用到其他车型中，这充分体现了一个品牌不断进取的创新精神（图 3-17）。

图 3-17　宝马汽车前脸进气栅的演变

　　总之，模因变异体的唯一性正是文化的价值所在。

　　对于建筑学来说，任何建筑遗产也都是建筑进化链条上不可缺少的环节，都具有独特的、唯一的历史价值，一旦损毁便不可恢复。现代建筑出现的传统特征，也是经过变异而

---

① 张磊. 产品语义学在中国汽车设计中的应用研究. 申请天津理工大学硕士学位论文，2011：14～15

来，每位建筑师都会做出自己的解答，答案是多元的，不可重复的。在前面的实例中，尽管某些答案具有某种共同的倾向，但每一种答案都具有与众不同之处。那些毫无创意的复制、抄袭——不论这种现象背后有多么雄厚的财力，抑或有多么显赫的权力，对于文化的进化而言毫无价值，一定会为世人病诉，而独特性、唯一性才是建筑创作和进步的意义所在，这显然应成为一个普世的建筑价值观。

（3）建筑模因变异过程的单向性

在模因的演化过程中，变异和保真同时并存，随机发生的变异将在一定的代际内被保留下来，并在此基础上将继续发生无法预知的变异。也就是说，变异发生了积累。并且，代际越远，变异量的积累就越大，加之变异的随机作用，使得变异只会沿着某一个无法预知的方向持续下去，而不会走回头路。上述实验中的图形就是这样演变的，在传递的链条上有去无回，没有任何一张摹本能够回到初始的样子。

基因的进化同样是无法逆转的。所有的生物，都会沿着某条不可预设的轨迹继续演化，而不会再回到祖先的模样。难以想象，今天的生物体会逆转时光"倒退"演变，今天所熟知的一切生物不会第二次出现，除非基因被一代一代绝对精准地复制而没有发生任何改变。

文化的进化史也是单向的。由于模因变异的积累作用，代际越远，变异量越大，文化沿着时间轴线渐行渐远地演变而不可回溯。人们可以回顾文化的历史，却无法重复文化的历史，除非为了某种特殊的需要。而且，在模因进化的历史上，一旦某个变异体消失，人们将无法再编织出完整的演化轨迹。

在人类进入文字时代乃至记忆工具强大的现代，模因变异的单向性似乎难以理解，因为模因的变异体易于保存下来，我们可以看到完整的模因演化链。但在没有文字或者说记忆工具不够强大的年代，模因变异的单向性相对容易理解，因为很多变异体难以保存，甚至完全消失，演变的链条就此中断而无法补齐，让人们很难甚至无法再判断某一文化现象的历史渊源。这就是追溯远古文化比较困难的一个重要原因。例如，甲骨文是一种成熟的文字，虽然人们普遍猜测它和更早的刻画符号存在某种关系，但却难以描绘出甲骨文精确的演化轨迹，因为刻画符号与甲骨文之间可能存在的变异环节暂时没有甚至再也无法补齐。

建筑的历史同样也不可重复。每一个独特的传统建筑都是不可替代的角色，一旦消失将无法原样重生，自然环境和文化环境的改变、技艺的流失、材料的更新等，使得今天的人们再也无法重构那些传统的建筑、城镇和村落，而当人们拆除了那些历经劫难的传统遗存时，也就消灭了建筑进化链条上一个不可复制的环节。今天，人们似乎特别热衷于毁而再造古城镇、古村落，但那只是补上了一个伪造的历史证据，并不是准确的历史信息，显然有悖于文化进化的规律。

3.3　模因变异体的选择特征

模因的变异同样是随机、无法预知的。那么，这是否意味着文化的进化将杂乱无章，无法控制？学者 Benitez Bribiesca 表达了同样的担忧：模因在传播过程中存在大量的、不稳定的变异，这将导致模因的低复制精度和高变异率，使模因的进化过程陷入混乱[1]。

然而，混乱并没有如约而至。例如，汉字在历时性的演变中出现了很多变体，但并未给今天人们的阅读造成困难。模因的变异可能受到了某种机制的约束。上文提到，生物的进化是基因变异和自然环境选择的结果，文化的进化是模因变异与自然环境、文化环境双重选择的结果，变异为选择提供了基础和材料，但选择却淘汰了部分变异体，只保留下与自然环境、文化环境相适应的变异体。可以说，在文化的进化中，模因的选择和变异同等重要。

3.3.1 变异体选择的辅助实验

（1）辅助实验的描述

那么，在文化的进化中，选择机制是如何发挥作用的？为了使讨论的过程更为直观，我们再次借助一个辅助实验，实际上是一次社会调研：在一张卡片上设置了一个"图形环境"，让参与者为背景中的两个点选择一个自认为合适的图形，而待选图形有的与背景图形存在相似性，可以认为与背景图形具有模因关联，有的则否。辅助实验的描述如下[2]：

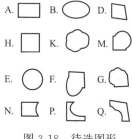

图 3-18　待选图形

每张卡由不同的图形组成一个均匀的、但没有规律的"图形环境"，其中有两个点 O_1 和 O_2，要求参与者从待选图形中（图 3-18）为这两个点选择自己认为的合适答案。每张卡上的两个点实际上都处于相同的"图形环境"中。实验的参与者可以用以下方式标出自己的答案：1）在两个点附近标明待选图形的代号（A、B、C、D……）。2）将待选图形画在以 O_1 或 O_2 为中心的位置或附近。画出图形时，可以根据需要将待选图形适度地缩放、旋转或镜像。3）按 2）的要求画出待选图形并在附近同时标注其代号。4）如果觉得没有合适的待选答案，则可在 O_1 或 O_2 点旁边打"×"号。

为了保证答案的普遍性，实验卡的发放是随机的：1）参与者的年龄、专业、文化程度不限。但要求清晰、正确地书写和简单绘图。2）参与者答题数量不限，可以选择其中一张、数张或全部实验卡作答。3）没有固定的发放地点。主要在人流较多、人员构成相对随机的场所，例如，医院、商店、大学图书馆、自习教室、公园、广场等。4）答题的场所、时间、工具没有限制。参与者可以将实验卡带到自己喜欢的地方作答，并给予充足的思考和答题时间，所有的实验卡均在 3～60 天后收回。在实验卡回收时，参与者应至少在其中一张上注明姓名、年龄、专业（或职业）、性别等信息，以便核对笔迹来判断答案的有效性。

每张实验卡发放 150 份，在对回收的实验卡进行分析和判断后，将有效答案记录在表 3-3 中。然后对这个初始记录和五张实验卡的图形环境特征进行分析和整理：

① Luis Benitez Bribiesca. *Memetics*：*A dangerous idea*. *Interciencia*：*Revista de Ciencia y Tecnología de América*，2001（January）：29～31

② 关于实验，请详见附录 2，此处仅作略述。

五张实验卡的结果初始记录 表 3-3

实验卡 待选图数量	Ⅰ		Ⅱ		Ⅲ		Ⅳ		Ⅴ	
	O_1	O_2	O_1	O_2	O_1	O_2	O_1	O_2	O_1	O_2
A	30	14	8	13	5	16	10	8	12	2
B	1	9	6	10	12	14	14	13	27	15
D	16	24	11	17	6	10	9	15	5	1
E	10	13	22	16	20	14	15	11	9	29
F	5	2	7	2	7	4	5	7	1	8
G	4	1	4	6	8	5	9	5	8	4
H	12	16	8	5	8	7	15	9	3	8
K	4	3	14	16	8	20	18	12	21	14
M	4	1	10	2	10	8	7	4	7	2
N	12	7	6	9	7	4	4	7	1	4
P	2	4	7	3	6	5	3	9	1	3
Q	3	4	8	3	8	2	3	3	5	5
X	16	16	3	8	6	7	1	5	5	12
合计	119	114	114	110	111	116	113	108	105	107

1）五张实验卡的图形环境可以描述为：图Ⅰ和图Ⅴ是分别由直线和曲线构成两个单纯的"环境"，而图Ⅱ、图Ⅲ、图Ⅴ是混合环境（图 3-19），直线与曲线在各图形环境中的构成比例如图 3-20。

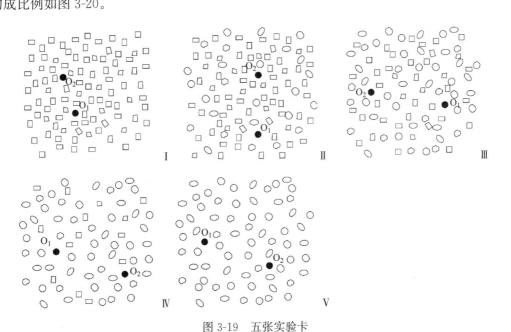

图 3-19　五张实验卡

2）待选图形可进行如下分类：A、D、H 为直线型图形，B、K、E 为曲线型图形，其他为直线与曲线组成的混合型图形，打"×"表明参与者认为无合适答案。

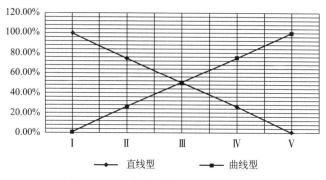

图 3-20　五张实验卡的图形环境特征

3）按以上分析重新整理表 3-3，得表 3-4。依据所得数据绘制待选图形在五张实验卡里的比例分布图 3-21。

五张实验卡结果整理　　　　　　　　　　　表 3-4

实验卡 待选图数量		I O_1+O_2	II O_1+O_2	III O_1+O_2	IV O_1+O_2	V O_1+O_2
直线型	数量	112	62	52	66	31
	比例	48.1%	27.7%	22.9%	29.9%	14.6%
曲线型	数量	40	84	88	83	115
	比例	17.2%	37.5%	38.8%	37.6%	54.2%
混合型	数量	49	67	74	66	49
	比例	21.0%	29.9%	32.6%	29.9%	23.1%
无选项	数量	32	11	13	6	17
	比例	13.7%	4.9%	5.7%	2.7%	8.0%
合　计	数量	233	224	227	221	212
	比例	100%	100%	100%	100%	100%

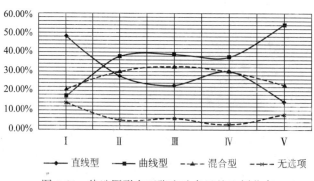

图 3-21　待选图形在五张实验卡里的比例分布

（2）辅助实验的结果

通过对表 3-4、图 3-20 和图 3-21 的对比分析，可以得到以下结论：

78

1）答案的构成比例与环境的特征存在一致性

在图Ⅰ和图Ⅴ两个单纯的"环境"中，答案的选择也具有单纯的倾向：直线和曲线答案随着每张卡的"图形环境"特征形成了大致相反的走向——在直线图形环境中，直线答案比例达到最高点的 48.1% 和最低点的 14.6% 时，曲线答案正好相反地达到最低点的 17.2% 和最高点的 54.2%，差值分别达到 33.5% 和 37.0%。

在三个混合图型图形环境中，曲线、直线和混合三种答案比例差在缩小：在图Ⅱ中，三种答案比例分别为：27.7%、37.5% 和 29.9%，最大差值为 9.8%；在图Ⅲ中，这些答案比例分别为：22.9%、38.8% 和 32.6%，最大差值为 15.9%；在图Ⅳ中，三种答案比例分别为：29.9%、37.6% 和 29.9%，最大差值仅为 7.7%。答案差值的缩小证明人们的选择也倾向于混合性和多元性。

2）答案与环境的默契性

① 五张实验卡答案的构成比例与图形环境特征的一致性，从另一个侧面说明答案与环境保持着一定的协调。

② 在每张实验卡里，混合图形答案的比例总是处于第二的位置。从混合图形的构成上来看，它总有一部分与所在的"图形环境"保持一致。

③ 在三个混合图形环境中，曲线答案均处于最高的位置。而曲线的特征通常被认为具有柔和、弹性、无冲突感的特征。

3）答案的多元性和适度的逐异性

① 在五个图形环境中，所有的答案都不为"0"。而且，随着图形的混合特征加强，各种答案的比例差缩小，"无答案"的比例也达到最低点，答案的多元性特征更加明显。

② 在直线和曲线两个单纯的环境里，曲线和直线答案虽然都是最低点，但都不为"0"，说明这两个图形环境的选择答案存在一定程度的求异倾向。同时，所有图形环境均出现了混合性答案，它们既与所在图形环境保持一定程度的默契，又与图形环境产生一定的差异。

4）环境影响的持续性

图形环境对答案的选择始终保持着影响，选择答案与所在图形环境的特征保持着一致性、默契性，但同时存在以默契性为前提的适度的逐异性，在混合环境里答案多元性倾向明显增强。

3.3.2　建筑模因变异体的多元性选择

这个实验将"文化场"、"心理文化结构"等概念再次连接起来。实验中的"图形环境"在一定程度上可以被看作可视形态的"文化场"（或"文化环境"），它通过各种途径潜移默化地影响着身处其中的人们。"文化环境"的某一部分——模因借此进入人们的记忆中，成为人们"心理文化结构"的组成部分，然后以某种"物理表现"的方式——人们的言行、创造、观念、判断等外显出来，并与文化环境产生关联，与之保持某种程度的默契。实验中，人们倾向于选择那些与"图形环境"有关联的答案，可以理解为受到了"图形环境"影响的结果。这还意味着，处于不同文化场中的人，其心理文化结构存在着差异性，而这种差异性的外在投射就是人们审美倾向、价值观念等的差异。对建筑来说就是：不同的建筑相关人对相同建筑喜好和评价存在差异，不同的建筑师对待相同主题时作品表现的差异。

上述过程可以归纳为"环境构筑心灵"和"心灵映射环境"两个连续的互动过程。佛教认为"相由心生，境由心造"，但其前提是"心由境构"或"心随境转"，即文化环境是心理世界构成的基础，而人类的外显（言行、气质、创造、观念等）则是心理世界的反射。

建筑的诞生其实也是"心由境构"、"境由心造"的互动过程：人类起初为了满足生存、安全、隐私等需要，结合自然条件、经济技术状况等搭建最基本的建筑空间。然后将审美、信仰等精神需求也加载到建筑中，使建筑成为文化的载体和文化整体不可分割的部分。并与其他文化载体一起构成了特定的"文化场"，"磁化"着身居其中的世人，渐次栖居于他们的记忆中，感染他们的心灵，成为他们"心理文化结构"的重要组成部分，继而影响着他们对建筑的判断、选择和创造。而由此形成的建筑则真实地反映出文化环境和自然环境的状况。这再次揭示了传统建筑现代承传的文化学和心理学根源，即：建筑创作是建筑师文化经历和心理文化结构的真实反映，建筑创作并非无源之水，传统建筑的现代承传是传统文化环境对人们施加影响的结果，即"新建筑总是既有建筑的某种变体"[①]。人们受传统文化影响的程度不同，心理文化结构存在差异性，对传统文化理解的角度和深度不同，承传的建筑表现也不尽相同。

我们还可以借此来看待传统建筑的地域性和现代建筑的多元性。在传统社会，由于交通的相对不便和交流频度的相对有限，一个地区的文化环境可能长时间地保持一定程度的稳定性和单纯性，从而渐次影响人们的文化心理构成，并使建筑、城镇和村落的风貌构成也呈现出单纯倾向；那些由初始建筑参与构筑的文化环境和自然环境一道，影响着后来的建造过程。只要这个文化环境的构成保持着相对的稳定性和连续性，那么，在城镇与村落的发育过程中，建筑将保持着持续的继承性，维持着历时性的默契与和谐，从而构筑一个地区建筑、村落和城镇鲜明的、独特的和一定程度排他的风貌——强烈的地域性。

但"文化场"或说"文化环境"是一个动态的体系，其中的构筑成分会随着时代的变迁而发生改变，受之影响的人类"心理文化结构"也是动态的可变体，其中的模因构成及比例也会跟随文化环境的演替而进行历时性调整。

中国的现代文化环境以及人们的心理文化结构经历了从传统到现代的转变：与一百多年前的单纯性相比，现代的中国文化环境已经大不相同，呈现多元复合的构成倾向：人们既留恋于"色、香、味"俱全的传统中餐，也不拒绝便捷的麦当劳和西式的牛排、沙拉、甜点；既欣赏中国的民歌、戏剧，也不排斥西方的咏叹调和歌剧；人们会交替地穿着西装、婚纱和传统的凤冠霞帔去举办一场中式的传统婚礼，也会像庆祝"春节"、"中秋节"一样来欢度"圣诞节"、"情人节"。在精神思想的构成上，"儒、佛、道"并济的传统哲学与西来的"马克思主义"哲学、各种现代科学观念以及宗教信仰等等，被现代中国一起包容，并行不悖。

正如实验所显示的那样：混合多元的图形环境导致选择答案的多元性。中国现代文化环境的多元构成，使包括所有建筑相关人——建筑师、开发商、业主、大众……的心理文化构成趋向于多元化、复合化，影响着他们对建筑的判断和选择，使建筑语汇、语法

---

① 宋晔皓，孙菁芬.装饰与建筑——评阿道夫·克利尚尼兹.世界建筑，2011（7）：16～25

和语义呈现多元构成，从而导致城镇与村落风貌的多元性、复合性。例如，在"西安城墙连接工程"设计竞赛里，参赛者对城墙的多元理解使答案无一雷同，而建筑师和业主对传统坡屋顶的多元理解，也使长安街上的屋顶呈现无序的多样性。这类似于人们对山水画、京剧、汽车造型的态度——每一种风格的绘画、戏剧表演，每一款型的汽车，都有一群忠实的拥趸，因为他（她）们有着不同的心理文化结构，有着不同的志趣和审美倾向。

在现代中国城市里，既可以或显或隐地感受到中国传统建筑的某种存在，又可以明显看到那些变异度不同的西方柱式、穹顶、山花等，还可以领略到现代建筑的奇异风采。无论是欣赏还是病诉，它们都已经实实在在地耸立于中国的村镇、城市之中，这是一个无法回避的现实。并且，它们与其他文化搅拌在一起，使中国现代文化环境更趋混合。

这种高度多元性和复合性，使人们无法判定一个城市的基调，甚至感觉是一种无序与混乱。当然，中国现代建筑、村镇、城市风貌的混乱并非文化进化的自然过程——建筑诞生的选择权集中于少量的权力和资本所有者手中，在很大程度上，正是他们个人的心理文化结构左右着建筑与城市的发展走向：官员可以凭借个人爱好来决定一个城市的短期风貌，而不关心它的过去、现在和未来；开发商可以由利润来决定自己的商品风格，而罔顾所在城市的自然环境和历史文脉。人数占优的普通大众则声音非常微弱，几乎没有选择的权力，只能被动地接受，遑论被"施舍"的东西合不合自己的"胃口"。

换言之，今日中国建筑与城市的种种怪象和乱象是一种无序的"混乱的多元"，而非自然的"有序的多元"，因为它并非大众的真实意愿，在一定程度上可以说是少数人将自己的偏爱强加给整个社会的产物，而非文化演化的正常结果。

3.4 建筑模因的变异动力

3.4.1 建筑模因的变异机制

文化是器、道意义的综合体，即：文化要满足人类的基本生存、生活需求和更高层次的精神需求。建筑亦然，它既要给人类提供温暖、舒适、安全的生活、生产空间，又要能够回应在此基础上的精神诉求，例如政治观念、审美观念、哲学观念等，如同自然语言一样，要能够表达出建筑的器、道意义。

人类社会的生活方式、生产方式、政治观念、审美观念、哲学观念、宗教观念、心理习俗等共同构成了包裹建筑的持续变化的文化环境。其中的每一个构成因子都处于不断的演替之中，对建筑不断地提出要求，成为驱动模因变异的重要动力。譬如，当家庭人口结构由二代增加至三代、四代……时，需要更多的房间和院落；当较为单一的生活模式，如"劳动—饮食—休息"，转向更为复杂的生活模式，如"劳动—饮食—交际—读书—休息"时，就需要功能构成更为复杂的生活空间，原来的"卧室—厨房—餐厅—工具房"就会扩增为"卧室—厨房—餐厅—工具房—客厅—书房"；当生产方式改变时，如从几个人的小作坊变为几十人、几百人、几万人的大工厂时，就需要规模庞大、流水线复杂的厂房作为生产场所；当政治结构由原始的酋长制过渡到复杂的王国制时，需要更壮丽、严肃、宏大的皇宫来表达皇权的至高无上，而非氏族公社的一间"大房子"；当宗教从原始图腾崇拜发展到成熟时，需要更为玄奥、诡秘的空间来宣讲教义，渲染神明的圣洁和超自然力，而非一个原始的石屋。作为建筑一部分的模因必然要随之发生改变，适应性的变异体将被选择和保存下来，获得更多复制和继续变化的机会。当然，所有这一切变更的实现都严重依赖于构成建筑的物质基础——材料、工艺、科技的改变，如材料的强度更高、热工更好、结构的跨度更大、更可靠，屋面防水构造更致密、适应性更强，建筑部件生产工艺更加精密，施工流程更加科学、效率更高。

由此启发，我们将与人类相关的驱动建筑模因变异的动力分为两大类别：一类是物态动力，与物态文化、模因的物质组成紧密关联，主要满足人类的基本生存、生活方式等器用意义，例如建筑材料、结构技术、施工组织、设计手段的更新等；另一类是非物态动力或说隐形动力，由隐伏于人们的日常生活、行为举止之中的制度文化、行为文化、心态文化等隐形因素的改变引起的，它们并非实形的、具象的物理表现，无法用视觉、听觉和触觉等感觉器官直接感受到，而是以潜移默化的方式无意识地引起建筑的转变，是模因变异的思想基础，主要满足人类的精神需求等道用意义，如社会结构、政治体制、哲学观念、宗教信仰、习俗等。

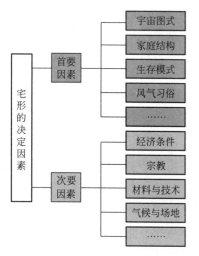

图 3-22 "宅形"的决定因素

在变异和选择的过程中，自然因子的变更也成为不可缺少的动力。例如人类在发生地理迁徙时，地形、地貌、降雨等自然条件迥然不同，直接影响到了人类基本生存、生活和生产方式等，原有的营造技术、房屋形态……必然要发生一定程度的适应性改变。这就是驱动建筑模因发生变异的第三类动力——自然动力。

当然，上述所有的动力都无法独立促进建筑模因的变异。在《宅形与文化》一书中，作者阿摩斯·拉普卜特认为，在决定"宅形"[①]的动因中，"社会文化"——宇宙图式、家庭结构、生存模式、风气习俗等是"首要因素"，经济条件、宗教和气候、材料与技术、场地等"物态因素"是"次要"的或"修正"的因素（图 3-22），但同时又充分考虑到"形式决定力量之复杂"[②]。我们可以说，在"宅形"的形成中不是某一因素在单独起作用，而是各种因素综合作用的结果。我们既无法用具体的数值来测定这些动因的"重要程度"，也无法按"重要程度"武断地给它们排定一个恒定不变的顺序，因为在不同条件下，动因的重要性必然有所不同。

吴焕加将建筑划分为建筑艺术、建筑功能和建筑技术三个层级[③]，引用普列汉诺夫的

---

① 常青认为，阿摩斯·拉普卜特所说的"宅形"并非泛指住宅的外观形式和风格，而是特指与居住生活形态相对应的住宅空间形态，包括布局、朝向、场景、技术、装饰和象征等方面的内容。参见：常青.建筑学的人类学视野. 建筑师，2008（12）：97

② （美）阿摩斯·拉普卜特著，常青，徐菁，李颖春，张昕译.宅形与文化.北京：中国建筑工业出版社，2007：32，46。

③ 吴焕加.建筑风尚与社会文化心理（上）.世界建筑，1996（03）：71

"生产力→生产关系→政治制度→社会心理→社会意识形态（思想体系）"社会五层级理论[①]，认为社会五层级中的某一些会分别对建筑的某一层级起影响作用。例如，生产关系和生产力会影响建筑技术，生产关系、生产力、政治制度和社会心理会影响建筑功能，而建筑艺术则与生产关系、政治制度、社会心理和意识形态有关（图 3-23）。如果我们将建筑的三个层级合并为建筑整体来看，影响建筑的因素也是多元的，而非孤立的因素在起作用。

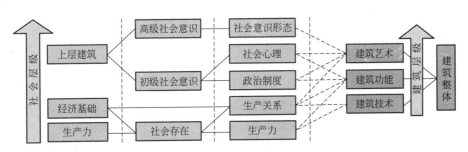

图 3-23　社会各层级对建筑的影响

　　作为建筑整体一部分的模因，其变异的动力也不是唯一的，也是多种动力综合驱动的结果。回顾一下前文对建筑环境的定义，我们可以将上述动力归结为文化环境或自然环境的改变，而这一切必然影响到所有建筑相关人的文化心理结构的变化，最终改变所有建筑相关人的物理表现，投射于建筑之上就是模因的变异与选择。因此，建筑模因的变异机制可以这样描述：文化环境和自然环境的改变或者说物态动力、隐形动力和自然动力同时促使建筑相关人文化心理结构和物理表现的调整，作用于变异和选择的过程，驱动模因的多元性、随机性变异，再通过选择作用调整模因的变异倾向，最终形成多元的变异结果（图 3-24）。三类动力的作用有所区别：自然动力为建筑模因的变异提供了环境基础，物态动力为建筑模因的变异提供了物质支撑，而隐形动力为建筑模因的变异提供了意识和心理导向。只是，在变异的过程中，有的动力是直接的、表层的，如气候、材料、技术、场地、经济条件等发生的改变；有的动力是间接的、深层的，如政治观念、哲学观念、风俗

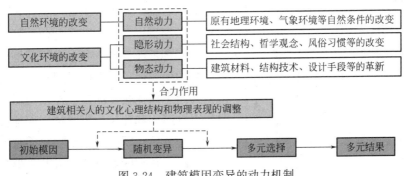

图 3-24　建筑模因变异的动力机制

① （俄）普列汉诺夫著，李光谟译. 普列汉诺夫哲学著作选集（Vol. 2）. 北京：生活·读书·新知三联书店，1961：322

习惯等的深刻变革。

3.4.2 建筑模因变异的自然动力

从某种意义上来讲，可以认为气候是地理环境的函数，特定的气候特征总处于特定的地理环境中。身处其中的建筑与特定的文化环境结合，在特定的时间内演化出独有的形态。当人们进行地理迁徙时，他（她）们的哲学观、审美观、生活方式等也许短期内不会或者只发生微弱的改变，原有的建筑形式也会被"复制"下来。但是，那些与地形、地貌、气候等自然条件相冲突的初始模因一定会随着时间的流逝而发生某些适应性改变。

一个明显的实例是合院式民居的地域性变异。作为中国疆域内分布最广的民居形式之一，合院民居最为典型的空间语句由"围合"和"轴线"语法连缀房屋、墙体等语汇而成。由于各种历史原因，合院从其原生地伴随着人口外迁或人员交流向各个方向扩散。在不同地理条件下，合院模因发生了适应性变异，如平原地区的合院方正、严格对称，山地合院却随形就势[①]，不强求严格的对称和规整的布局（图3-25）；在地广人稀的东北，宅地充裕，房屋则布局松散，合院宽阔[②]，全然不似中原合院的紧凑严整，更不似江南天井的逼仄（图3-26、图3-27）。

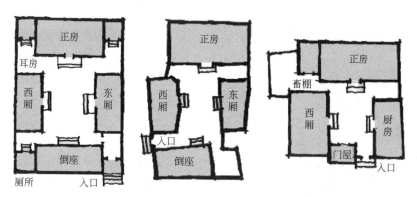

图3-25 平原（左）与山地（中、右）合院平面形态的差异

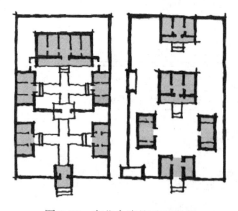

图3-26 东北合院的平面形态

与此同时，气候也在驱动合院形态的变异。本书的第6章对此进行了详细描述：在东北、华北地区，冬季较低的太阳高度角加深了合院的进深，使围合平面偏向正方形和纵长矩形，而围合的内界面偏向厚重保守，以便在冬季接纳更多的阳光并给室内保暖；而长江以南却需要在湿热的夏季得到遮阳和通风，天井的界面加高，进深相对变小，开始出现横长矩形，界面也变得灵活可变，并增加灰空间，以便在天井内形成更多的阴影并保持室内外通风；地理纬度南推至潮汕地

---

① 宋海波.豫北山地传统石砌民居营造技术研究——以林州高家台村为例.申请郑州大学硕士学位论文，2012：10，26

② 李同予，薛滨夏，白雪.东北汉族传统民居在迁徙过程中的型制转变及其启示.城市建筑，2009（05）：104

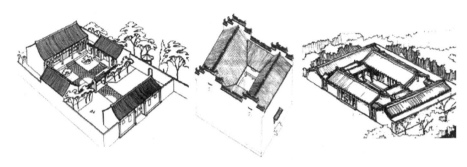

图 3-27　东北、江浙、广东三地合院形态的对比

区，由于地处北回归线以南，每年有一段时间太阳保持直射，围合空间的形态已经不太重要，而灰空间的遮阳作用明显加强。

在以上实例中，地理环境和气候环境的改变很显然成为模因变异的重要推手，构成合院语句的语汇——房屋、庭院界面都在发生应变。不仅如此，自然动力还能够促使语义的转变，如山地合院由于地形约束而由西入口（图 3-25），东北合院由南面正中入口（图 3-26），都不再遵守原有的"风水"观念——东南方向的"巽"位入口，这也反映出栖居者行为方式和思想观念的某种转变。

从现象学的视野来看，自然环境和由建筑、自然融合而成的建成环境以及人类行为一起组成的现实场景，都有其特殊的、非外界赋予的自身意义——场景的地域特征。而当自然环境发生改变时，建筑模因、人类的行为也会发生改变，从而使场景的意义也发生转变。因此，地域特征是此时此地的，是自然和人类生活不可复制的综合体。其中的建筑置于其他地域则失去存在的价值，因为当人们模仿他域的建筑时，只是看到了原有场景的部分表象，而未能完整领悟表象之外的生活意义。

3.4.3　建筑模因变异的物态动力

文化总是借助于某种具体的物理表现被人们感知，建筑更是如此。所有的建筑整体及细节必须以具体的色彩、形体等来显示存在，而支撑色彩与形体存在的物质基础是材料和结构。材料的作用是根本性的，因为不同的材料具有不同的热工、力学、耐候等自然属性，适合于不同的加工和构造技艺，形成不同的色彩、结构和形体语汇。当赖以存在的材料发生转变时，原有的语汇体系必然无法保持原样。例如，当生土墙转为砖墙、青砖转为红砖、灰瓦转为琉璃瓦时，建筑的色彩构成就会相应地发生根本转变；当墙体由土木混合转向砖木混合或纯砖时，由于砖材较之生土、木材更为优越的耐湿腐性，屋顶形态发生了显著变化——出挑的两端收缩至与山墙齐平，形成硬山屋顶；木材是弹塑性材料，易于形成较大跨度的水平受弯构件和出挑较大的悬挑构件，而砖石是脆性材料，要形成较大的跨度和出挑必须做成拱券或叠涩，两种力学性质不同的材料导致两种截然不同的形体。

不仅如此，材料的热工、力学、耐候等自然属性还支撑整个建筑营造体系——不同的材料对应着不同的加工和构造技艺，产生不同的施工技术、施工流程。例如，生土对应着版筑、打夯、制坯等工艺，砖瓦对应着制坯、烧造、砌筑等流程，木结构需要刨锯、凿、油漆，钢结构需要焊接、铆接、防锈等。而当材料发生转变时，往往带动营造技艺的转型，原有的营造技艺甚至消失。例如，当人们不再用生土造房时，打夯、制坯技术就只能存储进历史书中；当混凝土墙完全代替砖墙时，施工工艺必然从砌筑向浇筑转变；当钢框架结构取代木框架结构时，刨、锯、凿等木工技艺就会逐渐成为记忆。

总之，材料的革新不仅能够促使语汇模因的变异，也意味着营造体系——技艺模因的局部甚至整体变异。

这一系列变异的背后是人类对材料物理属性认识的逐步加深和科技的不断进步。人类最初使用的自然材料均存在不同程度的弱点，如生土的亲水、不耐候，木材的易湿腐和易燃，石材的脆性、沉重等。在传统手工社会，人们以有限的技术后期弥补这些弱点，如用烧制技术将生土变成陶制砖瓦，大大提高了力学和耐候特征，或者在生土墙下设置石制的勒脚；人们用油漆、包砖、石础等方法减少木材与水的接触；对于石材的弱点，人们很早就知道用拱券代替水平结构来实现较大的跨度。

现代科技的发展，使人们对材料自然属性的认识更加深刻，对建筑的模因变异产生更为深远的影响：

（1）传统结构和材料地位的变化。在力学性能上，传统的生土、砖石、木材远不及现代的钢筋混凝土和钢材。所以，在现代建筑中混合使用这两类材料时，往往以现代材料为结构支撑体系，传统材料被用于围护体系或装修体系。

（2）传统材料物理本体的变化。主要表现两个方面：1）现代技术对传统材料自然性能的改造。例如，通过对原材料成分和烧造工艺的调整，增强了砖材的力学性能和耐候性能；通过与现代材料的混合，改善生土的粘结力和抗裂能力；通过防腐、防火技术处理，增强木材的防火、性能和耐候性能，用现代工艺对石材面层进行各种处理，从而将木材和石材的使用范围扩大。2）现代技术能够对传统材料色彩、纹理、质感进行仿制，而抛弃其原本的物理实体。例如，现代材料对传统石材、砖材、青铜质感的仿制，只保留了传统材料的表情，但物质成分却发生了根本改变，变得更为轻薄。

（3）材料和结构的使用更加经济合理，这是建筑"现代性"的一个重要标志。在传统时代，材料和结构的使用往往是经验性的。比如，木梁的断面比例、生土和砖石墙体厚度的确定，依据的往往是彼时无法验证的粗糙的口头经验或规定，有时甚至是不合理的。而现代力学、热工学却可以依据建设条件进行精确计算，为确定材料和结构的尺寸提供科学依据。

（4）促成某些建筑模因的消亡。现代技术的应用，大大弥补了传统建筑的某些物理缺陷，传统模因甚至失去了存在的器用理由。最明显的例证是传统坡顶的现代演变——在数千年的进化过程中，由于缺乏致密的防水材料，坡顶一直是传统建筑的重要组成部分，及至近现代，人们仍无法舍弃它。为了保留其象征意义，继续用更优良的钢筋混凝土、钢材和各种卷材等塑造坡顶。但实际上，这时的坡屋顶已经失去了防雨的功能意义，已经没有存在的理由，而坡屋顶所带来的空间与物质的双重浪费促使人们反思，逐渐对其简化处理，最后甚至只做平屋顶，而只在檐口保留坡屋顶的颜色。

斗栱也经历了类似的现代演变过程——起初人们用钢筋混凝土或金属结构模仿木制斗栱的形态，但实际上这样的斗栱只存在象征意义，而没有任何结构功能。而复杂多变的斗栱不仅与钢筋混凝土或钢材的工艺相矛盾，还同样存在浪费问题，于是斗栱开始缩小、简化，继而平面化、抽象化，甚至在某些带坡屋顶的建筑里也被完全省略掉。

（5）促进传统材料语法和语义的转变。由于传统材料在现代建筑中不再分担承重任务，其构造规则变得灵活多样。例如，砖石材料作为承重墙体时，多表现为紧密整齐有序的砌筑规则，肌理厚重。而现代建筑却可以改变砌筑规则，或者与透明材料结合，产生有别于传统的轻薄有趣的形象。甚至，被剥离了物理实体的砖石、青铜，在现代只留下薄薄的一层"肌理"，失去了它们原本作为结构的器用意义，而只作为象征传统和历史的符号而存在。

（6）由于现代技术的进步、城镇化进程的加快、土地的日益集约和人口的增加与集聚，建筑功能和空间越来越复杂和庞大，传统的建筑体量已经难以满足要求，现代建筑突破了传统建筑单一的形体，平面复杂化，立面高层化，传统的形体比例和构图等语法模因的重大变异难以避免。

（7）现代计算机技术无疑是建筑设计史上的一次深刻革命，各种强大的软件不仅能够展示以前可想而不及的形象，更可以扩展建筑师的思维，使人类的想象力在虚拟世界里无限延伸，自由驰骋。并且，与计算机相结合的现代工艺（例如 3D 打印技术、数码机床等）可以将虚拟世界的复杂形象转化为物理现实，虚拟与现实的结合完全可以促成建筑领域的新发现。现代解构主义、数码建筑以及某些高技派建筑思想的诞生和流行无不与现代计算机技术的发展息息相关[1]。在这种条件下，建筑模因的演变可能会进入高速变异阶段，变异体也必将变得更加多元。

3.4.4　建筑模因变异的隐形动力

阿摩斯·拉普卜特把"社会文化"——宇宙图式、家庭结构、生存模式、风气习俗等看作决定"宅形"的"首要因素"。在一定的条件下，包括"社会文化"在内的隐形因素的改变确实能够成为驱动模因变异的重要力量。它们的作用是非直接、非直观的和内隐的，但往往更为深刻。并且，隐形动力诸因子对模因变异的驱动具有不同的深度和广度。

（1）政治制度

作为国家政权的组织和构成形式[2]，政治制度（或政体）与建筑似乎并不直接关联[3]。但政治制度的转型却往往意味着社会的整体变革，是文化场内诸因子发生重大变化时能量的聚集和集中释放，必然引起所有建筑相关人文化心理构成的转变，继而投射于建筑现实，引起建筑模因发生相应变异。

中国传统建筑数千年演变的低速形态，正好与政治制度的稳定态势相吻合，尽管朝代频繁更迭，但国家组织构架却一脉相承，只发生缓慢的局部调整，而没有颠覆性改变，与此匹配的经济基础、哲学观念、社会伦理、审美观念等只发生了有序的低速变异。建筑上的反映亦然，尤其是政治性的宫殿、署衙等建筑，其模因的变异以局部的、语汇变异为主，例如坡屋顶形态由平面转向曲面、由单色转向多彩，斗栱的构件由少到多，形态由粗犷转向繁杂等。

在传统等级制度下，建筑模因的另一个特征是阶级差异性——不论是材料、色彩还是形体，都被分配给社会地位不同的业主。如彩色琉璃瓦只能用于宫殿、王府和其他皇赐建筑，庑殿顶、歇山顶和各式彩画要分配给功能地位不同的建筑。"因类分配"的语汇系统

① 郝曙光. 当代中国建筑思潮研究. 申请东南大学博士学位论文，2006：15
② 辞海. 上海：上海辞书出版社，2009：2928，2930
③ 吴焕加. 20 世纪西方建筑史. 郑州：河南科学技术出版社，1998：314

与政治框架一起构成了一套严密的等级体系，不得僭越。

政治制度的重大变革出现在 19 世纪下半叶以后。鸦片战争、太平天国、甲午战争、维新变法、联军侵华与义和团、五四运动、日本侵华、解放战争等一系列重大历史事件冲击着固守数千年的经济结构、哲学观念、风俗习惯等，原有文化场的激烈振荡，最终体现在政治观念的深彻转变上，沿袭了数千年的封建集权发生了动摇，试图向清末的君主立宪转变，很快又转向资本主义制度和延续当下的社会主义制度。近两百年是中国数千年政治和社会转型最快、最深彻的时期，与政治观念和国家制度的快速转变相呼应的是建筑模因的高速变异，有时不可避免地浸染上强烈的政治色彩：为了表达民族国家的意志①，民国年间的"中国固有式"开启了以"西式构图语法＋传统屋顶语汇"进行组合的先河；1949年以后的"民族建筑"则被视作"社会主义内容"，可以认为是"中国固有式"的某种变体；改革开放后的"恢复古都风貌"和"夺式建筑"则将尺寸不一、形态各异的屋顶生硬地戴到或镶嵌到巨大的体量之上；1980～1990 年代的仿古街乃至当下的古城重建无一不是政治功利的表现（见第 5 章）。当然，政治制度的转型也瓦解了传统建筑语汇的等级分配系统，传统社会高等级的材料、色彩、形体进入到了寻常建筑之中，不再是标示社会地位的符号，转而被用于象征政治意义。

在此期间，政治人物的个人表现不应被忽略，他们的作用更像一把双刃剑：崇高的社会地位、无约束的政治权力和强势的政府框架，使得个人决策往往会干扰建筑的正常演化——一方面在客观上延续了某种模因的寿命，在另一方面又违反了模因物理体的自然属性和文化的发展逻辑。例如"夺式建筑"的屋顶和亭子，与下部体量生硬地进行拼接，歪曲了材料和结构的力学规律以及美学上的协调性。由于社会的模仿效应和重要工程的示范效应，造成更大范围的谬误和危害。

再如，曾经蜂拥而上的"仿古一条街"②、"古城再造"运动③，均不同程度地包含着功利的政治动机——它和其他"面子"工程一样，影响官员的政治前途。而一厢情愿的政治考量却往往忽略了"仿古街"、"仿古城"的人类学现实——传统的生活方式和生活场景已经消失，虚幻的"传统"场景与现实生活并不匹配。从现象学的角度来讲，这种人造场景并不能显示其自身的意义，而是不合逻辑的臆想。兴许，其重要价值是作为失真的电影布景出现在虚拟的屏幕上，而不应存在于现实世界里。

当然，政治人物的存在只是一个短暂的历史过程，随着他们的离去和政治秩序的重构，建筑的演化又会以另一种无法预知的面目出现。这从一个侧面印证了模因变异的随机性和不可预测性。

（2）哲学与宗教

哲学是关于自然界、社会和人类思想及其发展的最一般规律的学问，是理论化和系统

---

① 严何. 古韵的现代表达——新古典主义建筑演变脉络初探. 南京：东南大学出版社，2011：112

② 陈纲伦. "传统风貌一条街"的综合效益与多元模式. 建筑学报，1994（05）：31

③ 参见：（1）第一旅游网·古城再造之殇：http://www.toptour.cn/special/zzgc/；（2）网易·新闻·看客第187期·再造古城：http://news.163.com/photoview/3R710001/26491.html。近几年，开封、大同、凤凰、敦煌、金湖等历史文化名城在当地政府主导下进行大规模的"古城再造"运动，不计后果地大规模拆迁和不计效益地投入资金来重建古城，在豪赌旅游经济的同时，还带有强烈的政绩色彩。

化的世界观和方法论①。也就是说，哲学往往提供的是某种普适的思想方法和思考问题的角度，而不是针对具体实践的物理工具。在不同的使用领域，哲学要被引申使用，以不同的形态出现。例如，"易"为中国传统诸子学说的"大道之源"，"阴阳"、"五行"可以被看作是对其思想精髓的更具体化的阐释，儒家提出了等级秩序、伦理关系等社会观念，兵家揭示出了战争的规律，"风水"说则成为择址、营造的具体操作指南。人们常说，中国传统社会具有"儒道并济"的特征，实际上更确切地说是以"易"为总源的各种分类哲学的融合，只是"儒"更关切社会关系，地位最为突出而已。在传统的人居环境中，这些哲学观念都在不同程度地起着作用，促成了建筑模因的形成和变异。例如，轴线和对称语法、围合空间被用于反映人伦秩序，森严的语汇体系被用于标示社会地位，不同的院落入口、居室方位被用于趋吉避凶等。

现代社会实际上是各种哲学观念的混合，传统的伦理哲学被打破了，森严的社会等级观念被逐渐淡化。但某些传统思想依然客观存在，如"风水"观、孝悌观等，它们和各种外源性思想观念并行不悖地共存一炉。二者之间的张力会促使模因发生转变。例如，我们依然用传统的轴线和围合语法来塑造空间，但传统的封闭感被打破了（见第 6 章）；金黄色不再是等级和政治地位的标志，而是财富的象征。

人们普遍的观点是，宗教"相信并崇拜超自然的神灵，是支配着人们日常生活的自然力量和社会力量在人们头脑中的歪曲、虚幻的反映"②，具有一定唯心性。但是，如果以一种包容的态度来看，从某种角度理解，某些宗教观念也可以被看作"世界观"，或"哲学观"。例如，佛教认为"四大皆空"，世界由没有自体、无法独存的"地、水、火、风"四大元素组成③，按照这样的理论来观察现实时，就比较容易理解佛教的"色空"说。

流行于中国的佛教、伊斯兰教和基督教属于外源性宗教，在输入过程中都不同程度地促成了传统建筑模因的融合式变异。例如，由于礼佛仪式的需要，原来用于安奉舍利的"塔婆"（Stupa）形象被放置到本土的多层楼阁顶部，形成"楼阁"式佛塔④，诞生了一种新的建筑形制，逐渐发展成传统建筑中少有的"高层建筑"，其应用的范围也不再仅限于宗教场所，人们为了改善风水、求取功名等也可以修建不同式样的"风水塔"、"文笔塔"、"文星塔"等。由于独特的世界观，佛教建筑的色彩观念也异于世俗，丰富了传统建筑的色彩体系⑤。

中国内地的伊斯兰教建筑，随着与发源地时间和空间距离的拉大，原有的模因信息逐渐衰减，而和中国传统建筑走向融合，也开始使用本土惯用的轴线、对称、围合等语法来组织单体建筑，形成层层院落，并保留了邦克楼、礼拜堂、水房等必要内容⑥。由于教义的需要，内地清真寺的轴线并没有沿袭本土建筑的南北向，而是东西向。建筑单体则与本土几乎无异，只是彩画和构件等细部语汇上带有伊斯兰文化特征（图 3-28、图 3-29）。

基督教对中国近现代文化无疑产生了巨大影响。今天的普通中国人，即使并非基督教

① 辞海. 上海：上海辞书出版社，2009：2903
② 辞海. 上海：上海辞书出版社，2009：3072
③ 宋建明. 中国古代建筑色彩探微——在绚丽与质朴营造中的传统建筑色彩. 新美术，2013（04）：51
④ 楼庆西. 中国建筑二十讲. 北京：生活·读书·新知三联书店，2001：117
⑤ 宋建明. 中国古代建筑色彩探微——在绚丽与质朴营造中的传统建筑色彩. 新美术，2013（04）：51
⑥ 楼庆西. 中国建筑二十讲. 北京：生活·读书·新知三联书店，2001：140～141

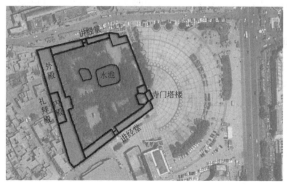

图 3-28　喀什艾提尕尔清真寺总图及内景

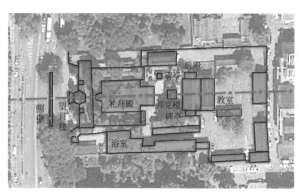

图 3-29　北京牛街清真寺总图及内景

徒，也会过圣诞节，举行基督教色彩的婚礼。人们耳熟能详的一些国内著名大学，前身就是"教会大学"①，为促进中国的现代高等教育做出了开拓性贡献。基督教对中国传统模因演变的一个最大影响是促成了"西式语法＋中式语汇（有时兼有西式语汇）"的混合，其目的是为了在中国传教的方便，"必能使人民容易接近"，而不"引起人民'非我族类'的感想"。其后由外国建筑师所做的一系列教会大学设计和后来国民政府所提倡的"中国固有式"②，基本上是相近的方法，只是所使用的语法和语汇不同而已。

　　（3）经济条件

　　在《宅形与文化》中，阿摩斯·拉普卜特指出"经济生活对宅屋形式没有决定性的影响"，因为"经济状况相似的群体可能有着不同的道德系统和世界观，而宅屋又是世界观的体现"③。但是，以马克思主义的观点来看，经济基础决定了上层建筑，没有经济条件作为物质支撑，各种意识形态无从存在，它们之于"宅形"就是空中楼阁。可以说，"经济条件"虽然并不直接决定"宅形"，但通过对上层建筑施加影响而间接驱动了"宅形"的发展。

---

①　参见：董黎.中国近代教会大学建筑史研究.北京：科学出版社，2010

②　邓庆坦.中国近、现代建筑历史整合研究论纲.北京：中国建筑工业出版社，2008：56～85

③　（美）阿摩斯·拉普卜特著，常青，徐菁，李颖春，张昕译.宅形与文化.北京：中国建筑工业出版社，2007：32～36

从历史上来看，人类的经济形态经历了原始的采集渔猎、自给自足的农业和小手工业、大规模生产工业等。每一次经济形态的转型，都会促进政治制度、意识形态等上层建筑领域的深刻变化，也驱动了建筑模因的演变。游牧社会的人们只需要一顶帐篷，农业社会的人们需要空间复杂的农宅用以储藏、畜养和生活，以及人们聚集而成的村落、集市，大工业社会需要规模更大的居住区、商业区、工厂区和办公区等，建筑的演变过程折射出经济方式、生活方式以及由此带来的政治制度、审美观、世界观等的深层变化。

今天，随着市场经济的深度发展，建筑的经济属性也发生了转变。在很长的历史阶段，建筑都是人们必需的非生产的生活消费品[①]，可以是财富或权力的象征，但不能带来利润。随着经济水平的提高，在现代社会，建筑具有了商品属性，营造成为可以谋利和聚集财富的手段。为了吸引业主的眼球，开发商必须打造产品的"亮点"，满足业主的生理、心理需求。商品经济时代的社会心理往往是从众、新奇、逆反、怀旧、炫耀[②]等特征的混合，并不像专业人士那样，能够对建筑进行深度"精读"，而只是片断性的"泛读"，甚至是"误读"。这样的文化场和文化心理结构的现实投射，就是建筑语汇模因的不同变异——那些较易勾起人们某种联想的建筑片断会被复制过来，混合在一起，成为商业的"噱头"。典型的实例如上海开埠到民国期间，由开发商承建的石库门建筑，用本土材料、结构、天井和西式的门楣装饰[③]来迎合业主中西混合的文化心理结构（图 3-30）。

a 上海石库门　　　　　　　b 郑州联盟新城

图 3-30　市场经济下的模因融合与变异

这些片断语汇反映的正是以市场经济为背景的"图像化"或者"视听化"的世界特征[④]——社会被媒体和图像包裹着，人们对事物的判断更倾向于借助于感性的视觉形态，进而激励着建筑向碎片化、图景化转变。人们更倾向于对建筑的图像性、符号性、幻想性消费，而不同程度地背离了建筑的生活现实。例如，一座点缀了"欧式"语汇的普通住宅，被开发商用"尊享欧式生活"的广告语来勾起人们对美好生活的向往，而"欧式"语

① 吴焕加.20 世纪西方建筑史.郑州：河南科学技术出版社，1998：9
② 张勃.当代北京建筑艺术风气与社会心理.北京：机械工业出版社，2002：1321
③ 邓庆坦.中国近、现代建筑历史整合研究论纲.北京：中国建筑工业出版社，2008：168
④ 现象学者马丁·海德格尔（Martin Heidegger）认为世界是图像化的，法国社会学者雷吉斯·黛布雷（Regis Debray）把迄今为止的人类社会分为书写、印刷、视听三个时代，对应的社会要素分别是神学、美学和经济学，对应的社会特征分别是语言统治、书写统治和视图统治。参见：（1）孙周兴.海德格尔选集（下卷）.上海：三联书店，1996：117；（2）史永高.材料呈现.南京：东南大学出版社，2008：26

汇却淡化了住宅的安居功能，隐蔽了未来可能面临的沉重经济负担。

当代中国建筑正处于这样的图像时代，尤其是商品住宅，建筑语汇深度洋化，但与"欧式"生活品质并无关联，"欧式"语汇只是图像化的符号。其间点缀的"新中式"楼盘，虽然点缀着传统色彩、屋顶等语汇，但空间结构完全只合宜于现代生活方式，传统模因只是开发商提供给业主，满足某种心理需求的食品添加剂——有一点味道就行，而并不需要真正的营养，其作用和"欧式"语汇并无二致。当然，我们无法排除某些开发商和业主"骨子里的中国情结"，只不过由于文化心理结构的不同导致对传统认识深度的差异，有时他们更倾向于语汇模因的复制变异，而尚未照顾到更高层次的"意境"表达。

（4）文化融合

交流和融合是文化演化的一个自然现象。从人类历史来看，任何一个成熟的文化都不是完全独立、静态发展出来的，都与其他地区的文化发生着或多或少的交流。其间，模因从其他地区的文化场中分离出来，以不同的方式复合到本土文化场中。因此，可以说，每一个地区的文化场都是一个"模因复合体"。

中国传统文化同样如此。外来文化传入后逐渐与中国本土哲学融合和并存，深刻地影响了人们的思想和行为。中国传统建筑的演化过程也一直伴随着对异国文化的吸纳。前文提到，外来宗教建筑与中国传统语汇、语法的结合，驱动模因发生融合式变异，诞生出新的变异体，例如古塔和民国期间的"中国固有式"建筑。常青在《建筑志》中提及："汉唐之际，中国传统的'大屋顶'殿堂建筑，从头到脚都受到了丝绸之路建筑文化的洗礼，带着一身'胡气'"，便是对中西建筑文化融合的真实写照——基座是西域塔庙的须弥座，鸱尾很可能源自古印度屋顶上的摩羯鱼等[3]。

近现代乃至当下，中国对国外文化的接纳力度更是前所未有，今天的中国各个学科都不同程度地和西方世界存在渊源。中国现代建筑亦不例外，是吸吮着西方现代建筑的乳汁成长起来的，是西方现代建筑文化输入后与中国现实结合的产物。从物态层面来说，钢筋混凝土、玻璃和金属等各种现代建筑材料，与传统的土、木、砖、瓦、石在自然属性上存在巨大差异，其生产技术、施工工艺、结构计算等也完全不同，它们的出现必然引起模因的某种适应性调整，甚至促使某些模因逐步消亡；从思想层面来说，中国现代建筑教育滥觞于西方，从民国乃至当下，有成就的中国建筑师，要么直接留学归来，要么对西学有着精深的研究，都有着深厚的西学功底。现代生产、生活方式，西方建筑的设计理论、思考方法、哲学观念、美学观念等，也迥异于传统，必然驱动建筑的功能、体量、构图等方面的巨变。

当然，外来文化同样是以变异的形态融合进来的。从模因论的角度理解：当初始模因

① 邹广文.当代中国大众文化论.沈阳：辽宁大学出版社，2002：12
② 郝曙光.当代中国建筑思潮研究.申请东南大学博士学位论文，2006：14～15
③ 常青.建筑志.上海：上海人民出版社，1998：307～308

在不同载体之间传播时，一定会发生信息的衰减，最后的模因必然产生某种变异，它的物理表现必然与初始模因存在差别。根据人类学理论，任何有传播力、影响力和历史深度的思想都依托于其深厚的文化背景，建筑的外来思想同样脱胎于它特有的文化背景，如科技、历史、价值观念和生活方式等①。对那些文化背景完全不同的人来说，它们完全陌生，普通人对异质文化的理解总是出现一定程度的偏差，即使专业人士也可能使模因发生某种变异。例如，17～19世纪上半叶欧洲各国的"中国风"建筑都对中国传统建筑存在不同程度的曲解②，即使是号称"中国来的总建筑师"的威廉·钱伯斯（William Chambers）实际上模仿得也并不纯真（图3-31、图3-32）；清末民国来华的西方建筑师以西方的构图语法来组构中式的屋顶，新奇之余也失去了中国传统建筑的优雅和纯净，而变得像西方建筑一样复杂。

图 3-31 欧洲各国对中国古亭的变异

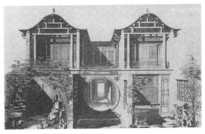

图 3-32 威廉·钱伯斯绘制的中国建筑

中国建筑师亦然。对于多数生于斯、长于斯的中国建筑师而言，文化场的差异使他们在理解现代西方建筑理论时必然存在不同程度的难度，很可能只能看到外来建筑的表象，而不能从文化背景的深度上去把握其精神内涵③，对西方建筑表层的"泛读"甚至"误读"就在不经意之间产生了。在市场经济大潮和快速城镇化的推动下，无暇思考的建筑师会以更为功利的态度，甚至刻意去"误读"，或选择性地"泛读"西方建筑。对于普通大众来说更是如此，面对海量的建筑信息时，更容易产生片断的、无序的"浅阅读"和"误读"④。这造成了一种无法回避的事实：在改革开放之后，后现代建筑思想、解构思想等西方建筑理论涌入后，虽然有大量著作对它们进行深度介绍，但还是无法避免地被不同程度

---

① 郝曙光. 当代中国建筑思潮研究. 申请东南大学博士学位论文，2006：9～10
② 冯江，刘虹. 中国建筑文化之西渐. 武汉：湖北教育出版社，2008：81～93
③ 郝曙光. 当代中国建筑思潮研究. 申请东南大学博士学位论文，2006：10～11
④ 俞挺，邢同和. 变革的机会. 建筑创作，2009（10）：144～153

地曲解，甚至被功利化使用，而非与中国现实的深度结合。

当然，随着时间的推移，人们会回头认真反思这一段建筑史。后现代主义、批判地域主义、建构理论、建筑人类学、建筑现象学、低碳建筑等西方建筑理论显然有助于揭示建筑表象背后的深层思想内涵，从而更理性地对待传统问题，驱动建筑模因向着更科学的方向进行变异。

这其中，某些理论本身已然一定程度地包含着模因论的思想。例如，后现代主义对待历史的态度，不论是对传统的局部截取，还是对传统的戏谑式运用，实际上都证实了模因承传过程中必然的分离性和复合性；批判地域主义的某些概念，如"陌生化"，实际上描述的是模因变异的必然性。相对的，"熟悉化"又描述的是模因信息复制的保真度。两个概念的组合描述的就是模因承传过程的完整特征——复制与变异的共时性。

值得一提的是中国当代的"实验"建筑或"先锋"建筑。可以说，它们实际上也是文化融合的产物——那些具有先锋意识的建筑师多有西方留学背景，即使成长于本土者，也多有精深的西学造诣。西学背景使他们在触及传统建筑问题时，能够以更为独到的视角进行解答，作品呈现出"对抗性、革新性、边缘性、实验性、开放性、思想性"[①]。这可以被看作中西文化融合后建筑师文化心理结构的现实投射。在笔者看来，它们更倾向于寻找和表达空间的思想本质，尝试挖掘材料本身的思想内涵，而不是流于常见的语汇表达。并且，这些思想本质和内涵有时非常"中国化"，只是隐伏于更"前卫"、更"个性"甚至更"隐涩"的语汇表层之下，如同语言晦涩的《论语》《老子》，不像《水浒传》《三国演义》那样通俗易懂罢了。

这使得"实验"建筑与大众的沟通存在一定障碍：大众对"实验"建筑的理解存在偏差，甚至由于"生僻"的语汇而完全无法"读懂"。这可以理解为"实验"建筑师与大众心理文化结构差异性的现实投射——他们处于不同的文化场影响下，对建筑的理解各不相同："实验"建筑师的心理文化结构更趋于混合，对建筑的目标追求与大众迥然不同，寻找的语言外壳也并非大众所熟知的，言者虽然努力演说，而听者未必全然理解，甚至完全无法领会[②]。

"实验"建筑师与大众心理文化结构的差异性还表现在对功能和现实理解的不同：大众更倾向于功能上的现实性，而"实验"建筑在追求"思想性"、"个性化"的同时没有满足或者忽略了这些方面，造成某一方面的失误[③]。甚至于，有时在大众看来，它们更像与现实需求脱节但又自我陶醉的表演，"为建筑而建筑"。当然，有时与现实需求的脱节并非出自建筑师的本意，而是决策失误。

尽管如此，"实验"建筑似乎更具"世界性"，更易与外界沟通，更有能力担负起让世界"读懂"中国的角色。也许，它们今天还站在舞台"边缘"，带着"实验"色彩，尚无法普及，但"革新性"和"思想性"却是它们的价值所在。一旦这种探索获得普遍认同，

---

① 郝曙光. 中国当代建筑思潮研究. 申请东南大学博士学位论文，2006：15

② 典型实例参见：南京晨报 2012 年 8 月 21 日《琅琊路 4 号民国建筑被改建成"混凝土缝之宅"》："……业内一片叫好，老百姓却不大能接受"，"当时是作为老干部活动中心来规划的"，但老百姓却"认为它更像一座教堂"。

③ 典型实例如篱苑书屋，其围护结构是"玻璃＋树枝"的表皮，极富诗意和情调，其思想性毋庸置疑。但有不少网友坦言其热工问题：作为北方建筑，夏天尚可，"冬天的保温还是无法解决"，"……将在十月底左右关闭，还请各位朋友留意天气情况"。其实，即使当这个建筑室内有采暖时，也还将面临一个棘手的问题——玻璃外皮极易结露。

它们将自动成为舞台的中心。先锋建筑师在国外的屡屡获奖已经证明了这一点。

（5）习俗

在人类学的视野里，"习俗"不只是无意识的习惯行为，更赋予建筑存在的意义[①]。现代汉语认为"习俗"即"风俗习惯"[②]，是"风俗"与"习惯"的并置。苏联的德罗布尼茨基"把风俗习惯看作是各种规范调节体系中最简单的形式，……是各种尚未独立的规范体系（法律、道德、传统、宗教仪式等）的有机统一体，……是已经发展起来的复杂的规范调节体系中最简单的组成要素，……是与其他调节形式并存而又不同的独立体系"[③]。

事实上，"风俗"和"习惯"存在微妙的差别：前者是"历代相沿积久而成的风尚、习俗"，后者是"由于重复或多次练习而巩固下来并变成需要的行动方式"[④]。黑格尔认为：习惯是人的"第二自然"，"是灵魂的一种直接存在"，是通过"重复""练习"将"感觉规定的特殊东西或形体的东西""深深砌入到灵魂的存在中去"，从而达到"心灵秩序与行为秩序的直接统一"，是对"既有社会生活方式、存在方式的记忆"[⑤]；而风俗是"日常生活中的集体记忆"，"记忆着一个民族、社会、时代的历史"，即"个人普遍的行为方式"背后存在着"伦理性的东西"[⑥]。

由此可见，习俗与法律、道德、传统、宗教等上层建筑和经济基础都密切相关，是这些因素共同作用于人类行为后的集中外显，是社会的集体无意识。从模因论的视角来看，习俗可以被看作文化场作用于人类心理世界之后的现实投射，是人类文化心理结构的集体行为外显。

因此，习俗的改变往往意味着社会的某种重要转型，如政治制度、经济形态、伦理观念等的重大转变。而这些转变最终以人们日常行为的改变显现出来，也会在建筑中有所反映。一个重要实例是豫西北平原农宅从 1950 年代到当下的变迁[⑦]——尽管农民的耕作方式由以前的"人力＋畜力"的体力劳动转变为现代的机械化劳动，农宅也由 1990 年代以前的生土结构变为现代的砖混结构，但生活方式、居住习惯在 1950 年代以后并没有发生根本性扭转（图 3-33）：传统的合院布局顽强地延续下来，按传统风水习惯将入口设置在"巽"位，厕所置于西南角，方便农业生产的畜圈或农机放在入口附近；尽管设计了室外楼梯，一层日照条件好的卧室并不多，主人也不愿意居住在二楼，依然固守平面式的传统居住习惯——尽管二楼空间更大，光照通风更好，但却全部被用作储藏粮食、农具和杂物。然而，家庭伦理观念的微变还是改变了合院的形态：生土农宅似乎还在强调"家长"的地位，维持着基本严格的轴线，而砖混农宅则不再恪守绝对的"家长"权威，日照条件较好的西卧室不再只是"家长"的居室，而是可以让位于新婚的后辈。

在习俗的微变之中，庭院模因发生了变异，严格的轴线消失了。这种新农宅虽然有别于传统习惯，并且存在重大缺陷，但却被普遍接受了，在 1990 年代以后几乎成为当地农

① 常青. 建筑学的人类学视野. 建筑师，2008（12）96～97
② 辞海. 上海：上海辞书出版社，2009：2462
③ （苏）德罗布尼茨基著，张国钧译. 道德和风俗习惯. 国外社会科学文摘，1989（05）：25
④ 辞海. 上海：上海辞书出版社，2009：0618，2462
⑤ 高兆明. 论习惯. 哲学研究，2011（05）：67～68
⑥ 高兆明. 论习惯. 哲学研究，2011（05）：69～70
⑦ 本例为笔者在设计实践中所做的一个田野考察记录。

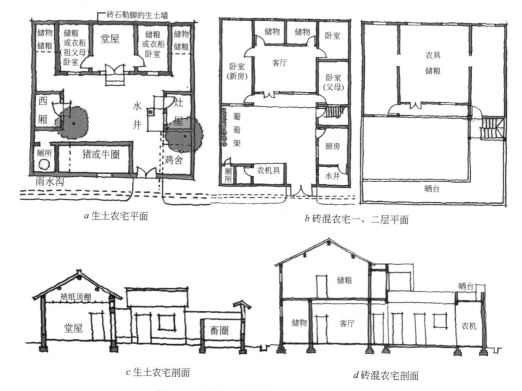

a 生土农宅平面　　　　　　　b 砖混农宅一、二层平面

c 生土农宅剖面　　　　　　　d 砖混农宅剖面

图 3-33　豫西北平原普通农宅的形态变迁

宅的标准制式。从某种程度上来说，这反映出习俗变迁的力量。

实际上，在建筑模因的变异过程中，我们可能无法按某种标准对这些隐形动力进行严密的辨别。因为哲学观、宗教观、政治观、习俗等往往缠绕在一起，相互影响，相互作用，形成一个无法分离的整体。例如，中国传统的佛、儒、道、阴阳、五行、风水等观念共同悄无声息地影响着人们的行为方式、思维模式、伦理观念、审美观念乃至衣、食、住、行等日常生活，进而成为无意识的习惯。对于一个传统的普通中国人来说，恐怕早已无法分清促成"宅形"的文化根源究竟是宗教、哲学还是习俗？我们常常认为建筑受政治因素的影响很大，但在传统社会，政治观念往往也和宗教观、哲学观相互缠绕在一起。即便是现代世界，仍然存在政教合一的国家。

因此，我们最好以发展联系的眼光，把驱动建筑模因变异的力量看作文化场的整体转变，在分析某一动力时兼顾其他，方能更为客观和全面地厘清模因的变异轨迹。

3.5　本章小结

本章主要讨论了四个内容：模因传播的方式，模因的变异特征，变异体的选择特征和建筑模因变异的动力机制。

（1）模因传播的基本方式为辐射式，完整的方式为链式，直线式是其中的特例，可以被视作链式传播的一个剖面。场式更适合描述隐性模因的传播，即：思想观念形成无所不在的文化环境，影响人们的心理文化构成，再反映到人们的外在物理表现之上。

（2）建筑模因的变异特征是：随机性、多元性和变异体的唯一性，以及变异过程的单向性。多元变异是模因传播过程中的必然结果；传统建筑的现代承传也必然伴随着对传统模因不同程度、不同方式的多元变异。

（3）模因变异体的选择特征是：人们倾向于选择与文化环境保持默契的答案，但答案也是多元的；传统建筑的现代承传是传统文化环境对人们施加影响的必然结果，传统文化对人们的影响程度、人们对传统文化理解的角度和深度都存在差异，必然导致传统建筑承传过程中的差异性和多元性。

以上论述揭示了模因传播的基本特征是复制与变异的共时并存。复制是文化承传的基础，而变异是文化革新的动力。传统建筑承传的模因本质就是：现代建筑接纳了传统建筑的某一部分，同时又对它们进行多元变异，促进建筑的演化。

（4）建筑模因变异的动力机制是：文化环境和自然环境的改变，或者说物态动力、隐形动力和自然动力的综合作用，引起人们文化心理结构和物理表现的调整，并共同作用于变异和选择的过程，驱动模因的多元性、随机性变异，再通过选择作用调整模因的变异倾向，最终形成多元的变异结果。

第4章 传统材料语汇的模因变异：
混合与分离

　　本书第2章参照文化的"三分"结构将建筑分解为三个部分：建筑语汇、建筑语法和建筑语义。在传统建筑的现代承传中，这三个部分均被现代建筑接纳成为模因。第3章论述了模因传播过程中的一个重要特征——多元变异。从本章起，将分别观察传统建筑的这三种模因如何在现代建筑中进行变异，并归纳变异的特征。

　　首先要观察的是传统建筑的语汇模因。本书将用两章的内容陆续观察传统建筑的材料语汇和形体语汇的模因承传与变异。为此，我们先要对材料的普遍特征和现代观念有所认识，以便更好地说明材料在传统与现代中的差异性。

4.1 建筑材料语汇的现代观

4.1.1 材料的通用概念

　　在现代汉语里，"材料"是由意义相近的"材"和"料"构成的合成词。"材"本专指木材，后泛指原料、材料①，"凡自然资源，可供制造成品者均称'材'"②。"料"也"泛指可使用的材料、物料"，"可供制造的物质"③。

　　可见，"材"和"料"只有非常微妙的差别，只能从两者常用的成字偏旁和常用的构词搭配中看出些许端倪，例如"木材、石材、钢材、药材、块材、板材"和"木料、石料、料酒、作料、草料、饮料、资料、原料"等，这些词汇给人们的印象是："材"更倾向于坚实的、固态的、人为处理过的状态，而"料"更倾向粒状、粉状或液状的，未定形的状态。

　　两字合成，就是"可以直接制作成成品的东西；在制作等过程中消耗的东西"。这是"材料"的初始义项。后又引申出其他义项，比如"写作、创作、研究等所依据的信息"，"可供参考的信息"，"比喻适于做某种事情的人才"等④。我们这里所说的"建筑材料"，即为第一义项，而"写作材料"、"人事材料"，"某人是唱歌的材料"则是引申义项。

　　在一般情形下，汉语的"材料"对应着英语的"material"，并且二者拥有非常相似的初始义项："substance or things from which sth. else is or can be made; thing with which

---

　　① 参见：（1）辞源.北京：商务印书馆，1988：0820；（2）辞海.上海：上海辞书出版社，2009：0210；（3）现代汉语词典.北京：商务印书馆，2012：118

　　② 辞源.北京：商务印书馆，1988：0820

　　③ 参见：（1）辞源.北京：商务印书馆，1988：0740；（2）辞海.上海：上海辞书出版社，2009：1386

　　④ 现代汉语词典.北京：商务印书馆，2012：118

sth. is done"。二者的引申义项也非常相近，例如："He is not officer material，ie will not become a good officer"，"facts，information，etc. to be used in writing a book，as evidence，etc. "[1]。

需要注意的是，在英语的解释项里出现了"substance"一词，可以理解为自然的、原生的物质，具有一定的化学结构，可以用物理学、化学方法来确定其自然特征，并且不受人类控制。但"substance"被用于制造器物时，就必须经由人工处理，带上了人的烙印，成为人化的自然物，这时才被我们称之为"material"。因此，从某种意义上说，"substance"具有客观的自然属性，其本质与人类无关。而"material"（材料）是"substance"（物质）人为后的结果，具有人类文化的属性，即："材料"（material）＝人化的"自然物质"（substance）。

4.1.2 建筑材料语汇的普遍特征

建筑专业对"材料"的解释更为丰富。我们可以看两段建筑专业词典对"材料"的描述和解释[2]，第一段："建筑中的材料（matter）是人们精心制备的物质（substance）。混凝土、金属板等不仅仅是抽象的，在整个建造过程中必须遵循自然规律。它们用以装饰抽象和无限空间的不仅仅是颜色、纹理和气味。我们不是在用木头，而是木板、木条及其组件。我们不是在用玻璃，除非它有特定形状和大小。材料（material）具有精确的制作形式和处理过程。备用材料（prepared material）总是由手工或者工业制备。这种差异意义深远，是两种特征不同的概念。第一，在不同的建构材料（architectonic material）中，相同的物质（substance）有着不同的生产、制作形式和方法。相同材料（material）中的两种物质（substance）有可能与不同材料（material）中的两种物质（substance）很不相同。材料（material）有正反面，它的位置和方向确定其构造方式。在很大程度上，我们可以干预这些形式，以便有所创新或再利用。第二，这些形式和尺寸，可以确定一个空间、建造方法、结构、尺寸或比例，甚至于它的风格、通用测量系统、建造体系，或实际的准则。材料（material）本身隐含一个建筑理念。"

第二段："新的建造材料（construction material）是信息。就像现代建筑就得益于钢筋混凝土、钢和玻璃一样，我们的时代还没有研发出一种材料（material）可以改变根深蒂固的建造原则。物理世界重新信息化进程意味着要开发智能的（intelligent）、反应式材料（re-active material），可以根据周围的环境与功能的变化作出响应。在建造过程中，我们使用混凝土、木板、玻璃块、纸板、石雕、屏幕、字母、海报、砖块和插头、布料、百叶窗、荧光灯管、衬板、挂在背面的吸声瓦、光滑的钢板、水泥石棉板、混凝土花砖，以及其他东西，如自然光、水、声音、思想等。"

我们可以借以上两段文字分析出材料的如下特征：

---

[1] 牛津高阶英汉双解词典.北京：商务印书馆，牛津大学出版社，1997：913

[2] 两段英语原文参见：M. Gausa，V. Guallart，W. Muller，F. Soriano，F. Porras，J. Morales. *The metapolis dictionary of advanced architecture*. Barcelona：Actar，2003：422，419. 译文参考：黄增军. 材料的符号学思维探析——建筑设计中的材料应用及观念演变. 申请天津大学博士学位论文，2011：45～46. 译文括号内的英语单词来自原文，以便对译文进行注解。原文中的"matter"在有的参考文献中被译作"质料"。但"matter"（物质）一词在西方文化里与"精神"相对，具有哲学意味，并且更为古老。相较而言，"substance"倾向于强调"物质"的自然属性，更具体化，而"matter"更抽象，更概念化。

（1）自然性

材料首先以自然物质构成为基础，具有一系列可以用化学、物理学方法定义的自然属性，可以通过实验获得，具有永恒不变的特征。例如：材料微观的粒子特征（分子、原子的类别和结构）、容重、亲水性、硬度等。其中，自然物质的微观粒子特征是自然物质的最基本属性，决定了材料的其他自然属性，如碳原子的不同排列导致了金刚石和石墨的透明度、硬度、导电等物理性能完全不同，石料以二氧化硅为主，木料以碳氢氧化合物为主，两种化学物质的不同决定了石板和木板在耐燃性、亲水性、热工性、硬度、纹理、气味等方面的差异。这可以称之为"异质异材"现象。

当然，相同的自然物质还可以被制成形态不同的材料，即"同质异材"现象。例如，黏土可以被烧造成砖和瓦，相同的石料可以被做成块材和板材，玻璃可以被处理成透明材料和半透明材料等。

自然属性在很大程度上决定了材料的其他属性和未来功能。例如石材和木材的力学特征和亲水性不同，决定了它们一个更合于垂直承重和露天构件，一个更合于形成框架和室内构件。因此，材料的自然属性是材料的基本属性。

（2）工艺性

材料是自然物质的人工化，是"精心制备"的自然物质，是一定工艺的结果，这就是材料的工艺性。主要包括两个内容：一是不同材料的自然性决定了各自适用于不同的处理工艺。例如，木材适合锯、刨、碳化、油漆，石材适合抛光、切割等。二是相同物质的不同处理工艺，导致材料的其他属性产生差异。如石料经过抛光和烧毛两种工艺处理后，其表面光滑度完全不同，适用的位置、适宜搭配的对象也必然有差异；经过刷漆、化学防腐和碳化处理的木料在色彩、耐候性、适用性等方面各不相同，这也是典型的"同质异材"现象。

工艺性对材料的作用体现在以下几个方面：一是对材料表面特征的改变。如玻璃的表面经过腐蚀工艺从光滑变为磨砂，粗糙的料石抛光后有了光洁度。二是对材料三维尺寸的改变。如无定形的料石被裁切为薄石板、条石、块石，原木被锯为木枋、木板。三是对材料力学特征的改变。断面较高的条石和木梁抗压能力明显高于石板和木板，钢化玻璃抗冲击能力明显强于普通玻璃。四是其他物理性能的改变。例如经过碳化或防腐剂处理后的木材耐腐、耐火能力得到提高，磨薄的大理石片产生了透光性，镀膜玻璃的光学特征、热工特征的改变等。

（3）功能性

材料还具有功能性，即材料的自然性决定了它的作用和位置。比如，瓦的合理位置是坡屋面，用于防止雨雪，沥青卷材可用于平屋顶防水，岩棉可用作外墙保温等。这就是"异材异用"现象。有的材料具有多功能性，例如，沥青卷材还用于地下室外墙的防水，岩棉还用于防火部位，钢筋混凝土既可做墙体，又可做地面和屋面等，属于"一材多用"现象。当然，还有"多材一用"现象，即：不同材料承担同样的功能，例如砖块、夯土、木板、石块均可以用于墙体，陶瓦、石瓦、竹瓦均可以用于坡屋面等。

（4）构造性

在材料的自然属性、功能位置确定后，材料还要遵循一定的构造规则，进一步处理成不同的尺寸，以便材料之间形成可靠的连接，即材料的构造性。主要包括三个方面：首先是合理的位置，这由材料的功能性决定；其次是适宜的尺寸，这由材料的功能性、受力特征以及表达的需要等方面决定；最重要的是合适的连接。每一种材料或每两种材料之间都有适宜的构造规则，砖块和石块需要错缝砌筑，才能形成稳定的整体；木材之间要用榫卯进行搭接扣咬；钢件之间需要铆接或焊接；石板和墙体之间可以通过钢件挂接，也可以通过砂浆粘贴；玻璃和木框既可以通过木槽镶嵌，也可以通过铁钉固定，即"异材异构"。当然，同一种材料之间可能有不同的构造方法，如砖块就有一顺一丁、一顺一眠、全顺等多种砌法，石块可以用砂浆湿垒，也可以无砂浆干垒，即"同材异构"。

（5）表义性

"异质异材"、"同质异材"、"异材异构"、"异材同构"等现象都不同程度地与材料的自然性产生了关联，具有一定的客观性。接下来的问题是，我们选择的材料为什么是此而非彼？

对此问题的回答涉及建筑的地域环境和建筑相关人的主观意志。在传统社会，由于自然环境的限定，材料表现出很强的地域特征，人们对材料的选择具有一定程度的被动性。而在材料极大丰富的现代社会，材料的选择具有很强的自由度，某种材料的确定与建筑相关人的主观意志密切相关。

前文提到，建筑除了满足防护、安全、舒适等生存上的器用意义之外，还具有满足精神上的道用意义。正如作家总是要根据作品要表达的精神情感去精心挑选合适的词语和表达方式去打动读者一样，建筑师也要挑选恰当的材料及构造方式去满足建筑的器道意义，以及实现自己的建筑理想。于是就有了材料的泛化现象，字母、海报、灯管、日光、风、声音、水……，只要利于表达设计思想，似乎万物皆可为材，尽管有时它们如此抽象、如此"生僻"，但却并不妨碍它们成为表达设计思想的用语。2010 年上海世博会上，曲线复杂的西班牙馆覆盖的是在本地编织的藤条板，被用以隐喻东西方共有的传统，塑造中西沟通的桥梁，过滤阳光并表达生态意义[①]；英国馆的主展馆则是毛茸茸的"种子殿堂"——用于导光的亚克力管（套在铝管里）被用来表达"先进技术、先进科技的概念"[②]；坂茂的"纸建筑"从骨架到围护都使用"纸"，既具有环保意义，又具有文化意义，是对日本传统障子——木格子门窗的回应[③]。即使是抽象的光，也可以成为营造氛围的材料——哥特建筑、朗香教堂、"光之教堂"都用了自然光来制造神秘感，表达上帝和天国的存在[④]，只不过光的色彩、形态各不相同而已：哥特建筑是迷离的彩色光线，柯布西耶的是不规则的光线，而安藤忠雄的直接在幽暗的混凝土墙体上开出洞，形成强烈的光的十字架（图 4-1）。

这些实例说明，材料具有表义性。它既与材料的自然性、工艺性和构造性有关，又与特定的文化背景有关。例如，西方传统上把石头看作永恒的象征，用以修建陵墓和宫殿的主体，而中国的宫殿主体却使用木材而不是石材，在中国传统哲学里"木材"被附会上"东方、春天、生长"等含义。宋代的《营造法式》将材料大小划分等级，分别分配给重要性不等的建筑，规定了材料使用的等级专属性，实际上也就是材料的使用与"业主"的

---

① 2010 上海世博会西班牙展馆.世界建筑导报，2013（04）：54
② 顾英.来自大不列颠的礼物——2010 上海世博会英国馆设计.时代建筑，2009（4）：92
③ 超级纸屋——日本馆.世界建筑，2000（11）：26
④ 古月炜.光的教堂与朗香教堂形态结构关联研究.建筑师，2007（12）：69-72

a 2010上海世博会西班牙馆

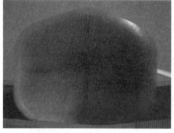 

b 2010上海世博会英国馆

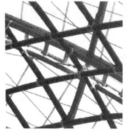 

c 2000汉诺威世博会日本馆

d 柯布西耶和安藤忠雄使用的"光"

图 4-1　材料的泛化现象

社会地位挂钩，成为身份的象征。因此，材料有时还具有抽象的哲学意义和社会意义。

（6）知觉性

如果说，建筑是建筑师精心构思的文本，建筑师用以表达思想的就是抽象的空间、可视的形体以及组构这些形体的材料，那么，材料显然就是一种最基本的语汇。这时，材料的某些特征可以给"读者"带来某些特定的体验和感受，从而帮助"读者"领略文本的思想内涵。例如，木材可以表达温暖感和亲切感，粗犷的石块能够造成沉重感、历史感，玻璃易于形成透明感和轻盈感，耐候钢板则使人产生时间感等。

但材料的知觉性往往与多方面的因素相关。首先是材料的自然性、工艺性和构造性，它们都可能触动"读者"，造成某种特定的感受。自然性能够给人带来感受的有硬度、热工性能、透明度等。例如，透明和半透视材料都会失去重量感，木材和石材的手感差别源自于各自的硬度和热工性能。工艺性能够改善材料的表面特征，如光滑度、粗糙度、纹理、色彩等，毛面的不锈钢比抛光不锈钢质感更亲切，蘑菇石墙会比抛光的石墙显得更沉重，尽管它们的厚度可能相同。构造性可能造成材料呈现不同的肌理，从而造成不同的感受，例如混合了玻璃砖的砖墙和花格砖墙都会失去重量感，不像实砌砖墙那么沉重，灰浆饱满的石墙也不像宽缝干垒的石墙那么沉稳有力。

其次，材料的知觉性还需要时间、气候、地点的配合。例如，在时间感的塑造中，木材需要经过风雨作用才能变色，金属在湿度和时间的共同作用之下才能产生锈迹，石材要在微酸的雨水中才能产生腐蚀的效果，而砖墙、石墙、混凝土墙挂上雨痕之后更显得"苍老"。彼得·卒姆托在瓦尔斯温泉浴场使用片麻岩构成沉重而巨大的体量与山体呼应（图 4-2），"是环境氛围确定了卒姆托作品中的材料含义，……当环境和材料之间的互动关系揭示了材料属性之时，环境氛围隐含的力量也得以彰显"[1]。

材料的知觉性有时需要相互对比才能产生。木材的温暖感是因为石材和金属比它具有更高的传热系数，窗玻璃因为周边色彩沉重的构件而更具有透明感，相同材料的柱子粗壮者会比纤细者更有力量感。

"读者"对材料的感受是全方位的，包括视觉、触觉、听觉甚至嗅觉。视觉可以感受色彩、纹理、透明度，触觉可以使人感受到光滑度、粗糙度、硬度、热工性能，而嗅觉则可以使人感受到材料的气息。彼得·卒姆托的汉诺威世博会瑞士馆就是这样的（图 4-3），堆叠的木条墙形成了原木所不具备的秩序性纹理[2]，并且散发着原木独特的香味，即使紧闭双目，行走于其中的人也会联想起瑞士的高山森林的芬芳。

图 4-2　瓦尔斯温泉浴场：片麻岩墙体与山体

图 4-3　汉诺威世博会瑞士馆

当然，知觉性不仅来自材料的使用方，还来自于建筑文本的"读者"，需要"读者"曾经的体验或文化背景进行配合，才能对材料产生反应，和建筑师形成心灵共鸣。如果"读者"与建筑师的曾经体验和文化背景发生错位，便容易产生"歧解"甚至于误读。例如，中国传统上用竹子比喻君子的高风亮节，一个中国人在竹屋里自然能感受到一份雅致和脱俗，而没有这种概念的西方人可能只是感受到竹子的自然和亲切。

从模因论的角度来看，建筑师与"读者"的这种互动实际上反映的是双方文化心理结构在某一方面的相似性，即：双方经历过类似甚至完全相同的文化场作用，模因被建筑师从心灵世界转译到文本中，但在"读者"心灵世界暂时处于"休眠"状态。当"读者""阅读"文本时，沉睡的模因被唤醒，即所谓的"心有灵犀一点通"。

以上分析的材料特征存在一定的递进关系。无论是天然材料还是人工材料，自然属性最为基础，而功能性、工艺性和构造性则由自然性决定，同时又要满足表义和知觉表达的需要。

（7）透明性

透明性无疑是建筑现代性的重要体现之一。现代建筑史上出现过三种"透明性"，分别是材料的视觉透明性，空间的现象透明性和社会意义的透明性。

社会的透明性与意识形态相关，比如柯布西耶萨伏伊别墅，用白色表面来隐喻理想的民主社会"一切都是透明和公正的"[3]；现象的透明性来自于柯林·罗（Colin Rowe）和罗

①　埃斯拉·萨赫因著，胡欣译.冷与热，干与湿：彼得·卒姆托作品中"材料的环围属性".建筑师，2009（06）：37
②　左静楠，周琦.彼得·卒姆托的材料观念及其影响下的设计方法初探.建筑师，2012（01）：97
③　史永高.材料呈现.南京：东南大学出版社，2008：16～17

伯特·斯拉茨基（Rober Slutzky）对立体派绘画的分析后所提出的"字面透明"和"现象透明"：前者指有一定透光率的物质属性，后者指可以区分不同层次的物体内部结构①。

作为物理特征的透明性只为部分材料所独有，又可分为透明和半透明。前者的典型代表是各种透明玻璃和塑料、纯净的液体等，后者的典型代表如乳化玻璃、磨砂玻璃、印刷玻璃、半透明塑料等。中国和日本传统上的纸糊或镶嵌着薄贝壳的门窗也具有半透明效果。材料的透明性之于现代建筑的重要性是显而易见的②：首先，透明性彻底改变了建筑室内的环境质量，充足的光线和温度作用提高了室内氛围的愉悦度，而单向透明材料则更在满足愉悦度的同时提高了私密性；其次，透明性消解了传统上的内外界面，从而重塑了建筑的内外空间关系，实现了视线与景观的内外交流，满足了人们既想与外界交流又想求得庇护的心理，居于室内便可感知室外时光的变化；透明性还使得空间和结构关系清晰化。在密斯著名的范斯沃斯别墅里，钢柱与地板屋面板的交接清晰而直白，玻璃和两片几乎等厚的水平板所限定的空间也界线分明（图4-4）。

图4-4　范斯沃斯别墅的透明性

"半透明"被称之为一种有质感的"透明"，使室内空间质量有了更大的提高，特别对于视觉要求较高室内空间，如阅读室、美术馆、绘画室等；半透明材料无疑还丰富了建筑界面的层次感，与全透明、不透明材料组合一起，既清晰又模糊，既坚实又柔和，既肯定又暧昧。

透明性材料同样可以表达社会意义。尤其是对公共建筑来说，透明性消除了建筑内外人们的心理隔阂，诱导着双方互动和交流。这对于政府建筑、商业建筑和办公建筑非常重要。对办公建筑来说，透明还是诚信、实力与自信的象征，因此，玻璃与钢的摩天大楼几乎成为办公楼的固定形象。同时，由于视觉作用和心理作用，透明和半透明还可以有效削弱建筑的沉重感，而产生"轻盈"感，这与西方传统的石头建筑形象完全不同。

（8）本性和真实性③

材料的"本性"（Nature）和"真实性"概念均具有一定的模糊性和矛盾性。某些文献认为材料"本性"的内容可以描述为材料的"物理属性"，相对应的是材料的"心理属性"或"表现性"。结构理性主义的观念认为，"本性"是忠实体现材料力学性能的结构关系，如石材和砖材应用于拱的形态；"表现性"是忠实体现材料力学性能与结构关系的"饰面"特征，如砖材砌筑的效果符合砌体的力学性能。

一般的观念认为，材料的本性（Nature）主要"指材料的基本性质和特征"，但又内

---

①　程伟.建筑透明特征研究.申请同济大学硕士学位论文，2006：8

②　本段关于材料透明性对现代建筑重要性的论述参考：史永高.材料呈现.南京：东南大学出版社，2008：174～183

③　以下关于材料天性和真实性分析的论述主要参考：（1）黄增军.材料的符号学思维探析——建筑设计中的材料应用及观念演变.申请天津大学博士学位论文，2011：58～82；（2）史永高.材料呈现.南京：东南大学出版社，2008：30～63。该书由作者2007年申请东南大学博士学位论文《隐藏与显现——关于材料的建筑和空间双重属性之研究》修改而成。

涵难定①。根据上文的分析，材料有多种不同属性。有的相对恒定和长久，如自然性中的硬度、比重、热工、密实度等，被称之为基本属性或第一属性；而那些易变的、偶然的、工艺性特征，如同样的石料因加工工艺不同而产生的表面效果差异、木材在气候作用下的表面效果的改变等，均非恒定和稳定，被称之为次要属性或第二属性。第一属性常被认为是材料的本性。问题是，从人的角度来看，响应人类需要的第二属性似乎更为重要。例如，人们对木材的第一印象就是加工表面带来的温润感，却对其密度、分子构成并不在意，前者似乎更易成为木材的"本性"。

材料真实性问题的核心是"一种材料是否可以模仿别的材料，还是它必须在每一个方面尤其是在形式方面表达自己的独特属性"②，弗兰姆普敦的建构文化理论要求"材料和建造的真实性表现"③，"构造在建造过程中的逻辑性呈现"。

这种严苛的"真实性"实际要面对多种诘责。例如，建构的真实性在多大程度上是必要的？例如，一个教室里裸露着灰暗的钢筋混凝土墙体和天花，这种真实性很显然会伤害到视觉需求，而必须用人工照明和涂白墙壁来补充。再如，对于裸露的清水钢筋混凝土墙来说，钢模板和木模板造成的表层肌理各不相同，何者是真实的？对于同一种原料的石材来说，抛光材料、烧毛材料和风化材料，何者是真实的？对于清水砖墙来说，不同的砌筑法呈现出不同的图案肌理，何者是真实的？对于复合墙体来说，比如钢筋混凝土贴实木板的墙体，它的承重层、装饰层都有功能上的合理性，那么，它的每一层都是真实而非模仿的，哪一层反映的才是真实性？

现象学追求建筑、场所意义的自我呈现，材料也同样要能够自我揭示自身的意义，去感染身处其中的"读者"。即：材料要能够"自明"，而不需要第三者给"读者"注解或"旁白"。但问题是，材料的"自白"显然需要借助于某种人工处理，因为迄今人们还没有得到一种全能材料，任何原生态的材料都难以独立"存活"，必须有一定的结构和构造逻辑支持。例如，前文提到，瓦尔斯温泉浴场本土片麻岩对环境的自然呈现，但无法忽略的是，它们实际上是钢筋混凝土结构墙上的一层外皮，独立的片麻岩是站立在结构的舞台上进行自我表演的。

与其备受诘问而费力地去界定真实性，还不如换一个更有弹性的概念"合理性"。即：材料要与自然属性、功能属性、工艺属性、构造属性相适应，而显得不多余，更不能起副作用，要宜于表达建筑师的意图和传达知觉感受，而不会导致歧义和误读。

以这种标准来看，中国传统建筑的材料使用无疑显得非常真实和合理，每一种材料的位置和构造总与其自然性相适应：石材做柱础，有利于木柱的防腐；屋面覆盖瓦材，有利于排雨水和保护内层的木结构；金包银的复合墙体则充分利用了砖的耐候性和生土的热工性；漆饰或彩画起到保护木材的作用。传统木建筑的飘逸和砖石建筑的浑厚其实也是材料真实性的反映，因为木的自然性有利于大跨度出挑，而砖石的自然性有利于竖向承重。

当然，虽然备受拷问，真实性与合理性对图像化日益严重的中国现代建筑的价值判断

---

① 史永高.材料呈现.南京：东南大学出版社，2008：30
② 史永高.材料呈现.南京：东南大学出版社，2008：39
③ 黄增军.材料的符号学思维探析——建筑设计中的材料应用及观念演变.申请天津大学博士学位论文，2011：24

仍具有一定现实意义。例如，用钢筋混凝土模仿木制的斗栱或檐椽，在施工工艺上就是不真实的，因为比之木材，钢筋混凝土更适合用模板浇筑，而木制斗栱和檐椽更适合装配施工；现代建筑的覆瓦大屋顶对材料的自然性来说是不合理的，因为现浇的钢筋混凝土屋面板和防水构造是致密的，不需要再覆盖瓦材，也不需要再费力费材地做成坡形；为了表达传统建筑的飘逸状态而做出的深远出挑在功能性上也是多余的，因为现代墙体材料防水性和耐候性已经足够好。

对于材料属性问题的讨论还有其他相关概念，见表4-1①。需要指出的是，第二栏所描述的属性并非都"无法定量"，并且它们实际上都必须建立在第一栏材料属性的基础之上。

材料的属性及对应关系 表 4-1

材料属性	"重"（heavy）	"轻"（light）
	第一属性（primary property）	第二属性（secondary property）
	物理属性（physics property）	心理属性（psychology property）
	物质性（materiality）	非物质性（immateriality）
	结构属性（structure property）	表面属性（surface property）
	内在属性	知觉属性
	本质性（essence）	现象（phenomenon）
	本性（nature）	表现性（expression）
	本体性的（ontological）	再现性的（representative）
	生态性	
属性特征	必然的（necessary），恒定的（permanent），该是怎样，可以定量，遵循物理世界的客观属性，物理世界	偶然的（accidental），易变的（changing），还能怎样，无法定量，重视效果，感官世界
描述词汇	强度，刚度，透光率，反射率，保温性能，截面尺寸，化学成分，分子结构	色彩，肌理，透明性，反射性，弹性，亮度，质感，体积感，重量感，温度，气味

4.1.3 建筑材料的现代观念

《老子》第十一章用"埏埴"成"器"、"凿户牖"为"室"形象阐明了实体与空间之间无法分离、有无相生的辩证关系。当人们普遍认可建筑之"用"是"无"的"空间"时，不能忽略的是，我们空间感受的很大一部分应归功于构成"有"的实体的材料。这使得"材料"与"空间"共同成为所有建筑师都无法绕开的最基本的问题，西方近、现代建筑史关于材料的理论更具有哲学思辨的深度。

19世纪的德国建筑师森佩尔（Gottfried Semper，1803～1879）认为既有的材料观念可以划分为三种，但都存在某种缺陷：一是材料决定论者（Matrialist）认为由材料的性能决定形式，但忽视和漠视了人的因素；二是历史主义者（Historicist），即以新材料模仿由某种独特材料和工艺形成的历史形式，忽视和漠视当代的社会、文体与技术条件；三是思辨主义者（Schematist），完全排除直觉与知觉活动，材料的应用完全有赖于智力思辨，沉

---

① 本表主要来源：黄增军.材料的符号学思维探析——建筑设计中的材料应用及观念演变.申请天津大学博士学位论文，2011：57

迷于哲学思辨而远离了建筑本体[①]。

这一并不严格的分类为现代的材料研究提供了某种基本参照。今天对于材料的观念依然有三种不同的倾向，而且，一旦形成偏执的态度，将无一例外无法平衡好建筑的器道意义。它们分别表现为[②]：

一是侧重于操作性强的技术性研究。在《建构文化的研究》一书中，弗兰姆普敦将"建构"解释为"构造在建造过程中的逻辑性呈现"[③]。建构理论认为要"通过对结构和构造方式的思考来丰富建筑的空间认知"，并未否定形式的重要。"内在要求材料和建造的真实性表现"。但在国内实践中，"建构"却常常被简单理解为"对建筑结构的忠实体现和对材料的清晰表达"[④]，空间反退居其次，甚至用暴露结构和材料的方法来体现"材料和建造"的"真实性"，反而伤害了空间的合理性，就像一个外壳漂亮的酒瓶却没有足够的容量来盛装美酒，酒瓶的生产者只顾孤芳自赏地雕琢瓶体，而忘记了酒瓶的整体本质，达到了"技术偏执"的程度。

二是偏重于图像化、布景化表达。这种倾向的一个重要表现就是建筑的"表皮"化——形成空间的围护体或围护体的外表层。森佩尔认为实现人类空间围合动机的都是墙体的面饰，而非面饰背后的结构支撑[⑤]。"人对外部世界的感知是建立在物体的表皮和人的视觉系统的关系之上的，表皮构成了物体的各种视觉形式，并转化成可以被视觉所认知的信息。"[⑥] 而现代传媒技术更为"表皮"和图像的实现提供了有力的支撑。

在这一背景之下，材料也无法避免地呈现"表皮"与"图像"的倾向，在建筑的外表进行精彩表演。塞维利亚世博会上的日本馆和上海世博会的加拿大馆将木材的情感表达得淋漓尽致，汉诺威世博会上的超级纸屋将纸的表现力发挥到极致，上海世博会的西班牙馆在流动的体形上披挂上一层藤条编织的外皮。

但材料的图像化也应有所节制，不可沉湎于伪饰的表现，应有利于内部空间功能表达。它并非包治百病的良药，否则也同样会落入"瓶"与"酒"的误区。

三是强调材料深层的文化思辨和知觉性。现象学的基础是"还原"，重视事物意义的"自明"，而不需要第三者解说或"旁白"。当然，这需要场所、文脉等因素的配合，如瓦尔斯温泉浴场的片麻岩，只有处于现实场景时才能让人感知它的意义，而象山校区大片的"瓦片墙"如果失去了传统背景作为依托，其意义就会浅薄得多。

以上表现在中国现代建筑中都不同程度地存在。但实际上，我们难以进行明晰地界定，因为技术、图像与思想的表达往往缠绕在一起，只是在具体情况下某一倾向比较突出而已。

在对材料的普遍特征和材料的现代观念有所认识之后，我们将开始审视中国现代建筑

---

① 本段转引自：史永高.材料呈现.南京：东南大学出版社，2008：19

② 以下对三种材料观念的分析主要参见：黄增军.材料的符号学思维探析——建筑设计中的材料应用及观念演变.申请天津大学博士学位论文，2011：23～28

③ （美）肯尼斯·弗兰姆普敦著，王骏阳译.建构文化研究——论19世纪和20世纪建筑中的建造诗学.北京：中国建筑工业出版社，2007：2

④ 马进，杨靖.当代建筑构造的建构解析.南京：东南大学出版社，2005：45

⑤ （德）森佩尔著，罗德胤，赵雯雯，包志禹译.建筑艺术四要素.北京：中国建筑工业出版社，2009

⑥ 转引自：黄增军.材料的符号学思维探析——建筑设计中的材料应用及观念演变.申请天津大学博士学位论文，2011：26.原文出自阿维荣·斯特尔的著作《表皮》。

中的传统材料语汇是如何发生模因变异的，结论的获得显然应当建立在两方对比的基础之上。

4.2 传统材料语汇的基本特征

4.2.1 多材并用

西方古典主义学者认为："建筑是石头的历史"。实际上，以石头为代表的、服务于权贵或神祇的王陵、宫殿、神庙、教堂等"主流"建筑，只是世界建筑史的一小部分，大量的是服务于庶民的"非主流"的、"无名者"的建筑[1]，因为遍布世界各地的普通民众不可能像国王、贵族、富豪、教会那样不计成本地聚集大量的人力、物力进行建造，只能量力而行，在身边寻找合适的建筑材料。因此，建筑的用材远不限于石材一种，可以说是多材并用。古罗马学者维特鲁威在《建筑十书》里论述的建筑材料也包括了石材、木材、石灰、火山灰、砖等多种材料[2]。日本学者藤井明在《聚落探访》一书中更向大家展示了世界各地由黏土、竹材、木材、芦苇等自然材料建造而成的大量的聚落[3]，而石材只是其中的普通一员（图4-5）。即使是西方古典主义学者所认可的"主流"建筑，也并非100％由石头建造，本质上也是多材混用。例如，古罗马图拉真家族的乌尔比亚巴西利卡，虽然柱子是花岗石和大理石材料，而顶部却是成熟的跨度达25米的木桁架，并且覆盖着镀金的铜瓦[4]；教堂建筑也一样，柱子和墙体可以由石材建造，但顶部会混合使用木材、砖材，甚至铜、铅等金属材料[5]（图4-6）。因此，完整的世界建筑史并非仅仅是"石头"的历史，而应当是"多材并用"的历史。

图4-5　中原山区的石板房

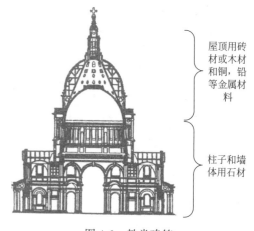

屋顶用砖材或木材和铜，铅等金属材料

柱子和墙体用石材

图4-6　教堂建筑

---

① 右史.中国建筑不只木.建筑师，2007（6）：17
② （古罗马）维特鲁威著，高履泰译.建筑十书.北京：中国建筑工业出版社，1986：29～58
③ （日）藤井明著，宁晶译.聚落探访.北京：中国建筑工业出版社，2003：38～185
④ 陈志华.外国建筑史（十九世纪末叶以前）.北京：中国建筑工业出版社，2004：67～73
⑤ 陈志华.外国建筑史（十九世纪末叶以前）.北京：中国建筑工业出版社，2004：235～236.英国圣保罗大教堂的穹顶有3层，最里面为砖砌，最外面是木构架覆盖上铅皮。

相应地，中国传统建筑也并非全然"木头的历史"，同样是"多材并用"的历史。《营造法式》说："五材并用，百堵皆兴"。这里的"五材"并非确指，不仅指人们常见的"土、木、石、砖、瓦"，而是包括了一切可行的建筑材料①。因为，中国的情形与世界各地类似，只有最高统治者的皇宫、高等级的道观佛寺、富贵者的府邸才可能不惜工本地进行建设，而庶民百姓只能因地制宜，就近取材，甚至因陋就简，只要合宜便加以利用。并且，由于中国传统上严格的等级制度限制，即使身为庶民的殷实之家也不可能随意建造奢华的房屋，多是就近索取较好的材料，或者耗费钱财将普通材料进行改造，提高材料性能，仅此而已。就近取材的原则造就了传统建筑材料地域性与多样化。

此外，中国传统建筑材料还普遍存在"共体多样化"现象。例如，宫殿建筑的屋顶上覆盖着各色的瓦材，台阶则由黏土加石灰、碎石或碎砖瓦夯实后包石或包砖，露天的勾栏由石材雕琢，而屋身和屋架部分虽然是木制的框架体系，但需要在外围柱间填充砖墙或者砖土混合的"金包银"墙体，当然还要包括各种金属材料制成的配件。即便是一座简陋的"茅茨土阶"，虽然朴素到"木斲而已，不加丹；墙圬而已，不加白。碱阶用石，幂窗用纸，竹帘纻帏，率称是焉"②，却依然包含了木材、黏土、石材、竹材、素纸、麻布、秸草等多种粗朴原生的材料。

我们还可以从建筑某一部位的材料构成来认识传统建筑材料"共体多样化"特征。例如，中国传统建筑最为突出的坡顶，至少包括这样几种材料的构成：最上面一层是各种瓦，瓦材和下面构造层的搭结要靠灰泥、草泥，而它们可能铺设于望板、望砖或秸秆茅茨的编制物上，然后是木制的支撑体系：椽、檩、梁。

4.2.2 因材施用

（1）传统材料的来源分类

从原料来源看，中国传统建筑材料大体分两种：自然材料和人工材料。前者包括：黏土、石材、植物材料等，后者则主要包括：砖材、瓦材和金属材料等。

土是地面上泥沙的混合物，是由岩石经历物理、化学、生物等作用后被雨水、风力等剥蚀、搬运、沉积而成的没有刚性联结的松、软的堆积物，是地面生物生境的重要组成部分③。传统文化认为五方土壤分五色，正说明了各地土壤的物质构成、化学属性、物理性能等本性差异。由于广泛分布，土是人们使用最早、最易掘取、最廉价的建筑材料之一。黏土材料可以是原生的素土或者经过与其他材料掺和的夯土、土坯等。

中国境内多山多石，因此石材无疑也是一种人们最易得到、最廉价的建筑材料，包括属于火成岩的花岗石、石灰岩的青石、沉积岩的砂岩以及变质岩的大理石和片石等。在自然形态上，天然石材呈现不规则的块状、片状、卵状等。

植物材料同样易得和廉价。被中国建筑史提到最多的是木材，应用的范围也从建筑的大木作、小木作，一直到家具乃至餐具、农具、兵器、舟车等。但木材显然并不是植物材料的全部。明代冯梦龙在《古今谭概·塞语部·牝牡雄雌》里云："五行有木而无草，则

---

① 李允鉌.华夏意匠.天津：天津大学出版社，2005：209～210

② （唐）白居易.庐山草堂记

③ 辞海.上海：上海辞书出版社，2009：2291

草亦可谓之木。《尚书·洪范》言'庶草藩芜'而不及木，则木亦可谓之草。"可以说，"木"只是植物材料的代表，还应包括"庶草藩芜"之属。事实上，各种野生草本植物、农作物的秸秆，甚至树皮、树枝、阔叶等都曾经被当作建筑材料使用。尤其是竹材，在中国文化里竹子寓意君子的虚怀、清雅和坚韧，"宁可食无肉，不可居无竹"，人们不仅把竹子当作抒情的景观植物来欣赏，还把它当作良好的建筑材料。

瓦、砖和金属是中国传统建筑中的人工材料。瓦和砖，由"素土"经"火"而生，以弥补黏土自身耐水性差、强度低的特点。瓦材主要用于屋面，不同瓦材分别用于等级不同的建筑物上；中国传统砖以青灰色陶质为主[①]，依据不同的用途又有空心砖、条砖、楔形砖、方砖等，还有特殊使用的琉璃砖；金属主要用于中国传统建筑的配件、木结构的片状保护层或者装饰性构件，个别情况下还用于制作金属瓦。

在砖瓦发明初期，由于它们得之不易，因此使用的范围非常有限，只在高等级建筑中才会使用。陕西岐山凤雏村早周宗庙遗址中的瓦就"比较少，可能只用于屋脊天光和屋檐"[②]，而采用了青灰色实心砖和空心砖的陕西凤翔春秋早期秦雍城遗址也属于宗庙或宫殿[③]。金属材料取之更为不易，最多用于与木相关的位置（如铺首、角叶、铁榫、铁箍、铁钉等），或应用于镏金、贴金工艺，而以金属为主材的建筑只在特殊情况下偶然为之，且并不做日常建筑之用。例如湖北玉泉山宋代的"铁塔"、武当山明代的金殿、颐和园万寿山明代铜亭等。

（2）传统材料的因材施用

这是传统材料功能性的重要体现，主要包括以下几个方面：

首先是"因人施用"。由于森严的等级制度，不同品质的材料被区别使用于社会不同阶层的建筑上。统治者的皇宫苑囿、权贵府邸可以不惜代价，享用最好的材料，以达到"壮丽重威"的效果，而庶民百姓不得僭越，只能使用最为普通的材料来营造自己简单、朴素的安身之所。

其次是"因类施用"。即：建筑功能的差异性对材料品质的不同要求。例如，同为皇家建筑，故宫三大殿用于处理国事或举行重大仪式，而避暑山庄供皇家出巡游乐，前者使用最高品质的材料，后者则要朴素一些。再如，道观佛寺主轴线上的几个大殿通常承担着宣教的主要功能，而旁侧的香房、宿舍等用房功能相对次要，在用料上也区别对待。

因材施用的特征另一个重要的体现是"因位施用"。因为建筑的不同部位承受着不同的自然作用，客观上要求不同部位的材料应当能够抵抗或者至少削弱自然的不良影响。但是，传统材料的自然性可称"瑕瑜并见"，不同的建筑部位在选材时就具有了一定的倾向性，其重要依据就是建筑材料的自然性。我们可以对以上传统建筑材料逐一分析，看一看它们应用的建筑部位和建筑类型。

先看黏土。它一大优点是良好的热稳定性——外界对自然土壤的影响随着深度增加而减小，到了一定深度，土壤层将保持恒温（图4-7）；但黏土的缺点也非常明显，具有亲水性，易受潮而不耐久，抗压、抗剪、耐磨、粘结等力学性能也很差。

---

① 潘谷西.中国建筑史.北京：中国建筑工业出版社，2001：265
② 潘谷西.中国建筑史.北京：中国建筑工业出版社，2001：22
③ 潘谷西.中国建筑史.北京：中国建筑工业出版社，2001：24

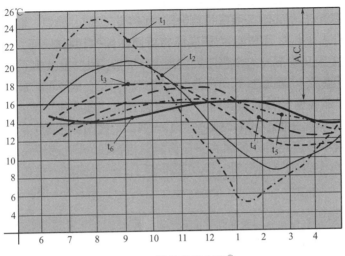

图 4-7　土壤的热稳定性[①]

改善黏土性能的方法之一便是与其他材料的结合。例如，掺入石灰、砂石、竹筋、树条、碎砖瓦碎石等，然后夯打密实以增强抗压、抗剪强度，或者拌入草秸、麻刀、石灰等以增加粘结作用。

由于黏土具有良好的热工、耐火性能，中国传统建筑的围护结构几乎都或多或少地应用了黏土材料。例如，夯土墙、土坯墙等以黏土作为主材，屋顶以黏土作为粘结材料。黏土作为耐压材料时，主要用于台基、道路的建设。

改善黏土缺陷的另一个工艺方法就是"陶化"，砖和瓦是典型的"同质异材"，都是黏土成型后烧灼成陶的结果。它们在一定程度上继承了黏土的热工优点，而抗压、防水、耐磨和耐候性明显提高。因此，在很多部位，砖和瓦都可以取代黏土：砖可以铺地，可以成为墙体的主材，至少可以成为墙体的勒脚和外皮；而瓦由于轻薄的体形和耐水耐候性能，很自然地成为屋面主材。当然，瓦还有装饰作用和铺地作用，例如园林墙体用瓦拼图的漏窗，用瓦竖立铺设的路径等。

砖和瓦还有一个共同的特点——它们是脆性材料，同时具有这种特点的是石材。但石材更密实，更耐压，容重更大，耐水性、耐候性更好。这些特点使其很自然地在建筑需要耐水、耐压、耐磨、耐候部位担当起重任，例如，柱子、墙体、勒脚、道路、铺地、台基、室外栏杆等等。一些地域性建筑甚至在屋顶用片石替代瓦。

中国是一个多地震之国。砖、石等脆性材料刚度有余而柔韧性不足，抗剪切、抗弯折的能力较差。因此，当石材直接用于抗弯构件时，相同的跨度需要更高的断面。而且砖材和石材容重偏大，对建筑抗震不利。而木材是天然的柔性材料，抗压、抗弯、抗剪切能力都比较出色，而且容重较轻，比石材容易运输、加工和吊装，是理想的主体材料[②]。竹材

① 本图反映的是西安地区土壤的热稳定性；A.C. 为土壤的恒温线，$t_1 \sim t_6$ 分别指土壤深 1~6m 处温度的波动曲线。土壤越深，温度波动越小，越接近恒温线，热稳定性越好。反映在传统建筑上，就是生土墙越厚，建筑的保温性越好，室内受室外气温影响越少，室内温度越稳定。详见：夏云，夏葵，施燕. 生态与可持续发展建筑. 北京：中国建筑工业出版社，2001：120

② 梁思成. 中国古代建筑史绪论. 见：梁思成文集. 北京：中国建筑工业出版社，1986（Vol.4）：340~341

也属于天然的柔性材料。在某些地域性建筑中，竹与木一起成为建筑支撑体系的主材。例如，云南的干阑式竹楼，竹木同为柱、梁、檩、椽等。

当然，植物材料之纤枝细末也具有独特的功用。例如，树枝、竹条、竹筋、秸秆之属，可以作墙篱柴扉、苫蔽，编制墙笆或直接掺入夯土中作拉接材料。

天然材料总是优点和缺点自然并存，植物性材料亦然——它们耐候、耐火性差，易湿腐。因此，植物性材料常常需要进行防水、防火保护。例如，木制梁、枋上的油漆彩画，木柱下的石制柱础等等，都起到隔离潮湿环境的作用。至于屋顶上的茅苫茸草，则需要定期修补和更换（表4-2）。

传统建筑材料的因位施用

表 4-2

材料	材料属性	主要应用部位	建筑示例
黏土	原土为松散颗粒，亲水，耐压性、耐候性、耐水性、耐磨性、抗剪强度等较差，但热工性、耐火性能好，易于加工	夯土墙、土坯墙、土砖石混合墙（金银墙）、屋面、台基、地面、道路、陵墓之方上	城墙、阿以旺、土楼、窑洞、故宫三殿、祈年殿
砖	脆性材料，较为密实，亲水，抗剪强度较差，但耐压性、耐候性、耐水性、耐磨性、耐火性、热工性能等较好，较易运输加工	抗压、耐磨、耐水部位：砖墙、金包银墙、砖石混合墙、琉璃砖墙、勒脚、台基、地面、道路、墓室之壁和顶	城墙、硬山民居、一颗印、故宫三殿、祈年殿、九龙壁
瓦	脆性材料，较为密实，亲水，抗剪强度较差，但耐候性、耐水性、耐火性、热工性能等较好，较易运输加工	各式屋面、墙顶、漏窗、园林路径	各类坡顶建筑
石材	密实的脆性材料，亲水，抗剪强度、热工性能等较差，但耐压性、耐候性、耐水性、耐磨性、耐火性等较好，容重大，难以运输加工	抗压、耐磨、耐水部位：砖石混合墙、柱子、石墙、勒脚、台基、地面、道路、墓室之壁和顶、少数建筑屋面	土楼、羌藏碉楼、故宫三殿、曲阜孔庙
木材	柔性材料，亲水，顺纹抗压强度、抗剪强度、抗弯强度、热工性能等较好，但耐候性、耐火性等较差，容重小，易运输加工	受弯、受压部位：梁柱框架体系、屋面体系、门窗等	各类抬梁式和穿斗式建筑之支撑体系、各类墙承式建筑之屋面体系
植物材料	柔性材料，亲水，但耐候性、耐水性、耐火性等较差，容重小，易运输加工	墙面、屋面	木（竹）骨泥墙建筑、干阑式竹楼
金属材料	密实的柔性材料，亲水，抗压强度、抗剪强度、抗弯强度、耐磨性等较好，但热工性能、耐火性等较差，容重大，难以运输加工	屋面（锡背防水层或少量金属瓦），少量特殊建筑整体，最多用于与木相关的建筑或装饰配件（如角叶、铁箍等）	玉泉山宋代"铁塔"、武当山明代的金殿、北京颐和园万寿山明代铜亭

4.2.3 因材施作

因材施作主要体现的是传统材料的工艺性和构造性，即不同的加工和构造技术基本符合材料自身的自然性，表现出"异质异用、异材异构"等特点。中国传统建筑的营造并没有西方的结构体系概念，而是按不同材料的施工技术进行工种分类[①]，例如，大木作、小木作、石作、瓦作、土工、彩画作等。也就是说，依据材料的自然性而产生了不同的加

---

① 右史.中国建筑不只木.建筑师，2007（6）：71

工、施工技术，从而提高或弥补材料的某些性能，使材料能够各施所长。

例如，黏土虽热工、防火性能好，但不耐水、不耐久、不耐压、不耐磨，抗折抗剪能力亦较差，而夯土、三合土等技术对上述缺陷均有所纠正，而烧制砖、瓦的技术则进一步改善了这些性能。

属于脆性材料的砖和石则必须联结一体才能更好发挥自身的优势，于是砖和石便有了不同的砌筑方法。例如，砌砖之法有全顺、顺丁、顺眠、全眠等。要点就是相邻上下层之间必须错缝以加强连接。石材可以被加工成条状或板状进行错缝砌筑，而不规则的乱石块或卵石则需要依据石料的尺寸进行随机拼砌。当然，砖与石还可以一起混砌，例如闽南民居的"出砖入石"砌法（图4-8）。

脆性材料共同的缺陷就是：在一定的材料断面下无法独立形成更大的跨度或出挑尺寸，而必须借助于特殊的构造方法，如叠涩、起拱等。纯砖塔的密檐、砖石的拱券门洞等就是砖石特有的构造方法（图4-9）。

图 4-8 出砖入石

图 4-9 石券门洞

同属脆性材料的瓦主要用于屋面，不同的瓦形有不同的铺设方法，但所有方法必须遵守的原则是：上、下、左、右的瓦片之间交错、搭接、咬合，以确保整体防水性能。

与脆性材料的累叠式砌筑构造不同，作为柔性材料的木材发展出特色鲜明的连接方法：相邻的构件之间"榫"和"卯"相互咬合，完成既稳定又可微动的连接（图4-10）。

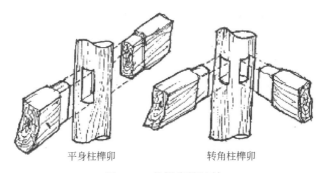

平身柱榫卯　　　　转角柱榫卯

图 4-10 柱梁卯榫连结

在此基础上发展出的某些构造方法甚至具有了现代力学上的合理性。例如，雀替实际上可以帮助梁端一起抵抗剪切作用，并且减小梁的跨度；而叠压扣合的斗栱相当于一个复杂的、有弹性的悬臂构件，从柱顶到出挑边缘用料层层减少，与悬挑结构的弯矩分布特征非常吻合。

传统建筑材料的因材施作还表现在材料相互配合时产生的构造做法。例如，黏土墙易受潮破坏，人们就用耐水的砖石做基础和勒脚，或使用金包银法筑墙。再如，木材易湿腐，房屋木结构就以明露方式展现出来，以利通风。同时遍施油漆彩画或透明漆料，对木制构件起到保护和美化作用。

自然条件同样会影响材料的营造特征。例如，在干燥少雨的新疆，生土建造的"阿以旺"住宅可以是平顶的，而潮湿多雨的福建土楼必须配合使用青瓦覆盖的屋顶来保护下面的夯土墙。

4.2.4 地域性和生态性

中国传统建筑材料的地域特征是自然环境和文化环境双重影响的结果。由于受到严格的等级制度和不便的交通制约，长途运输以及使用昂贵建筑材料的自由度受到限制，就近取材成为普遍现象。同时，中国疆域的纬度跨度较大，气候多变、地貌多样，各地就近可得的廉价建筑材料不尽相同，从而造成传统建筑材料鲜明的地域特征。例如，在多石的山区，石材当然是首选，不论是边远的羌藏山寨，还是在中原腹地汉族山村（图4-11），文化的差异并没有对石材的主动使用产生影响；黏土的情形类似：只要是土壤覆盖的地区，传统的生土建筑就自古不绝。即使在建筑材料品类繁多的今天，生土建筑依然没有退出人们的视线（图4-12）。砖瓦取之不易，故常与当地常见材料进行配合使用，从而形成"混搭"的地域特征。

图4-11　山区的石头村

图4-12　毛寺生态实验小学

如果用现代的标准来衡量，传统建筑材料的地域特征无疑还包含着朴素的生态性。这可以从以下几个方面加以理解：

首先是低能耗、低成本。传统建筑普遍就近取材，大量使用自然材料，在加工和建造中充分利用材料的自然属性，或略作改造以提高、弥补自然属性的不足，从而减少了材料的运输成本以及加工所需要的能源、人力和财力。对砖瓦等人工材料有节制的使用也减少了能源的消耗。

第二是循环使用。传统的石、砖、瓦比起黏土、木材更加耐久，可循环使用。即使残破的碎料也可以改作他用，例如，将它们用于铺地，或混入黏土中夯筑墙体、台基等等；黏土和植物材料则可回归自然或自然降解，不会像今天的钢筋混凝土，产生大量建筑垃圾，造成后期处理的难题。

第三是高效使用。中国传统建筑遵守森严的等级制度，建筑材料分等级按需要进行分配，从而约束了社会整体对高成本、高等级材料的使用。而以宋代的"材"和清代的"斗口"为代表的古典模数制，使建筑各个部位的用料分配也形成制度化，从而求得单体建筑的用料优化。

4.2.5　因材赋义

材料作为一种基础建筑语汇，是一种可以独立表义的单元。在漫长的发展过程中，传统的建筑材料被赋予多种语义，是材料表义性、知觉性或说表现性的体现。有时候这些意义是材料自然性在人们精神世界的延伸，有时候是工艺性、构造性的结果，是材料自身意义的呈现。

（1）外延的自然性

这主要来自于材料的自然性以及由此触发的人类情感——不同材料的物理特征、色泽、质感、纹理等往往会给人不同的感觉和联想。

天然的土壤是松散的颗粒，其色彩受所含矿物成分和形成条件的影响。在中国传统文化里，土的颜色因分布的地理位置而分为"黄、黑、红、白、青"五色。人们最常见的黄土以沉着稳重、暖灰微黄的调子——大地的颜色，让人感到温暖。同时由"百谷草木丽乎土"而衍生出"生命出自于土"的观念，土之于人，产生的是亲切感、坚实感、归属感。

由土而生的陶质砖瓦，与生土相比，质地偏硬，但同样让人感到亲切和坚实。由工艺造成的青灰色[①]调子含蓄内敛，容易与其他颜色协调。烧造过程中自然形成的微妙色差，又带来偶然的变化，造成意外之趣。

石材比砖瓦更为密实，质地更为坚硬，手感冰冷、沉重，但同时又让人感到厚实和稳定。由于所含矿物成分和成岩机理的不同，石材色彩丰富，从冷色到暖色乃至灰色，均可以从天然石料中找到。天然石料姿态各异，而琢磨后的石材的纹理多种多样，它们一起充实着人们的美学感受。

比之石材、砖瓦，作为植物性材料的木材、竹材等多为柔和而微灰的暖色调。而木材天然纹理清晰、美丽，令人赏心悦目。木材、竹材手感温柔舒适，给人以温暖、亲切、安定的心理感受。同时，它们取自有机的生命体，又常常让人联想到盎然的绿色和不息的活力。

（2）建构的真实性

这表现在材料工艺性、功能性和构造性的合理与科学。

在自然性的基础上，人们对建筑材料进行加工和改造，发挥其长处，回避或弥补其短处，同时将自己的智慧、情感和美学感悟融合在材料之中，赋予材料自然与人工混合的美学意义：

自然土壤均匀松散，原本没有纹理。但通过人工的层层夯筑，显露出有规律性的纹理感。而土坯建筑也可以像砖石那样砌筑，出现规则的线型灰缝，或出现虚实相间的透空效果。

为了通风除湿，中国传统木制构件多以明露的方式出现，木制构件自身也成为观赏的

---

① 青砖与红砖的不同取决于煅烧后砖坯中铁元素的氧化程度：煅烧后通风自然冷却时，铁氧化为高价的三氧化二铁（Fe_2O_3），呈红色，即为红砖；若煅烧后加水冷却，铁不完全氧化为低价的一氧化铁（FeO），呈青色，即为青砖。相较之下，青砖的生产工艺更复杂、耗时更长，生产效率更低。因此，笔者以为，中国传统建筑更青睐青砖的原因，可能更多的是出于美学上的考虑，因为灰色更符合中国人含蓄内敛的性格。但中国传统建筑（尤其是民居）在材料的使用往往就近取材，比较实际。例如，闽南地区土壤内的三氧化二铁含量较高，不易烧造出色彩稳定的青砖青瓦，但红砖红瓦却色彩纯正，使用比较普遍。

对象。木制构件的加工也处处充满着匠人的智慧：构件榫卯的穿插联结、斗栱组件之间的叠压扣合等等，既体现出材料的自然性和力学上的真实性，又附着了人类的审美情趣，它们与其他建筑构件一起成为表情达意的语汇。

乱石块、乱石板在砌筑时，石料无序的形状和砌筑者选择的心思机巧浑然一体，青砖和条石砌筑时的规律性与材料色差的随机性形成对比的意趣，瓦在屋面铺设时遵循一定的规则而形成的质感等等，一起构成自然的纯朴与人工心智的混合之美。

自然性、功能性还促成了约定材料语汇相应的语法规则。例如，瓦的第一要务是"待雪霜雨露"，但瓦并非致密的、整体性的防水材料。于是瓦必须以某种规律铺排在有坡的屋顶上；脆性特征决定了砖、石在砌筑时必须层层错缝，才能够形成结实稳固的整体；木结构则必须通过用榫卯进行穿插联结、咬合。

（3）深层的表义性

中国传统材料的观念和使用具有很强的人类学和现象学意味。传统哲学首先将宇宙万物视为由"阴"和"阳"构成的运动体，继而形成相生相胜（克）的五种状态，或说相互作用的五种力——五行[1]，并以"水、火、木、金、土"命名。

但传统建筑材料的"土"和"木"与五行之"土"、"木"并不相等，后者是抽象的哲学概念。然而，作为"五行"的名称符号之一，"土"和"木"还是和地理方位、颜色、阴阳意义产生了象征性的关联。例如，"土"居五行之"中"，正色为"黄"，加上居"中"为尊的观念，衍生出"土＝中"、"黄色＝皇权"等象征意义。而"木"生于"土"而承泽阳光雨露，具有向上生长的"阳"的属性[2]，方位居"东"，代表色为"青"，"木"就有了"阳"、"青"、"东方"等象征意义。这些因哲学思想而产生的关联与象征，虽有牵强，但却在一定程度上客观地影响了人们对于材料的认识和运用。

传统哲学还赋予传统材料"天人合一"的世界观和对自然的赏悦之情。《老子》曰："无为天地之始，有为万物之母。"在中国传统的宇宙观念里，天、地、人同生化于"无"，三者同源、同构、同律，也就是说人与自然万物一体无别。因此，人们对于包括传统建筑材料在内的世间万物有着与生俱来的亲切感，继而被栖居于建筑中的人们赋予与天地相通的灵性。例如，"土"被认为是"地之吐生物也"[3]，"百谷草木丽乎土"[4]，包括人类在内的所有生命体均来之于土、归之于土。是故，由"土"以及生于"土"的"砖、瓦"和"木"一道构成的传统建筑总给人亲近感和生命感，就是"天地之枢纽，人伦之轨模"。

当人们使用黏土、石材等天然材料作为建筑的主材时，建筑所呈现的色调和肌理往往和大地、山体等自然背景高度一致，犹如从自然环境中生长发育而成。而植物性材料和青砖、青瓦等人工材料，也以微妙的暖灰和冷灰的调子与大地、山体以及植物的绿色等达成色彩上的默契，使中国传统建筑自然流露出和谐之美，而且是天生丽质，无需过多地粉饰和第三者的解释或"旁白"。

---

① 冯友兰认为："五行"不是静态的，而是五种动态相互作用的力。"行"应理解为"to act"（行动）或"to do"（做），所以"五行"似应理解为"Five Activities"（五种活动）或"Five Agents"（五种动因）。见：冯友兰著，涂又光译.中国哲学简史.北京：北京大学出版社，1995：116

② 方明绪，刘霄峰，张文海.中国建筑史不应回避传统文化.古建园林技术，2001（4）：22

③ （东汉）许慎.说文·土部

④ 周易·离.广州：广州出版社，2001：118

传统材料不同的品质带给人们不同的心理感受。等级社会便以此为依据，将品质不同的材料分配给不同地位的使用者，赋予材料地位和等级的象征意义。例如，黄色琉璃瓦和最好的青砖、木料、石料以及高级油漆彩画只能给皇家使用，而其他色彩的琉璃瓦和次等的材料则依次分配给地位不等的"业主"。这时，建筑材料又成了"轨模"人伦秩序的象征物。

4.3　传统材料语汇的现代实践

一个难以回避的现实是，以混凝土、钢、玻璃、水泥、面砖等为代表的现代材料已经席卷中国，让中国的城乡变得光鲜起来。城市很快就成为钢筋混凝土的丛林，乡村也未能幸免。但现代材料的弊端也很快显现出来：生产、运输以及建筑运营中的高能耗、高污染、高排放，以及建筑"死亡"后难以自然降解的大量垃圾，均给生态环境造成了巨大的伤害，也给人类自己制造了严重的生存压力；并且，光鲜的城市和村落很快就变得面貌相似，传统的地域性逐渐褪色。这时，人们蓦然回首，开始重新审视已经承传了几千年的传统建筑，意在重构建筑的生态性和地域性——这正是传统材料现代实践的两个重要出发点：传统材料的就地取材、循环使用、低能耗、低成本特征与现代材料形成了鲜明对比，而历经数千年的使用又被赋予了深刻的文化内涵，成为图像化时代抵抗趋同化、产生地域感、消除意义贫乏的重要灵感，这使得传统材料语汇有机会进行模因承传和演变。

但是，传统材料毕竟是在科技水平、需求水平有限的基础上发展出来的，其自然性"瑕瑜并见"，工艺性、构造性也深受时代局限。这就意味着，传统材料语汇的模因承传必然遵守模因传播的普遍规律——复制与变异的共时性。而这种变异可能有几种情形：一是传统材料自然性的现代改造，即：通过现代工艺、技术手段改善材料的某种物理或化学特征，提高抵御气候作用的能力；二是非真实性复制，只保留和模仿其纹理、色彩、肌理等表现性信息，而自然性被剥离，如分子成分的改变；三是与现代材料进行混合，共同提高抵御气候作用的能力，实际上是借用现代材料优良的自然性，而充分利用材料的表现性。以上情形既可能单独出现，也可能同时出现。

下面，我们将仔细审视现代建筑，看一看传统的生土、砖石、竹木等传统材料语汇被如何组装进现代建筑的语言体系，又如何发生变异的。

4.3.1　现代生土语汇

（1）真实的生土营造

真实的生土营造实例多带有"实验"色彩，如中国美院象山校区（下称"象山校区"）的"水岸山居"、北京水关山谷的二分宅、呼和浩特"蒙古风情园"内的马文化博物馆、甘肃毛寺村生态小学和浙江安吉生态屋等。它们表现许多共同的特征：

其一是对生土材料自然性和生态性的共识。生土材料最本质的特点是无污染、循环性，它"可以反复建造"，那些拆毁的生土墙也可以作为材料在另外的地方重新使用，这是当前大部分建筑材料所不具备的特点，"也是对目前主流的建筑体系下材料粗放使用所导致逐渐匮乏现象的一种抵抗策略"。"土料本身的组成成分具有可循环性，完全是面向自然所取得的材料，没有添加任何带有化学成分的材料。这也就意味着当这些材料在将来的某一天回归土地的时候，是不会对环境产生任何人为的污染或破坏，它来自于大地最终也必将融入于大地……""还能用于种植庄稼，满足基本的生存需求"①。并且无须现代化石能耗，最大限度地"还原自然、陶醉自然、保护自然"②。

生土具有良好的热工性能。它具有出色的蓄热、阻热能力，从图 4-7 可以看出，随着厚度的增加，生土的热平衡能力逐步增强，可以保证室内的热稳定性，并能够通过吸附和释放空气中的水分来平衡室内的湿度，增加室内的舒适感。

其二是由自然性衍生出的深层表义性和表现性得到重视。"土"和"我们传统思想内对永恒的考量有关"，以《易经》为代表的传统思想"在数千年里一直左右着人们对于'永生'的阐释，那就是'周而复始，生生不息'"③。"百谷丽乎土"的观念外延为"土是生命之源"，再引申出"居中为尊、黄色＝皇权"等含义。因此，生土材料给人以生命感、亲切感、归属感甚至"崇敬"感。而且，土源往往取自于现场，自然的生土与环境背景之间高度的默契性，可以进一步增强现代建筑的地域感和在场感。

当然，生土的自然缺陷也很明显：耐候性、耐水性、抗裂性、耐压耐剪能力较差，易起尘，这些也都在现代实践中被考虑到，用新构造、新结构和新材料加以弥补。

二分宅是"对中国传统土木建造的当代阐释"④，属于典型的材料混合体系。除土、木以外，还使用了混凝土、玻璃和当地的石材。其承重体系是胶合木框架。作为围合结构的木墙和 60cm 厚生土墙，坐落在木制水平模板浇筑出来的条形混凝土基础上。使用了现代的钢模板进行夯筑，每填 12cm 土夯击至 6cm 高，由此形成间距 6cm 的水平工艺线条，呈现出异于传统的清晰、精致和优雅。和基础模板以及木墙的水平木纹一起形成统一的视觉肌理，与玻璃的光滑质感有趣地交织和对比⑤（图 4-13）。

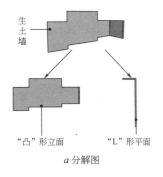

a 分解图　　　　　　　　　　　　　　　b 现场图

图 4-13　二分宅的生土墙

马文化博物馆也区分出承重体系和非承重体系，前者使用了钢结构，而后者是生土夯筑的墙体。夯土墙在制作时加入了砂、石灰、水泥以提高墙体的强度。"工"字钢柱与夯土墙之间，每隔 30cm 高加设土工格网用以防裂。门窗洞口上缘由"工"字梁来承受上部荷载，墙顶则增加了瓷砖（或石板）。这里的夯土墙呈现"表里如一"的特征：内墙和外

① 陈立超.匠作之道，宛自天开——"水岸山居"夯土营造实录.建筑学报，2014（01）：49，48
② 董萱.从城市中来，到城市中去！建筑知识，2012（03）：70～73
③ 陈立超.匠作之道，宛自天开——"水岸山居"夯土营造实录.建筑学报，2014（01）：49
④ 董萱.从城市中来，到城市中去！建筑知识，2012（03）：70～73
⑤ 野卜，张洁.从材料角度分析——二分宅.时代建筑，2012（6）：48～51

墙都忠实地显露着生土的真实面貌，没有任何装饰。夯土墙的造型也以"平直"为主，水平的线条平和、静雅、洗练，准确地表述着施工的现代工艺①。赤裸的生土质感使建筑显得质朴、沧桑和厚重，满足了设计者对传统文化的追求，并做到建筑与自然的融合（图 4-14）。

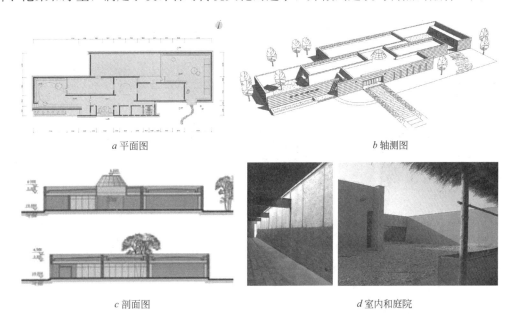

a 平面图　　　　　　　　　　　　　　　　b 轴测图

c 剖面图　　　　　　　　　　　　　　　　d 室内和庭院

图 4-14　马文化博物馆

　　安吉生态屋可谓"没有建筑师的建筑"②，是一位爱好生态的本土农民的作品。但设计者显然对生土材料的自然性具有清醒的认识，生土和其他随手可得的材料——卵石、竹材、木材与老建筑拆除的旧砖瓦和旧木构等进行结合，配以现代的钢筋混凝土基础。其中的夯土墙同样只是木框架的围护结构（图 4-15），制作过程吸取了传统做法并加以改进：在筛过的黄土中掺入一定比例的沙子和石灰，用以提高墙体的防裂、防水能力③。

　　毛寺村生态小学从选址和建筑造型上就开始了对本土传统的借鉴和吸收④：学校南向面河，三面围合着黄土丘陵，夏日迎风而冬季背

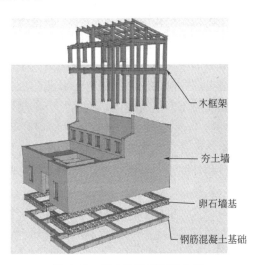

木框架

夯土墙

卵石墙基

钢筋混凝土基础

图 4-15　安吉生态屋框架分析

　　① 温捷强，付少勇，张华等.马文化博物馆.建筑环境设计，2012（Z2）：193～199

　　② 许丽萍，马全明.乡土建筑材料与乡土民居的可持续发展——以浙江安吉生态屋为例.全国建筑环境与建筑节能学术会议论文集，2007：518～524

　　③ 许丽萍，马全明.夯土墙在新的乡土生态建筑中的应用——浙江安吉生态屋夯土墙营造方法解析.四川建筑科学研究，2007（12）：214～217

　　④ 吴恩融，穆钧.基于传统建筑技术的生态建筑实践——毛寺生态实验小学和无止桥.时代建筑，2008（4）：51～57

风，颇具"藏风聚气"的意味，而单坡顶的造型和向阳檐廊是当地传统民居形式现代版。建筑在资金投入非常有限情况下，充分利用了当地的传统资源和技术，旧瓦、茅草、芦苇均为当地的物产，使用了少量的钢构件、玻璃和聚苯烯保温板。下部的脚使用当地乱石砌筑以帮助土坯墙防潮。墙体表面为当地传统做法，涂抹草泥和石灰的混合物，与土坯的基底色彩保持高度一致，也融入黄土高原的自然背景之中（图4-16）。

  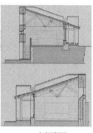 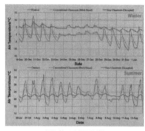

| *a* 鸟瞰 | *b* 外观 | *c* 剖面图 | *d* 热工计算曲线 |

图4-16　毛寺村生态小学

值得一提的是，令人印象深刻的宽厚土坯墙（厚1m），其确定的过程借助了TAS软件进行热学模拟实验和筛选[①]，具有很强的科学依据，而非传统工匠的经验，反映出建筑所具有的现代性一面。

这种情形在"水岸山居"的夯土营造过程中显得尤其明显，现代科技基本上被应用到每一个环节：首先是土样的选取。土样最初来自杭州附近的几个大型砖瓦厂、矿厂和建筑的现场，在实验室做土性分析，获得大量数据，以判断它们是否适合建造夯土墙。结合就近取材的原则，最后确定使用性能并非最好的现场土料[②]。与此同时，还在实验室制作了一堵墙体，为正式建造作实验准备[③]（图4-17*a*，*b*）。其次是施工过程的科学分析。当夯土墙出现外倾的斜向裂缝时，对照图纸将裂缝进行标注（图4-17*c*），分析其深度，判断产生裂纹的原因是沉降还是收缩？会不会影响墙体的稳定性？并由此对构造设计、施工方案等进行调整[④]；对完成的墙体的保护也使用的是现代手段，在墙体上涂刷保护剂，以减少掉粉，保持墙面的清洁度。保护剂的选择既要确定没有添加化学成分，又要维持墙体内部孔隙和外部空气能够交流，使墙体能够呼吸[⑤]。

当然，"水岸山居"的夯土营造过程还包含对传统技艺的吸收和科学改造。例如，传统的夯筑"桶模"简单易行，但每次夯筑高度、面积有限，外表粗糙，需要增加饰面，而改进的模板却能够夯筑更高的高度和更大的面积，外表精致；传统土墙用木结构拉杆与主体结构进行拉接，以校正墙体的倾斜，保证墙体稳定，而现代生土墙则放置钢筋网，并固定到楼板上的固定点上[⑥]（图4-17*d*，*e*）。对传统营造技艺的吸收和改造，实际上也可以

①　吴恩融，穆钧. 基于传统建筑技术的生态建筑实践——毛寺生态实验小学和无止桥. 时代建筑，2008（4）：51～57

②　陈立超. 另一种方式的建造——中国美术学院象山中心校区"水岸山居"营造志. 新美术，2013（08）：90～91

③　陈立超. 匠作之道，宛自天开——"水岸山居"夯土营造实录. 建筑学报，2014（01）：48

④　陈立超. 匠作之道，宛自天开——"水岸山居"夯土营造实录. 建筑学报，2014（01）：49～50

⑤　陈立超. 另一种方式的建造——中国美术学院象山中心校区"水岸山居"营造志. 新美术，2013（08）：102

⑥　陈立超. 匠作之道，宛自天开——"水岸山居"夯土营造实录. 建筑学报，2014（01）：49～50

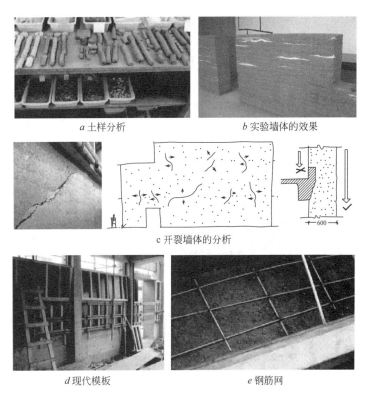

a 土样分析　　　　　　　　b 实验墙体的效果

c 开裂墙体的分析

d 现代模板　　　　　　　　e 钢筋网

图 4-17　"水岸山居"夯土墙的营造

视作传统材料语汇模因信息的部分复制与变异。

（2）"饰面"的生土营造

上述实例，无疑反映的是生土材料建构的真实性。问题在于，由于生土的自然缺陷，这种真实性存在一定的局限：其一，夯筑的生土墙没有一定的保护难以长存。马文化博物馆在顶部加装了瓷砖，毛寺生态小学用传统方法在墙面抹上草泥，"水岸山居"的夯土墙面涂刷了保护剂，并且直接覆盖在连续的屋顶之下。其二，墙体的尺寸存在限度。前三个实例的夯土墙以一层为主，局部二层，"水岸山居"的夯土墙高度约为 10 米，这实际上反映出生土材料抗压、抗裂等性能的严重不足。其三，应用范围存在限度。中国的现实趋向于土地的集约和建筑的增高，生土墙体的自然缺陷使其大规模使用的前景难以预料，在某些偏远的农村地区也只是权宜之计，这些都决定了上述实例所具有的"实验"色彩。

在西方对于材料的深刻认识过程中，森佩尔提出了"面饰"原则，路斯进一步指出，对于空间感受真正起决定作用的是建筑四壁的表面，而非"饰面"背后的结构性支撑，即：真正影响空间感受的是材料的表面特征，如色彩、纹理、质感等[1]。这给生土表现指出了另一条路径——使用现代材料来模仿生土的色彩、质感等信息，其目的更侧重于对建筑所在自然环境和历史环境的呼应或隐喻。这实际上是材料语汇模因传递的第二种方式，即：模因物理本体的信息剥离，用其他物理体取而代之，而语义信息得以保留，替代物理体无疑要改变真实生土的缺陷。

---

① 史永高. 材料呈现. 南京：东南大学出版社，2008：13

从现有实例来看，替代物理体主要有涂层和板材两种。前者如无锡鸿山遗址博物馆（下分别称"鸿山遗址馆"）和新疆泽普县的金胡杨宾馆，后者如西安的丹凤门遗址博物馆和唐西市遗址及丝绸之路博物馆（下分别称"丹凤门遗址馆"和"西市遗址馆"）。

它们的共同之处在于，都非常重视生土的表现性，用模仿的生土色彩、纹理来传达在场感、时间感等知觉感受和文脉、地域意义。鸿山遗址馆的生土肌理和建筑形态一样，都

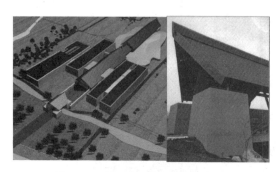

图 4-18　鸿山遗址馆鸟瞰和仿土墙

在试图诠释建筑与场地的关系：屋顶与周边民居的坡顶相吻合，建筑体量依托于残存的封土墩进行布局，其条块状、有收分的体形平行排列，隐喻遗址封土墩和稻田的自然肌理[1]。它的墙体使用了仿土的喷涂外皮，具有生土生动的色彩和质感，是对先秦建筑的粗犷风格和田野黏土特征的呼应[2]（图 4-18）。金胡杨宾馆则使用了"真假"结合的方法来回应生土建筑的传统：曲线形的建筑外皮上覆盖着一层米黄色的厚质饰纹涂料，造成类似当地夯土墙的质感，本土传统的"手堆泥"似乎是随机无序地沾涂堆积在建筑的外墙、勒脚等处[3]，使建筑恍如出自"无名者"之手，有一种历史的沧桑感[4]（图 4-19）。

a 外墙　　　　　　　　　　　　　　　*b* 勒脚

图 4-19　金胡杨宾馆

丹凤门遗址馆和西市遗址馆展出的均为深埋于黄土之下的唐代遗址，包括唐大明宫丹凤门的门道[5]和唐西市的"十字街、道路车辙、石板桥、房基、水沟"等[6]。它们同样使用了仿土做法：前者的城墙、城门和门楼造型均依据各种资料推理而出，是唐代风格的忠实写照，但通体抽象为近于黄土和木材的灰黄的调子。展厅外墙使用预制大型人造板材，

①　崔恺.无锡鸿山遗址博物馆.建筑创作，2007（08）：36
②　崔恺，张广源.无锡鸿山遗址博物馆.城市环境设计，2012（Z2）：68～73
③　范涛，王欢.泽普县胡杨林宾馆生土建筑设计初探.建筑创作，2011（03）：130～139
④　刘谞.金胡杨宾馆.建筑学报，2011（12）：72～74
⑤　张锦秋，杜韵，王涛.唐大明宫丹凤门遗址博物馆.建筑学报，2010（11）：22～25
⑥　刘克成.大唐西市博物馆.世界建筑导报，2011（02）：28～31

外表呈现出城砖和几可乱真的夯土肌理①（图 4-20）。而后者更是在墙体的内外皮均采用了板材②（图 4-21），与真实夯土的色彩和肌理相仿。这些模仿的夯土肌理，描绘出那些已经消失的历史场景，传递着深埋于地下的历史信息，使过去与现实交织在同一个场景中。

a 生土的色彩　　　　　　　b 仿制土坯与夯土　　　　　　c 仿制夯土的细节

图 4-20　丹凤门遗址馆的仿制生土外墙

a 地下的西市遗址　　　　　　　　　b 外墙仿制夯土肌理

c 内墙仿制夯土肌理　　　　　　　　d 仿制夯土的细节

图 4-21　西市遗址馆的仿生土外墙

---

① 张锦秋.长安沃土育古今——唐大明宫丹凤门遗址博物馆设计.建筑学报, 2010 (11)：26～29
② 刘克成.唐西市遗址及丝绸之路博物馆.建筑与文化, 2013 (01)：23～28

4.3.2 现代砖瓦语汇

在传统建筑向现代建筑的转变中，砖瓦的使用似乎从来就没有发生过断裂。随着近现代西方建筑的传入，中国以青砖青瓦为主的传统格局[①]逐渐被打破，进入到"青、红"并用的时代，砖的使用甚至转变为以红砖为主。由此带来建筑美学转变，由青砖青瓦与自然环境的和谐之美，转变为红砖红瓦从环境中凸显的对比之美，并形成新的砖瓦传统。

与此同时，砖瓦的制作原料和制作工艺也发生着深刻的变化。制作原料上，以传统的黏土为主转向多种原料并用。例如，广泛使用页岩、煤矸石、水泥、粉煤灰等，瓦的制作甚至可以使用各种金属、塑料、树脂等。制作工艺上，由传统的烧结向非烧结发展，砖瓦的尺寸、形状、色泽、质感也转向多元。

砖瓦的使用也趋向科学。现代材料科学可以根据防水、隔热、隔声、抗压、抗冻融等物理化学性能对砖瓦进行分类，结构力学则以此为依据合理设计建筑的层数、高度等。

对于砖来说，随着现代建筑高度的增加，砖作为承重材料的作用逐渐减弱，而自重大的缺陷使砖更可能被容重更轻的材料取代。于是，建筑的外墙肌理不再由传统的色泽和砌筑语法来决定，而是呈现更多样的面貌。甚至于，即便是由砖砌筑的墙体，也可能被覆盖上涂料、面砖等面层，从而失去清水砖墙的原始质朴之美。这种做法即使在砖墙承重的时代也非常普遍。

随着现代高品质防水材料的诞生，屋面也不再必须做成有坡度的斜面，瓦也不再是必需的屋面语汇。瓦在建筑中存在的重要性和必要性逐渐消失。于是，砖和瓦在现代建筑的语汇库里就变得几近可有可无。

砖和瓦的模因承传主要源自于它们的表义性和知觉性，它们层次丰富的自然感、人工美感以及深沉的历史感与传统感，使建筑显得纯朴但又优雅，充满蕴涵，令人无法释怀。根据森佩尔的"饰面"原则，可以用薄面砖、涂料等物体对砖瓦的肌理效果进行表皮模仿，在剥离原有物理体信息的同时，对这些美感信息进行拷贝和抽取。

当然，砖瓦在现代建筑中的功能已经不仅限于承重、防水功能，它们所遵守的规则也将不限于传统的砌筑语法，而呈现出多元化的趋势，表述出多元的语义。在"中国固有式"、"民族式"等比较忠实传统形制的建筑中，砖和瓦还按着传统语法进行构造性或结构性排列组织，呈现出传统的肌理和美感。但是，当砖瓦被编织进了新的语法逻辑或被抽象后，表露出的肌理和语义内涵就明显迥异于传统。对于砖来说，可以归纳为："实"而随机的肌理、"虚"而规则的肌理、"虚实"并置的有序的肌理；对于瓦来说，主要表现为异于传统的屋面层次以及瓦的抽象表达。

（1）记忆的载体

杭州中国美院南山校区（下称"南山校区"）、宁波美术馆和北京的德胜尚城是砖的"实"砌实例。细致的青砖墙面遵循的是与传统类似的规则的语法逻辑：大片的墙面是错缝横贴的灰砖，微妙的无序的色差和规则有序的砌缝形成了生动的肌理。但是，南山校区使用了架空的底层，透露出的信息是：青砖在这里并不承载建筑的荷载，这说明青砖的结

---

① 闽南地区土壤内的三氧化二铁（Fe_2O_3）含量较高，不易烧造出色彩稳定的青砖青瓦，但烧造出的红砖红瓦却色彩纯正，故使用比较普遍，与中国其他地区不同，形成独特的地域风格。见：蒋钦全.闽南传统红砖民居特征与营造工法技艺解析.古建园林技术，2012（04）：18～20

构价值被弱化了，器用意义基本消失了，设计者更着意于它的道用意义——青灰的色调与柱体的白色和檐口的深灰色相协调，斑驳的、附着了植物的青砖也唤醒了历史的记忆，也与灰、白调子的文脉环境保持一致（图 4-22a）。

宁波美术馆的灰砖墙面也刻意于青砖的精神价值：它与灰色的钢柱和板条木墙达成色彩上的默契（图 4-22b）。但与光滑的现代玻璃、金属、花岗石质感不同，砖墙朴实而微糙的表面亲切宜人，植物很容易附着其上，丰富了墙面的色彩效果。清雅、含蓄、和谐的调子以及水渍浸染的痕迹很容易钩稽起那些已经被自然风雨和现代造城运动合力毁灭但仍然存储于人类记忆中的传统场景——灰砖灰瓦的村落、城镇、街巷、院落、绿树和青竹……。

a 南山校区　　　　　　　　　　　　　　　　　b 宁波美术馆

图 4-22　灰砖的历史记忆

德胜尚城的青砖墙面直接来源于建筑所处的传统环境：它的东南方向是相距仅 200 米的德胜门箭楼，而它的基地上曾是老北京城常见但已经拆除的传统胡同。灰砖的使用和围合的布局一样，具有历史的象征意义，显然是想在传统和现代之间搭起对话的桥梁：错缝横贴的仿制新砖墙、旧砖砌筑的矮墙、斜角的现代"胡同"、不规则的院落、刻意保留的传统建筑、由"胡同"借景过来的德胜门……现实和历史同时拉进了同一个"镜头"（图 4-23）。

a 新建筑与德胜门　　　　　　b 新砖与旧砖　　　　　　c 仿制青砖

图 4-23　德胜尚城：灰砖的文脉关联

（2）砖的轻透化

当砖的器用意义被削弱，不再起主要结构功能时，它所遵从的传统语法就成为非必要性的。摆脱了传统语法束缚的砖可能以更为自由的方式进行表达。

"井宇"是比较地道的现代版院落（图4-24）——由单坡顶的房屋和围墙组合成狭长的合院——这是一种在秦、晋地区常见的传统民居形式。令人略感陌生的是墙体的砖工——内部的灰砖还是传统的错缝横砌法，而外墙则是"外灰内红"的夹心做法——本土红砖内心包裹在灰砖之下①，但两块水平灰砖之间的竖缝拉大，使外墙整体在自然光线之下呈现出规则的点点深影。于是，灰砖外墙呈现出与传统不同的姿态，并非厚重和严实，而是略感轻盈，宛若一件似透非透的纱衣。

图4-24 "井宇"的内外墙面

这种"轻透"化的砖墙肌理在扬州的"三间院"和高淳诗人住宅里表现得更为丰富。"三间院"的围墙使用"一顺二眠"的方式砌筑，形成整齐的格子阵列，格子垂直距离为砖的厚度。山墙面的砌法为：上下相邻两皮顺砖相互咬合三分之一长度，形成左右错位的格子阵列，格子的垂直距离为砖厚而水平距离为砖长。墙面的另一种砌法是"一顺一丁"，但丁砖却凸出墙面并且扭转45°，形成通风透光但不透视的效果②（图4-25）。此外，还有一种"二顺一立"的墙面，但立砖却凸出墙面半砖，在阳光下形成落影，也减弱了墙面的沉重感。

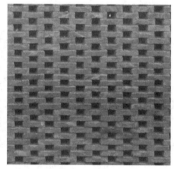

图4-25 三间院外墙

但"三间院"使用的并非青砖，而是本土的河泥红砖和本土的砌筑工艺，使得新建筑

---

① 参见：黄元少炤.流向——中国当代建筑20年观察与解析（1991-2011）（下）.南京：江苏人民出版社，2012：224～227

② 沈开康.编织砖的微观都市.2010（03）：26～28

在周边相同材料的民居氛围中产生了在地性和熟悉感。但"轻透"的墙体又令人感到异样——这种非承重的"透漏"砖墙其实也来自传统的启示，但又异于传统，因为传统中的这种做法多不用于大面积的墙体①，有时仅起局部围栏的作用。

高淳诗人住宅仍然使用本土红砖和本土工艺编织着令人既熟悉又陌生的"红砖外衣"。只是，这里的"外衣"却不像"三间院"那么"通透"和"暴露"，而是更加含蓄和隐秘。红砖的砌法及其组合与"三间院"也有所区别——面向道路和邻居的墙面比较"实"，临湖的墙面比较"透"："实"墙面为"二顺一丁"平砌法，但有的墙面却与三间院的做法类似——丁砖凸出墙面半砖，阳光的落影使墙面显得有趣而不再沉重和单调；"透"墙面是"二顺一丁"平砌法的另一种变异——丁砖凹进半砖，形成细窄的格子，比"三间院"的"透"墙更沉重一些（图 4-26）。

图 4-26　高淳诗人住宅外墙

"诗人住宅"的每个墙面均是两种或三种砌法的组合，从而使每个墙面都是"实""透"、"实""影"或三者的结合。所有的墙面进行着生动的对比②，但又具有相同的色泽和质地，使建筑与周边的民居保持一致的调子。"诗人住宅"既隐于乡，又隐于野，且观于湖，虽纯朴却别具一番悠然的意趣。

"三间院"、"诗人住宅"展现出红砖结构意义的弱化、精神意义的强化，使红砖更具有了"表皮"的特征。北京伊比利亚当代艺术中心（下称"艺术中心"）的红砖墙也在强调这样的特征，但通透部分的空格像构成一样，出现由大到小的渐变，而实体部分又呈现出非线型的曲面，似乎那不是手感生硬的红砖，只是一层柔软的、可以随意塑形的皮肤（图 4-27a）。

当然，"透"的效果并不一定非要由砖格来完成。建川"文革"镜鉴博物馆暨汶川地震纪念馆（下称"建川文革馆"）的墙体主材是当地的红色和青色页岩砖。红砖用于商铺外墙，隐喻那段"红色的文革时代"，青砖用于内院外墙，营造沉静的氛围，同时也与当地丰富的砖砌传统形成文脉上的关联。砖的砌筑遵循着"顺眠＋全眠＋斗丁"的方式，但

---

① 例外的传统做法见于新疆地区的葡萄干晾房，为了形成阴凉但通风的室内，常用砖或土坯砌成"透漏"的透气墙体。

② 何碧青.诗意地栖居.2009（04）：66～69

却不规则地混合"钢板玻璃砖"[1]，看似密实的墙体就有了通透效果。尤其在夜色中，墙面布满大小不一的矩形"光斑"，砖墙原本的沉重感削弱了，明确的"实"体与无序的"光斑"相互对比，造成诙谐的趣味（图 4-27b）。

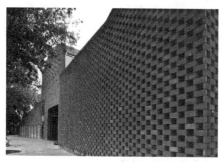 

a 当代艺术中心　　　　　　　　b 建川"文革"馆

图 4-27　红砖的特殊质感

（3）砖瓦的重生

砖瓦由黏土烧结而成，改变了物质的自然性，更为耐候更为长寿，这使它具备了"循环再造"的条件；同时，当它以某种新的语法逻辑被重新建构时，它所附着的历史意义、美学价值也被传递过来。从模因论的角度来看，这和砖的"轻透化"一样，均属于部分语法模因信息的衰减，而语义模因信息却被复制下来。

砖瓦的"循环再造"最典型的实例当属象山校区建筑群和宁波博物馆：那些本已经在现代造城运动中被拆毁的传统材料"涅槃重生"——从浙江各地被搜集过来的数百万片旧砖瓦被建筑师赋予了新的生命，工匠们用近乎传统的工艺将它们砌进现代的混凝土墙体或屋面。这个做法始于建筑师在宁波鄞州公园"五散房"的试验[2]（图 4-28），又被大规模地使用于象山校区二期和宁波博物馆的设计中。这些旧砖瓦已经有了至少几十年、几百年甚至上千年的历史[3]，使得新建筑马上被赋予了历史感。

图 4-28　"五散房"之小画廊

　　① 李兴钢，付邦保，张音玄，谭泽阳.虚像、现实与灾难体验——建川文革镜鉴博物馆暨汶川地震纪念馆设计.建筑学报，2010（11）：44～47

　　② 王澍.自然形态的叙事与几何——宁波博物馆创作笔记.时代建筑，2009（3）：66～79

　　③ 王澍，陆文宇.循环建造的诗意——建造一个与自然相似的世界.时代建筑，2012（2）：66～69

不仅如此，看似无序随机的砌筑包容了设计者的控制、工匠们的操作误差和时间作用而带来的偶然性和自然之美[①]，那些大小不一、"年岁"不等、色泽不同的老旧的甚至破碎的砖瓦、缸片、瓷片被编织成斑驳陆离、粗糙不平的表皮，自由生长的攀缘植物也很容易附着其上。它们四季不同的叶色和虬曲婉转的蔓茎，一起参与到了这种自然肌理的营造之中（图 4-29）。宛如泼墨山水画的自然意趣——听任水墨自由流动、混合，生成意想之外的斑斓色彩。

图 4-29　象山校区特殊的"砖作"

这种肌理特别的"砖作"的历史感不仅来自于材料自身的"寿命"，还来自于它的工艺源头——浙东民间的"瓦爿墙"。特殊的技艺给生活在单调的城市的现代人带来亲切感、乡土感和自然美感。传统"瓦爿墙"是一种混合墙体：里边是草筋泥墙，外皮砖瓦则取自在台风或战乱中被摧毁的老房子。构造做法通常是：石作基础勒脚，墙体部分按"几层瓦片＋一层砖"的规律垒叠，顶部压砖或石，里边则是草筋泥土墙[②]。当然有的墙体外皮也用乱石砌筑（图 4-30）。

　　　　　　　　a 墙身及剖面图　　　　　　　　　　　　　*b* 浙东传统的"瓦爿墙"

图 4-30　宁波博物馆特殊的"砖作"

用今日的观念来看，传统的"瓦爿墙"反映出先民朴素的生态意识——就地取材，循环建造，保温隔声，具有宛自天成的美感。在五散房、象山校区、宁波博物馆等建筑中，新型"瓦爿墙"的美感来自于令人亲切的传统血缘，以及变革所带来的差异性和陌生感：它的材料取材更广，规模更大，更加坚固，砌筑组合看似随意却隐含着设计者与工匠的审

---

① 王澍，陆文字.中国美术学院象山校园山南二期工程设计.时代建筑，2008（3）：72～85

② 陈饰.寻找瓦爿墙.今日镇海数字报，2013 年 02 月 05 日.网址：http：//epaper. zhxww. net/

美情趣。当然，新型"瓦片墙"遗传了"祖先"的生态血统——碎旧的砖瓦附着在空腹的厚板混凝土上，可以有效地隔声和隔热[1]。

象山校区还清晰地展示出传统瓦材器道意义的重要转变：它们以看似传统的逻辑铺设于各种形态的屋顶上，呈现着近乎传统的肌理——在校园山北区硕大的直线单坡顶上、水平排列的层层披檐上，以及山南区水波状的曲线屋顶上，都排布着从各地收集过来的几百万片传统青瓦。小体育馆硕大的直线屋顶倾角非常小，而水波状屋顶则在檐部反卷起翘，中间凹落（图4-31a，b）。这些造型意味着它们上面覆盖的青瓦已经失去了传统的功能意义，不再起防水作用，而是和"瓦片墙"上的旧砖碎瓦一样，被赋予了新的语义：它们是本土传统的象征物，是盘旋于耳、于心的历史回声，唤醒人们对于传统的追忆，让现世和往世共同呈现。

设计者在威尼斯双年展上做的"瓦园"具有类似的语义：六万片来自江南的旧瓦被铺设在竹材骨架上，近于梯形的平面沿着较长的对角线对折，瓦片以近乎传统的逻辑铺陈开来，形成一个貌似传统却匍匐于地的青瓦屋面。一座曲折的竹桥让人们可以走上屋顶去欣赏中国传统建筑第五立面的肌理之美。在象山校区的波形屋面上，甚至开辟了一部分上人屋面，可以将"瓦"踩在脚下去观望风景（图4-31c）。这些做法真实地反映了"瓦"的语义转变：它们只是隐喻历史，不再具有防水作用。这显然不同于"中国固有式"、"民族式"等建筑的屋顶做法。由于现代材料的使用，"瓦"在这些屋顶上其实主要起着装饰和隐喻的作用，但却还要遵循传统的防水逻辑。

a 象山校区水波状屋顶　　　　b 象山校区小体育馆屋顶　　　　c 威尼斯双年展的"瓦园"

图4-31　现代"瓦作"

（4）瓦的线描意象

当然，不再具备传统的防水功能后，"瓦"呈现的肌理就可以被抽取出来，用其他物理体进行描摹。纷繁的现代材料可以成为替代的物理体，如水泥、陶瓷、有机塑料、金属等。丹凤门遗址馆土黄色的瓦由轻型铝镁锰合金的板材模仿而成[2]，鸿山遗址馆灰色的瓦顶也同样是金属制品[3]。

当然，瓦的模因信息还可以进一步减少，最后只剩下由传统语法而形成的肌理意象——一根根平行的线条，就像一张线描绘画对屋顶的抽象（图4-32a）。2008北京奥运会奥体公园下沉花园6号院（下称"奥体6号院"）就是这样的，它将"瓦"进一步简

①　王澍，陆文宇. 循环建造的诗意——建造一个与自然相似的世界. 时代建筑，2012（2）：66～69
②　张锦秋. 长安沃土育古今——唐大明宫丹凤门遗址博物馆设计. 建筑学报. 2010（11）：26～29
③　崔恺，张广源. 无锡鸿山遗址博物馆. 城市环境设计. 2012（Z2）：68～73

化，只剩下一根根光滑的金属"瓦陇"[①]（图 4-32），以此来象征老北京卷棚瓦屋顶的形态。瓦在这里只留下了部分视觉信息，只是一种虚空的印象，而器用意义全然无存，雨水可以直接从线条的缝隙间滴入"屋顶"之下，提醒人们：眼前的一切只是瓦屋顶的幻觉。

a 吴冠中画作线描的瓦顶　　　　　　　　　　　*b* 写实的瓦顶

c 线描瓦顶　　　　　　　　　　　　　*d* 线描瓦顶的细部

图 4-32　奥体 6 号院线描"瓦"顶

　　贾平凹文学艺术馆、灞上人家、西市遗址馆等作品对"瓦"的抽象具有异曲同工之处，所不同的是：它们似乎有意将完整的瓦顶形象打碎，只留下折叠的瓦顶局部，而"瓦陇"则化作一根根线条悬架于透明的玻璃之上（图 4-33），二者之间似乎在隐喻传统的"瓦"与"望板"的关系。在西市遗址馆中，不仅有线描的"瓦"，玻璃"望板"之下还有更为复杂的"木椽"，是更为完整的"瓦顶"结构。所不同的是，"瓦"与"望板"的功能发生了倒置，"瓦"不再承接雨水，担负这一功能的是"望板"。当然，"瓦"或"木椽"似乎还存在某种功能——它将强烈的阳光打碎、过滤，在室内形成迷离的光影，给人以时空转换的体验。

4.3.3　现代竹"木"语汇

　　在传统材料中，比土、砖、瓦更加亲切宜人的是植物性材料。中国传统观念认为天人一体，万物同化，人类对包括植物在内的自然万物具有天生的亲近感。极富生命力的植物生根于大地，承泽阳光雨露，为人类提供遮蔽和食物，让人类无法离弃。且"庶草藩芜"之属，各有所长，均可各得其用。

　　在植物性材料中，木材和竹材都属于相对坚韧的"大料"，但木材具有相对的比较优势：首先，木材的适用范围更广。与空心的竹材相比，木材可以取得最大的原料断面，具

① 齐欣.下沉花园 6 号院 合院谐趣——似合院.世界建筑，2008（06）：106～113

a 贾平凹文学艺术馆的折叠屋顶、室内和细部

b 灞上人家的折叠屋顶

c 西市遗址馆与周边的关系及其室内

图 4-33　折叠的线描"瓦"顶

有较大的加工自由度，能够被剖解成各种尺寸的构件，更适宜中国独特的榫卯连接构造。在抬梁式、穿斗式建筑中，从椽、檩、梁、枋、柱、楼板等承重体系，到门、窗、屏、罩等围护分隔体系，均可由木料完成。即使是枝条梢末等边角料也可以派上用场。其次，树木的地域分布更广，更为易得，而竹子受地域和气候限制相对较多。再次，木材的物理性能不输竹材，质地柔韧，热工性能优良，易于加工和运输。因此，一座传统建筑的砖、瓦或石材的"含量"可以近于甚至等于零，而"含木量"却保持着较高的数值。

　　但是，在有限的传统技术条件下，木材与其他植物性材料存在共同的缺陷：易燃、易湿、易腐。为了防水，人们在露明的木构件上涂覆各种彩画、漆料。传统的不透明防水层具有两面性：在保护木料的同时，又掩盖了木料的独具魅力的表现性。木材天生丽质——微灰的暖色、自由的纹理、随机而生的疤节等，它们原本可以给人们带来心理的慰藉和美学情愫。现代工艺却可以做到两全齐美——木材可以加压渗入防腐药剂，也可以进行脱脂炭化，在提高木材防腐、防火能力的同时，让木材原生的美丽祖露无遗。

　　（1）竹木的表皮

　　不同的现代工艺、不同的原料、不同的构造要求，都会赋予现代木材一定的色差：有的是鲜明的本色，有的则相对深一些。而外露的木材还会在阳光和风雨等气候条件的作用下，逐渐变深，变老，变得沧桑，变得更有魅力，从而使表现性和知觉性得以增强。

时间感的产生与木构件的尺寸关系密切，构件的尺寸越小，气候作用越迅速越明显。在笔者历时多年的调研中，明显地观察到了宁波老外滩、朱家角行政中心等建筑轻薄的木制"外衣"正经历着这种变化：时间似乎也参与了设计，让这层"外衣"很快变得更有岁月感，与传统环境有了更多"共同语言"。

宁波老外滩的木制"外衣"呈现的是构成的风格：由深灰色的钢架分割出大小不等的矩形、方形线框，其内嵌填着色泽不同的木板条，上下、左右相邻的线框内板条的方向旋转 90°。木格墙和相邻的玻璃格墙进行着冷暖对比，但性质相同——它们都只是建筑的一层轻薄的表皮（图 4-34a）。

上海朱家角行政中心的木制表皮则被完全虚化了，如轻薄通透的蝉翼，失去了体积感和重量感，垂直的、细密的木条背后的玻璃、墙体和檐下空间皆隐约可见。很显然，木制的表皮和青砖外墙以及熟悉但又陌生的坡顶一样，向观者清晰地表现了建筑与传统的血脉关联（图 4-34b）。

a 宁波江北老外滩

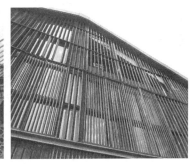

b 朱家角行政中心

c 篱苑书屋

图 4-34　木制的表皮

木材与青砖、坡顶一样，在这两处建筑中都是城市记忆的一部分，被建筑师用作标记历史的符号。轻薄的木结构因气候作用迅速风化，从原来明亮、微妙的灰黄色变得苍老和斑驳，如同岁月在人面部产生的皱纹，给人强烈的时间流逝的切身感受，无形中进一步增强这种历史记忆的作用。

这两处建筑的另一个共同之处是木材处理工艺的现代性，细小、轻薄、挺直、规则的木板和木栅明显是现代工业的产物。篱苑书屋的木制外皮却大不相同，而是山间林木坠落的枝条或山民砍伐的树杈[①]。它们可以信手拈来，在山民眼里恐怕只是燃料、木篱柴扉之类，但设计师却把它们镶嵌在玻璃外层的轻钢骨架上，编织成一层轻薄的木篱。

这些木篱具有非凡的表现性和知觉性。它们的形态根根不同，并非人力可为，充满自然的气息，是自然的符号和记忆，让人立刻产生身在密林的联想，建筑也犹如自山林而生（图4-34c）。同时，它们也会在气候的作用下和钢框一样变色、老化、脱落，再被新的枝杈代替，让一座年轻的建筑在数年之内就变得"老成"。

可以充当表皮的"木"类当然还有其他材料，例如上海世博会上西班牙馆的藤条。还有竹子，生长迅速、轻质高强，有"植物钢筋"的美誉[②]。尤其在东方传统文化里，竹子有着重要的象征意义[③]，中国人赋予竹子以人类的崇高品质，使竹子具有了特殊的表义性。这成为"长城脚下的公社"、"竹屋"进行创作的心理基石。尽管不起结构作用，但竹子成为这座小建筑最重要的语汇：建筑外墙、内部隔断和天花，均或密或疏地整齐排列着完整、挺拔的竹子，没有任何伪饰，显露着原竹的本色，让空间显得清幽而又娴静（图4-35a）。

2010年上海世博会的越南馆是另一个竹表皮的实例。展馆由老建筑改造而成，它的内部也用竹子捆扎成一束束发散向天花的拱形，表皮和内部都已经看不出老建筑的结构。竹材在这里具有双重含义，被建筑师用来传递"友好、持久的可持续发展精神"，同时用表皮来有效减少建筑得热，降低室温[④]。作为一个临时建筑，竹子在拆解后也不会对环境造成伤害（图4-35b）。

（2）木墙的本土营造

细小繁密的木栅表皮不仅削弱了木材对气候的抵抗力，对木材的表现力也造成一定程度的损害：细密规则的木条更代表一种工业化操作，削弱了传统手工营造的魅力，细小的体量则分散了木材原有的天然纹理，减弱了木材的自然感和亲切感。校正的办法是使用更大体量的木板或木枋，更大面积的纹理聚集无疑是更坦率和更富感染力的语汇，同时也更易表现出传统手工的痕迹。

只有361m²的高黎贡手工造纸博物馆对木材的表现正是这样的直白和坦诚——几个大小不等、形态不同的体量全部包裹着密实的竖纹杉木板，木材的色彩、纹理和疤节都坦率地表露无遗，具有一种纯粹的、自然的美（图4-36a）。

① 侯立萍，李晓东. 对话中国元素. 建筑与文化，2012（02）：50～53
② （澳）奥利弗·弗里斯著，刘可为译. 全球竹建筑概述——趋势和挑战. 世界建筑，2013（12）：27
③ 竹屋. 建筑与文化，2007（07）：34～37
④ 上海世博会越南馆. 建筑技艺，2012（02）：196

a 竹屋

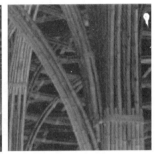

b 上海世博会越南馆

图 4-35　竹的表皮

图 4-36a　杉木外墙——高黎贡手工造纸博物馆的建造过程与实木外墙

　　这个小小的木墙建筑的起点是两个问题的解答：建筑如何与展示的内容——手工造纸的意义和价值相契合？如何体现建筑的地域特征？手工造纸的核心价值是"绿色无污染、

与环境友善的"制造方式和"尊敬自然，也承认事物的生命轮回周期"的内涵，这与现代建筑的生态观念相吻合。手工纸本身具有文化上的真实性，反映了劳动的痕迹和制造的过程，与建筑地域性的本质也保持一致：材料的本土选择和建造的本土参与。由此，建筑师希望博物馆全部由当地工匠来手工建造，主要材料应是当地富有的资源，结构形式为工匠们熟悉和擅长。这就是木材——一种"有生命的材料，会随着时间褪色和降解，最终回到自然中"。兼顾了建筑的功能意义、地域意义和建造过程的本土化[①]。

墙面全部使用本土的杉木，屋顶的金竹、基础的火山石也产自本地，加上本地工匠的传统建造痕迹[②]成就了这座小建筑的强烈的地域特征。

大量使用杉木外墙的实例还有宁波美术馆和象山校区的教学楼。宁波美术馆的三个立面围合着原色的杉木板墙，尺度更大、力度更强，也更加纯粹，更富体积感。暖色的杉木墙和灰色的钢柱形成了明确的檐廊，加上青砖砌筑的底座，与传统殿堂式建筑的立面构图颇为神似（图4-36b）。生动温暖的杉木板、灰色的钢是建筑所在的老外滩过去常见的材料，而青砖则为宁波老城的人们所熟悉。

图4-36b　杉木外墙——宁波美术馆

在象山校区的多座教学楼的界面上也挂满了类似的杉木板，没有檐廊的投影遮蔽，在"关闭时具有令人震撼的单纯性"。实面的杉木板也是两地常见的传统材料，其制作过程也带有传统手工的遗风，铁制的风钩和插销也由手工打造[③]（图4-36c）。杉木板围合的空间带给"读者"一种似曾相识的体验，犹如走进了一个四壁开满木窗的江南天井。

图4-36c　杉木外墙——象山校区教学楼

（3）竹草的陋室

① 华黎.建筑的痕迹——云南高黎贡手工造纸博物馆设计与建造志.建筑学报，2011（06）：42～44
② 华黎.云南高黎贡手工造纸博物馆.时代建筑，2011（1）：88～95
③ 王澍，陆文字.中国美术学院象山校区.建筑学报，2008（09）：50～59

在中国传统文化里，自然事物的某种属性都会被赋予人格品质，成为抒情的对象和道德情操的象征物。如梅、菊之耐寒，兰花之清雅，莲荷之高洁，青竹之虚怀，微草之朴素等。这甚至影响到了建筑的营造，选择竹草作为建筑材料往往更像是在隐喻主人淡泊高雅的心志。陶渊明《归园田居》诗云："方宅十馀亩，草屋八九间；榆柳荫后檐，桃李罗堂前。"白居易《庐山草堂记》曰："三间两柱，二室四牖，广袤丰杀，一称心力。……堂中设木榻四，素屏二，漆琴一张，儒、道、佛书各三两卷。"草屋虽简，却是可以让心灵安居的场所。

方塔园内的"何陋轩"似乎就是这样的茅屋草堂，闻其名就自然与刘禹锡的《陋室铭》产生意象上的联想："苔痕上阶绿，草色入帘青。谈笑有鸿儒，往来无白丁。……无丝竹之乱耳，无案牍之劳形。"但何陋轩的建筑师显然考虑得更多，为了"耐久"和"略显堂皇"而将顶部竹构架刻意施彩[①]，支撑的竹架则涂上了白色和黑色（图 4-37a），产生与传统既相似又相异的感觉。然而，这个小小的建筑散发出来的却是地道的传统意韵——它砖台面水，竹架为棚，茅檐低小，与青竹绿树为邻为友，形容朴素却蕴意绵长。

图 4-37a　草竹的陋室——何陋轩

何陋轩的竹架非原色，其清雅、自然、质朴的意韵无疑更多的承载于它那曲线形的葺草屋面上：细密柔软的茅草呈现出暖灰的调子，在风雨的作用之下略显凌乱。但它来自天然，与周围绿色的背景在色彩、质感上保持着默契，与天人同体、赏悦自然的传统文化灵犀相通。回想一下历史上的名人草堂、隐士茅庐，无不质朴、清幽，居者虽处陋室，却淡泊宁静或心怀锦绣。纤细的茅草在无意中影射着居者的心灵与品质。

山东荣成北斗山庄的屋顶上覆盖的是另一种他乡无觅的"草"——当地的海草，其做法是本地石墙草顶民居传统的延续[②]。尽管其内部空间充满了现代气息，但石墙草顶却犹如本地土生，溶解到本土的民居背景之中（图 4-37b）。

图 4-37b　草竹的陋室——北斗山庄与本地民居

① 冯纪忠.何陋轩答客问.时代建筑，1988（3）：4，5，58
② 戴复东.继承传统、重视文化、为了现代——山东荣成北斗山庄建筑创作体会.建筑学报，1994（09）：36～39

当然，由于草本植物缺乏耐久性，何陋轩和北斗山庄的屋顶葺草本质上已经不再担负起防水作用，转向对传统的自然观和民居技艺的隐喻表达，并与传统文化中的文人情怀发生呼应。

4.3.4 现代"石作"语汇

在传统材料里，石材与砖、瓦同为脆性材料，但容重更大，抗压能力、耐磨性、耐候性、耐久性更好。中国本是一个多山之国，交通的限制和就地取材的特征使传统建筑并不缺乏石制的建筑构件，甚至以石为主材的建筑。羌族村寨、藏族碉楼、布依族石屋、中原地区的山地石屋，以及遍及各地的石塔、石桥等等，构成了悠久的"石作"传统。

化学成分、成岩机理、风化程度的不同，思想观念、审美情趣的迥异，以及加工与筑造工艺的差别等等，使不同地区的石构呈现不同的色彩和肌理，造就了传统石作建筑鲜明的地域特征，并与所在山体环境保持高度默契。在现代建筑的本土实践中，传统的"石作"工艺、石构之美，以及建筑与自然的默契性等，均成为建筑师的重点追求。

（1）毛石的驿站

雅鲁藏布江小码头、南迦巴瓦接待站、尼洋河旅客中心以及雅鲁藏布大峡谷艺术馆等作品，呈现出一致的西藏本土特质：斑驳陆离、轮廓明确的几何体量由大小不一、乱而有序的本地毛石砌筑而成，体现着工匠们"特别的习惯和方法"[①]。毛石砌筑的建筑似乎是周围环境的自然生长体（图4-38）：雅鲁藏布江小码头曲折的坡道和隐蔽的建筑体量是用地环境限定的结果[②]；南迦巴瓦接待站的多数功能空间半藏于山坡下，似乎被"嵌入到基地斜坡"中，只有几堵"高低不一、厚薄不同的石头墙体从山坡上不同的高度随意地生长出来"[③]；尼洋河旅客中心多边的体形也并非有意为之，而是由河流、公路等"切割"出来的[④]；大峡谷艺术馆将一层遁形于地下，二层是几块大小不一，或聚或散的毛石体块，"有点像高山上随意散布的大石块"[⑤]。它们一如传统的藏式"石作"建筑，和自然环境保持着亲切的关系，风景是建筑，建筑也是风景，两者天然无别，难以区分。

尽管如此，这些看上去似乎并不新奇的新式"石作"与本土的传统"石作"却存在着诸多差异：尼洋河游客中心线条刚直的墙体与有收分的藏式石墙明显不同，地下部分是现代的混凝土基础，洞口边缘由现代的钢板收边[⑥]，而非传统的木、石过梁（图4-39）；雅鲁藏布江小码头凌空出挑的景观平台看似毛石包裹的建筑实际上是由现代结构体系支撑起来的。

（2）卵石之家

丽江的森庐展示的是另一种随机无序的石材——卵石的独特肌理效果：光滑、温润，粒粒形状不同，色彩有异，静静地散落在地面或沉睡于水底，历经久远甚至远古的岁月，经受流水的冲刷和洗礼，具有天然的历史感和自然气息。同时，圆滑的体形意味着散松的卵石垂直垒叠起来稳定性较差，更适合铺陈于地面上。如果要使用在墙体上就必须借助于

① 张轲，张弘，侯正华.西藏林芝南迦巴瓦接待站.时代建筑，2009（1）：142～147
② 侯正华，张轲，张弘."标准营造"雅鲁藏布江小码头.时代建筑，2008（6）：64～68
③ 张轲，张弘，侯正华.西藏林芝南迦巴瓦接待站.时代建筑，2009（1）：142～147
④ 方振宁.尼洋河旅客中心.建筑知识，2011（10）：108～109
⑤ 张轲，张弘，侯正华.雅鲁藏布大峡谷艺术馆设计.时代建筑，2011（5）：124～129
⑥ 赵扬，陈玲，孙青峰.尼洋河旅客中心.城市环境设计，2010（06）：100～103

a 南迦巴瓦接待站

b 雅鲁藏布江小码头

c 雅鲁藏布大峡谷艺术馆

d 尼洋河旅客中心

图 4-38　西藏的现代"石作"

图 4-39　尼洋河游客中心透视及剖面

139

其他材料的粘连或者与其他材料进行拌和。西安蓝田县的玉山石柴（又名"父亲的住宅"）卵石墙揭示的正是这样的做法：卵石不仅用于院落地面，而且大量"镶嵌"在垂直的墙面——剖开的卵石分别贴于墙体内外皮，如同由完整的卵石垒叠起来[①]（图 4-40b）——实际上，这只是一堵"混凝土"夹心的混合墙体。在这里，卵石的状态并非其自然性的真实反映，但建筑师的用意可能更在于卵石的表现性——它不仅产生了亲和自然的力量，更具有地域性的隐喻意义，是对建筑所处自然背景的暗示：远山绵延而下的缓和的坡地，以及盛产卵石的河谷[②]。

图 4-40a 卵石的应用——森庐

图 4-40b 卵石的应用——父亲的住宅

西藏阿里苹果小学的卵石处于真实的建构状态：校园内随着地形起伏变化的"挡风墙"是由尺寸统一的卵石混凝土砌块错缝砌筑而成（图 4-40c），是卵石与现代混凝土拌和在一起成形的。在这里，建筑师同样重视的是卵石的表现性——在当地俯拾皆是，和其他石头一起被人们以不同的方式使用，如放养牲口的围墙、神圣的"祭坛"——尼玛堆等等，它们一起具有了"文化特征"[③]。当地的围墙、尼玛堆往往用卵石和其他石块以随意的方式干垒堆叠。这里的卵石是一个媒介，使现代建筑与本土传统之间产生了奇妙的"血缘"关联。

（3）"轻"和"透"的石构

如果说，在以上实例中，毛石和卵石尚保留了石材一定程度的自然性，人工痕迹有所节制的话，那么，以下实例中的石材则过多地显示出人类的意志。

---

① 董萱.父亲，石头，家.建筑知识，2012（02）：62～65
② 马清运.父亲宅.青年文学，2010（11）：55～56
③ 王晖.西藏阿里苹果小学.时代建筑，2006（4）：114～119

图 4-40c　卵石的应用——阿里小学的卵石混凝土砌块

青城山石头院的石墙面使用了与砖类似的砌筑方法。这个作品有五个紧密排列的、狭长的独立院落，长长的墙体弯折方向不尽相同，墙面上错缝横贴着当地产的青石条[①]。这种做法在彼得·卒姆托的瓦尔斯温泉浴场里似曾相识，但那里的石条是沿着片麻岩的节理剖开的，似乎是建筑师为了便于施工，将石材分解后再原样组装上，施工后的石墙依然忠实地反映出原料的节理。这里的石材却有所不同，建筑师似乎有意用细小的砌缝来加强石墙的整体感、沉重感，用无序的弯折使石墙具有了自然山石变化的趣味，强调了建筑的在地特征（图 4-41）。但无法回避的事实是，这里的石材肌理只起到"面饰"和"表皮"作用，仅仅是附贴于混凝土墙面的一层"皮肤"而已，与真实的山体存在一定距离，材料的"自明"含糊不清。

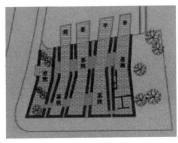

a 一层平面　　　　　　　　　　　　　b 屋顶平面

c 透视图　　　　　　　　　　　　　d 空院景观

图 4-41　青城山石头院

浙江丽水文化艺术中心的两片石材曲墙同样是表皮化的，显得更轻量化，更具有隐喻

---

① 张轲，张弘，侯正华.标准营造青城山石头院.时代建筑，2007（4）：90～97

性——产自本土的青石板材以三种不同的规格进行组合，用类似当地传统廊桥檐板层叠披挂的方式进行构造，墙体从下到上的收分是为了"模拟山地民居石材侧脚的意向"[①]（图4-42）。墙体的曲线与石材形成了对地域的共同隐喻：一座青山环抱、江水绕郭的"山水城市"。

图 4-42　浙江丽水文化艺术中心

"格栅"化是石材另一种表皮化、轻量化做法。上海的青浦区新城建设展示中心在东、南、北三个立面和地面上大量使用黑色的石材、灰砖和素混凝土等材料，与建筑周围的三面水系一起营造江南水乡沉静、安详的气质[②]。东立面呈现"虚"与"灰"的特征：凹入的灰空间、虚化的玻璃墙和半虚化的竖向石制百叶墙。黑色的石材被切为薄薄的板条，以规则的间距垂直安装在玻璃墙之外，光影迷离，为这个"虚"而"灰"的立面增加了层次感，同时完全颠覆了石材传统的沉重粗粝感，变得轻盈柔和（图4-43）。

　　　a 透视图　　　　　　　b 石板条百叶　　　　　c 石板条的"击边"工艺

图 4-43　上海青浦区新城建设展示中心

---

① 莫洲瑾，叶长青.内敛的复杂——丽水文化艺术中心的适应性表达.建筑学报，2012（02）：40～41
② 刘家琨，蔡克非，宋春来.上海的青浦区新城建设展示中心.城市环境设计，2010（Z1）：111～113

4.4　传统材料语汇的现代特征

（1）多材混用

迄今为止，还没有一种"全能"的材料可以满足建筑所有的结构和功能要求。因此，现代建筑也必须"多材并用"和"因材施用"，根据不同材料的天然属性，安排合适的构造层次。传统材料天然缺陷非常突出，例如，生土的松散、亲水，砖、石的脆性，木材的易湿腐、易燃性，瓦材的非致密性等。这些缺陷限制了它们在现代建筑中的独立性，它们必须和现代材料相互配合，即"多材混用"，才能满足现代建筑的各种需求。

"多材混用"的特征可以从多个方面来理解。首先是"同构"性的多材混用，即：同一个建筑部位综合应用了传统和现代材料。

例如：在生土夯筑、砖石砌筑时添加现代柔性材料来增强土墙、砖石墙的抗裂能力、拉结能力、抗震能力等，甚至是以传统材料为皮、以混凝土为心的"夹心饼"式的墙体。马文化博物馆的生土墙就增加了土工布来实现抗裂、抗拉、抗震的目的；父亲的住宅、青城山石头院是两面石材的"夹心"混凝土墙；而宁波博物馆、象山校区的新式"瓦爿墙"是"两层皮"：外层是"瓦爿"肌理，里层是空腔厚板混凝土墙。

对于屋顶来说，则可以用现代混凝土、防水卷材等加强甚至取代传统瓦材、茅茨的防水功能。也就是说，现代建筑的坡屋面可以被视作一种非功能性的"混合"体。在"中国固有之形式"和"民族形式"等建筑中，那些看上去比较"地道"的覆瓦坡屋面，实际上更多就是这种非功能性"混合"体。而象山校区硕大的平直瓦顶、檐口反翘的水波形瓦顶，以及何陋轩、北斗山庄的草顶等，也是明显的混合体，没有现代材料，它们的防水将成为大问题。

其次是"共体"性的多材混用。即同一座建筑在不同部位同时使用传统和现代材料。宁波外滩、朱家角行政中心等建筑，轻薄的外墙是玻璃、钢、木的混合，底层是稳重的传统灰砖；象山校区的墙面上可以找到旧砖瓦、石材、杉木、混凝土，屋面可以找到旧砖瓦、青石子和混凝土；青城山石头院外表是横砌的石条墙，但它们的内部却是青瓦的屋面和明露的木梁。

多材混用最常见的是"异体"性的，即不同建筑混合使用了不同的传统和现代材料。具有地域特征的传统材料就是一个丰富的"语汇库"，设计者根据自己的独特理解，从中挑选自认为最准确、最合适的材料来表述现代建筑的地域性和生态特征。例如，毛寺生态小学和阿里苹果小学分别使用了当地最常见、最易得、最廉价的生土和卵石作为墙体主材，而"三间院"和"诗人住宅"则使用了当地最常见、最易施工的红砖。

同一个建筑，面对不同功能时也会做出不同的材料选择。宁波鄞州公园的"五散房"是五幢功能有别的小建筑，建筑师就选用了不同的传统材料与现代材料进行混合表达：小画廊（GALLERY）使用的是混凝土和"瓦爿墙"，茶室（TEAHOUSE）使用的是夯土墙、钢和玻璃，而咖啡厅（CAFE）和办公室（OFFICE BUILDING）分别使用了卵石、青砖和混凝土[①]（图 4-44）。

---

① 王澍，陆文宇. 宁波五散房. 世界建筑导报，2010（02）：94～95

a 办公管理房　　　　　b 展廊　　　　　c 茶室1　　　　　d 茶室2

图 4-44　"五散房"的多材并用

　　安吉生态屋的建造者同样在不同的建筑里进行着传统与现代的混合实践：底部是混凝土的基础或地圈梁，以防止不均匀沉降造成的墙体开裂，上部有夯土墙、卵石墙、本土杉木梁柱、竹墙、旧砖瓦、木制旧楼梯旧门窗等[①]。建筑以"生态"理念为主轴，同时实现了建筑的本土感和历史感。

　　台湾建筑师谢英俊的"协力造屋"概念通常包含着传统材料与现代材料的多样性结合。它将材料分成"通用"和"地域"两部分：通用部分是一个立于混凝土基础上的、易于拼装的现代轻钢或木框架，类似传统的"穿斗"式屋架，"地域"部分通常指围护墙体，可以填充上本地易得、廉价的本土材料，例如生土、泥草、旧砖乱石等。这些工作都可以由居住者和邻居共同协作完成[②]（图 4-45）。"协力造屋"看似简单的概念却包含着材料选择的无限可能，从而使地域特征和本土感的塑造具有了多元的答案。

a 兰考协力造屋的房屋骨架　　　　　　　　b 翟城协力造屋施工现场

图 4-45　"协力造屋"

（2）地域性和生态性

　　现代建筑师的就地取材，甚至旧材新用，在实现地域性的同时，无疑又产生了几个方面的效果：第一是在地感。生土、石材、竹木等自然材料的色彩和纹理，与建筑所在的自然环境会产生高度默契，从而使建筑犹如从大地、丘陵、山体、林木中生长出来一般，成

　　① 许丽萍，马全明.乡土建筑材料与乡土民居的可持续发展——以浙江安吉生态屋为例.全国建筑环境与建筑节能学术会议论文集，2007：518～524
　　② 王雅宁.谢英俊和他的协力造屋.中华民居，2008（07）：98～101

为自然环境有机的组成部分。例如，毛寺生态小学的夯土墙、西藏系列作品（南迦巴瓦接待站、尼洋河游客中心等）的乱石墙等等，都产生了与自然共生的感觉；即使人造的青砖、青瓦、素混凝土、杉木板，其灰色的中性调子也能与自然环境形成和谐关系，并且由于本土工匠的参与而使得地域性的概念诠释得更为完整。

第二是协调感。本土传统材料的使用，使建筑与所处环境自动产生文脉关联，从色彩到肌理产生熟悉感。例如，诗人住宅红色的砖墙，与周边的民居具有相似的视觉特征。

最后是历史感和传承感。本土传统材料常常令观者、居者产生似曾相识的视觉和心理体验，很自然地与传统产生意象关联，即使这些历史和传统已经从现实中消失，只存在于文献、影像甚至口头传说中。譬如，象山校区和宁波博物馆的"瓦爿墙"，会让观者在无意之中回想起那些已经化为乌有的传统村落和民居。

即便是传统材料的"仿制品"也会达到近似的效果。例如，西市遗址馆和丹凤门遗址馆的仿夯土外墙，能够自然地勾起观者对已经消失千年的唐朝街市、宫殿的联想。

生态效果的产生是传统材料带来的必然结果。传统材料具有与生俱来的生态性：生土、植物、石材等，在取用、运输、加工等环节均可做到低成本、低能耗、低排放、无污染；生土、植物还可以直接回归自然，而石材、砖瓦则可以循环使用，有效减少建筑垃圾的产生；同时，传统材料的使用也减少了现代材料在建筑中的"含量"，进一步减少了现代材料的生产运输成本、能耗、碳排放和建筑垃圾，缓解环境压力。

（3）建构的真实性

上述实例中所反映出的建构真实性至少包括了三个方面的内容：一是材料的本土性，二是材料自然性最大限度地展现，三是本土工匠的参与。在高黎贡手工造纸博物馆的建造过程中，材料的选择完全以本土为核心，基础用的石材、墙体和框架用的杉木、屋顶的金竹等，均为本土所产，也为本土工匠所熟知和擅长于应用。小小的博物馆是本土居民和建筑师合作的结果，而非外来强硬的输入。

象山校区建筑群、宁波博物馆里的"瓦爿墙"做法完全是传统做法的现代版，所不同的只是：传统"瓦爿墙"内芯是草泥墙，而现代"瓦爿墙"内芯是保温隔热的空心混凝土板。但外皮的处理却完全需要工匠的现场发挥，显示出强烈的建筑痕迹。

（4）语法的差异性

受制于天然缺陷，传统材料大多已经不再承担主要的构造与结构任务，或者只有在现代材料或工艺的帮助下才能发挥长处。这就决定了它们在现代建筑中的使用逻辑必然发生改变，从而产生迥异于传统的肌理。例如，三间院、诗人住宅等作品中的砖，均已经不再遵守传统的砌筑规则，而是以全新的方法进行砌筑，其肌理与传统拉开了一定距离，给建筑带来新鲜感和陌生感。

（5）科学性

这使传统材料语汇的实践体现出很强的现代性。在传统建筑中，一切营造过程都带有经验性，材料和结构的建造过程都是非精确的。但这些材料在现代建筑中却被赋予了科学性：它们的应用必须与结构专业进行密切配合，必须经过科学分析和计算。例如，毛寺生态小学生土墙 1m 的厚度并非来自经验，而是使用现代热工软件反复计算和筛选的结果，"水岸山居"的夯土墙的选料也经过严格的实验分析，后期保护剂的涂刷源自于对夯土特征的分析，而支撑屋面的木构架则经过严格的科学实验来验证其承载能力[①]。

（6）物理本体的弱化

构造与结构功能的弱化，意味着传统材料在现代建筑中的角色发生了转变，建筑师对传统材料的运用更侧重于精神层面的表达。例如，对材料色彩、纹理、肌理的欣赏，对材料与自然环境、传统环境的融合感、文脉感的自觉追求等。传统材料也就成为附着了这些精神情感的符号或象征物，其物理本体可以被弱化，被抽离，只留下色彩、纹理的外皮，甚至由其他物质模仿而成。宁波外滩、朱家角行政中心等"穿着"的就是一张由木材、玻璃组合成的轻薄的外皮，三间院的砖基本失去了重量感，如同砖块编织的纱衣，"父亲的住宅"里的卵石、青城山石头院的条石也都是附着于混凝土墙上的"皮肤"，而西安的西市遗址馆和丹凤门遗址馆的"生土"，原有的物理本体被抽离出来，色彩和纹理被"复制"到现代材料中，失去了真实的生土的多数物理特征。

（7）实验性

在本书对传统材料现代实践的研究中，很多实例可归入"实验"建筑的范畴，其"实验"性可表现为以下几个特征：

一是抵抗意识。在中国现实背景下，市场经济和政府意识对建筑形成了强烈的影响，左右了"主流"建筑的发展方向。其结局是建筑普遍的图像化、通俗化，忽略了建筑深层次的、思想性考虑。对传统材料的现代实践无疑与"主流"意识相异，强调材料的人类学价值、与材料自然性相关的表现价值以及其中蕴含的思想价值。这至少可以视作对"主流"建筑体系的校正和补充，甚至可以说，它们更接近建筑本质。

二是"小众"性。现代"主流"材料具有成熟的物理学、化学分析体系和应用规范，相较之下，传统材料自然性的缺陷使其无法避免地远离了人们的视线，在经历了数千年的使用之后反而因其缺乏操作规范和分析标准而变为"另类"，致使其应用范围受到限制，无法大规模地普及，应用过程也需要进行实验分析和验证。

三是表现的偏执。不可否认的是，在以上实例中，建筑师对传统材料的喜爱不同程度地包含着对地域性、历史性等文化内涵的强烈表现欲望，有时难以平衡建筑的"器"、"道"关系。例如，篱苑书屋的枝杈和玻璃表皮对自然的隐喻足够到位，但令人怀疑其内部空间热工上的舒适性；青城山石头院的条石墙体对山体的隐喻也足够清晰，但一个小建筑被拆解成如此碎细的空间，令人怀疑空间的使用效率。"器"、"道"关系的失衡也许是"实验"建筑成长过程中必然付出的有意义的代价。

4.5　本章小结：传统材料语汇的模因变异

传统材料被建筑师从传统建筑的语汇库里挑选出来，参与到现代建筑语言体系，共同表达特定的思想情感。在这一过程中，传统材料首先被复制过来，使现代建筑与传统建筑建立起模因关联。但是，由于天然属性的限制，传统材料必须发生某种变异，必须和现代材料、构造、结构等混合，才能适应新的语言体系。与此同时，其物理本体可以被减少到

---

① 陈立超. 另一种方式的建造——中国美术学院象山中心校区"水岸山居"营造志. 新美术，2013（08）：89～104

最小，可以被轻薄化、轻量化，甚至可以将其色彩、纹理分离出来，被现代材料模仿和替代。这是传统材料语汇模因变异的总体趋势。

（1）语义变迁

1）生态意义的改变

就地取材的特征、有限的加工能力以及传统哲学朴素的自然观，决定了传统材料在传统建筑中的生态意义属于无意识而形成。而现代建筑赋予它们的生态意义，是人类在经历各种生态危机、社会问题后的自我反省，出于自觉的忧患意识。

2）器用意义的弱化

在现代建筑中，传统材料的自然属性决定了它无法独立地承担构造、结构等功能，其物理本体可以被减少到最小，可以被轻薄化、轻量化，甚至可以被模仿和替代。

3）道用意义的强化

器用意义的弱化意味着，传统材料在现代建筑中存在的价值更多地依赖于它所承载的道用意义，即自然美感、和谐美感、历史感等。这时，传统材料初始的道用意义会发生转变。例如，旧砖瓦在现代建筑中的语义变得更为丰富，增强了表达岁月感、历史感、传承感等精神功能。

（2）语法转变

语义的变迁使传统材料语汇在现代建筑中更倾向于表述精神意义，物理本体的弱化使传统材料的运用可以遵循更为灵活的语法规则。例如，砖已经无力独立担负结构功能，其功能更倾向于对传统的隐喻或象征，于是砖可以不遵守传统的砌筑逻辑，从而呈现不同的肌理效果（图 4-46）。

a 三间院

b 诗人住宅

图 4-46　砖的语法转变

第 5 章 传统形体语汇的模因变异：从具象到抽象

5.1 现代建筑思想——传统建筑模因变异的外来动力

传统形体语汇的现代承传是中国现代建筑本土化过程中最为显著的模因现象。形体语汇是纯粹的几何"形体"被赋予"材料"和"色彩"后的复合体，其变异现象往往与材料语汇的变异现象纠缠在一起，因而又是更为复杂的模因现象。同时，由于中国现代建筑属于外来输入的舶来品，西方建筑思想不可避免地对中国传统建筑模因的变异起到过重要推动作用。以下仅就折中主义、现代主义、后现代主义等理论进行简要分析：

（1）折中主义与复古主义

19 世纪末到 20 世纪初盛行于欧美的折中主义是"为了弥补古典主义与浪漫主义在建筑上的局限性，而任意模仿历史上的各种风格，或自由组合各种式样"[①]，其内容和形式在欧美各国存在差异性，可以视作西方传统建筑模因的一次多元化承传和变异。

严格地说，折中主义并非现代建筑思想，但其后滞的外溢效应却对中国现代建筑产生了深刻影响。尤其是 19 世纪末逐渐建立的教会大学，为体现"中国本色的教会"思想而形成"东方固有文明"，民国期间政府建筑则形成"中国固有式"[②]。它们多由外国建筑师或留学归来的中国建筑师设计，均不同程度地受到西方折中主义影响，具有集仿或复古的意味，不同作品具有不同的内容和形式。同样可以视作中国传统建筑模因的一次多元化承传和变异。

归纳起来，折中主义对中国现代建筑的影响可分为几种情形：一是"西式语法＋中国传统语汇"，二是"西式语法＋中西传统语汇"，三是"中西传统语汇结合"。中西语汇的结合常体现为西式的柱式与中国民间或宫殿屋顶及其他构件的组合，西式语法包括西方常见的集中式构图、立面分段式构图等。典型实例如广州市中山纪念堂，是西方的集中式构图和中国式屋顶及彩画等组合，金陵女子大学和金陵大学主楼则体现为立面分段式构图和中国宫殿式屋顶的组合，而河南大学礼堂则采用了中国式屋顶和西式的柱式。

西式语法的影响可以说一直持续到 1949 年以后的"民族建筑"甚至于当下。民国期间的教会大学校园建筑群，已经不再是纯粹的中国传统的纵向轴线空间，而是与西式轴线的融合；1949 年以后的北京火车站是分段式构图和屋顶语汇的组合，人民大会堂、国家博物馆也是分段构图和檐口形象的组合。

（2）现代主义

---

① 力人，叶子.折中主义在呼啸声中前进.世界建筑导报，2006（05）：8
② 董黎，杨文滢.从折中主义到复古主义——中国近代教会大学建筑形态的演变.华中建筑，2005（04）：160～161

"现代建筑运动从来不是具有统一纲领、统一行动和统一组织的运动，现代主义也没有一部得到大家赞同的宪法或章程"[①]，也像西方历史上的其他"主义"一样，呈现多元化的趋势，不同的现代主义建筑师有不同的作品实践和理论阐述。例如，勒·柯布西耶的萨伏伊别墅体现出的"现代建筑五原则"，密斯的"流动空间"、"少即是多"以及钢与玻璃的表皮等。

现代主义是近代社会生产力由工业向大工业转变的结果，反映了全部社会生活全面而剧烈的变革[②]。1928 年 CIAM 通过的《目标宣言》可以看作是其总体特征的概括："建造是人类的一项基本活动，它与人类生活的演变与发展有密切的联系；我们的建筑只应该从今天的条件出发；……要将建筑置于经济和社会的基础之上，从而达到现有要素的协调——今日必不可少的协调。因之，建筑应该从缺乏创造性的学院派的影响之下和古老的法式中解放出来；……经济是我们社会的物质基础之一；现代建筑观念将建筑现象同总的经济状况联系起来；……效率最高的生产源于合理化和标准化。合理化和标准化直接影响劳动方式，对于现代建筑（观念方面）和建筑工业（成果方面）都是如此。"而这些特征，使现代主义建筑在二次大战之后的欧美经济恢复期成为主流，"已被证明符合建筑发展的要求和客观规律"[③]。

后来的批判者普遍认为，现代主义建筑在力图摆脱"学院派"和"古老法式"影响的同时，又切断了与历史文脉的关联，缺乏丰富的表情，语义贫乏。以模因论的观点来看，现代主义建筑似乎与传统建筑模因的演变无关。但事实上，现代建筑中的某些作品，也与传统建筑发生了微妙的模因关联。例如，前文提到，密斯的巴塞罗那德国馆台阶和出挑的檐口，其实就是一种传统构图[④]，而 1927 年的"魏森霍夫住宅展"光挺的白墙、方正的盒子等却在最初深受地中海、中东和北非乡土建筑的影响[⑤]。

中国的现代主义建筑具有类似情形。例如，同济大学的"文远楼"——"一幢属于国际包豪斯风格的混凝土框架结构的建筑，平面布局自由，功能流线合理，立面简洁平整"，开窗形式忠实地反映着建筑的内容，是"现代主义建筑在中国的第一栋"[⑥]。但"在现代主义的面纱之下，文远楼不仅具有中国传统因素的诸多影响，令人吃惊的是还渗透着多重西方古典建筑语言，是一个深具复杂性和矛盾性的作品"[⑦]，具有西方学院派特有的主从轴线系统、严谨的西方古典建筑的美学比例、高度抽象的凯旋门和古典柱式构图、抽象的中国传统图案等[⑧]（图 5-1）。

图 5-1 文远楼及其中国传统图案

广州的白云山山庄旅舍（见第 7 章中）是另一

① 吴焕加.论建筑中的现代主义与后现代主义.世界建筑，1983（02）：20
② 吴焕加.论建筑中的现代主义与后现代主义.世界建筑，1983（02）：21
③ 吴焕加.论建筑中的现代主义与后现代主义.世界建筑，1983（02）：21
④ 吴焕加.现代西方建筑的故事.天津：百花文艺出版社，2005：128～129
⑤ （澳）卢端芳著，金秋野译.建筑中的现代性：述评与重构.建筑师，2011（1）：28～29
⑥ 钱锋，魏崴，曲翠松.同济大学文远楼改造工程——历史保护建筑的生态节能更新.时代建筑，2008（2）：57
⑦ 钱锋."现代"还是"古典"？——文远楼建筑语言的重新解读.时代建筑，2009（1）：112
⑧ 钱锋."现代"还是"古典"？——文远楼建筑语言的重新解读.时代建筑，2009（1）：112～117

个具有说服力的实例。它使用的是平直的屋顶、简洁的廊柱，在语汇上似乎与中国传统没有任何瓜葛，但曲折委婉的布局、步移景异的空间特征以及与自然的和谐关系，体现的却是中国传统园林典型的美学意境，属于传统建筑深层语义的模因转译现象。

这些实例说明，现代建筑实际上还是在不知不觉中与传统发生着微妙的模因关联，只是不像折中主义和复古主义使用直白的传统语汇而已。

（3）后现代主义

后现代主义和晚期现代主义都声称自己是现代派建筑正统的继任者①，并都以修正者的面貌出现："因为他们发现现代主义从观念到语言都不完善，……没能以积极的态度改造社会，甚或在意图、方向（除个别实例外），以及主要语言上都未能起到这种作用，国际风格作为一种丰富都市的媒介到 60 年代几乎已经消耗殆尽"②。

从作品表现来看，后现代主义同样呈现出多元化的特征，标志着当时"西方文化从根本上转向多元化和政治上的多党对立"③。后现代主义认同"困难的整体"或"片断的统一"，"不和谐的和谐"，是一种"激烈的折中主义"，或者"自由的古典主义"④。后现代主义"声称他们的建筑根植于场所和历史，而不同于其前一代和当代的竞争者的抽象建筑，并且声称他们重新使用了建筑表现的全部内容：如装饰、象征、幽默和城市文脉等"⑤。

毫无疑问，后现代主义力图将断裂的历史重新缝合起来。与现代主义相比，后现代主义与传统的模因关联相对明晰。从操作手法上看，文丘里、摩尔等人的作品对柱式、山花等传统西方语汇的变形，以及批判地域主义⑥常用的"陌生化"等，均与模因复制与变异的共时性相吻合。

后现代主义观念对中国传统建筑模因的演变同样影响深远，这里边又存在深刻的时代与文化原因⑦。首先，现代建筑在中国的本土化过程一直就存在"传统情结"，从近代西方建筑输入中国之始及至当下，这种情结从未间断，只是在不同时代形式和内容各不相同而已，反映了模因变异的历时性多元。其次，中国现代建筑似乎从无西方建筑各种派别之间那样尖锐对抗和激烈的争论，对西方传来的各种流派均能够兼容并包。中国传统上的"中庸之道"、"和而不同"等包容性观念与后现代主义的多元折中、大众化、民俗化、雅俗并存、双重译码等观念具有一定的契合。同时，在改革开放之初，后现代主义自然成为化解现代性与民族性矛盾、摆脱长期以来的复古主义、经济主义、政治干预的有力的理论工具，减少了传统模因变异的人为因素，相对客观地反映出文化演变的自然规律。

---

① （英）查尔斯·詹克斯著，倪群译. 晚期现代主义建筑与后现代主义建筑之对抗——两派体系与两种风格（一）. 时代建筑，1990（1）：52

② （英）查尔斯·詹克斯著，顾孟潮，罗加译. 晚期现代主义与后现代主义建筑. 世界美术，1989（01）：45

③ （英）查尔斯·詹克斯著，倪群译. 晚期现代主义建筑与后现代主义建筑之对抗——两派体系与两种风格（一）. 时代建筑，1990（1）：52

④ 参见：（1）（美）罗伯特·文丘里著，周卜颐译. 建筑的复杂性与矛盾性. 北京：中国建筑工业出版社，1991；（2）（英）查尔斯·詹克斯著，李大夏译. 后现代建筑语言. 北京：中国建筑工业出版社，1986

⑤ （英）查尔斯·詹克斯著，倪群译. 晚期现代主义建筑与后现代主义建筑之对抗——两派体系与两种风格（一）. 时代建筑，1990（1）：52

⑥ 查尔斯·詹克斯认为肯尼思·弗兰姆普敦所说的"批判的地域主义"是一种后现代主义形式. 参见：（英）查尔斯·詹克斯著，倪群译. 晚期现代主义建筑与后现代主义建筑之对抗——两派体系与两种风格（二）. 时代建筑，1990（2）：30

⑦ 本段对后现代主义扎根中国的原因和下段后现代主义在中国表现的分析参见：刘先觉. 现代建筑理论——建筑结合人文科学自然科学与技术科学的新成就. 北京：中国建筑工业出版社，1999：235～236

中国疆域辽阔、民族众多、历史悠久，传统建筑丰富多样，也使得中国的后现代建筑表现出多元性，包容了多样的传统官方与民间形式（如古城和古村镇改造、古建保护等），尤其呈现出浓郁的地域特征。

（4）建构理论

前文我们已经分析过西方建构理论对传统材料语汇模因变异的影响。客观地说，建构理论的材料与结构的真实性原则实际上对传统形体语汇的模因演变起到了约束作用。因为，根据真实性原则，建筑形体应当是材料自然性的正确反映，而不是对其他材料确定的形体的模仿。尤其是中国传统木制的梁柱、屋顶、斗栱等形体，在数千年的演变历程中趋于成熟，基本正确地反映出木材的自然性。如果这些形体语汇用现代材料或现代与传统的混合材料进行模仿，无疑会在一定程度上扭曲这些材料的自然性。在第 4 章，我们列举的以材料为导向的"实验建筑"，均不同程度地刻意弱化传统形体语汇，或者对形体语汇进行合理抽象，反映出"实验建筑"对材料和形体真实性关系的清醒认识，从而避开对传统形体语汇的模仿，而追求建造过程、材料表情以及材料所蕴含的历史意义的表达。

值得注意的是，西方建筑理论过于苛刻的派别分野，似乎并不能准确地反映建筑实践。从模因论的角度来看，每一位建筑师的文化心理结构和他（她）所接触的文化场都处于动态变化之中，投射到建筑现实之中，就是每一位建筑师不大可能一生中固守某一种风格，应对传统的手段也是多元的。例如，被查尔斯·詹克斯归类到后期现代主义的贝聿铭，其香山饭店体现的却是标准的"后现代主义"[①]；再如，"跪拜在欧洲现代派面前 40 年"的约翰逊，却设计了"伪古典主义"的美国电话电报公司大楼方案，并引来众人的叫好[②]。

建筑的模因演变亦然，每一位建筑师都不可能一生固守一种手法来处理传统问题，其作品风格总是处于历时性的变化之中。贝聿铭的香山饭店和新苏州博物馆就存在明显差异，而张锦秋的"新唐风"建筑也一直处于变化之中。相较之下，在折中主义和复古主义阶段，传统形体语汇的模因信息衰减较少，比较写实；而后现代主义阶段，传统形体语汇的模因信息衰减较多，近于写意，或有点类似变形的漫画；而在现代主义和后期现代主义笔下，传统形体语汇的模因衰减最多，甚至于化为无形，而注重于传统深层语义——哲学思想、美学意境的表达。

在对现代建筑理论对传统语汇模因变异的影响进行分析后，我们必须再回到现实，对传统形体语汇进行讨论，以便与它们在现代实践中发生的变化进行对比，从而找到模因变异的规律。

5.2 传统形体语汇的基本特征

5.2.1 传统形体语汇的分类

建筑形体与纯粹的几何形体大不相同。纯粹的几何形体实际上是一种虚拟的存在，平面几何中的"点、线、面"和立体几何中的各种"体"，均不具有质量、色彩和质感，不

---

① （英）查尔斯·詹克斯著，倪群译.晚期现代主义建筑与后现代主义建筑之对抗——两派体系与两种风格（二）.时代建筑，1990（2）：30

② 转引自：吴焕加.论建筑中的现代主义与后现代主义.世界建筑，1983（02）：20。原文刊载于美国杂志《哈泼斯》（*Harper's*），1981 年 6/7 月号。

会被人类的触觉和视觉感受到。它们只有二维或三维的尺寸，其中的"点"甚至只是代表了某一个位置，自身没有任何尺寸。

现实世界是由真实的物质构成的，即使最为细小的粒子也有一定的体积和质量。建筑亦然，它的任何一个形体都拥有三维尺寸，而且被赋予了某种材质或者某种颜色，可以触发人类的触觉和视觉。

建筑形体还有比例、尺度等观念。例如，由于厚度比高和长小得多，一堵围墙被理解为"墙面"，成为平面概念；再如，由于比墙面的高度小得多，墙面的顶部又被理解为"压顶线"；传统建筑中的铺首、门钉都有真实的尺寸，但比起门扇的高、宽又小得多，因而又可以被理解为"点"（图 5-2）。而这些"点、线、面"并非虚拟的"二维"概念，它们有色彩、质感和质量，可以被人类观察到、触摸到。由"面"组合而成的三维的"体"更是如此。例如，长方体的梁、柱由六个方形直"面"构成，现代塔楼是由几片垂直的方形直"面"或一个连续的曲"面"构成的柱体，坡屋顶也可以被理解为由两片、四片或多片形状不同的倾斜直"面"和曲"面""缝合"而成。它们更是具有色彩、质感和质量的可视、可触的物理实体，和"二维化"的"点、线、面"一起，参与建筑"物质外壳"的构建，承载起人们赋予的某种意义或情感。

图 5-2a　第五园的墙

图 5-2b　铺首与门钉

由此，我们将建筑的形体语汇大体划分为两类：二维形体语汇和三维形体语汇。两者只是相对的概念，区别只是：前者的一个或两个维向的尺寸要小得多，容易被忽略掉；而后者三个维向的尺寸都无法被忽略。例如，对于一座传统殿堂式建筑来说，屋顶、屋身、台基以及大木作部分的梁、柱、斗栱等，三个维向尺寸均较大，是三维形体语汇，而小木作部分的门窗、罩落和装饰花纹等，其厚度尺寸相对较小，是二维形体语汇（表 5-1）。

传统形体语汇的基本分类　　　　　　　　　　　　　　　　表 5-1

名称	示例	特征
二维形体语汇	小木作的门、窗、罩落等，装饰花纹，围墙漏窗等	一个或两个维向尺寸相对较大，可被近似视为平面几何图形。具有空间相对性
三维形体语汇	屋顶、屋身、台基，大木作的斗栱、梁、柱等	三个维向尺寸均较大，被视作立体几何图形。具有空间相对性

当然，我们还可以直接借用传统建筑立面的"三分"法对其形体语汇进行分类，即：上分语汇（主要包括屋顶及其附着构件）、中分语汇（主要包括屋身、梁柱、门窗、墙体等）、下分语汇（主要包括台基及其附着构件等）。

传统建筑的形体语汇也和材料语汇、色彩语汇一样，属于建筑的物质外壳，可以被剥离出来，经过不同的变异后进入现代建筑中，使二者之间建立起模因关联。

5.2.2　传统形体语汇的基本特征

（1）因材赋形

建筑形体都由特定的材料加工而成，材料的自然性往往决定了它在建筑中的位置和它的几何特征。在中国传统的建筑材料中，木、竹属于热工性能好但易燃、易湿腐的弹塑性材料，黏土属于热工性能好但耐水性、耐候性差的松散材料，而砖、石属于耐水、耐候、耐压、耐磨的脆性材料。它们的自然性最终决定了传统形体语汇的总体面貌。

例如，中国传统建筑最精彩的是坡顶。但坡顶的存在主要取决于屋面材料——因为传统的茅茨、瓦片、石片均非连续和致密的防水材料，而且接缝也缺乏可靠的嵌填物质。于是，它们必须按一定的铺设逻辑覆盖在倾斜的屋面上。一个生动的反例就是使用了平屋顶的藏族碉楼，屋顶上覆盖着拍实的"阿嘎土"，但"阿嘎土"并非防水良材，所以平顶容易漏雨，必须经常填补和维护[1]。

人们还常常惊异于传统坡顶的飘逸和潇洒，这得益于木材良好的柔韧性，木梁、木椽、斗栱可以让檐口出挑深远，建筑立面因此虚实对比更为强烈。而砖石主材的建筑往往显得饱满、敦厚，因为砖石属于脆性材料，无法形成太深远的出挑结构。例如，以砖石砌筑的无梁殿的檐口出挑就很小，显得浑厚，不如木架建筑那么轻巧；砖筑的佛塔用叠涩法小心翼翼地出挑，轮廓简单、纯净，而木制楼阁塔则层层大尺度外挑披檐，韵律鲜明。

再如，屋顶的细部形态也同样遵循材料逻辑。一个尽人皆知的例证就是"悬山"屋顶与"硬山"屋顶的区别：当山墙为土木时，必须用外挑的屋面来阻挡雨水，保护墙体，形成"悬山"；而当山墙为砖石时，则不需要屋面在此外挑，形成"硬山"。

（2）多样并存

从体量构成来看，中国传统建筑可以被分为平顶建筑、坡顶建筑、平坡顶结合建筑。平顶建筑的体形常见于雨量相对较少的地区，如华北、西北、西藏的局部[2]，基本为规整的立方体或台体，人们比较熟知的实例如新疆的阿以旺、羌藏楼等。在某种程度上，盝顶建筑的短披檐基本不具备防雨功能，也可以近似地被看作平顶建筑（图 5-3）。

平坡顶结合建筑由明显不同的两部分体量构成：底部是规整的立方体或台体，上部为坡顶，如汉藏结合的寺庙。从某种意义上来讲，传统的高等级建

图 5-3　盝顶建筑

① 侯幼彬，李婉贞.中国古代建筑历史图说.北京：中国建筑工业出版社，2002（11）：222.

② 潘谷西.中国建筑史.北京：中国建筑工业出版社，2004：267

筑也具有平坡结合的特征——坡顶的宫殿坐落在高高的须弥座上或台体上，如城门楼、高台钟鼓楼、方城明楼等。在传统建筑中，坡顶建筑分布最广，其空间形体主要由三部分构成：台基、屋身和屋顶（或称上分、中分、下分），高等级建筑中还有明显的铺作部分。

这些形体均呈现多样化的倾向，而实现多样化的通用方式主要可以归结为：形变、量变和组合。所谓形变，指对基本形体的整体或局部进行变化。例如，将直线屋面变成曲线屋面，将两个坡面相交的屋顶脊线抹成平滑的弧线，即通常所说的"卷棚"做法等。量变指对基本形的整体或局部尺寸进行变化，例如，增加平面的开间数，增加楼层数等。组合指通过两个及以上基本形体的拼接来形成一个复杂的形体，例如，"十字抱厦"就是两个基本屋顶的90°相交组合，"套方"实际上是两个正方形平面的组合等。另外，增加楼层进行垂直方向的量变，也可以被视作多层屋面的垂直组合。

以下是对传统形体语汇多样性的简单描述：

1）上分语汇的多样性

屋顶是中国传统建筑最为精彩的部分，甚至可以说"中国建筑就是一种屋顶设计的艺术"。从构图比例上来看，屋顶也是比重最大的一部分，足以给任何一位观者留下最为深刻的印象。

在各类屋顶中，单檐的庑殿顶、歇山顶、悬山顶、硬山顶、攒尖顶等可以被认为是基本形体，它们的形体关系可以这样描述：悬山顶和攒尖顶是初始形体，分别是水平放置的三棱柱和锥体；将悬山顶出挑部分内缩或"切削"后就是硬山顶；将悬山顶两个顶点内缩或"削切"去两个楔形体就是庑殿顶；将悬山顶进行更繁杂的"削切"，或者说给三棱体下增加一个台体就是歇山顶（图5-4）。

然后，先将这些基本形体进行形变——"卷棚"，即：将悬山顶、硬山顶、歇山顶的顶脊抹成圆滑的弧角；再对它们进行"垂直量变"——"重檐"或"多重檐"——庑殿顶、歇山顶、攒尖顶向上升，在下面增加一个或多个台体，就变成了二重檐、三重檐直至多重檐（图5-5）。

屋顶还可以进行"组合"变化，如：十字顶、抱厦等。还有更复杂的"垂直＋水平"组合，形成更为繁复的屋顶形体，如故宫角楼，其水平组合为十字顶，垂直为三重檐（图5-5）。在以上基础上，继续进行"形变"，将屋面、正脊等由直线变成曲线等等。中国传统建筑丰富多彩的屋顶实际上就是由简单的几何体经过一系列变化而生成的。

2）中分语汇的多样性

屋身的多样性首先体现在平面形式上。中国传统建筑最常用的平面是矩形，此外还有正方形、圆形、三角形、正多边形、扇形等。矩形平面为通用性的，大量的民居、殿堂等"正"式建筑①多以矩形平面为主，三角形、正多边形、套方、扇形等平面主要用于亭、榭等"杂"式建筑、景观建筑，数量较少（图5-6）。

---

① 所谓"正式建筑"指平面为横向矩形的建筑，屋顶形体有悬山、硬山、庑殿顶、歇山顶及其重檐组合体。与之对应的是"杂式建筑"，平面为正方形、圆形、三角形、正多边形、套方、"万"字形等，前五者屋顶形体为攒尖及其重檐，后二者为"正式建筑"屋顶形体的扭转或弯折。详见：侯幼彬.中国建筑美学.哈尔滨：黑龙江科技出版社，1997：22

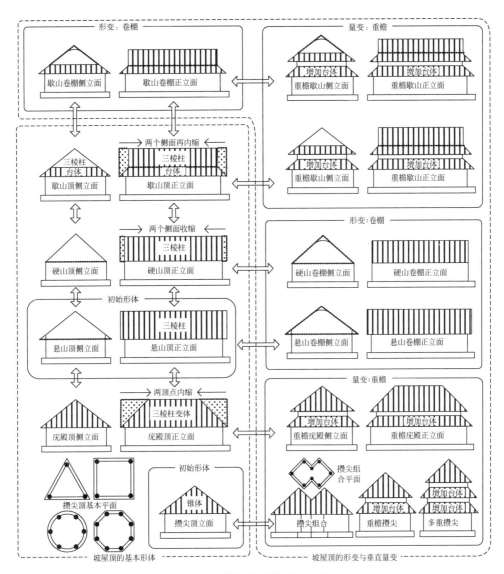

图 5-4 传统坡顶的几何关系

a 曲阜孔庙奎文阁　　　　*b* 天坛祈年殿　　　　*c* 侗族鼓楼　　　　*d* 故宫角楼

图 5-5 传统屋顶的垂直量变和组合

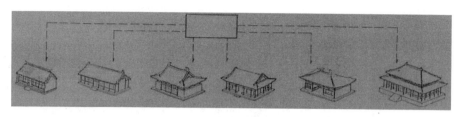

图 5-6*a* "正"式建筑的平面及屋顶

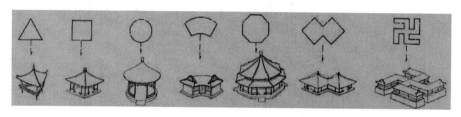

图 5-6*b* "杂"式建筑的平面及屋顶

矩形平面多以屋架作纵向布置，每两榀屋架限定出一个横向"开间"，屋身的量变就以"间"为单位，向两边同时水平横向扩张，依次形成间数为 3、5、7、9、11，上面再覆盖上各种形式的屋顶；纵向尺寸的变化则是增加梁的架数。

屋身"形变"主要表现为"各向异质"，即屋身的四个立面"质感"各不相同[①]。产生的原因主要有三个方面：气候、安全、文化性格。中国是一个大陆性气候的国家，冬季多寒冷的西、北风和沙尘，而夏季多东、南风，因此建筑多南向开设门窗，其他立面则比较封闭；中国传统文化性格偏于"内敛"，再加上安全需求，建筑群多围合式布置，主要建筑都向内院开设门窗，而外立面均无窗或只开小窗。总体来说，建筑的主入口大多开设在横长的南立面、内立面上。它们是建筑的"主立面"，一般都设有木制门扇、窗槛等，显得温和亲切，质感较"软"。而其他三个立面和外立面较少有门窗，甚至无窗，是坚实的土、砖、石墙面，显得坚固、封闭，质感较"硬"。

屋身的"组合"主要体现在平面与檐廊的结合。主要包括：无檐廊平面、一面檐廊平面、三面檐廊平面和四面檐廊平面。三面檐廊和四面檐廊多见于最高等级建筑，例如，皇宫、寺庙、陵寝的主殿等。檐廊之下就是现代理解的"灰"空间，与不同质感的立面相结合，形成质感复合的"虚""界面"，增加了屋身表情的层次性。"套方"是屋身的一种特殊组合，由两个方形平面对角拼接而成，主要用于亭、榭等景观建筑，数量较少。

3）下分语汇的多样性

台基的"量变"主要体现为"垂直量变"，即台基阶数和高度尺寸的不同。台基属于传统建筑的"下分"，其"形变"主要表现为"虚、实"的不同："实"者为砖石的实体，其中的高等级者为满缀雕饰、有水平线角的须弥座，周边立石勾阑，普通者仅用砖石平砌，甚至夯土包砌砖石；下分"虚者"无台基，仅立柱底层架空，如"吊脚楼"和"干阑竹楼"等（图 5-7）。

---

① 本观点参考：蔡镇钰.低碳城市需建立城市与建筑的环境观.中国建设报，2010 年 8 月 18 日第二版.

a 清式须弥座　　　　　　　　b 清式石勾阑　　　　　　　　c 干阑竹楼

图 5-7　"下分"语汇的形变

4）斗栱的多样性

斗栱的"形变"主要有无横栱的"偷心造"和有横栱的"计心造"之分，转角铺作与柱头铺作和昂、翘等构件也进行历时性形态变异；斗栱的"量变"主要表现为"垂直量变"和"水平量变"的共时性，即：当垂直方向增减"昂"、"翘"的数量时，水平方向的"跴"数也同时发生增减（图 5-8）。

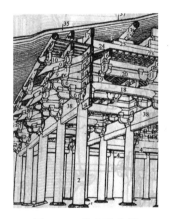

图 5-8a　偷心造斗栱

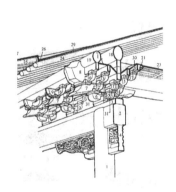

图 5-8b　计心造斗栱

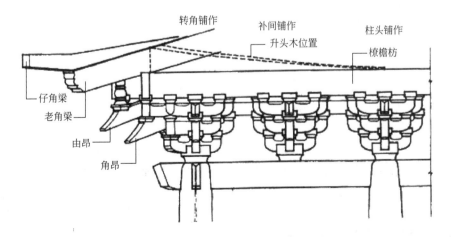

图 5-8c　角铺作、柱头铺作与柱间铺作

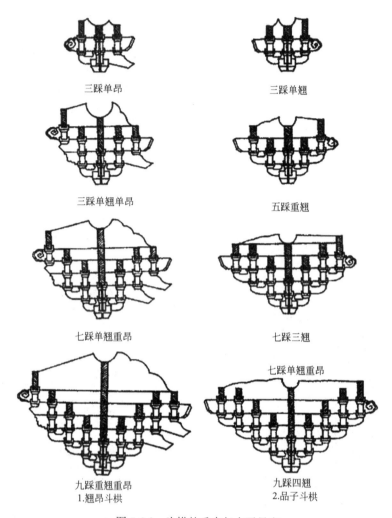

三踩单昂　　　　　　　　三踩单翘

三踩单翘单昂　　　　　　五踩重翘

七踩单翘重昂　　　　　　七踩三翘

七踩单翘重昂

九踩重翘重昂　　　　　　九踩四翘
1.翘昂斗栱　　　　　　　2.品子斗栱

图 5-8d　斗栱的垂直与水平量变

5）二维形体语汇的多样性

传统建筑的二维形体语汇多与"小木作"有关。"大木作"的木框架承受了建筑所有的荷载，保证建筑的结构安全，而"小木作"的门窗、隔断等只起围护空间和分隔空间的作用，虽然依附在"大木作"的梁柱上，却并不承担结构作用，也不与之发生力学关联。这一点犹如现代建筑体系的分工：剪力墙、梁、柱等负责传递荷载、抵御地震，而分隔墙、幕墙则用来围合和限定室内空间。

整齐的框架结构决定了传统建筑内部空间的"均质性"，但功能的需要又必须限定出一定的区域来。所以，建筑室内就成为似隔非隔的可变的"流动空间"，而固定和半固定的木制罩落、博古架等就承担起分割和界定空间的角色。而为了达到"似隔非隔"的效果，这些轻质木制构件必须是"虚"界面：从立面上看，它们都由线状的细小木格组成各种构图，"格心"之间可以通风透光。

作为外围护结构的槅扇、槛窗以及檐廊栏杆等"小木作"也具有类似的特质：细小的线状木制棂格可以粘附窗纸、薄绢，或安装薄贝壳或玻璃，以隔声、阻视，控制空气与光线的流动。尤其是当槅扇、槛窗等占满整个墙面时，就有了现代幕墙或表皮的意味。这样的构造特征让它们呈现出与砖石墙面完全相反的表情——温和、虚幻、柔软、亲切宜人。

槅扇、槛窗、罩落、博古架、栏杆之属的多样性主要来自"形变"：木格图案的变化。如果按"线型"来对这些图案进行分类，有直线，曲线，直、曲混合线三大类，而每一种线型图案都有无数种构图的可能。例如，在直线型图案中，又可以依据木格与边框的交接关系，划分出正交图案（木格与边框正交）、斜交图案（木格与边框斜交）和混交图案（木格与边框正交、斜交兼有）等等。此外，还可以从木格"线条"的"密度"分布特征来划分，就有均质图案（线条密度均匀）和非均质图案（线条有疏有密）之分。

不仅室内空间需要划分，室外空间同样需要界定，承担这个角色的是各类围墙。人们很少去注意墙体尺寸最小的维向——厚度，而将情感表达都集中于墙体尺寸最大的维向——墙面。它像一张徐徐展开的画纸，可以在上面绘制出不同的线条和图案——形态各异的"漏窗"和"空门"，帮助"画纸"两边的空间实现视线上的交流。于是，围墙也同样成就了室外空间似隔非隔的流动特征（图 5-9）。

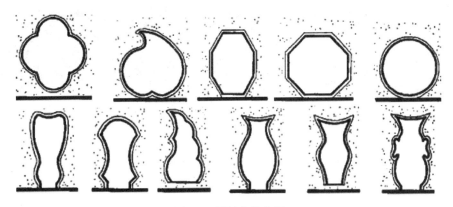

图 5-9　围墙上的空门

除此之外，二维形体语汇中的纹饰图案等更是丰富多彩，本书不再着墨。

（3）因类赋形

传统建筑的形体也像材料和色彩一样受到森严的等级制度约束。屋顶形式、开间数量、斗栱的跳数、台基的层数等等，都依循礼制和功能，被规范化和制度化，对应地分配给社会地位不同的"业主"，或功能地位不同的建筑，从而使传统建筑的形体具有专属性。庑殿（重檐庑殿）顶和歇山（重檐歇山）顶，多用于建筑群中地位尊崇者。开间数以 11、9、7、5、3 为序列，庶民建筑中的普通者 3 开间，重要者 5 开间，宫殿式建筑一般不少于 5 开间，门楼、山门等可以是 3 开间，11、9 开间只能用于地位最尊贵的建筑。高等级须弥座台基（3、2 层）用于分配给等级最高的建筑，庶民建筑只能使用一层的普通台基，或者低矮至近于无台基，只可用勒脚与屋身加以区分。斗栱只用于"正式"的高等级建筑，且跳数与斗口尺寸也不同。总体来说，在皇宫、王府、皇赐寺庙等建筑群中，建筑单体等级差别较多，形体选择范围较宽泛，而庶民建筑的形体选择范围较窄。

形体语汇的"因类赋形"和色彩语汇的"因类施色"、材料语汇的"因类施用"一样，造就了数量巨大的庶民建筑与数量较少的高级建筑之间的差异性，使城镇与村落在整体协调的同时又出现适度的变化。

（4）地域性与生态性

传统建筑形体语汇多样性的另一个来源是地域作用。建筑是自然因素和社会因素共同作用的结果[①]，地形、地貌、气候、物产以及文化心理、技术水平、经济水平等制约，共同造成建筑形体语汇的地区差异。

屋顶语汇的地域性主要体现为南北屋面曲线的不同：北方屋顶曲线较平缓，而南方曲线感较为强烈。尤其是歇山顶、庑殿顶和攒尖顶的翼角，北方多显得短而有力，而南方多发戗、细长、活泼、轻灵，加强了屋面的曲线感和轻快感（图5-10a，b）。对于悬山屋顶和硬山屋顶来说，大部分地区的凹面也比较缓和，正脊多平直或曲线不明显，但闽南民居则使用尖细、起翘的"燕尾脊"，加强了屋面的曲面感，使屋面更像一个马鞍形双曲面（图5-11）。云南的干阑式竹楼使用了歇山顶，但所有的线条都几乎是平直的，真实显露出屋顶的几何构成。

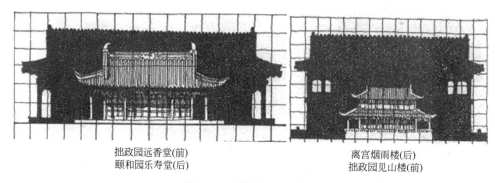

拙政园远香堂(前)　　　　　　　　　　　离宫烟雨楼(后)
颐和园乐寿堂(后)　　　　　　　　　　　拙政园见山楼(前)

图5-10a　屋面的南北差别

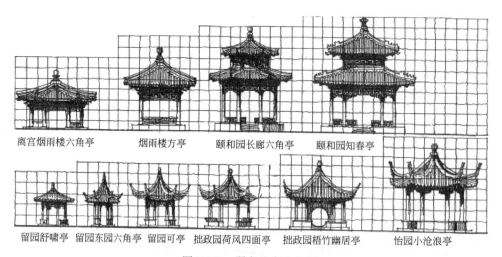

离宫烟雨楼六角亭　烟雨楼方亭　颐和园长廊六角亭　颐和园知春亭

留园舒啸亭　留园东园六角亭　留园可亭　拙政园荷风四面亭　拙政园梧竹幽居亭　怡园小沧浪亭

图5-10b　翼角的南北差别

[①]　侯幼彬.中国建筑美学.哈尔滨：黑龙江科技出版社，1997：6～10

图 5-11 闽南民居屋面

屋身形体的地域性主要反映在两个方面，一是主立面质感的差别，二是山墙形态的变化。如上文所述，传统建筑的主立面多设置木制门窗构件，质感偏"软"，设檐廊时又偏"虚"。在夏季湿热的南方地区，民居建筑的主立面常出现完全"软"化的倾向：门窗统一为棂格的槅扇样，轻薄得类似现代空透的轻质幕墙，而且可以完全打开以利通风（图 5-12）。出于冬季保暖的需要，北方民居的槛窗多有较高的窗台，呈现半"软"半"硬"的特征。

图 5-12 全开的槅扇

硬山顶的山墙形态具有强烈的地域差别：北方民居、苏州民居等建筑的山墙面多直接反映出屋面的真实形态，犹如屋顶剖面的投影。但是，山墙也有"失真"的形态，如徽州民居"马头墙"，广东民居的"人"山墙，闽东民居的"八"字山墙等（图 5-13）——顶部高举，将屋面的真实面貌隐藏起来。当然，这些形态"失真"的山墙有其功能的一面——防火和防风。形态各异的山墙具有了独立表意的功能，它们的精彩之处在于立面的形态，而非厚度。

台基的地域性主要存在于民居建筑：多数民居有低矮普通的砖石台基，或者没有明显的台基，甚至不分勒脚和屋身。而西南等地山区，由于缺少可以营建的平坦场地，加之气候湿热，在河岸、山崖、坡地上架设的吊脚楼、干阑楼就成为应对不利地形和气候的理想做法。

广东民居"人"字山墙　　北京民居五花山墙　　闽北建瓯伍石村马头墙　　皖南民居马头墙

图 5-13　山墙的地域形态

（5）哲学性隐喻与象征

建筑是一门视觉艺术，意义的表达借助的都是可视、可感的材料、色彩和形体以及空间布局带给人的时空体验。传统建筑中的木框架结构采取了"皮"、"骨"分离的手法，屋顶、梁柱、墙体、门窗等主司防雨、承重、分隔等功能，而雕饰、色彩等则与上述功能联系较少，更侧重于表意。但建筑的表意无法像自然语言一样直接，而是要经过一个从视觉到心理的转译过程，往往带有隐喻和象征的意味。总体来看，传统建筑的隐喻和象征主要可以分为如下类型：以文喻意、以形喻意、以音喻意、以数喻意等等。

"以文喻意"即直接将心理愿望用有形的文字表达出来。文字可以直接刻在砖瓦上、石作和木作上，如汉代的瓦当上的"长乐未央"字样。也可以将字体进行抽象和变异，使其更具图案风格，与建筑形体保持协调，例如"福、寿"等字，就有多种变体（图 5-14）。

图 5-14　汉瓦当字样

如果觉得文字过于直白，不够含蓄，那就"以音喻意"：通过谐音法将有声的文字转译为同音的图像。例如，用荷叶、荷花喻"和"与"连"，以水中之鱼喻"余"，以蝙蝠、梅花鹿喻"福、禄"等等。

　　"以形喻意"即直接将心理愿望用熟知事物的图形表达出来。如用成熟开裂的石榴象征"多子"，用金锭、银锭、财神象征"财运"；在屋脊设水族神兽用以寄托消防火灾的意愿（图 5-15），用门神、吉符、宗教宝器等表达祛凶除邪的愿望①。

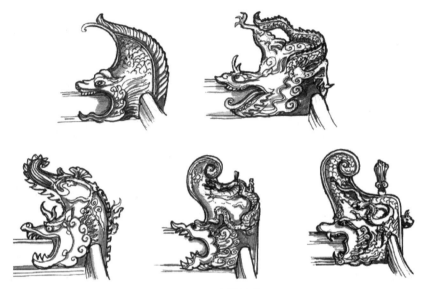

图 5-15　水族神兽

　　"以形喻意"还可以隐喻历史、人物和事件。例如，历史名人的事故、经典著作的场景、孝贤事迹等等。以图像讲述典故、警育后世，就像哥特教堂用雕刻、玻璃画来叙述宗教故事、宣扬宗教思想一样。

　　"以形喻意"有时候会与"五行""天地"等哲学观念产生关联。广东、福建等地的山墙形式就有"五行"之说，圆墙、高墙、曲墙、尖墙和平墙分别喻"金、木、水、火、土"（图 5-16），以便结合堪舆风水之术②，求得人与"天、地、时"的和谐，居家的安宁幸福。北京国子监辟雍平面为外圆形水池和内方形建筑（图 5-17），"辟者璧也，象璧圆，又以法天；于雍水侧，象教化流行也。"③ 很明显，圆以象征"天"，水以象征流化天下，天下状为四方，故外圆内方就是宇宙的可视图式。天坛祈年殿平面也是外圆内方式的柱列，象征意义同此。

木　　　　火　　　　土　　　　水　　　　金

图 5-16　"五行"山墙

①　李乾朗.穿墙透壁——剖视中国经典古建筑.桂林：广西师范大学出版社，2009：246
②　李乾朗.穿墙透壁——剖视中国经典古建筑.桂林：广西师范大学出版社，2009：328
③　（东汉）班固.白虎通义·辟雍.

"数字象征"是更为抽象的隐喻和象征，需要经过更长的转译过程：将可视的建筑形体数量化，再与某种数量相等的事物产生关联。最为典型的实例是天坛祈年殿的柱列数量（图5-18）：外圈、内圈均十二柱，中间方形列布四柱，分别象征天时之十二月、十二时、四季，而内外两圈柱之和象征二十四节气[①]。再加圆形的台基、屋顶、内外柱列和方形的中间柱列对天地的隐喻，祈年殿整个就是一座时空一体化的建筑。

图 5-17 国子监辟雍

图 5-18 天坛祈年殿

而且，中国传统哲学还用"阴阳"观念统一宇宙万物的构成。在传统的宇宙图式中，天在上为"阳"，地在下为"阴"[②]；在数字的构成中，偶数为"阴"，奇数为"阳"。传统的高层建筑——塔为多重檐的垂直形体，塔的层数、平面边长数即分别为阳数（奇数）和阴数（偶数）[③]，以象征宇宙的构成模式。

如果对上述喻意进行分析归类，主要可以归结为两点：功能性喻意和哲学性喻意。消除风灾、火灾、趋吉避凶等意愿显然具有功利的目的，而对天、地、时、阴阳、五行的象征又带上了玄奥的哲学意味。

（6）力学的真实性

中国传统建筑不论从材料、色彩还是形体来讲，都是多样性的，每一座建筑都有着复杂的表情，但繁复的外表无法掩饰其真实的一面，尤其是延续数千年而大体不变的结构。

1）因震赋形

中国是一个多震之国，从这个角度来理解，传统建筑——尤其是成熟的木框架建筑——就是一种"因震而生"的建筑，无论从整体还是到细节，形体的特征都与抗震需求高度吻合：

① 稳定的体形

先看平面。无论"正式"建筑，还是"杂式"建筑，传统建筑大多保持着对称、规则、简单的平面形式。对于常用的矩形平面来说，长与宽又总是保持合理的比例，罕见过长的平面。这样就使得建筑整体刚度中心与质量中心得以重合，且分布均匀，避免了在地

① 李乾朗. 穿墙透壁——剖视中国经典古建筑. 桂林：广西师范大学出版社，2009：269
② 程建军. 燮理阴阳——中国传统建筑与周易哲学. 北京：中国电影出版社，2005：10
③ 程建军. 燮理阴阳——中国传统建筑与周易哲学. 北京：中国电影出版社，2005：24～25

震力作用下的平面扭转①。

再看立面。无论是宋代的《营造法式》还是清代的《工程做法》，都以"模数"制的方式对所有的建筑构件及建筑平、立面等做出尺寸规定，建筑的立面基本上保持着合理的宽高比，防止重心过高引发的倾覆。最具特点的是立面"收分"的特征：从宽台基到屋身是一次收分，重檐建筑从下到上又是一次收分，从台基到屋顶的整体也是收分；对于"高层"建筑塔来说，无论是楼阁式，还是密檐式，大多也都有明显的收分——从台基到塔刹，层层缩小；建筑檐柱的侧脚做法，也可以看作是一种向内的收分。收分的形体可以在相同的高度下明显降低建筑的整体重心，加上宽阔的底层平面，增强了建筑的抗倾覆能力。

② 整体的结构

传统建筑的整体性主要体现在三个方面：台基、框架和斜撑构造。

传统的宫殿式建筑给人印象深刻的是华丽的台基，但在"华丽"的外表之下是它对建筑抗震的贡献：它可以跨越不良地质条件，为上面的建筑提供坚实稳定的整体基础。

框架结构有着清晰的传力路径，并且在梁柱结合点附近增加了很多兼起拉结作用的"枋""枨"等构件，有的柱子底端还会设置同样起拉结作用的"地栿"（图 5-19）。这样，框架结构的所有梁柱就通过这些拉结构件结合成牢固的整体。

在独乐寺观音阁和佛宫寺木塔中还可以见到大量的柱间"斜撑"构件，是一种曾经普及的构件②。"斜撑"增加了矩形框架的稳定性和整体性，是地道的"现代结构"（图 5-20）。

图 5-19 "地栿"

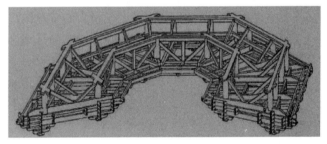

图 5-20 佛宫寺塔暗层斜撑

③ 耗散的节点

地震是人类无法抗拒的自然力量。现代建筑往往过多强调"刚度"，有点与自然"对抗"意味。而传统建筑却强调适度的刚度和可动的节点，基本思路是"顺应自然"甚至是对地震作用"逆来顺受"，不与自然角力，以"柔"存己。

最为人熟知的榫卯连接就是一种可以微动的节点，既为框架提供了适度的整体刚度，在地震时又可以略作变形，以耗散地震的能量。

看似复杂的斗栱更是一种可动的构件，各个元件之间搭扣叠压，并非"焊接"一体，

① 盘锦章.中国木结构古建筑抗震机理分析——主体与基础自然断离隔震的有限元动力分析.申请同济大学硕士学位论文,2008：14

② 郭黛姮.抗震性能优异的中国古代木构楼阁建筑.建筑历史与理论（第五辑），1993：14～15

在地震时各元件之间错位、转动，具有显著的吸能作用[1]。佛宫寺木塔的斗栱就保留了大量滑移和扭转的痕迹[2]。并且，斗栱元件之间的这种非"焊接"特点还有另一个抗震优势——作为一种支撑屋面的悬挑构件，斗栱的多元件构成保证了自己可以有限地错位或滑动，而不会像一根整木被地震作用一次性整体破坏掉。

图 5-21　各式柱础

传统建筑的基础连接形式也具有消能作用——木柱与石柱础之间是一种活动式接触（图 5-21），也不是刚性"焊接"。即使有浅显的榫卯，也多为柱子定位之需，而非对柱脚的铆固。这是一种"浮摆式"连接[3]，在地震时，柱子与柱础之间可以发生相对位移，消耗大量的地震波，但不会让柱脚断裂。

2）因力赋形

古典"模数"对建筑构件尺寸和比例的约定显然是"经验"性的，因为古代社会并没有现代力学理论，不可能经过精确的计算。但这并不妨碍传统建筑构件在力学上的真实表达。

一个明显的例子是梁的形态，在一定程度可以反映出"经验力学"概念的准确性和科学性。榫卯连接的梁显然可以概括为今天的力学计算模型（图 5-22），柱间铺作在其上施加了集中荷载，它明显在中间受到了最大的弯矩作用，而在两端受到了最大的剪力作用[4]。这就不难解释月梁和雀替的合理存在：上弯的月梁可以更好地承受上部的集中荷载，而雀替不仅加强了柱端的抗剪能力，并且有效地缩短了梁中间的计算跨度（图 5-23）。

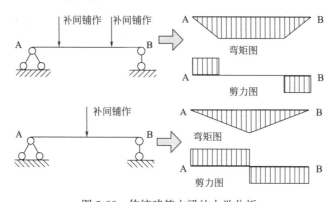

图 5-22　传统建筑木梁的力学分析

①　张鹏程.中国古代木构建筑结构及其抗震发展研究.申请西安建筑科技大学博士学位论文，2003：112

②　郭黛姮.抗震性能优异的中国古代木构楼阁建筑.建筑历史与理论（第五辑），1993：16

③　盘锦章.中国木结构古建筑抗震机理分析——主体与基础自然断离隔震的有限元动力分析.申请同济大学硕士学位论文.2008：16

④　王锋.从古建筑结构受力分析探讨其变形和稳定性.山西建筑，2006（Vol. 32）：53～55

图 5-23　月梁

悬挑构件的形体也能得到现代力学的验证：悬挑构件的端部会同时受到最大的弯矩和剪力作用[1]，弯矩图和剪力图都大致呈现三角形，这就意味着：悬挑构件的端部应有最大的材料分布，而斗栱的形体正是如此（图 5-24）。

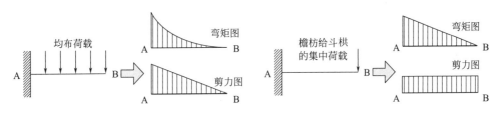

图 5-24　悬挑构件和斗栱的力学分析

当然，檐椽也是出挑构件，它的材料分布并没有严格遵守"受力分配"原则，但它有合理的出挑尺寸。《清式营造则例》规定的出挑长度是斗口的 14 倍[2]，而现代力学可以明确计算出这个长度是斗口的 14.49 倍[3]（图 5-25）！——飘逸的檐口看似浪漫无羁，其实近乎现代力学的合理性。

凹曲屋面的形成实际上也可以借助于现代力学的方法进行分析（图 5-26）。如果使用现代悬索结构或曲面网架来覆盖脊槫到下平槫的空间，那么，凹曲的屋面将得到合理的力学解释；如果使用现代钢筋混凝土梁、平面网架或三角形桁架，凹曲的屋面将与结构的受力特征相悖，要得到凹曲屋面就需要增加垫置构造，而这将显著增加屋面的荷载和构造的复杂性。传统建筑得到凹曲屋面的途径当然不是使用悬索结构或曲面网架，而是使用了"举折"方式：将脊槫到下平槫之间的跨度分解成为若干个小跨度——"步"，每"步宽"的两端都有支点，而支点的高度各不相同，不在一条直线上。于是，相邻两个支点的连

① （美）林同炎，S·D·斯多台斯伯利著，高立人，方鄂华，钱稼茹译.结构概念和体系.北京：建筑工业出版社，2004：178～179

② 蒋岩，毛灵涛，曹晓丽.古建筑檐椽合理出挑尺寸的结构分析.山西建筑，2011（Vol.37）：30

③ 蒋岩，毛灵涛，曹晓丽.古建筑檐椽合理出挑尺寸的结构分析.山西建筑，2011（Vol.37）：31

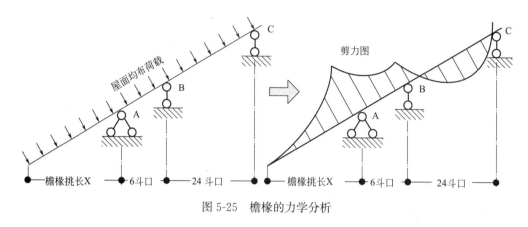

图 5-25　檐椽的力学分析

线——木椽的斜率各不相同，越向屋脊靠拢，斜率越大——凹曲屋面实际是由若干段斜率不同的斜线接连而成的。这样处理的好处是：较小的跨度必然对应较小的木椽断面，而负弯矩的出现则可以明显减小连续木椽的正弯矩。

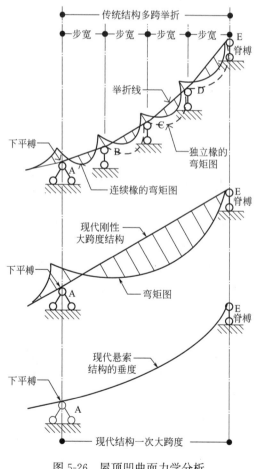

图 5-26　屋顶凹曲面力学分析

5.3　传统形体语汇的现代实践

5.3.1　现代建筑中的坡顶现象

在中国传统建筑中，坡顶占据了立面很大的比例。尤其是殿堂式建筑，单檐屋顶即可占到立面高度的一半左右，重檐屋顶的比例更高。因而，坡顶往往成为建筑形象刻画的重点，是建筑语义重要的载体，具有丰富的模因信息：凹曲飘逸的形象暗示着坡顶的防雨功能，多变的形式、丰富的色彩象征下部空间的功能地位，繁复的饰件、纹样隐含着趋吉、纳祥、避凶的心理愿望。

凹曲的坡屋顶在传统建筑中的存在遵循着材料逻辑、结构逻辑、功能逻辑和美学逻辑。然而，在现代建筑中，这些逻辑将逐一瓦解：致密的现代防水材料和传力清晰的现代结构已经可以让建筑不必再用起坡的方式排除雨水；功能复杂、平面多变的现代体量如果覆盖上一个传统比例的坡顶，就意味着坡顶尺度的硕大无朋。如果没有天窗，坡顶下的三角形空间是否能满足功能要求也值得怀疑（图 5-27），这是空间和材料的双重浪费——因为三角形的两个斜边之和要远大于水平底边，这意味着坡屋顶实际上比平屋顶更耗费材料。如果在高大的现代建筑上无法按传统比例来放置坡屋顶，那么，其大小就需要费心推敲，坡屋顶与下部的关系也要权衡得当，否则将比例失衡，或显得生硬，抑或显得画蛇添足。

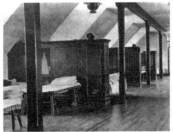

图 5-27a　雅礼大学教学楼：歇山顶和内部阁楼　　　　图 5-27b　传统坡顶下的钢桁架

在坡顶与现代建筑的材料、结构、功能、美学矛盾难以调和时，它的存在就只剩下隐喻传统的价值了。然而，为了适应现代材料、结构、功能和美学等方面的要求，矛盾的化解必然伴随着对坡顶传统形态的改变。这就产生了一个重要命题：如何在现代建筑中对传统坡顶进行合宜的变异？

根据模因变异的规律，化解这一命题的答案必然是多样的：当坡顶离开它的传统建筑原点后，由于每个时代的社会和个人的文化心理结构不尽相同，而且会进行历时性改变，人们对传统坡顶的认识必然有异，采取的变异策略必然会有差别，变异的形态必然也是多元的。而且，坡顶离开原点的时间距离越远，它的初始信息衰减就越多，它就会变得越来越抽象，离传统形象也越来越远。

传统坡顶与现代建筑之间的多重矛盾，以及演化过程中的多元变异，曾经数次触发坡顶的存废之争、形神之辩，并且在民国期间和 1949 年以后数次受到政治思想的干预，演化过程一度受到人为的扭曲，但并未改变坡顶进化的整体趋势。越到后来，对坡顶形象的刻画越放松，越简洁，越抽象和写意，越呈现"消失"的倾向。

归纳起来，传统坡顶基本沿着两条路径进化：一是形象的由繁入简，二是占立面比例的由多转寡。当然，这两种路径往往共时性并存。

形象的繁与简分别指坡顶的具象写实和抽象写意，前者表现为：坡顶的比例、细节等方面比较接近传统，如同面面俱到的写实绘画；后者表现为：将传统坡顶进行简化，从中撷取其中的一部分，以少喻多。

比例的多与寡指坡顶覆盖空间占总体空间的比例不同——有的像传统建筑那样，所有的面积被坡顶覆盖，有的只在入口、转角等重点部位设置坡顶，甚至只有极小的局部点缀，其他部位则为平顶或者出檐很短的盝顶，本质上也是以少喻多。

以下是对坡顶进化过程的几点概括，其中前三种现象倾向于具象、写实，而后几种倾向于抽象、变异和写意。

（1）传统坡顶的组合

中国传统建筑的重要特点之一就是功能的单一化和平面的通用化：一种"万能"的矩形平面就可以"盛装"不同的功能需求，而且每座建筑一般只担负一种功能，没有复杂的功能组合。建筑层数也倾向于"少层"化，单层、二层、三层建筑占据了多数。重要的是，坡顶下的三角空间多与屋身空间一体，明露着屋架，即使设有平闇也很少会分配实用功能，没有西方常见的可以居住的阁楼空间。这就造成单体建筑体量的简单化，坡屋顶形象的单纯化、整体化。

然而，金陵女子大学主楼（下称"女大主楼"，1918～1923年）、上海市政府新屋（1933年）、金陵大学北楼（1919年）和中山纪念堂（1925年）等建筑（图5-28）则将中国传统坡顶进行了繁杂的组合：女大主楼和上海市政府新屋分别在传统歇山顶和庑殿顶的中间加上一段高起的歇山顶[①]，金陵大学北楼则在传统歇山顶的中间加了一座垂直线条的十字脊塔楼[②]，三者均为彼时"宫殿式"建筑的代表，却以组合的方式打破了传统宫殿屋顶的整体性；中山纪念堂的主体是传统的八角攒尖顶，但却四向围合，分别增加了一对重檐和单檐的歇山顶[③]，对中间的攒尖顶形成簇拥拱卫之势。而传统攒尖顶形象一般比较单一和纯净，只有少量并联组合的例子。

传统坡顶的组合在后世的现代坡顶建筑中成为一种司空见惯的"创新"手段，即使是局部点缀性使用，也往往在不同的部位使用不同的屋顶形象，把原本各不相干的传统坡顶"拼合"于同一建筑之上，属于地道的"折中"主义手法。

（2）传统坡顶的还原

这种做法无论在细节上，还是在构图比例上，都基本上接近传统坡顶的原始形象，模仿的程度之高有时甚至难以辨识其真实的"历史身份"——如果没有使用现代材料和结构，它可能会被误认为是历史的"遗物"。

当然，对历史的还原在不同时代有不同的意义。国民政府时期的南京中央博物院（1935～1948年）和国民党中央党史陈列馆（1936年）（图5-29），一个是典型的"辽宋风

---

① 卢洁峰. 金陵女子大学建筑群与中山陵、广州中山纪念堂的联系. 建筑创作，2012（04）：196
② 冷天. 金陵大学校园空间形态及历史建筑解析. 建筑学报，2010（02）：24
③ 林克明. 广州中山纪念堂. 建筑学报，1982（04）：38

a 金陵女大主楼　　　　　　　　　b 上海市政府新屋

c 金陵大学北楼　　　　　　　　　d 中山纪念堂

图 5-28　传统坡顶的组合

格"的坡顶，一个是地道的重檐歇山顶，无论是细节还是比例，都极其"传统"，只有材料与结构是现代的——钢筋混凝土和钢桁架[①]。它们和当时其他形式的"宫殿式"建筑都有写实的风格，都是"新中国建筑物之代表"和国家"文化精神之所寄"[②]。1949 年以后的大批坡顶建筑也带有政治印记，例如对"社会主义内容、民族形式"，"夺回古都风貌"等政治口号的回应等等，这些建筑坡顶部分的刻画同样呈现写实的倾向，有的甚至是传统建筑真实的摹写，但组合变化、应需变异的倾向也有所表现。

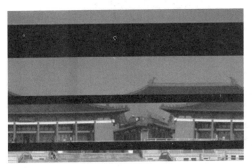

图 5-29a　南京"中央博物院"　　　　图 5-29b　国民党中央党史陈列馆

有的还原性建筑带有考古复原或复建性质。青龙寺空海纪念堂（1982 年）（图 5-30）

① 严何. 古韵的现代表达——新古典主义建筑演变脉络初探. 南京：东南大学出版社，2011：113～114

② 上海市市中心区域建设委员会编. 上海市政府征求图案，1930：4

a 透视图及剖面图

b 现状

图 5-30　西安青龙寺空海纪念堂

就是在考古基础上做出的"唐风"复原，但屋顶结构却是现代的三角桁架①，而非传统的抬梁式。滕王阁（1985 年）②（图 5-31）、黄鹤楼（1982 年）③ 等建筑有历史图像资料作为复建的依据，但复杂而古典的屋顶外皮内部却是现代的钢筋混凝土，揭示着它们的现代身份。

有的还原性建筑身处敏感的历史地段，必须对环境作出回应。典型的如西安大雁塔旁边的"三唐"工程建筑、曲阜孔庙旁边的阙里宾舍（1982 年）、一些身处传统环境之中的名人故居和纪念馆等等。当然，还有一些建筑带有"主题公园"性质，与历史典故相关，但主要目的是带动当地的旅游业，如各地曾经竞相建设的仿古街、仿古游园等（图 5-32），算得上一场声势浩大的"复古主义"。

（3）传统坡顶的重点刻画

传统坡顶与现代建筑功能、结构、美学等方面难以兼容，并且会造成材料上的浪费。减少这些负面影响的方法之一，就是缩小坡顶的使用规模和使用范围，只在重点部位进行刻画。主要表现就是"平顶＋局部坡顶"，或者"盝顶＋局部坡顶"，而局部坡顶通常高起，成为建筑整体构图的焦点。

图 5-31　滕王阁现状

① 杨鸿勋.空海纪念堂设计——唐长安青龙寺真言密宗殿堂（遗址 4 下层）复原.建筑学报，1983（07）：44～45
② 萧世荣，樊逦麟，葛缘恰.漫话滕王阁之重建.新建筑，1992（03）：46
③ 向欣然.论黄鹤楼形象的再创造.建筑学报，1986（08）：41～45

a 南京夫子庙仿古建筑　　　　　　　　　　　　　　b 大唐芙蓉园

图 5-32　仿古街及仿古游园

民国时代的上海市图书馆（1935 年）和博物馆（1935 年），有着类似的做法：二者均在中部高起的"台基"上设重檐歇山顶，而其他部分为平顶[①]。1949 年后的北京"四部一会"大楼（1952～1955 年）、南京华东航空学院教学楼（1953 年）等建筑也具有局部高起的坡顶，内设电梯间、水箱间、楼梯间等[②]，具有一定的功能价值（图 5-33a，b）。

当然，坡顶的重点刻画并非全部采用高起的垂直构图，有的作品仅在重点部位轻施点睛之笔，着意于提示作用。例如，辽沈战役纪念馆（1992 年）主体为平顶形象，仅在立面正中和两翼尽端设置带坡顶的简化牌楼，揭示入口功能[③]；北京丰泽园饭店（1994 年）主体为近于平顶的短檐灰瓦盝顶，但在"八"字形入口空间镶嵌入一小片灰瓦屋顶[④]，与原本平平的立面产生差异，立刻成为视觉的焦点（图 5-33c，d）。

a 民国的上海博物馆　　　b 华东航空学院教学楼　　　c 辽沈战役纪念馆　　　d 丰泽园饭店

图 5-33　传统坡屋顶的重点刻画

（4）变异的坡顶

让坡顶适应现代建筑的材料、结构、功能和美学的另一个手段是对坡顶进行形变，变化的结果因人而异，因时代而异。有的将屋面的某一部分挖去，进行减法变异，有的在完整的屋面形象上再增加一部分，进行加法变异；而有的则保持屋面的基本元素，但进行比例和曲线改变，即"拓扑变异"。当然，这些变异也会同时发生在同一建筑之中。

拓扑变异可以中国美术学院象山校区二期（2007 年）的"水房"为例。名曰"水

①　严何. 古韵的现代表达——新古典主义建筑演变脉络初探. 南京：东南大学出版社，2011：118～119

②　邹德侬，戴路，张向炜. 中国现代建筑史. 北京：中国建筑工业出版社，2010：40～42

③　张晔. 评辽沈战役纪念馆. 建筑学报，1992（03）：17

④　崔恺. 老字号的新形象——北京丰泽园饭店设计构思. 建筑学报，1995（01）：25～28

房"，意指建筑呈现"中国南方微波起伏的缓慢水体状态"①，它显然具备了传统屋顶的必要元素——屋面，而且覆盖着传统的青瓦，但它的屋面却呈现出与传统不同的形态：①"水房"的屋顶是一个连续变化的"面"：从地面垂直升起，折向空中，呈现夸张的凹曲状态，另一边"檐口"处再垂直折向地面；②一个屋面上可以出现两个或三个高耸的平行脊线，但脊线两边的凹曲面长度并不相等；③屋面在檐口反翘，似乎并不负担排泄雨水的传统功能；④脊线并不与长向平行，而与短向平行。这与传统的起脊方式大不相同（图5-34*a*）。

     a 象山校区的"水房"　　　　*b* "五散房"中的"水房"　　　　*c* "三合宅"

图 5-34　变异的坡顶——水房

"水房"屋顶作为一种特殊的语汇形成于宁波鄞州公园的"五散房"②（2003～2006年），应用范围包括象山校区和南京四方当代艺术湖区的"三合宅"③（2012年）等建筑。它的自由形态，既让人产生传统坡顶的联想，又与传统拉开了距离（图5-34*b*，*c*）。

台北"国父纪念馆"（1972年）的盝顶显然也有拓扑变异的倾向。在台湾广有影响的闽南建筑也有着马鞍状凹曲的屋面与起翘的主脊和翼角，但这个建筑显然与传统拉开了距离，放弃了传统的曲面规律和比例——它的曲面更三维化，起翘更强烈、曲线更流畅④，仿佛柔性的幕帷，而脊线和檐部却沉着有力，与柔曲的屋面相比，恰如结实坚固的骨架。更为重要的是，作者对坡顶进行了一次加法变异——在入口处增加了一个高高起翘的部分，就如同将柔性的屋面高高掀起后用柱子支撑起来，构成一个高敞而鲜明的入口形象（图5-35）。

图 5-35　台北"国父纪念馆"鸟瞰和透视

---

①　王澍，陆文宇.中国美术学院象山校区山南二期工程设计.时代建筑，2008（3）：74
②　王澍，陆文宇.宁波五散房.世界建筑导报，2010（02）：95
③　王澍.三合宅.建筑技艺，2009（07）：126
④　许勇铁，李桂文.共生视野下的台北国父纪念馆设计诠释.建筑学报，2011（S2）：55

（5）直线的坡顶

直线形的坡顶也属于传统屋顶的一种拓扑变异，坡顶呈现简化的倾向。炎黄艺术馆（1991 年）覆斗形的顶部没有任何仙人走兽之类的屋顶装饰[1]，形体干净而又单纯，如果不是表面的琉璃瓦质感，人们甚至不会把它与传统屋顶联系起来。当然，炎黄艺术馆的覆斗形直线坡顶有其存在的功能逻辑[2]：它需要集中式的展厅以方便管理，而展厅需要无窗的墙面来陈列展品，既需要接纳顶部自然光，又要控制眩光。这个覆斗形的坡顶满足了这些要求：没有窗的倾斜面既是屋面又是墙面，水平切线使斜面分成上下两部分，中间和最高处的平顶正好可以满足顶部采光要求（图 5-36a）。

光华长安大厦（1996 年）的坡顶属于重点刻画：顶部为直线的短坡顶，几近垂直，并非传统的曲面和倾角；入口的牌楼也顶着同样的三个小坡顶。金黄色的铝板模仿琉璃瓦的质感[3]，与故宫舒缓的凹曲屋面产生了意向联系。（图 5-36b）。

当然，直线屋面并非今天的产物，北京图书馆新馆（1987 年）平直的屋面就来自于汉、魏石窟中建筑的形象[4]，只在脊线上略作变化。这里的直线坡顶是历史的混合，形体来自汉、魏，而琉璃瓦的色彩与质感来自明、清，但它显然比明、清时代的凹曲屋面更适合现代钢筋混凝土的施工工艺[5]（图 5-36c）。

图 5-36a　直线式坡顶——炎黄艺术馆

图 5-36b　直线式坡顶——光华长安大厦

① 刘力. 北京炎黄艺术馆. 建筑学报，1992（02）：36
② 刘力. 北京炎黄艺术馆. 建筑学报，1992（02）：36
③ 魏大中. 光华长安大厦. 建筑创作，2002（Z1）：29
④ 杨芸，李培林，翟宗璠. 北京图书馆新馆工程设计. 建筑技术，1987（11）：4
⑤ 建设部建筑设计院，中国建筑西北设计院. 北京图书馆新馆设计. 建筑学报，1988（01）：26

图 5-36c　直线式坡顶——北京图书馆新馆

（6）分裂的坡顶

传统的双坡顶可以被看作通过屋脊连接在一起的两片斜面，屋脊的作用是覆盖接缝，防止雨水从接缝渗入。方塔园的大门屋顶却是反传统的：两片斜面从屋脊处分裂开，上下错位，上面的一片屋面从错缝处外挑。于是，阳光和空气可以在错缝之处自由穿行，而雨水则被挑檐挡在室外（图 5-37a）。

苏州新博物馆（2006 年）也多处使用了类似的分裂式坡顶，并赋予错缝位置实际意义——可以透光的高窗，并设置磨砂玻璃，或者在玻璃后设置百叶、格栅等遮阳设施[1]，光线被分解、被柔化，再被释放到室内（图 5-37b）。

北京园博会中国园林博物馆（2013 年）的坡顶也是分裂的形态：灰色的屋顶从屋脊处断裂，一半升起，一半下沉。由于内部展示需要大量的实墙面，采光窗就设置在断裂处和高升的坡顶之下，这更增强了屋面的分裂感和悬浮感。光线在投射到室内之前，要先经过百叶和金属网的过滤和分解[2]（图 5-37c）。

（7）轻透的坡顶

传统的凹曲屋面是用多支点的举折方式形成的，屋架用密集的柱子支撑起来。例如，故宫太和殿和长陵祾恩殿进深都在 30 米左右，均使用了六列柱子。而现代建筑，进深会更大，内部甚至为无柱空间，需要跨度更大的现代结构来覆盖。同时，为了减轻屋面荷载，坡顶材料自然要轻型化，不能再使用传统的大容重瓦材来覆面。

中国建筑文化中心（下称"建筑文化中心"，1996 年）由两侧板式高层建筑和夹在中间的坡顶空间组成，其中的金属坡顶跨度近 100 米，凹曲的屋面具备了传统坡顶优雅、含蓄的特征，而支撑这一形象的是现代的曲面螺栓球节点网壳。檐口下的三角网架节点如同对斗栱的暗示[3]，进一下加强了金属坡顶与传统之间的关联（图 5-38）。

1990 年的北京奥林匹克体育中心的体育馆和游泳馆（下称"奥体中心两馆"）使用了类似的结构——曲面立体球节点网架，支撑在边缘的钢筋混凝土结构和中间巨大的箱形主钢梁上。而主钢梁被直径 5mm 的高强钢束丝拉吊在两边高耸的钢筋混凝土塔筒上[4]，从而实现了比赛大厅的无柱化，并产生了类似传统悬山顶的双坡凹曲屋面。为了避免乏味，

---

①　白少峰，韩松.苏州博物馆新馆的遮阳系统.建筑节能，2009（07）60～62

②　北京园博会官网 http://www.gardensmuseum.cn/cn/

③　陈世民.建筑文化的现代化与地域化——从两个建筑创作实例的构思谈起.建筑学报，1999（11）：49

④　刘振秀.奥林匹克体育中心游泳馆.建筑学报，1990（09）：23

a 方塔园大门的分裂坡顶

b 苏州新博物馆的分裂坡顶和室内遮阳设施

c 中国园林博物馆分裂坡顶和室内采光带

图 5-37　分裂的坡顶形象

图 5-38　中国建筑文化中心效果图及现状

两馆各增加了一片类庑殿顶的形体，一个在中间，一个偏向一边，在统一中求得变化（图5-39）①。

图5-39 奥体中心体育馆和游泳馆及细部

建筑文化中心和奥体中心两馆的屋面单一而又纯净，遵守现代结构的合理形态，放弃了对传统坡顶质感纹理的模仿，也不刻意追求传统的比例，具有抽象写意的倾向。与此不同的是西安唐大明宫丹凤门遗址馆（2010年），它的坡顶却是写实的"唐风"：从瓦的纹理到檐柱、阑额、梁枋、斗栱、椽条等外露"木"构件均一丝不苟，飘逸的凹曲屋面也来之有据。但它们都是轻型的现代金属结构，惟妙惟肖的瓦陇板和逼真的外露"木"构件都是铝镁锰合金②，这与建构理论中的"真实性"原则有所背离。

比金属屋面更能产生"轻"的感觉的是玻璃。民国期间的武汉大学工学部大楼（1934年）早就用玻璃演绎了传统的坡顶：一个钢架为骨、玻璃为皮的重檐四角攒尖顶，下面覆盖着五层高的中庭，显然受到了19世纪欧美玻璃穹顶的启示③（图5-40）。

图5-40 武汉大学工学部大楼外观和中庭

苏州新博物馆将玻璃坡顶用于局部点缀：博物馆的外院门头和内院亭子。钢架支撑的玻璃门头与旁边的忠王府门头存在关联，但坡顶平直而纯净。而构造相同的亭子则与木架瓦顶的传统亭子拉开了更大的距离——没有轻巧的起戗，体现的是现代工艺精确的美

① 马国馨.国家奥林匹克体育中心总体规划.建筑学报，1990（09）：12～13
② 张锦秋.长安沃土育古今——唐大明宫丹凤门遗址博物馆设计.建筑学报，2010（11）：12
③ 严何.古韵的现代表达——新古典主义建筑演变脉络初探.南京：东南大学出版社，2011：105

（图 5-41）。

与丹凤门遗址馆的"瓦"顶形象完全
不同，长安塔（2011 年）的层层坡顶虽然
同样有着"唐风"的比例，但使用了轻巧
的超白玻璃，显得干净、简洁。坡顶下的
梁、柱子、"斗栱"、平座、栏杆等构件使
用沙光不锈钢，也同样被简化，真实地反
映着现代材料的构造特征和纯净的美感[①]。
与丹凤门遗址馆的"瓦"顶相比，长安塔
的"瓦"顶则更近于建构理论提倡的"真
实性"。

图 5-41　苏州新博物馆玻璃亭子

（8）意象的坡顶

坡顶的种种变异，无疑都将传统的屋顶形象模糊化、陌生化。用模因论的观点来看，
均可以认为是传统屋顶初始信息的丢失。而信息丢失最多，或者说传统屋顶形象最抽象的
表达无疑是"意象"法，即：将传统的屋顶信息转译成最少的可视的物理形态。

辽宁的闾山景区"山门"无疑做到了这一点：它是四片粗犷的现代钢筋混凝土墙片，
与蓟县独乐寺山门的庑殿顶斜脊位置相对，并沿着斜脊的轮廓线将墙片挖空[②]，仅留下了
古代山门的一点信息——剪影！没有实体的屋面存在，但剪影却准确地隐喻了历史，产生
了丰富的联想。这是一种经济省力的方法，但也有其本源[③]：美国建筑师文丘里就用钢管
弯折出一个富兰克林故居的屋顶轮廓，《园冶》里也有许多"门空"——墙体各种门洞，
其边缘线为各种吉祥事物的轮廓（图 5-42）！

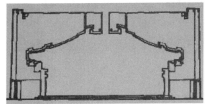

图 5-42a　闾山山门立面

图 5-42b　独乐寺山门立面

图 5-42c　富兰克林故
居纪念院

奥体 6 号院[④]（2008 年）也使用了意象之法来表现传统的坡顶形象，这一次作者使用
的是方形和圆形的不锈钢管，用它们弯折出卷棚顶的轮廓，并密集地排列着，仿佛铅笔画
出的光滑流畅的线条！这里的一切都是抽象的、非真实的、联想的——没有瓦，但却让人
感到瓦的气息，继而看到了一片亮闪的屋顶（图 5-43）！

首都博物馆新馆（2006 年）使用了多种隐喻来表达与历史的关系：广场起坡取自传

① 张锦秋，徐嵘. 长安塔创作札记. 建筑学报，2011（08）：9
② 吴焕加. 山门的故事. 建筑学报，1990（08）：15
③ 吴焕加. 山门的故事. 建筑学报，1990（08）：15～16
④ 齐欣. 下沉花园 6 号院：合院谐趣——似合院. 世界建筑，2008（06）：106

图 5-43 奥体 6 号院的抽象"瓦"顶

统建筑的台基之法，陶砖墙体是陌生化的城墙，椭圆形青铜体倾斜升起，"生出文物发掘的意向"[①]。而钢架支撑的屋面板向北悬挑 21 米，其他三面悬挑 12 米[②]，飘逸的形态影射传统屋顶深远的出檐！这里没有任何传统坡顶的物理实体和形象，只有边缘轻薄的外挑金属板，仅此而已（图 5-44）！

图 5-44 首都新博物馆现状

5.3.2 现代建筑中的斗栱遗韵

在传统建筑中，斗栱具有器用与道用的双重意义。它的器用意义主要体现在力学功能上——将屋顶荷载传递给下面的梁柱；它又承托起出挑的檐部，和屋顶一起为下部结构遮挡雨水。它的道用意义体现在真实的体形与构造逻辑：斗、升、栱、翘、昂等元件的形态，和它们的穿插搭接方式，以及层层出挑的形象，既体现着材料与力学的真实性，又极富自然的美感，与木框架的形态相协调，并在屋顶与梁柱间形成精彩的视觉过渡，而不至于显得生硬和唐突。

然而，现代建筑在力学概念上与传统建筑大不相同，现代建筑力学上的真实感就来自于梁、桁架、柱、承重墙等坦率而直白的连接方式：屋顶荷载直接由梁、桁架等传递给柱子、承重墙，传力路径直接而清晰，没有过渡构件。因而，如果在现代建筑梁、柱结合部再做斗栱，那必然是隐喻或象征性的，或者说是装饰性的。并且，现代建筑往往是有楼层的，而斗栱如果按传统的比例进行放大，往往具有较大的尺寸，当它恰好出现在现代建筑的某一楼层时，将给开窗和采光带来麻烦。民国时期的上海政府新屋（1933 年）[①] 就遇到了这样的问题——檐下斗栱使第四层只能得到狭小的采光口。到了上海江湾体育场（1935年），斗栱的比例变小，虽非虚设[②]，但已然显示出装饰和二维化的倾向（图 5-45）。

a 上海政府新屋斗栱间留采光孔　　　　　　　　*b* 上海江湾体育场局部

图 5-45　斗栱从三维到二维过渡

斗栱与现代建筑在力学、构造、功能、美学等方面的矛盾使人们有理由怀疑其存在的价值。事实上，后来很多带坡顶的"民族建筑"就将斗栱完全省略。如果斗栱要继续存在，其形象最好是抽象的、变异的，符合现代建筑力学特征、构造特征和审美观念，而非具象的、写实的。当然，功能性和结构性较弱的环境小品和装置艺术中的斗栱形象可以例外（图 5-46）。

图 5-46　景观小品中的斗栱（郑州和杭州）

现代建筑放弃了对斗栱的具象模仿，进而转向抽象变异，变异的倾向大体可以归纳为以下几种情况：

其一是强调构件的体积感。上海商城（1992 年）是一项外资项目，与彼时多数外资项目不同，设计师主动向中国传统建筑致敬，收集大量中国建筑的资料，并融入设计之中[③]：底部四层高的中庭由红色的柱子支撑，柱子与顶棚的交接处是一对正交的立方体组合件——那或许是作者简化的斗栱形象[④]（图 5-47*a*），它们和简化的小桥勾栏、隐蔽的湖

①　严何. 古韵的现代表达——新古典主义建筑演变脉络初探. 南京：东南大学出版社，2011：117
②　严何. 古韵的现代表达——新古典主义建筑演变脉络初探. 南京：东南大学出版社，2011：120
③　凌本立. 上海商城. 世界建筑，1993（04）：42
④　薛求理，李颖春. "全球—地方"语境下的美国建筑输入——以波特曼建筑设计事务所在上海的实践为例. 建筑师，2007（04）：11

石等一起，营造出有点异样的"中国味"，宛如一个老外唱出的有点跑调的"茉莉花"，显示出外国建筑师在中国文化面前的谦恭态度，容易被上海人接受①。

与之相对的是黄帝陵轩辕殿（2004年）的斗栱形象，是完全纯正的"中国味"，但又与传统存在距离：它具有柱子与屋顶过渡的特征，却完全是纯粹的几何体——粗壮的圆柱上顶着一大一小两块立方体，上托三组厚实的"栱"，沉重的梁卡在其中（图5-47b）。几乎所有的构件都是抽象的、纯净的、有体积感的，与平直的檐口、密集的巨柱一起，形成粗犷有力的形象，宛如帕提农神庙壮实有力的多立克柱式给人的感觉：古朴、雄浑、神圣、稳重、大气磅礴②。

由笔者主持设计并通过竣工验收的内蒙古乌海市人民艺术中心（2008～2014年）可以被看作轩辕殿斗栱形象的继承，但又与之产生差异：轩辕殿的斗栱依然起着坡顶与屋身的过渡作用，体现着传统建筑的力学传递逻辑。这里却在粗壮的柱头上和平屋面之间直接设置立方体式的形象，"昂"与"斗"并不产生传统的力学关联，层层出挑的檐部实际上取自"横栱"与"华栱"层层出挑的逻辑，"昂"的上下错位进一步加强了对"斗栱"的隐喻（图5-47c），并与传统拉开了距离。

a 上海商城柱顶构件　　　　　　　　　　　　*b* 黄帝陵轩辕殿局部

c 乌海市人民艺术中心

图5-47　斗栱的体积感

斗栱的第二种抽象是强调构件穿插的逻辑。"穿插"是所有木构件的共同特征，但斗

---

① 胡菲菲."纵话横说"波特曼作品——上海商城.时代建筑，1991（1）：4～7
② 张锦秋.为炎黄子孙的祭祖圣地增辉——黄帝陵祭祀大院（殿）设计.建筑学报，2005（06）：21

栱各元件之间呈现出的是特有的"累叠式"穿插，而非榫卯结构完全"贯通式"的穿插。在拉萨火车站（2006 年）的大厅内部[1]，每根高大的"木柱"与木制"密肋"顶棚的交接处均设置一组过渡构件：八对正方形断面的木"肋"相互正交叠放，由下向上层层外挑，形成倒立的"斗"状（图 5-48a）。当这样的一组构件被放大时，就会出现世博会中国馆（2010 年）的形象，但在这里进行累叠穿插的是包裹了红色外皮的、尺寸巨大的钢桁架[2]。层层悬挑的"斗"依然如故，但钢架尺度宏大，出挑之远已经超过了建筑"构件"的概念，向上升腾的气势更是摄人心魄！但这里"穿插"的形象只是一种虚幻的、外在的隐喻，而并不具有结构上的真实性，否则，贯通的巨大构件将使室内空间无法使用（图 5-48b）。

a 拉萨火车站大厅　　　　　　　　　　　b 世博会中国馆及室内

图 5-48　斗栱的穿插感

类似的抽象方式是强调层层出挑的形象，即：不再强调元件的体积感，而是强调外挑构件的水平线条感。中国科学院图书馆（1999 年）（下称"中科院图书馆"）有着传统建筑"架构"的秩序之美，表现出"穿插"、"咬合"、"悬挑"的神韵[3]，面对广场的西界面是现代材料转译的传统檐廊，深远的屋檐下是水平的"金属斗栱"——防止西晒的遮阳体系[4]（图 5-49a）。在中国国家博物馆改扩建工程（2011 年）（下称"国博改扩建工程"），我们再一次看到了水平的构件，只不过换成了石材，这种"叠加退阶设计借鉴紫禁城殿宇重檐庑顶"[5]（图 5-49b），包含着对传统文脉的尊重。长安塔（2011 年）的柱端使用了类似的处理方式（图 5-49c）：檐柱顶部断面变为正方形，是对传统"柱头和栌斗的高度概括"，"层层出挑的金属构件相互搭接组合"，是对传统"檐下构件系统的溯源和创新，比传统的斗栱系统更简洁"[6]，更真切地反映现代建筑的力学特征！

5.3.3　现代建筑中的"塔""楼"幻影

屋顶和斗栱服务的是它们下边的"屋身"或说"中分"——传统建筑中器用价值最高的部分，人们所有的室内活动就发生在这个空间里。

对比现代的生活空间，不难发现：中国的传统生活可谓之"平面"式的栖居：人们的日常生活空间多为单层或二三层的建筑。单层建筑包括各类常见的合院式民居，甚至皇宫

---

① 崔恺，单立欣，赵晓刚等.拉萨火车站.建筑知识，2007（03）：31

② 何镜堂，张利，倪阳.东方之冠——中国 2010 年上海世博会中国馆设计.时代建筑，2009（1）：63

③ 佟旭.还原的建筑——中科院建筑设计研究院总建筑师崔彤作品解读.科学中国人，2009（02）：106

④ 崔彤，范虹.时空艺术的建筑.建筑学报，2003（02）：30

⑤ （德）斯特凡·胥茨.中国国家博物馆改扩建工程设计.建筑学报，2011（07）：11

⑥ 张锦秋，徐嵘.长安塔创作札记.建筑学报，2011（08）：10

a 中科院图书馆正立面及局部

b 国博改扩建工程局部

c 长安塔局部及其节点

图 5-49　斗栱的出挑形象

建筑也以单层居多。二层及以上的民居实例有徽州民居、羌藏碉楼、客家土楼等。它们在传统建筑中所占比例最大，而层数较多的"楼""阁""塔"等建筑，功能一般较为特殊，比重较小。

在上述建筑中，若以形体特征来划分，方正和低平的形体占了多数，而硕大的客家圆形土楼（下称"客家圆楼"）和高耸的"塔"就成为体形上的"少数族裔"。然而，这种特殊的形体却与现代建筑具有某种契合点，或者说它们本身具有某种"现代性"。

先看一下客家圆楼。与传统生活相反，现代生活可谓之"立体"式的栖居：人们普遍生活在有楼层的建筑里，高层的公寓、酒店、写字楼等等，被均匀地分割成独立的生活单元，这与客家圆楼空间分布方式如此相似：圆楼的环状空间被均匀地竖向分层，在平面上又被均匀划分为多个单元，分配给聚族而居的每个家庭，而环状的中心就是族人共享的精神核心：祠堂和学堂（图 5-50）——从某种程度上来说，客家圆楼本质上就是一个很"现代"、很"时尚"的集合住宅。

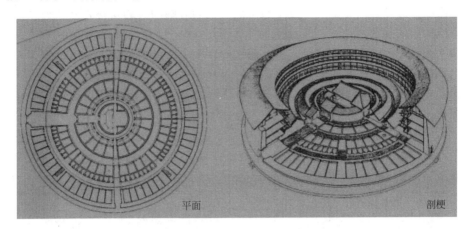

图 5-50　客家圆形土楼的平面和剖透视图

广州的"土楼公社"正是抓住了这一特征，用一个貌似客家圆楼的现代建筑为 1200～1300 名打工者提供了 287 套廉价但设备齐全的居住单元[①]。但"土楼公社"与传统圆楼又拉开了距离[②]：后者的公共空间在方形的核心，但前者将商店、食堂等设置于底层，方形的核心部位仍然安排了居住单元；后者的外部环形是完整的、连续的、等高的，而前者的是断裂的、不等高的；由于安全需要，传统圆楼外墙洞口很小，坚实如堡垒，表情偏"硬"偏"实"，而"土楼公社"的外墙表情细腻温和；传统圆楼由于夯土外墙的防雨要求而设置了出挑很大的屋顶，而"土楼公社"则根据现代材料的防水特征剔除了飘逸的挑檐，外墙显得干净整齐（图 5-51）。

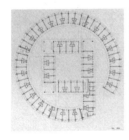

图 5-51　土楼公社：平面图、鸟瞰图和局部透视图

再看一下传统的"塔"是如何与现代建筑产生关联的。中国的"塔"具有"混血"特征，是外来的佛教建筑与中国本土建筑结合的产物，具有公共性——不论是宗教寺庙的佛塔，还是世俗的风水塔、纪念塔等等。它的另一个特征是较弱的器用性，即：塔的功能性

①　蔡晓玮.土楼公社一种温暖一脉相承.东方早报，2008 年 10 月 23 日第 C01 版

②　方振宁.土楼公社.建筑知识，2011（10）：32～33

偏弱，内部空间不够发达。例如，砖石砌筑的塔往往只有狭小的塔心室和仅供攀爬的通道，即便是可以登临的楼阁式塔，楼梯也常常逼仄难行。因此，塔的存在价值更偏向于它的道用性，即：更强调它的精神价值——不论是宗教精神，还是心灵慰藉，抑或是审美需求。

从几何本质上讲，塔就是一个在垂直方向上被切分的高耸的台体，外"披"若干层外挑的披檐或短小的叠涩，上"戴"攒尖顶和塔刹。这样包装之后，它就不再是一个单调的、细高的几何体，而具有了张弛有致、虚实有序的丰富的表现力，可以承载更多的人类情感。如果将这些东西全部剥离开，它就与简单的烟囱、水塔等现代建筑无异——表情繁复的"塔"衣下包裹的实际上就是一个古今通用的体形。"塔"衣可以修饰传统建筑，也可以修饰现代建筑，只是"塔"衣的材料、色彩、构造可以不同而已。

燕京大学未名湖畔的博雅塔（1920 年代）就是一个穿着华丽的传统"塔"衣的现代水塔，仿自辽代密檐塔①，具有一丝不苟的斗栱、雕花等古典细节（图 5-52a），既与周边的现代坡顶建筑相互呼应，又给未名湖的自然风光平添了些许美丽和恬静！

但建于 1971 年的郑州二七纪念塔（下称"二七塔"）和 2011 年的西安世界园艺博览会的长安塔则与传统拉开了距离：二七塔是一个传统罕见的形体——平面为两个并联的多边形（图 5-52b），而传统"塔"很难见到这样的平面；立面实质上是由貌似传统的塔身和全新的顶部嫁接而成的：塔身为基本无收分的九重披檐，而顶部是拉高的钟楼"戴"上重檐攒尖顶。长安塔似乎有着忠实传统比例的形体，但材料完全是现代的——纯净透明的玻璃墙和屋面、细腻的沙光不锈钢梁柱和栏杆②，恰如一座通透精致的"唐风塔"的现代"模型"！

a 博雅塔立面及其细部　　　　　　　　　　b 二七塔立面及细部

图 5-52　塔的现代转变

竣工于 1999 年的上海金茂大厦同样受到了传统"塔"的影响，方案设计者 SOM 事务所从"塔"里得到的启示是收分的手法③和微妙的"叠涩"：在玻璃幕墙之外的金属线条塑造向上的气势和水平"叠涩"线④，塔体的收分从 16 层开始逐渐向上加密，加强了向上的

①　严何.古韵的现代表达——新古典主义建筑演变脉络初探.南京：东南大学出版社，2011：107
②　张锦秋.长安塔创作札记.建筑学报，2011（08）：9～11
③　（美）艾德里安·史密斯.从金茂大厦到吉达王国大厦：追寻亚洲超高层的本土性.世界高层都市建筑学会第九届全球会议论文集，2012：35
④　邢同和，张行健.跨世纪的里程碑——88 层金茂大厦建筑设计浅谈.建筑学报，1999（03）：35

动感（图 5-53a）。10 年之后，SOM 事务所故技重施，在郑州设计了绿地中心·千玺广场（下称"千玺广场"）——名曰"现代嵩岳寺塔"①：塔基、密檐、塔刹将楼体三分，而楼体也像嵩岳寺塔一样呈现优美的抛物线，层层出挑的"叠涩"感依然是用水平的金属线条塑造出来的（图 5-53b）。传统的中国"塔"成为 SOM 事务所追寻中国现代建筑本土性的灵感之源！

a 金茂大厦及细部　　　　　　　　b 郑州千玺广场及细部

图 5-53　塔形摩天大楼

"塔"的形体还有更为抽象的运用——苏州商品贸易市场的立面上"阴刻"着本地名胜——虎丘塔的影子，与上面的圆形共同组成一个富有诗意的形象②——月映虎丘！显然是一种更为经济的本土性追求。这时，"古塔"体形的模因信息已经衰减殆尽。

5.3.4　现代建筑中的传统二维语汇

传统建筑的三维形体语汇与现代建筑之间总是或多或少地存在兼容性难题，需要某种变异才能被编织进现代建筑的语言体系。但传统建筑的二维语汇就好多了：它们在传统建筑的语言体系里本身就与结构无涉，很容易被剥离出来，甚至直接或者不经过复杂的变化就能与现代建筑实现较好地兼容。

与拙政园比邻的新苏州博物馆和远在北京的香山饭店（1980 年代初）都直接使用了传统的漏窗——这是一种苏州园林常见的、典型的传统二维语汇，是墙面被镂空的部分，其洞口轮廓线就是人们熟知的吉祥图案，例如海棠、梅花、宝瓶等。漏窗沟通了墙面两边空间的视觉联系，加深了景观的层次（图 5-54）。

当然，现代建筑也会使用同样的"镂空"法让墙体限定的空间显示出交流的特征，但挖出的轮廓与传统漏窗的形态完全不同。象山校区和 2010 年上海世博会宁波藤头案例馆

---

① 陈占鹏. "现代嵩岳寺塔"——郑州绿地广场设计. 华中建筑，2008（09）：60
② 浙江大学建筑创作小组. 现代理念与传统情结——苏州商品贸易市场建筑设计感悟. 建筑学报，1997（04）：25～28

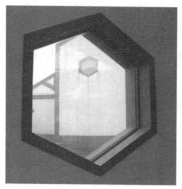

图 5-54　苏州新博物馆的漏窗和窗景

（下称"藤头馆"）的墙面洞口就与传统漏窗有所区别，它们的轮廓线自由随机、大小无定，似乎有着天然的生成机理（图 5-55a，b）。

图 5-55a　象山校区的漏窗和窗景

图 5-55b　藤头馆的"漏窗"

藤头馆简单的长方体被平行排列的十多片墙面切成不同的空间，每张"切片"上的洞口各不相同，形成一系列不同的景框，似乎隐喻各个空间不同的内容。关于洞口轮廓的由来，设计者认为与国画中的片断构图有关——明朝画家陈洪绶的《五泄山图》里参天大树构成的自然"门洞"，以及大树之后的山体的自然形态似乎都成了藤头馆洞口设计的灵感之源①（图 5-55*c*）。

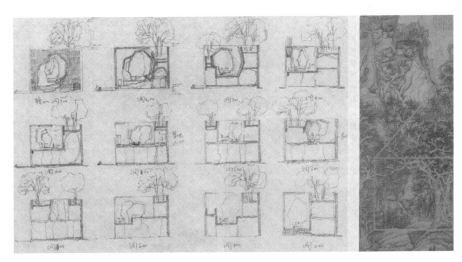

图 5-55*c*　藤头馆剖面与山水画的关系

然而，在宁波鄞州公园"五散房"的 TEAHOUSE1 设计图中（图 5-55*d*），作者用太湖石的图片来说明门洞自由形态的滥觞②——的确，以"瘦、皱、漏、透"著称的太湖石有着自然的、随机的形态，每一块天然的太湖石都有着不可重复的形体特征，可以成为现代建筑形体语汇的源泉。象山校区自由形态的"漏窗"似乎在"五散房"中得到了注解——设计者是用从太湖石中抽取的二维形象来隐喻现代建筑与传统的关联，这些形态随机的"漏窗"并非无由而生，而是有源之水、有本之木。

象山校区里还有另一种传统的二维形体——正交直线榇格：它们由现代的钢筋混凝土构成，有的以外框架的形式附设于建筑的立面上，有的则以散乱无定的形式镂空于实墙面上（图 5-56*a*）迥异于北京光大国际中心（下称"光大中心"）的"博古架"（图 5-56*b*）均布的、有序的格子表皮③，体形硕大，意在回应地段文脉的双重性：既要隐喻历史又要反映现代的国际水准。北京数字出版信息中心（下称"出版中心"）的"博古架"也具有双重的隐喻性，但隐喻内容与光大国际中心有所不同：它的西边直接面对一座传统的王爷府四合院，东边是一座体型巨大的曲线型现代大楼。它的曲线屋面是对这两座建筑共同形体特征的回应，而金属制成的"博古架"既与王爷府建立起了共同的语境，还起到了遮阳作用——它的两个主要立面正好是东西朝向（图 5-56*c*）④。

象山校区、光大中心和出版中心的榇格是粗线条的，有些许豪劲的气质。当然，这些

①　王澍.剖面的视野——宁波藤头案例馆.建筑学报，2010（05）：129~131

②　王澍，陆文字.宁波五散房.世界建筑导报，2010（02）：95

③　光大国际中心.建筑创作，2010（05）：82~83

④　崔愷.本土设计.北京：清华大学出版社，2008：224

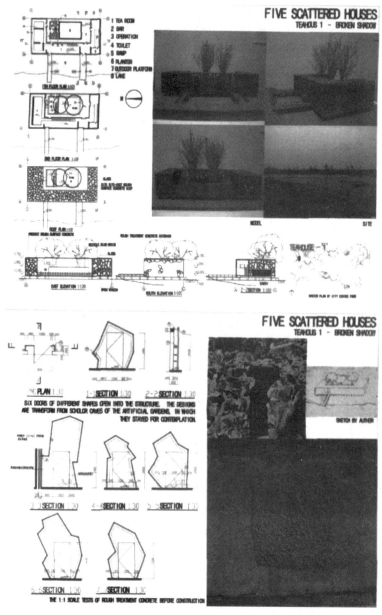

图 5-55d "五散房" TEAHOUSE1 设计图解

图 5-56a 象山校区的两种楞格

图 5-56*b*　光大中心的"博古架"及细部

图 5-56*c*　出版中心的"博古架"及细部

棂格也可以做得纤细和精致，惠州博物馆表皮就是这样的——作为双层"肌肤"的外层表皮，用金属镂空而就，繁密细巧的线条图案规律性地重复（图 5-57），在红色"内皮"上留下投影，形成传统印章之"阳刻"与"阴刻"的效果[①]。

图 5-57　惠州博物馆的镂空表皮及细部

冰裂纹是另一种传统棂格构图，看似随机的线条组合显得轻松、自在。"五散房"的TEAHOUSE1 在背湖的立面上使用了白色的、粗线条的冰裂纹外表皮，它的色彩、材料与线型与传统拉开了距离，产生陌生感。上海青浦的东方商厦张挂了一层木制的、纤细的冰裂纹表皮，比较接近传统的做法，但冰裂纹被限定在规则的木格里，又异于传统（图 5-58）。

---

① 邹子敬，曾群.惠州市科技馆、博物馆设计.建筑学报，2009（12）：42

图 5-58 "五散房"的 TEAHOUSE1 和东方商厦的冰裂纹表皮

　　徐州美术馆的冰裂纹图案由穿空金属板挤压成型，与规则排列的汉代玉龙图案交织在一起（图 5-59a）[1]，形成特殊的表皮肌理。而最二维化的冰裂纹图案出现在上海青浦的私企协会办公楼的表皮上——轻薄的玻璃上使用丝网印刷技术将白色的冰裂纹和细若游丝的灰色蜻蜓翼纹叠印在一起（图 5-59b）[2]，形成微妙的、干净的白色肌肤，完全没有了玻璃通常的冰冷感，是一种地道的"有质感的透明"。

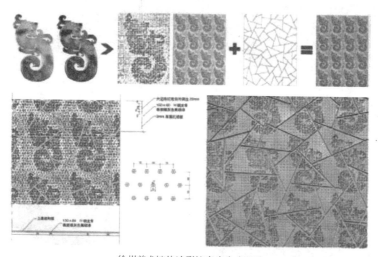

a 徐州美术馆的冰裂纹表皮生成图示

b 玻璃上的印刷冰裂纹

图 5-59 轻薄的冰裂纹表皮

---

① 祁斌. 城市的"人文复兴"——徐州美术馆建筑创作有感. 建筑学报，2010（11）：61～63
② 大舍. 设计与完成——青浦私企协会办公楼设计. 时代建筑，2006（1）：99

　　建筑体量通常是三维的，但如果将其中的进深尺寸剥离，建筑形态将呈现二维化——这就是"轮廓"或说"剪影"。虽然丢失了一部分信息，但具有代表性的"剪影"往往尚存足够的信息量，可以使现代与传统建立起模因关联。在上海图书馆的内庭院墙体上就有一个二维化的江南"亭子"（图 5-60a），那是一个"剪影"式的窗洞，轮廓来自于上海豫园的重檐四方亭和苏州几亭，"虽虚犹实"，是"对上海传统文化的寻根"①。苏州商品贸易市场对"剪影"的使用颇具一番诗意：高层建筑的立面上"阴刻"着苏州名胜——虎丘塔的影子，上面顶着一轮"圆月"② ——月映虎丘（图 5-60b），那是一番苏州特有的传统景致！

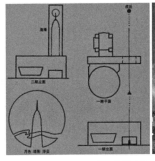

a 亭子"窗"　　　　　　　　b "月映虎丘"的生成

图 5-60　传统建筑的现代"剪影"

5.3.5　传统形体语汇的异质混合

　　此处所说异质混合指中国本土模因与异国模因并现于同一建筑之中，通俗地说就是中外建筑的"混血"，本质上是一种折中主义风格。代表实例是现代建筑发育早期的"中西合璧"现象（1840 年～1949 年）③：彼时的富人、要员的别墅、公馆和花园，商人、企业家的商铺、工厂，公共和私立的医院、学校以及政府建筑中，都或多或少地出现了异质混合现象，归纳起来主要有以下模式：（1）"中式语法＋中西语汇"，即在中国传统建筑的语法框架内加入局部西方建筑的构件、装饰等；（2）"西式语法＋中式语汇"，即用西方建筑的构图来重新组织和安排中国传统建筑语汇；（3）"西式语法＋中西语汇"，即用西方建筑的构图来综合组织和安排中西方的传统语汇。

　　第一种混合模式以近现代的私人住宅、别墅、花园为代表。尤其在开埠城市及其周边地区，与外来文化交流频繁，这些建筑整体上参考或保持了中国传统建筑的布局、构图，沿用中国传统的形体、色彩、纹饰等，但在局部细节上加入了西方的元素。如脱胎于浙东、苏南、皖南民居的上海"石库门"建筑，早期还保留着轴线、天井等整体布局方式④，并习惯性地使用大量传统形体、小木作、灰白色彩、吉祥纹饰等等，但在入口门楣等局部

　　①　张皆正，唐玉恩. 上海图书馆新馆. 建筑学报，1997（05）：41～44

　　②　浙江大学建筑创作小组. 现代理念与传统情结——苏州商品贸易市场建筑设计感悟. 建筑学报，1997（04）：25～28

　　③　徐中煜. 中西合璧式建筑可成为建设世界城市的重要物质载体——以北京旧城为例. 北京规划设计，2010（03）：126

　　④　上海民居：石库门里弄住宅. 中华民居，2011（01）：101

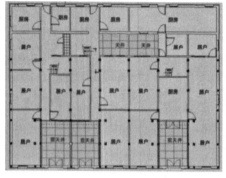

图 5-61a　"石库门"——立面与平面

却点缀着西式的构件、纹饰（图 5-61）。

第二种模式可以上文提到的金陵女大主楼（1918 年～1923 年）、上海市政府新屋（1933 年）及金陵大学北楼（1919 年）等建筑为代表。三者都是彼时"中国固有式"中"宫殿式"的代表。但中国传统的宫殿建筑在主立面构图上划分出明显的三个水平段：屋顶、屋身、台基，尤其是屋顶部分，不论是庑殿顶还是歇山顶，均保持纯粹、完整、水平的形象，屋身为均匀的"虚""软"界面。这三个建筑却打破了中国传统宫殿建筑稳定、均匀、整体的构图，趋向于更为复杂的屋顶组合，并将建筑主立面切分出明显的三段：中间和左右，中间部分高起，两边下沉。女大主楼和上海市政府新屋分别是两边的歇山顶和庑殿顶再加上中间升起的歇山顶①，而金陵大学北楼的中间部分完全升起为一座垂直的塔楼②，完全打破了中国传统宫殿的水平线条特征，形成水平与垂直、高与低的对比。此外，上海市政府新屋的屋身部分还隐含着两边与中间的虚实对比，而非完全均质的"软"界面。而在较早的中山陵享殿（1925 年）的设计中，稳重的歇山顶就端坐于一个虚实对比鲜明的"基座"上：两块结实的厚墩夹着三联拱门③（图 5-62）。

图 5-61b　"石库门"——入口的西式语汇

立面分段、横竖对比、虚实对比，这些构图均具有西方"血统"——那是西方的集中式教堂、绝对君权的帝国宫殿等建筑的经典构图，在中国传统的殿堂式建筑中无法看到。

除此之外，西方传统的"集中"式构图也有所体现。显著的实例是广州的中山纪念堂：中间攒尖顶高起，正立面设重檐歇山顶的檐廊，背立面相同但无檐廊，两个侧立面为单檐歇山顶设檐廊④。正面看上去如同中间高起的体量四面围绕着设檐廊，这样的构图使

① 卢洁峰. 金陵女子大学建筑群与中山陵、广州中山纪念堂的联系. 建筑创作，2012（04）：196
② 冷天. 金陵大学校园空间形态及历史建筑解析. 建筑学报，2010（02）：24
③ 严何. 古韵的现代表达——新古典主义建筑演变脉络初探. 南京：东南大学出版社，2011：110
④ 林克明. 广州中山纪念堂. 建筑学报，1982（04）：38

图 5-62　中山陵享殿立面及其范本泛美联盟大厦

我们依稀又看到了圆厅别墅的影子①（图 5-63）。

图 5-63　中山纪念堂和圆厅别墅

西式语法的影响是深远的。在 1949 年以后的"民族形式"建筑中，我们依然会发现"西式语法＋中国语汇"的混合模式，如中国美术馆、北京火车站、民族文化宫、北京图书馆新馆（国家图书馆），甚至没有坡顶的人民大会堂、国家博物馆等，都有着分段式、虚实对比或者兼有横竖对比的立面（图5-64）。

图 5-64　中国美术馆

第三种模式实际上可以看作是第二种模式的加法，即西式语法组织起来的是中西两种"单词"。河南大学礼堂（1934 年）就带有中西两种词汇和西式的语法——它的南向门厅有着三段式的屋面和对比明确的屋身：中间为典型的歇山顶高起，两侧卷棚歇山顶下沉，而屋身空虚的部分却镶嵌着 4 对没有涡卷的爱奥尼巨柱②（图 5-65a）！厦门大学的建南大会堂（1954年）也有类似的情形：正立面上三层歇山顶，中间高高耸立，屋身部分有虚实对比的构图。正脊和四个角脊高高翘起，为闽南本土语汇，一层入口却立着四根地道的爱奥尼石柱（图 5-65b）！这种闽南语汇与西式语汇、语法混合的建筑被冠以"嘉庚"风格，成为陈嘉

①　严何. 古韵的现代表达——新古典主义建筑演变脉络初探. 南京：东南大学出版社，2011：110
②　张宏志. 河南大学近代教育建筑研究——从书院到大学的演变过程. 申请西安建筑科技大学硕士学位论文，2005：94

庚先生捐建的集美学村以及后来的厦门大学特有的建筑风貌①。

图 5-65a　"西式语法＋中西语汇"的混合——河南大学礼堂

图 5-65b　"西式语法＋中西语汇"的混合——厦门大学建南大会堂

　　建筑中的异质混合在中国历史上亦属司空见惯，反映出中国文化的包容性和开放性。例如中国传统的"塔"就是外来的佛教建筑与中国本土楼阁建筑结合的产物，但经历漫长的历史磨合后，两部分融合得自然得体，人们似乎已然忘却了它的"混血"身份，而完全把它看中国传统建筑不可分割的一部分。今天异质混合现象仍在不知不觉地进行，例如我们用西方的"表皮"理念来组织中国传统的"棂格"，使建筑既有文脉感，又有时代气息。可以肯定的是，建筑中的异质混合现象未来会依然如故，中国经济实力与综合国力的提升必然伴随着与大量异国文化的进一步交流、接纳、选择和融合。这是文化演化过程的自然现象，只不过，在混合过程中，异国模因的比重会发生历时性变化，融合的平滑度也会有所差别：有的比较生硬，两种模因拼接的痕迹比较明显；有的则比较自然，两种模因平稳有序地交接，相互溶解。

　　从模因论的角度来看，建筑中的异质混合是个人与社会心理文化结构的真实反映：中外文化对个人和社会共同施加"场"作用，从而使两种文化的模因共同驻足于个人和社会的心灵世界，最后在不知不觉之中外化为特定的物理表现——建筑，就像今天的我们使用几何代数进行计算，使用海量的外来词进行写作，穿着西服婚纱举行婚礼一样自然，人们已经无意识地接受这些外来模因，而不会苛责它们的由来。

---

①　谢弘颖. 厦门嘉庚风格建筑研究. 申请浙江大学硕士学位论文，2005：27

5.4 传统形体语汇的现代特征

（1）从具象到抽象的转变

中国传统形体语汇在现代建筑中经历了一个从具象、写实到抽象、写意的演化过程，演化的动力包括传统建筑与现代建筑在材料、结构、功能、审美等方面的差异性，以及与国外建筑文化的异质混合。

从现代建筑发育早期的民国时代到现代建筑成长的新中国，都曾经出现过形形色色的、具象的传统形体，例如屋顶、斗栱、台基等等。但它们在与现代建筑对接时，为了与现代建筑的美学特征相匹配，均无一例外地出现了对结构、功能的扭曲，材料和空间上的浪费等现象。

当现代建筑回归到空间本质时，传统建筑的形体语汇只能以变异的形态出现，以适应现代建筑的材料、结构、功能、审美要求。变异的方式就是改变甚至剔除与现代建筑不相容的部分，或者只撷取其中的某一部分，进行隐喻性表达，而不是写实地刻画。结果就是，传统建筑的形体语汇越来越简洁，越来越抽象和写意，有时仅以意象的形式出现。

（2）历时与共时的多样性

根据模因论的观点，模因的变异具有随机性和多元性。传统语汇的变异形态会因时、因人、因势而异，每个时代都会出现多种变异倾向，不同时代的变异特征也大不相同。

（3）历史性隐喻与象征

与传统建筑的材料、色彩语汇一样，传统建筑的形体语汇也具有等级伦理意义，是社会地位、功能地位的象征。而现代建筑在使用它们时则倾向于隐喻历史和文脉，或者满足特定时期的政治、经济需求。例如民国时代对"中国固有式"、"宫殿式"的追求，新中国以后对"民族形式"的追求等等，都带着一定的政治倾向，而1980年代以后的"仿古"之风则往往与宣传地域形象、提振旅游等经济活动有关。

5.5 本章小结：传统形体语汇的模因变异

（1）减法变异

从具象描绘到抽象表达，传统形体所经历的多元变异必然伴随着初始模因信息的衰减。为了与现代建筑合理相容，传统形体在经过材料、结构、功能、美学等转变后，逐渐将一部分兼容性差的内容抛弃。这是传统形体语汇模因变异的总体趋势。

（2）语义变迁

传统形体与等级观念密切相关，被赋予了伦理性的象征意义。现代建筑则将这些等级意义抛弃，而是赋予它们历史感、地域感，更重视它们的隐喻性表达，或者赋予它们政治含义。

（3）语法转变

现代建筑不再遵守传统建筑的构图逻辑，而是因时、因人、因势，将传统形体进行多元变异，使之能够与现代建筑的语言体系相容。

第6章 传统语法的模因变异：
延续与调整

前面两章，我们用大量的篇幅论述了传统建筑的显性部分——材料、形体等语汇在现代建筑中的模因变异。下文将讨论传统建筑的半隐性部分——建筑语法的现代承传现象。

第2章论述了建筑语法的几个普遍特征：有限性、稳定性、普适性、独特性和有限的通用性。有限性指相对于建筑语汇的丰富数量而言，建筑语法的数量相对较少；稳定性指建筑语法并不像建筑语汇那样容易变异；普适性指同一"语种"的建筑语法不像建筑语汇那样过多地受到阶级、地域、时代的约束，可以跨越这些藩篱而被人们普遍采用；独特性指建筑语法受到建筑"语种"的限制，不同结构、不同材料、不同文化背景下的建筑往往拥有自己独特的语法规则，就像英语和汉语的区别；有限的通用性指不同的建筑"语种"可以共享少量的语法规则，就像英语和汉语都有一些相同的构词（字）法和句型一样。

现代建筑与传统建筑之间犹如两个不同的"语种"，但传统建筑中的某些语法具有适度的通用性，能够被现代建筑延续下来，二者之间发生语法模因信息的转移。但模因的传播总是与变异相伴，这些传统语法在现代建筑中的使用必然要发生某种转变，延续和变异是同时发生的。

下文将选择两个典型的中国传统建筑语法——围合法则、轴线法则，观察它们在传统建筑和现代建筑两个"语种"中的各自使用特点，讨论它们在现代建筑中的模因转变。需要指出的是，严格来说，象征与隐喻属于空间修辞和传统美学范畴，但由于它们也像建筑语法一样具有一定的语汇调配功能，故此将它们与建筑语法并入同一章进行讨论。

6.1 围合法则

6.1.1 传统建筑的围合法则

中国传统的"正式"建筑以单层和二三层为主，建筑平面以通用性强但功能单一的矩形为主，建筑体量较为单纯，大体量、功能复合的集中式构图较为少见。满足复杂功能的策略是将建筑单体进行组合，联结成规模不等的建筑群，这就需要一套"组群法则"进行调配和安排，使建筑群呈现某种秩序。"围合"正属于这样的"组群法则"，其结果形成的是一个短小的"围合句群"。

（1）传统围合句群的成分

围合法则调配的建筑语汇主要包括：1）词汇类。包括连廊和各类墙垣，如影壁、漏墙、实墙以及设置在墙体上的门扉等小品建筑。在园林中，某些成排的植物、线状排列的假山等也可以参与围合。2）语句类。主要指各种建筑，如殿、堂、厢房、附属用房等。

　　围合句群一般有两层界面：外界面和内界面，当两个以上围合句群紧邻排列时，两者之间还可能有一个"分界面"。墙垣及其连带的门房等小品建筑，可以成为内、外界面和分界面的全部或一部分，连廊及其附属的门房、亭子等可以成为内界面和分界面的一部分，而建筑的内立面往往成为内界面的重要组成部分，其外立面、侧立面则可成为内界面、外界面的一部分（图 6-1）。

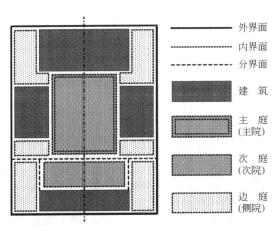

図 6-1　传统建筑"围合句群"的成分

　　围合句群还包含如下内容：实体的建筑语汇和由它们限定出来的虚空的室外空间——庭院[①]，二者同属于这个"围合句群"不可分割的有机体。不同的庭院在位置、尺度、空间形态及重要性上有所区别：位于建筑前后或由建筑包围起来的庭院往往处于核心位置，是"中央庭院"，或称"中庭"、"正庭"、"正院"，而其他庭院则围绕着"中心庭院"布置，属于"边庭"、"角庭"、"边院"或"侧院"（图 6-1）。

　　当围合界面的高度远小于庭院平面尺寸时，庭院表现为开敞的形态，而当围合界面的高度远大于庭院平面尺寸时，庭院表现为"天井"。当庭院平面的一个尺寸远大于另一个尺寸时，形成狭长的"窄庭"或"窄院"。

　　在由数个围合空间形成的更大句群中，建筑的等级地位有所区别，主要建筑前的"中庭"可称之为"主庭"或"主院"，而其他"中庭"则可称为"次庭"或"次院"（图 6-1）。虚空的庭院实际上和实体的建筑一样重要，二者是合作[②]或互补的关系，共同满足居住者的需求：面积较小的"边庭"往往负责辅助功能，如杂务、后勤、堆储等；面积较大的"中庭"和建筑一起分担着"句群"的主要功能，如生活、交流、仪式、游憩等。因此，中庭的空间形态往往就是围合句群功能、等级、审美等内涵的直接反映。

---

　　① "庭院"一词是"庭"和"院"的复合。"庭"指"堂屋阶前的空地"，如前庭、中庭、后庭等；"院"在《辞源》中指"有墙垣围绕的宫室"，在《辞海》指房屋围墙以内的空间，有时指房屋及周围相连的空地，如寺院、宅院等；与"庭院"一词相近且用的比较频繁的是"院落"，特指"周围有墙垣围绕、自成一统的房屋和院子"即：由实体的建筑语汇和虚无的室外空间组合的整体。因此，"庭院"与"院落"有所区别，"院落"包含了"实"与"虚"两部分，是"虚"与"实"结合的整体，而"庭院"仅指院落的室外空间，既含建筑前的"庭"又含建筑周边的"院"。详见：（1）辞源.北京：商务印书馆，1997；0546，1779，1453；（2）辞海.上海：上海辞书出版社，2009；2266，2825，1492

　　② 参见：缪朴.传统的本质——中国传统建筑的十三个特点.建筑师，1989（12）：64～66

（2）传统围合法则的功能分类

不同的建筑功能相异，要求围合法则调整其结构成分，从而形成不同的围合形式，并反映在庭院的空间形态上。这些功能包括：

1）生活功能

其形成的室外空间为"生活性庭院"，常设于寺观、皇宫的生活部分和民居的主要建筑之前，主要是满足日常生活之用，例如，家庭成员的交流、室外生产、阅读、锻炼、儿童游戏等。因此，生活性围合的中庭尺度大小适宜，对环境质量要求较高，需要满足通风、采光、遮阳、避寒等生态要求。围合的内容主要有生活必需的庭院陈设，如适量的植物、鱼缸、桌椅等（图6-2）。

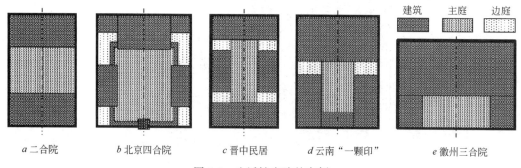

| | | 建筑 | 主庭 | 边庭 |

a 二合院　　　　*b* 北京四合院　　　　*c* 晋中民居　　　　*d* 云南"一颗印"　　　　*e* 徽州三合院

图6-2　生活性庭院的实例

2）民俗仪式

其形成的室外空间为"仪式性庭院"，常设于寺观、皇宫、宗祠、署衙等建筑群的主要建筑前。传统建筑的功能比较单纯，室内空间有限，信众礼拜、国事礼仪、政务等活动，均需在一定的室外空间举行。这些活动往往人员密集，需要肃穆的氛围，因此，庭院的对称性得以加强，而且面积很大，是一个大面积的封闭的广场。但庭院的环境质量不高，广阔的庭院难以满足遮阳、避寒的生态要求，庭院内甚至无任何植物。例如，面积达3万 m² 的故宫太和殿广场上就空无一木[1]（图6-3*a*）。

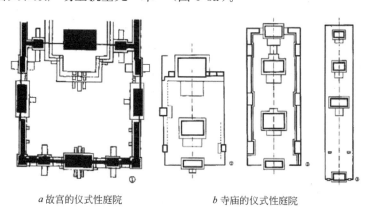

a 故宫的仪式性庭院　　　　　　*b* 寺庙的仪式性庭院

图6-3　仪式性围合和包容性围合

---

① 侯幼彬. 中国建筑美学. 哈尔滨：黑龙江科技出版社，1997：107

3）宗教仪式

以某些寺观、祠庙等建筑群的总体布局为代表[1]，主要建筑按功能等级在轴线上依次排列在外界面的"包围圈"中，但呈游离状态而不与之发生粘连（图 6-3b）。

包容性的室外空间既可以被视作一个巨大的"庭院"，也可以被视作多个连续的分界面消失的结果，其内散布着建筑、亭子、台阶等构筑物和树木、花草、山石等景观实体，清晰地显示出建筑群的公共性，可以应对节日仪式上的密集人流。

4）景观功能

最常见于文人园林或者皇宫别苑、寺观、祠庙、宅邸的花园部分，或称之为"庭园"，与包容性围合既相似，又存在多方面的区别：首先是围合的内容不同。包容性围合的核心内容是建筑，而景观性围合的核心内容是树木、花草、山石、水池、小桥等景观语汇，即使出现亭、台、榭、轩等小品建筑，也形体纤巧，以活跃空间、衬托和点缀景观为目的。其次是围合空间的形态不同。包容性围合布局严整，具有明确的轴线序列，而景观性围合以赏景、游憩、怡情为目的，空间自由，景物自然。最后是外界面的不同。包容性围合的外界面常呈现工整的平面形态，而景观性围合的外界面既可规则有序，也可随形就势，曲折有致（图 6-4）。

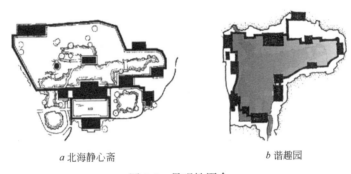

a 北海静心斋　　　　　　　　　b 谐趣园

图 6-4　景观性围合

（3）传统围合法则的特征

1）功能复合性

这实际上体现的是室内外空间整体性、互补合作的特点。传统围合空间尽量使其功能完备，形成不假外求的私人专属领域[2]，典型代表是生活性围合空间——民居中庭，担负的功能往往是多样的：首先是交通作用。建筑的出入口均开向中庭，人员的出入均需要经过这个联系空间，中庭周围的游廊则为雨雪天的交通提供保障。其次是生活功能。中庭为家庭成员的生活交流提供了一个安静的场所，读书、娱乐、晾晒、游戏……，均可以在中庭内完成。再次是仪式功能。中国传统建筑有限的室内空间无法满足人员密集时的大型活动，中庭作为室内空间的补充，则可以为红白仪式、节日聚会等大型活动提供足够的空间。最后中庭还担负着生态功能。高厚的外界面将风沙、寒暑阻挡在外，而所有建筑均对中庭开设门窗，达到采光通风的目的。

---

① 侯幼彬.中国建筑美学.哈尔滨：黑龙江科技出版社，1997：87～88
② 参见：缪朴.传统的本质——中国传统建筑的十三个特点.建筑师，1989（12）：62～63

当然，中庭空间的精神功能也同样重要。传统的围合法则要求建筑的排列遵守社会伦理——不同成员的房屋分布在不同的位置，以体现长幼之序、内外之别。中庭空间就是家庭亲情的纽带，围合的客观结果就是为所有的家庭成员提供了一个令人牵挂的精神归宿。

景观性围合亦如此。尤其是大隐于市的江南文人园林，高墙之外车马喧哗，而高墙之内的庭园却一派山野景致，可观、可居、可怡情。庭园虽小，却可知时节之变，可悟天人之道，既得人伦之乐，又通自然之理。

2）生态性与地域性

生活性庭院担负着日常室外活动功能，对环境质量要求较高，需要遮阳避寒和良好的通风、采光，对地域性的气候变化反应敏感，从而要求围合法则调配不同的语汇，形成不同的庭院空间形态。

对比一下吉林、北京、徽州和潮汕地区的民居庭院（图6-5），就能够更清晰地认识到气候对围合空间的影响：吉林和北京的极端气候发生在寒冷的冬季，庭院需要充足的阳光，但地理偏北，冬季太阳较低，故庭院南界面较低，进深相对较大，"灰"空间较少。

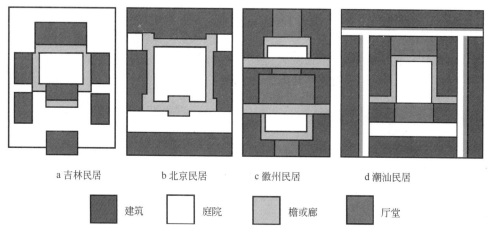

| a 吉林民居 | b 北京民居 | c 徽州民居 | d 潮汕民居 |

■ 建筑　　□ 庭院　　■ 檐或廊　　■ 厅堂

图6-5　四地民居庭院及灰空间的差异性

这说明，北方的理想庭院应在降低南界面高度的同时尽量拉长进深，甚至做成纵长窄院。同时，为了冬季保暖，建筑内界面应少量开窗，保持界面的"实""硬"质感。

与之相反的是徽州民居：为了应对夏季湿热的极端气候，庭院的南界面较高，进深较小，"灰"空间较多。这一地区的理想庭院要有较高、较长的南界面，如天井和横长窄院。为了加强通风，建筑内界面开窗较大，有时甚至可以完全打开，界面质感较"虚""软"。

潮汕民居与徽州民居接近，同样需要"灰"空间来遮蔽阳光，但南界面较低。这是潮汕地区特殊的地理位置决定的：它位于北回归线以南，夏日骄阳可以来自北方的天空，较高的南界面对遮挡阳光的作用不大。因此，这一地区的庭院"灰"空间最具遮阳价值，而界面高度和庭院平面形态并不重要，空间形态可以是多样化的。同时，为了加强通风，内界面质感也应倾向于"虚""软"。

由此可见，围合法则虽然是一个跨域性的通用语法，但使用起来并不僵化，而是在不同的自然条件下进行灵活变通，以调配形态不同的建筑语汇，达到对地域和气候的适应。

3）哲学性

"当我们身处在中国传统建筑的院落中时，我们经常会感觉到它真像万物具备的宇宙。在这个小小的天地之中，一个人始终与他最亲近的人，家，阳光，神祇等等保持着近在咫尺的关系"[①]。事实上，这种感受来自于围合空间在无意识之中所遵守的一套哲学观念。传统的易经、五行、风水术等，均是对宇宙构成、事物运行规律的深度思辨，它们渗透到人们生活中的方方面面，也自然成为建筑营造的指导思想。建筑的功能布局、形体特征、用色、用材、入口朝向等，均以阴阳、五行、风水、伦理秩序作为设计依据和操作规范，将抽象的哲学概念凝结为可视、可触、可感知的建筑空间。

从平面构图来看，虚空无体的庭院与实体的建筑语汇之间，形成"虚"与"实"、"图"与"底"或者"白"与"黑"的对比关系；从功能上来看，实体的房屋搭建起可以遮蔽风雨的室内空间，而庭院则成为人与人、人与自然相互交流、相互联系的纽带，二者交互出现，互为补充、互相依存，即"有无相生，知其白，守其黑"[②]。从某种意义上来说，比之实体的建筑语汇，虚空无体的庭院更多地决定了传统建筑群的环境质量和空间特色，并且极富传统哲学意味和审美情趣。可以说，围合法则所产生的建筑群就是一种深藏玄机的宇宙图式，体现出中国传统建筑比之西方的独特之处。

6.1.2　现代建筑中的围合法则

（1）消解的边界

传统围合形成的空间几乎是一种绝对分隔，由此划分出来的领域被分配给不同的人或用于不同的功能[③]。不同的空间领域被一道闭合的、坚固的二维实体边界包围着，既限定了身处其中的居住者的行动范围和行动方向，又突出了空间领域的私有性、专属性，让使用者不受外界干扰。并且，通过层层边界的限定和不同的边界语汇表达特定的空间意义：或轻松，如私人园林的花园部分；或神秘，如寺观、宗祠的仪式区；或威严，如处理国务的宫殿区，因为传统社会是一个极权社会，重大国是都要在这里商定，国家权力集中于皇帝——代表上天意志统治人间的"上帝之子"。

故宫正是如此。晋见者和参政者需要通过一个个由高厚的边界限定的围合空间，穿过一层层特意设定的宫门——大（明）清门、千步廊、天安门、端门……，甚至步行数公里，最后才能到达议事的朝堂。参政者皆为社会精英，而将普通大众排斥在"禁城"之外。

然而，这种情形在 1949 年以后彻底发生了改变：在天安门城楼以南，原来封闭、狭长、气氛压抑的千步廊被拆除了，陆续建起了一系列具有强烈的民族国家象征的建筑物：为民族解放的牺牲者修建的"人民英雄纪念碑"，中国的国会大厦——人民大会堂，中国的国家记忆——国家博物馆，和天安门城楼，一起围合成了一个公众可以自由涉足的城市

---

① 缪朴.传统的本质——中国传统建筑的十三个特点.建筑师，1989（12）：63～64

② 老子·二十八章

③ 缪朴.传统的本质——中国传统建筑的十三个特点.建筑师，1989（12）：62～63

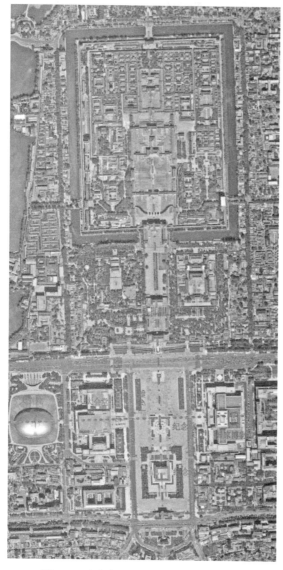

图 6-6　千步廊与广场建筑群的位置关系

广场（图 6-6、图 6-7）——一种在欧洲传统城市普遍存在、而在中国传统社会难以存在的公共空间。与北边气氛神秘、威严的"禁城"相比，它没有坚实高厚的围墙，城市道路围绕周边，可以通达城市的各个方向。

推动这种变化的是政治人类学的改变，或说是社会的彻底变革而引起文化场的变化：中国传统社会只有少数社会精英或统治者才能参与政治，国事的决策过程是在封闭的宫墙之内进行的，公众只是在事后被动地接受"庙堂"之上的决策，或者说公众对政治的参与"从未被认为是正常的活动"[1]。而 1949 年以后的中国大陆政权代表的是广大人民的利益，最高决策机构是人民代表大会，它们参与国务过程。天安门广场成为凝聚民族精神、公民参与政治的象征场所——接待重要外宾、群众性庆祝活动、阅兵仪式、国旗升降仪式，以及一系列有影响的政治事件。社会的深彻变革在客观上需要拆除传统社会保守的边界，而将围合空间面向公众。

然而，传统边界的消解并没有影响传统模因的承传，天安门广场潜在的意识形态实际上是一种深层语义的混合物——社会主义的革命意识与传统观念的模因复合体——与它北边的皇城以及所有的民居庭院一样，具有重要的象征意义：北边的"正房"或"北房"是父母或说家长的房子，东西两面的"厢房"是长子、次子的房子，堂屋则是祭祖迎客的地方。在建筑体形上，"正房"最为隆重、高大，厢房次之。天安门城楼正居于"正房"的位置，悬挂着伟人肖像，辅弼左右的是大会堂和国家博物馆——原来的千步廊和两边的衙署[2]。但在广场中心的纪念碑则是传统庭院未有之物，

① 缪朴. 传统的本质——中国传统建筑的十三个特点. 建筑师，1989（12）：62～63
② 关于天安门广场布局与传统皇宫和庭院的相似性论述主要参见：（澳）麦克尔·达滕著，陈逢逢译. 广场——关于北京建成环境的政治人类学研究. 时代建筑，2010（4）：98～99

而广场南端的伟人纪念堂则完全借鉴了西方，切断了南北流通的传统"气韵"[①]，显示出传统围合空间发生的模因变异。

这再次证明，模因具有潜移默化的、巨大的、无法抗拒的渗透力量。在今天的市政府、公共设施的建设中，"天安门广场"模式的城市空间仍若隐若现：一座体态雄伟的市政大楼就是"家长"，它的左右辅弼着身材矮小的各级下属机关；一座博物馆要将体积最大的主展厅放在围合空间端头，而其他展厅、办事机构则成为体态纤小的"厢房"（图 6-8）。这是一种矛盾的模因混合体，既要表现业主的强势地位，又必须以无边界的空间形态来回应公民社会的现实。

（2）开放的边界

传统围合法则形成的庭院空间是一个矛盾的统一体——外在的保守性和内在的公共性：外界面通常只有少量开窗甚至无窗，质感硬而实，缺乏丰富的光影效果，呈现保守甚至防御的姿态；而内界面通常有较多的开窗，质感虚软，光影丰富，表情亲切。

然而，现代建筑却具有公共特征，它功能复合，体量更大，进深更大，容纳人员更多。为了通风采光，必须对外设置大量的窗、阳台等。除了特殊功能的建筑外，现代建筑需要一张情感丰富的表皮，即便是现代的多层、高层住宅，也是公共性、集合性的建筑，设有公共的楼梯间、电梯间、走廊、门厅等，对外挑出阳台、飘窗等，与传统民居保守的外界面相异甚远。因此，源于传统建筑的围合法则尽管还在现代建筑中延续，但外界面的保守性被以不同的方式进行了不同程度的瓦解，"天安门广场"模式只是其中一种方式，代表的是现代城市空间对传统围合边界的变异。

中国美术学院象山校区建筑群代表的是另一种变异方式。传统的围合法则应用到了多数建筑中，并向我们展示了中庭空间形态的多种可能：

图 6-7　千步廊与广场建筑群的模拟对比

a 宁波市鄞州区政府

b 湖北省博物馆

图 6-8　没有边界的围合

[①]　（澳）麦克尔·达滕著，陈逢逢译.广场——关于北京建成环境的政治人类学研究.时代建筑，2010（4）：100

有的是传统"四水归堂"式的天井，包绕着和传统一样虚软的内界面；有的偏向一边，由建筑和围墙共同围合成边庭，但围墙却并非传统的实墙，要么是砖砌的花格，要么是形态自由的漏窗，能够与外界发生着视觉交流。最为特别的是三面围合的庭院，如同将传统"四水归堂"的天井消解去一个界面，裸露着内部，恰如摘去盖头的新娘，美丽的妆容不再神秘，而是大方地展示于人（图6-9、图6-10），显示出现代建筑的开放和自信。

图6-9　围合空间的多种形态：象山校区总平面图

a 四水归堂　　　　　b 三面围合　　　　　c 三面围合　　　　　d 边庭内景

图6-10　围合空间的多种形态

　　"土楼公社"和"三间院"的围合界面开口则要微妙一些。前者的原型——客家圆形土楼是一种完全封闭的围合，由于安全需要而设计成等高的、连续的、硬实如堡垒的外界面[①]，只设置一两处小小的出入口，但内部空间却对全体成员开敞。"土楼公社"是面向低

---

① 刘晓都，孟岩.土楼公社，南海，广东，中国.世界建筑，2011（05）：85

收入者的出租公寓，在周边的环形和内部的方形体量里一共安排了 287 套紧凑的居住单元[①]，向外开设阳台，外界面完全虚透，完全不同于它的原型。环形的外界面在一个方向上打开了缺口，进一步消解了原型的封闭感，而增强了它的开放特征（图 6-11）。

a 总平面图　　　　　　　　　*b* 鸟瞰图　　　　　　　　　*c* 外界面

图 6-11　土楼公社：环状围合及其界面特征

规模小得多的"三间院"也围合出开放性的中庭：每个围合体都形成一个大中庭和三个小边庭，它们就如同四边形切去一部分。"三间院"使用的是一种现代的"传统材料"——本土的红色河泥砖。它的内外界面也不像传统砖墙那样封闭和硬实，设计者打破了传统的砌砖方式，让砖墙变得通透起来，如同编织了一层砖的纱衣[②]，建筑内外、庭院内外可以进行视觉和空气交流（图 6-12）。

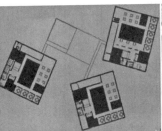

a 总平面图　　　　　　*b* 平面图　　　　　　*c* 内界面　　　　　　*d* 外界面

图 6-12　三间院：围合的中庭及其界面特征

（3）虚化的边界

如果说，以"天安门广场"模式组织的空间虽然消解了传统的围合边界，但还带有传统庭院的严肃感的话，练塘镇政府却在保留传统连续边界的情况下完全打破了一般政府建筑的严肃感，有着亲切的界面特征。它进行的是两重围合：第一重沿用地边缘设置灰白色围墙，第二重用同样的围墙和白色的建筑围合出较大的景观庭园，并限定出一些微型庭院[③]。它的两重外界面都具有开放的特征：围墙并非传统高厚无窗的形象，而是尺度平和的、通透的灰白色花格，高不过行人的双目，外人的视线很容易超过边界看到里边的建

①　蔡晓玮.土楼公社——一种温暖一脉相承.东方早报，2008 年 10 月 23 日 C01 版
②　张雷联合建筑设计事务所.三间院，扬州，江苏，中国.世界建筑，2010（10）：97
③　张斌，周蔚.内化的江南：练塘镇政府设计手记.建筑学报，2011（04）：98

筑，甚至内庭院。这意味着，这道边界实际上只有限定领域的象征意义，而并不像传统边界那样拒人于墙外（图6-13）。

a 总平面图

b 轴测图

c 明代木版画《环翠堂园景图》的围合空间

d 围墙和入口

e 架空和通透的底层

图 6-13　练塘镇政府

建筑的外界面采用了本土传统的灰、白、黑和木质的暖灰色，形体为灰色的单坡顶和敞开的阳台，一改当下政府建筑流行的刻板和严肃，并以架空的底层面向主要入口，公众似乎可以随意进入内庭院，并能够清晰地看到各个机构的位置；内庭园的做法异于传统的江南园林，带有枯山水风格，围合它的是虚透的落地窗和对庭院开放的走廊，让室内室外相互渗透。庭园和传统的色彩、材料一起，给人的感觉既熟悉又陌生，传统既得以承传又发生了适度的变异。

空格边界和白色建筑、架空的底层、虚透的走廊……一起构成了典型的"空间透明"和"意义透明"，可以视作执政意识的转变——它不再是那个曾经令公众难以接近甚至心生畏惧的强势政府，而是欢迎公众的积极参与，希望通过透明理政来缓和公众长久积蓄的不信任感和对立情绪。

上海青浦区私人企业协会办公与接待中心（下称"私企中心"）则用另一种方式来表达现代围合的开放性和边界的透明性——玻璃。像练塘镇政府一样，这座建筑也运用了两重围合：第一重是方形的围墙，第二重是方形的建筑。两重围合全使用了玻璃，但质感完全不同：第一重界面是完全透明的，第二重则是半透明的，印刷着冰裂纹和蜻蜓翅纹[①]。玻璃围墙和建筑之间隔出4米距离，种植高大的青竹，建筑中间则限定出一个近于方形的景观庭园[②]。

---

① 大舍.青浦区私人企业协会办公与接待中心，上海，中国.世界建筑，2007（02）：98
② 大舍.青浦区私企协会办公楼.建筑师，2006（4）：48

　　围合的开放性来自三个方面：玻璃围墙晶莹剔透的透明质感，玻璃板之间的缝隙，轻柔的、白色的半透明表皮和沟通内外的架空底层（图 6-14）。玻璃围墙清澈的透明性所造成的开放感成功地化解了一对矛盾：市政当局要求它的场地景观交还给公众，而内部办公却又需要一个不受干扰的安静环境[①]。透明的边界则明确地显示出业主的和解姿态和与公众共享景观的意愿。

| a 透明玻璃围墙及细部 | b 半透明表皮 | c 庭园和架空底层 |

图 6-14　上海青浦区私企中心

　　与私企中心隔河相望的青浦区夏雨幼儿园，用另外两种外界面来表达现代围合的开放性：U 形玻璃和涂料实墙。这个建筑由两部分组成，较大的是教学区，较小的是办公区[②]。建筑均为自由圆滑的长条状，仿佛相互偎依、蠕动缠绕的两条"春蚕"，与私企中心的平面形态完全不同。较小的"春蚕"为办公区，边界是透光而不透视的 U 形玻璃，中间围合出长条状庭院；较大的"春蚕"是教学区，边界是坚实的涂料实墙，与曲折的连廊和彩色的建筑一起，为每个班限定出形态不一的活动庭院。

　　教学区坚实的外界面实际上被设计者理解为具有保护作用的容器，它构思自马蒂斯的名画《静物与橙》——陶制的果盆盛装和保护着带有绿叶的红、黄橙子，就像坚实的外墙呵护着内部的儿童，因为墙外 70 米处就是车流如鲫的交通干道（图 6-15）[③]。设计者有意在外界面上勾画出方向不一的斜缝，弱化了原本均质的、封闭的、沉闷的感觉，让界面内外实现了视觉和空气交流，从而与江南园林传统的内向性产生差异[④]。

| a 两种边界面 | b 班级庭院 | c 油画《静物与橙》 |

图 6-15　上海青浦夏雨幼儿园（一）

---

①　设计与完成——青浦私营企业协会办公楼设计.时代建筑，2006（1）：99
②　大舍.青浦新城区夏雨幼儿园.上海，中国.世界建筑，2007（02）：27
③　大舍.上海青浦新城区夏雨幼儿园.时代建筑，2005（3）：101
④　大舍.青浦新城区夏雨幼儿园.上海，中国.世界建筑，2007（02）：26

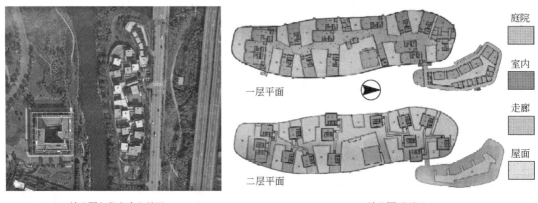

d 幼儿园和私企中心总图   e 幼儿园平面图

庭院

室内

走廊

屋面

图 6-15   上海青浦夏雨幼儿园（二）

6.2   轴线法则

中国传统建筑功能的单一性、平面的通用性促使功能复杂的建筑匍匐在地，进行平面化组合，形成大小不等的建筑群。围合法则只是最为基本的"组群法则"，联结而成的只是由一到数幢建筑组成的小"围合句群"，成为基本单元。而将它们联结成更大的"建筑句群"时，常常要用到轴线法则，即通过轴线组织，将"围合句群"串联起来，成为"轴线句群"。"轴线法则"总是与"围合法则"并存并用，但串联在"轴线句群"上的"语法成分"可以是数个"围合句群"、单体建筑、小品建筑甚至山岳、湖泽等景观语汇。

与围合法则一样，轴线法则也属于普适性的建筑语法，涵盖了几乎所有类型的传统建筑：从高等级的皇宫、王府、署衙到普通的民居，以及寺观、宗祠……，建筑群无论大小，从一幢单体建筑、一个独立院宅，到大规模的皇宫、王府、寺观，甚至一座城市……，都可以隐约感知轴线的存在。

同时，轴线法则还具有超越地域和"语种"的通用性，并不为中国传统建筑所独有，而是世界各种建筑中共存的"语法"规则，只不过"语法成分"和语序存在某种差异，各具特色。

6.2.1   传统建筑的轴线法则

（1）虚拟性

事实上，"轴线"的初始含义就具有一定的虚拟性。《韦氏大词典》认为"轴线"是"一条物体围绕着进行旋转的假想直线"或"一条将物体均分成两部分的直线"，可以引申为"坐标系中的基准线"或"方向、运动、生长或延伸的主线"[①]。因此，"轴线"的本意是一条假想的、并无物理实体的几何直线，在它的周围或两边对称地布置着以该直线为基准线的形体。而"轴线"的衍生意义并不一定是一条直线，但具有引导性和方向性。

《土木建筑工程词典》对建筑"轴线"的定义也延续了这种虚拟性描述："建筑群体或一幢建筑的布局中可分成对称或均衡两部分间的中线，是辅助建筑设计构图的一种设想

---

① 韦氏大词典网络版：http://www.merriam-webster.com

线。在建筑群体或单幢建筑中，有时可设想一个以上的轴线，其中之一表示布局中的主体或主要部分，在轴线两侧建筑相互对称的称为'中轴线'。轴线的运用可使得建筑群或单幢建筑有重心和均衡感，并可突出建筑群或建筑的主要部分。中轴线两侧的建筑则往往起着衬托作用，使中轴线上的主体建筑更显得突出。"[①]

很明显，建筑的轴线具有意念性，并非一个可以触摸的物理实体。对于一幢单体建筑，通常可以通过对称的立面、平面等感受到轴线的存在。但是，当形成一个建筑群时，中国传统建筑的轴线就显示出有别于西方建筑独特之处：重要的建筑总是位于轴线之上，无法形成贯通的视觉通道，只有两侧对称布局的辅助建筑、围墙、连廊以及对称的建筑立面……才能让人感受到轴线的存在，或者当人们阅读完一系列建筑后，把主要建筑的中心点进行意念连接时，才会得到轴线的概念。即使具有方向感的甬道、桥梁……，也常常被建筑、台基……打断，阻隔着人们向前的视线（图 6-16）。

图 6-16　故宫的轴线

西方建筑轴线与此明显不同（图 6-17）：凡尔赛宫也有清晰明确的长轴，在长轴的终点耸立着规模庞大的、与长轴垂直的宫殿，其他部分则是一条空透的、明确的视觉通道，串联着狭长的运河、林荫道和点状的喷泉、雕塑等景观语汇。另一端则将人们的视线引向远处的原野和森林，中间是对称布置的几何形花园。卢浮宫情形类似——长长的轴线上点缀着喷泉、雕塑，两边的花园相对布列，终点对着 U 形的宫殿广场。文艺复兴时代的圣彼得大教堂也有一条长长的轴线，串联着广场、雕塑等景观语汇，透过狭长的街道对着河畔美景。伊斯兰风格的泰姬·玛哈尔陵的细长轴线似乎是可视的，长长的水渠和对称的植物强化了轴线的存在感。

换言之，西方建筑的轴线更倾向于可视化，而中国传统建筑的轴线更倾向于虚拟性、意念性；西方的轴线布局更倾向于视野的通透与开阔，轴线是景观性的，而中国的轴线布局更倾向于建筑的串联，轴线是功能性的，忌讳直通无碍的视觉效果，建筑群更封闭和神秘；西方建筑的轴线上既有建筑语汇，又有景观语汇，如开敞的广场、草坪，线状的道路、林荫道、水渠，点状的雕塑、喷泉等，而中国传统建筑的轴线串联起来的主要有建筑、封闭的庭院，以及甬道、桥梁、影壁、大门等。

当然，二者也有一些近似之处。例如，语汇的对称性，即：轴线上的主要建筑和轴线两侧的陪衬建筑、景观等以对称或近似对称的方式布局；再如，语义的近似性。轴线法则

---

① 李国豪.土木建筑工程词典.上海：上海辞书出版社，1999：460

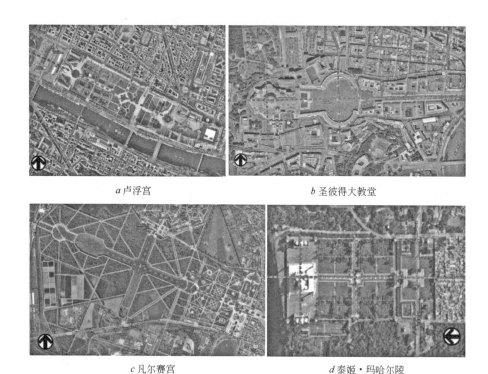

a 卢浮宫　　　　　　　　　　　　　　b 圣彼得大教堂

c 凡尔赛宫　　　　　　　　　　　　　d 泰姬·玛哈尔陵

图 6-17　西方建筑的轴线

有利于塑造肃穆、威严的气氛，突出尊崇感和权威感。凡尔赛宫、卢浮宫是法国绝对君权时代的作品，突出皇帝的中心地位。而故宫也是中国封建王朝等级最高的皇家建筑，材料、色彩、形体等建筑语汇均为最高级别，通过围合法则、轴线法则一起营造威严的氛围，突出皇权的至高无上。

（2）气候导向

位于北半球的中国属于大陆性气候，冬夏两季分别盛行西北风和东南风。建筑应对气候的方法就是南向开敞而其他三向相对封闭，以便冬季避寒纳阳，夏季通风降暑，这样南向就成为建筑最理想的朝向。在围合句群中，主要建筑总是向南边的庭院开放，当多个围合句群或多个单体建筑都以向南的姿态直线排列时，就形成了一个南北方向的纵向轴线。

这与西方建筑，尤其是西方的宗教建筑有所不同。基督教堂和伊斯兰教清真寺都要求祈祷者面向圣城，这些建筑的轴线是由教义决定的。而中国传统建筑的轴线最初由气候决定，后渐为定制，"圣人南面而听天下，向明而治"[①]。南北纵轴的使用范围也不仅仅限于更重实际需要的居住建筑，而是成为其他各类建筑的圭臬。从高等级的皇宫、王府、署衙，到庶民宗祠，甚至外来的佛教寺院，均尽可能地沿南北轴线进行布局。即使位于北回归线以南地区的建筑，仍然保持了这种向南的习惯（图 6-18）。

当然，在传统建筑中，除南北纵轴以外，还可以找到东西方向的横轴。实际上，在每个规整的"围合句群"里，当人们用一条直线连接东西两个界面的中心，就可以得到这样的一条横轴，它们与纵轴垂直相交。但是，由于南北纵轴较长，横轴总是不太突出。

---

① 易经·说卦.广州：广州出版社，2001：269

　　轴线的气候导向性进一步影响到更大的建筑群布局：当建筑群需要进一步扩大时，往往设置多条（路）平行的南北纵轴，位于中间的成为大建筑群的主轴——中轴线，而主轴两侧的成为辅助性的次轴。主轴与次轴各自串联起功能地位不同的"句群"。一般来说，"主轴句群"最为重要，建筑形象最为隆重，"次轴句群"则降低形象，对前者起衬托和辅弼作用。当然，在某些民居建筑中，多条"轴线句群"地位平等，并无主次之分（图 6-19）。

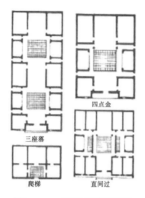

四点金

三座落

爬梯　　　　直间过

图 6-18　潮汕民居平面

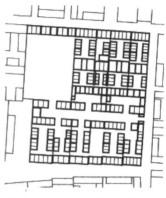

图 6-19　山西民居的多路轴线

（3）功能分段

　　传统建筑功能的单一性和平面的通用性，使复杂的功能只能分配给不同的建筑单体或"围合句群"，即：围合空间是"按人分区"的[①]。同时，传统轴线南北贯通的纵向特征使建筑群更趋于单向的线型布局，行进的路线如同一条绳索将单个独立的围合空间串接在一起，促进了建筑群以"围合句群"为单位进行串联式生长，而每个围合空间都有独立的功能和地位不等的使用者。从而，轴线上的不同区段被赋予了不同的功能意义。

　　换言之，轴线的各个区段的重要性是不平等的，使用的语汇和空间感觉存在差异性。例如，皇宫有外朝和内廷之分，外朝主要处理国事，内廷为皇家的生活空间；由多进庭院构成的府邸民宅有内外之别，外庭和后庭供来客、仆役、后勤使用，主庭则是建筑群的核心，是家庭成员的栖止之所，非请莫入；宗教建筑的轴线上也串联着功能不同的空间，佛教建筑的前段是礼佛宣教的公共空间，后段则是僧人的生活空间。很明显，这些功能空间按私密度被安排到轴线的不同位置：越靠外，空间越具公共性；越靠内，空间越具私密性，越具神秘感。

　　因此，轴线法则特别善于制造氛围，犹如抒情诗或交响乐，入口空间和中间空间常作为情感的开始，似序曲拉开序幕；然后进行平缓地过渡，逐渐地暗示，似间奏曲，作为后面高潮的铺垫，语汇舒缓而平淡；在轴线的中后段则进入高潮，语汇华丽高亢，是回旋曲，与铺垫阶段形成强烈对比，撼人心魄，恰在此时，戛然而止，形成余音绕梁的效果。当然，有时，后面还会再次进入舒缓的阶段，使情感更为丰满，令人难以释怀。牌楼、门屋、碑亭、城楼、殿、堂等则是提示符，两侧的廊庑、植物、墙垣等则和提示符一起围合出露天空间，制造情绪和氛围。传统的轴线空间和音乐一样，是单向的时间结构。

---

　　① "按人分区"的观念参见：缪朴.传统的本质——中国传统建筑的十三个特点.建筑师，1989（12）：62～63

（4）哲学性

中国传统建筑轴线的功能性与气候导向同时包含着伦理哲学和自然哲学。在中国传统观念里，中央为尊贵的方位。《吕氏春秋·慎势》曰："古之王者，择天下之中而立国，择国之中而立宫，择宫之中而庙。"作为统治者的皇宫自然要将重要建筑全部串联在中轴线上，并且依循"左祖右社"等原则来安排其他建筑。宅邸建筑同样如此——中央位置要留给长者，或者安排重要的功能，以显示出家庭和社会应有的伦理秩序。

约束建筑与建筑关系的伦理哲学只是中国传统哲学体系——易学、阴阳、五行、风水的一部分，另一部分则约定了人与自然的关系，在建筑上表现为建筑与气候、自然环境的关系，而气候导向的传统轴线正是这种关系的体现。《白虎通义·五行》曰："南方者，任养之方，万物怀任也……北方者，伏方也，万物伏藏也。"于是宫殿建筑的中轴线形态表现为"南展北收"的态势：南可开敞迎纳夏季凉风，而北宜立墙阻挡冬季寒风[①]。对于住宅来说，轴线分划出的方位中，西北为"乾"，东南为"坤"，可以开设大门，东北次之，可以辟作厨房或不得已时开门，西南独凶，可堆物或建厕等[②]。阴宅——墓冢或陵寝也讲

图 6-20 故宫东路轴线与乾隆
花园的局部变通

究选择"风水宝地"，经过觅龙、察砂、点穴之后，将山体、湖河等自然元素纳入轴线序列之中。风水说中的阴宅择地理论甚至与阳宅的择址理论保持了某种一致，例如故宫的神武门北就耸立着人工堆累而成的景山（图 6-16）。

（5）变通性

中国建筑的传统轴线虽然具有气候导向性，受伦理、易学、阴阳、五行、风水等影响，但"轴线句群"并不僵化，而是因地制宜，灵活变通。这主要表现在三个方面：首先，轴线并非一定要将一条直线保持到底，而是可以根据需要进行转折。例如，故宫中的乾隆花园就因用地的紧促将轴线进行了一次转折，并不进行贯通（图 6-20）。其次，轴线两侧的形态未必严格地完全对称，在地形并不规整时，只在轴线附近保持大体均衡即可。最后，南北纵轴未必完全与子午线重合，可以根据地形或具体的需要进行调整，偏离子午线一定的角度。故宫就是这样的，作为封建社会最高等级的建筑群，它严格地遵守了礼制、阴阳、五行、风水等哲学思想和规范，但出于某种考量，还是将中轴线偏转了一个微妙的角度。

变通性的另一个体现是"正格与变格并存"[③]，即

---

① 郑卫，丁康乐，李京生.关于中国古代城市中轴线设计的历史考察.建筑师，2008（08）：34
② 王鲁民.影壁的发明与中国传统建筑轴线的特征.建筑学报，2011（S1）：65
③ 本段关于传统空间"正格与变格并存"的特点及原则主要参见：缪朴.传统的本质——中国传统建筑的十三个特点.建筑师，1991（03）：63～64

直线正交的对称形状和曲线或直线斜交的变通形状同时存在，自由组合，使空间富于变化。这使得轴线并非全然以直线的面貌出现，而是可以盘曲弯折，但功能仍然是将各个独立空间进行串联。"正格与变格并存"的原则表现在如下几个方面：①在建筑群中，主要使用者或主要功能空间大多为正格图形。②正格与变格之间泾渭分明，没有过渡，以偶然的方式直接搭接。这两个原则的突出例证就是传统园林，其居住部分往往尽量以纵长的轴线串接正格图形，而园林部分则显得自由随意，并不要求正格图形（图 6-21）。③在受到基地约束时，尽量保证正格部分的用地需求，或者只对正格作稍微调整。例如，山区民居用地边界不易规则，应尽量保持正房和中庭规则，而厢房、耳房和边庭可以进行变化。④基地充裕时，尽量以正格图形统一建筑群。这一原则可以在多数平原地区的建筑群中得到印证。

图 6-21　留园的正格轴线和自由的花园

6.2.2　现代建筑的轴线法则

作为一种常见的组群语法，轴线法则基本上被应用到所有的建筑类型中。即使是在可居、可游的文人园林中，也往往将园林部分设计成自由形态，而居住部分则常使用轴线法则来进行控制（图 6-21）。

轴线法则在传统建筑中的广泛应用和几千年的承传，证明它作为一种建筑模因在古代社会的成功，而大量的传统建筑实例又使其获得了大量被现代人接触、认识的机会，并被潜移默化地运用到现代建筑中，使这一模因的生命得以延续。

当然，轴线法则的现代应用范围有收窄的倾向。大体量、功能复合的现代建筑更倾向于立体式发展，而轴线法则的现代运用也常见于建筑群体组合。仔细考察一下现代建筑群，就不难发现轴线法则运用较多的建筑类型主要包括：纪念性建筑、教育类建筑、政府类建筑等。当然，还有一些现代行政建筑、展览建筑等（图 6-22）。它们往往以建筑群的方式出现，为了对整体进行有效控制，或为了强调应有的严肃性而选择使用轴线法则。在进行更大范围的现代城市设计时，为了表现空间的有序性，有时也会选择轴线布局。

在以重要历史人物、重大历史事件为主题的现代纪念性建筑中，为了表达对历史的尊重，需要制造一定的肃穆氛围，这与轴线法则的传统作用高度契合；现代教育类建筑，尤其是现代高校，建筑规模、用地范围较传统上的同类建筑要大得多，需要一定的空间秩序和适度严肃的学术氛围，轴线法则至少会在一些重要部位得以运用；现代政府建筑往往放在城市的重要节点，甚至也像传统的皇宫、署衙一样占据城市的中心，并以此作为其他城市空间发展的基准，它们更会运用轴线法则来突出"城市管理者"的权威性。

当然，现代建筑与传统建筑的差异性，要求轴线法则的现代应用必须进行适度变异，以适应现代建筑的要求。归结起来，这些变异主要包括以下几个方面：

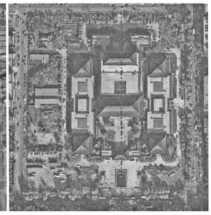

a 洛阳市行政中心   *b* 陕西历史博物馆

图 6-22 　现代建筑中的轴线

（1）轴线空间的开放性

传统轴线法则串联起来的往往是一个个围合句群，由于连续围合界面的存在，建筑群趋于内向性、保守性，甚至阶级的专属性，将地位低下者排除在外。而现代建筑更具公共性和开放性，围合空间需要面向公众，封闭式的围合界面无法普遍存在。

民国时代的重要纪念性建筑——中山陵就具备了这样的特征：它依然使用了传统的轴线法则，"……神似中国帝王陵墓，如：基本建筑构成要素：牌坊、墓道、陵门、碑亭、祭堂依然使用"，纵向长轴"将建筑单体用广场、墓道、大台阶串联起来"。并且，也像传统轴线那样制造单向的空间序列[1]：第一序列（石牌楼→墓道→陵门→碑亭）、第二序列（礼器（华表、石狮、铜顶）→长长的台阶）；高潮部分（广场→祭堂→墓室）（图 6-23）。

但中山陵"却非全然因袭"传统轴线，不仅发生语汇变异，空间氛围也"偏于平民思想之形式"，"能使游览人了然先生之伟绩"，"钟"字形平面为"可立万人之空地"[2]，具有警示世人的意味，而不像传统陵墓那样只是对帝王歌功颂德。牌坊、碑亭、祭堂、墓室等主要建筑，被宽大的花岗石台阶相连，与封建帝陵层层围合递进的空间氛围大不相同。中山陵开朗、亲民，而帝陵神秘、封闭，具有拒人门外的专属感[3]（图 6-24）。

新中国成立后的天安门广场延续了故宫的传统轴线，将旗杆、纪念碑、纪念堂串联起来，大会堂、国家博物馆、纪念堂和天安门城楼共同限定出一个宽阔的广场。但它与故宫和传统民居的庭院截然不同，没有高厚的围墙边。广场的前身——千步廊到午门的三段狭长空间，被高墙和城楼包围，封闭、逼仄、令人心生畏惧。而现代天安门广场虽然是中国严肃的政治场所，但由于没有封闭的界面，对公众完全是开放的姿态。

（2）轴线的复合化

天安门广场对传统轴线的变异还不止于此，新的建筑群虽然抓住了故宫那"具有宇宙

---

① 蒋雅君. 现代性与中国建筑文艺复兴：以南京中山陵为例. 第四届中国建筑史学国际研讨会论文集（2007）：107～108

② 国民党对中山陵寝之商榷. 大公报，1925 年 3 月 21 日

③ 李恭忠. 开放的纪念性：中山陵建筑精神的表达与实践. 南京大学学报，2004（03）：93

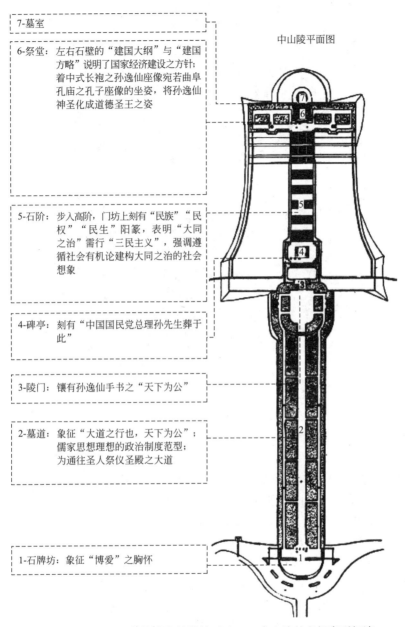

7-墓室

6-祭堂：左右石壁的"建国大纲"与"建国方略"说明了国家经济建设之方针；着中式长袍之孙逸仙座像宛若曲阜孔庙之孔子座像的坐姿，将孙逸仙神圣化成道德圣王之姿

5-石阶：步入高阶，门坊上刻有"民族""民权""民生"阳篆，表明"大同之治"需行"三民主义"，强调遵循社会有机论建构大同之治的社会想象

4-碑亭：刻有"中国国民党总理孙先生葬于此"

3-陵门：镶有孙逸仙手书之"天下为公"

2-墓道：象征"大道之行也，天下为公"；儒家思想理想的政治制度范型；为通往圣人祭仪圣殿之大道

1-石牌坊：象征"博爱"之胸怀

中山陵平面图

图 6-23　中山陵和传统陵墓的轴线对比——中山陵的空间序列解读

象征意义的南北轴线"，但是它们创造出"新的中轴线，沿长安街由西向东。这条新的中轴线，将由……所谓的十大建筑来主导……采用了纬度线，创新了一个布局"①，与故宫轴线一起形成了一个十字形轴网，其中心点在广场之上。这完全不同于传统单向的轴线格局。随着广场的扩大，它与其前身——狭长的千步廊相比，东西横轴突显出来向北而立的

① （澳）麦克尔·达滕著，陈逢逢译.广场——关于北京建成环境的政治人类学研究.时代建筑，2010（4）：97～98

　　　　　a 中山陵航拍图　　　　　　　　　　*b* 中山陵的开放性与亲民性

　　　　　c 明长陵鸟瞰　　　　　　　　　　　*d* 明长陵局部总图

图 6-24　　中山陵和传统陵墓的轴线对比

纪念堂则仿佛使故宫的轴线戛然而止。而故宫的横轴基本上被南北纵轴淹没了——这也是传统建筑的共同之处：强调南北纵轴，削弱东西横轴，大建筑群通过纵向长轴的复制并列发展。

　　这种纵横轴线复合的倾向其实在民国时代的高校（尤其是教会大学）建筑群里就已经出现（图 6-25）。一批由外国建筑师规划的大学建筑，吸收了中国传统建筑尤其是书院的布局方式，强调轴线法则的运用[①]，但却普遍出现了十字相交的轴线。在主轴线上串联着图书馆、办公楼、教学楼等重要建筑。而且，主轴线的方向也并非中国传统的南北向，而倾向于东西向，透露出它们的西方"血统"。因此，复合轴线是东西方"混血"的结果[②]：它们与美国弗吉尼亚大学的轴线有几分相似，东西向的长轴贯通着一个狭长的大型庭院，端点上是一幢体量巨大的建筑，与此轴正交的轴线引出另外两幢建筑。其实圣彼得大教堂也有复合的轴线——教堂的长轴与椭圆形广场的长轴呈现十字相交。而凡尔赛宫的巨型十字形运河将轴线的交叉表达得更为直观（图 6-17）。

　　（3）轴线语汇的多样化

　　传统轴线句群的语法成分最多的是封闭感很强的围合句群，重要建筑、庭院、桥梁、牌坊、门屋等沿中轴线排列，而陪衬建筑在两侧对称布置。现代轴线空间的公共性必然要

　　① （美）郭杰伟（Cody Jeffery）.谱写一首和谐的乐章——外国传教士和"中国风格"的建筑，1911～1949.中国学术，2003（01）：85

　　② 方雪.墨菲在近代中国的建筑实践.申请清华大学硕士学位论文.2010：82～87

a 燕京大学局部总图

b 金陵女大局部总图

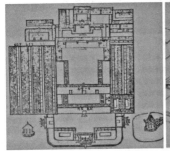

c 岳麓书院：传统高校发达的纵向轴线

d 美国弗吉尼亚大学规划总图

图 6-25　民国时期高校与中国传统和西方高校的轴线空间

满足公众的多样性需求，轴线上串联的不仅要有建筑语汇，还会包括大量供公众欣赏的景观词汇，如雕塑、水池、草坪等。轴线两侧的建筑语汇、景观语汇也未必会像传统那样严格对称，而可能只求得大体的均衡。传统的庭院空间也会扩大而变为宽阔的广场，以便迎纳更多的人流。

天安门广场的轴线串联的语汇就与它北边的故宫不同，不仅有建筑物——纪念堂，还出现了传统轴线上没有的语汇：纪念碑、旗杆，广场两侧的建筑——大会堂和国家博物馆也并不是传统的镜像式严格对称，而是存在微妙的差别。纪念碑、纪念堂等语汇的布置方式也异于传统——它们并不像传统那样严格地南向，而转向北方，与天安门城楼遥相呼应，加强对广场空间的围合。

在南京雨花台革命烈士纪念馆（下称"雨花台纪念馆"）建筑群里，轴线串联的语汇包括了围合感的纪念馆、点状的纪念碑、长条状的水池和纪念桥[1]；在淮安周恩来纪念馆建筑群里（下称"周恩来纪念馆"），轴线串联的语汇除了建筑、瞻台之外，还有长条状的草坪和伟人雕像[2]（图 6-26）。

---

[1]　齐康的红色建筑. 建筑与文化. 2010（07）：44～45

[2]　金俊，叶菁，齐康. 传承纪念、续写丰碑，淮安周恩来纪念馆生平业绩陈列馆设计. 建筑与文化. 2011（11）：112～114

a 雨花台纪念馆总图　　　　　　　　　　b 雨花台纪念馆鸟瞰

c 周恩来纪念馆总图　　　　d 周恩来纪念馆的瞻台、水面、草坪

图 6-26　现代纪念建筑的轴线

纪念碑、水池、草坪、雕像等景观语汇在中国传统轴线上并不常见，而是西方传统轴线上必备的语汇。这再次表明中国现代轴线法则具有"混血"特征，是两种模因的融合。

6.3　隐喻和象征

6.3.1　传统建筑的隐喻和象征

（1）隐喻和象征的语言学异同

从语言学的角度来说，隐喻和象征属于修辞方法，并非语法。《辞海》认为，修辞是"依据题旨情境，运用各种语文材料、各种表现手法，恰当地表现写说者所要表达的情意内容的语言活动"[1]。语法是"语言的结构法则"[2]，主要适用于构句和构词，要解决的语言课题是如何正确表达。而修辞要解决的语言课题则是如何恰当、生动地表达。以正确的基础语法为前提，是一种更为复杂和高级的语言组织法则，适用范围可大可小，词、句、段、章皆可进行修辞。

隐喻和象征分属两种常用的修辞方法，两者存在共同之处：

其一，两者都属于间接的表意方法，即：隐喻和象征都要借彼物而言此物，将所要表达的意义寓于其他事物之中，进行某种心理暗示，而并非直白地表述。读者需要通过一定的心理活动，如对比、联想等，才能从中体会出作者所要表达的情意。其中，主体所寓之物分别称作喻体和象征体，本书统称之"寓体"，所要表达的内容、情意等为本体，两者的关系类似于现代语言学所说的"能指"和"所指"。

---

① 辞海.上海：上海辞书出版社，2009：2577
② 辞海.上海：上海辞书出版社，2009：2795

其二，寓体和本体之间既有一定距离，又要有某种相似之处，否则，读者无法将二者进行联想和分析，就无法建立起隐喻和象征关系。

其三，寓体一般是人们熟知或容易理解的事物。如果寓体本身令读者费解，就难以从中体会出作者的真实意图。

但是，隐喻和象征之间也存在着不少差别①（表 6-1）：

一是本体不同。"隐喻所寓是某种特定现实或生活事理，作者能够简洁地把握那种现实或事理的具体特征，进而制作隐喻图式"，而"象征所寓之意是善、恶、生、死、美、丑、光明、幸福、灾难、理想、力量、和平、真理、色空、异化、不可知等具有高度抽象性与概括性的观念、哲理、情感、思想精神，凌空凭虚，无影无形，所指空阔，无边无际，……难以把握特征，难以制作隐喻图式"。

例如，"女儿是老两口的掌上明珠"和"一唱雄鸡天下白"两个语句分别使用隐喻和象征手法。隐喻句的寓体是"明珠"，本体是"女儿"，而象征句的寓体是"雄鸡"，本体是"马克思主义政党"②。很明显，"女儿"是具体的、可以描摹的人，而"马克思主义政党"则是抽象的、不易描摹的政治团体。

隐喻和象征的语言学区别　　　　　　　　　　　　　　表 6-1

区别内容	隐　喻	象　征
本体特征	相对具象,较易描摹和理解	抽象性,概括性,难以描摹和理解
寓体和本体的距离	距离较近,二者均"在场"	距离较远,仅寓体"在场"
寓体和本体的对应关系	明晰、浅显、相对确定和单一	历时性的模糊、无定、多义
产生的效果	讽刺性、影射性、通俗性	严肃性、哲理性、相对玄奥

因此，隐喻的本体具有相对的具象性，容易描摹和理解。而象征的本体具有高度抽象性和概括性，与寓体之间的距离较大，在寓体和本体之间留下的空白较多，需要人们用更多的联想去"填补"，意味更悠长。但并非越抽象越好，过于抽象则变成了晦涩，令人无法理喻，自然语言如此，建筑语言亦如此。

二是寓体和本体之间的"距离"不同。隐喻的寓体和本体存在差异，分属两类事物，具有物理上的异质性，但二者又均为相对具象的事物，具有形态上的相似性，形态距离差别不大。而象征的寓体虽然也是相对具象的事物，但本体为抽象的事理，二者只存在概念上的相似性，而非物理形态相似，二者距离较远。或者用另一个形象的说法，即隐喻的寓体和本体会同时出现，二者同时"在场"，而象征的寓体"在场"，而本体却"缺席"，只存在于读者的想象世界。

在上述两个实例中，隐喻句的本体"女儿"和寓体"明珠"虽为异类，但都具有可以描摹的物理形态，且同时"在场"，同时出现在读者面前；而象征句里的本体"马克思主义政党"和寓体"雄鸡"分别是无特定物理形态的抽象概念和具有物理形态的具象概念，二者"距离"较远，且本体"缺席"，需要读者引申和联想才能出现。

三是寓体和本体之间对应关系不同。象征的寓体和本体之间一般通过约定俗成或经反

---

① 马振芳.象征小说形态刍议.文论月刊，1990（06）。转引自：文艺理论研究，1990（5）：85
② 本段参见：杨鸿儒.当代中国修辞学.北京：中国世界语出版社，1997：334

复强调而确定起对应关系，但会随着时代的变化而发生改变，二者的关系具有历时性的模糊性、无定性和多义性，有时需要进行注解才能够领略作者的用意。而隐喻的寓体和本体之间是由于物理形态的相似而产生对应关系，明晰而浅显，具有相对的确定性和单一性。

四是产生的效果不同。隐喻具有讽刺性、影射性、通俗性，而象征具有严肃性和哲理性，有时会显得神秘和玄奥。

（2）传统建筑的隐喻和象征

隐喻和象征在建筑中也是一种常用手法，而且和轴线法则一样，具有跨文化的通用性。古代埃及的金字塔就用硕大的四棱锥体来象征法老权力的永恒，古希腊的多立克和爱奥尼柱式分别用于隐喻男体和女体，哥特教堂用高直的形象、垂直的线条、迷离的色彩等来象征宗教的神秘。在中国传统建筑中，象征手法的使用尤为普遍[①]，建筑的用材、用色、赋形、布局，无不被用来表达伦理、等级、希冀等抽象的意义。归结起来，中国传统建筑的象征手法具有如下主要特征：

1）象征过程的哲学性

作为"群经之首"和"大道之源"的《周易》，其基本范畴和论证方式就具有隐喻和象征的特点，将"形而上"的抽象晦涩的哲学思想借寓于"形而下"的具体事物或情状[②]："仰则观象于天，俯则观法于地，观鸟兽之文，与地之宜，近取诸身，远取诸物，于是始作八卦，以通神明之德，以类万物之情。"[③] 很显然，人们熟知的天、地、鸟兽、诸身、诸物等具象的物理体以及可视的、简单的阴阳二爻是寓体，附载和隐藏着那些难以描摹或不便直白的"神明之德"、"万物之情"。《周易》的象征思维方法甚至影响到了人们生活的方方面面和所有的传统艺术（书法、绘画、戏曲等），建筑的营造当然也无法例外。

阴阳、五行说揭示了宇宙万物的基本构成和运行态势，风水说则与具体的建筑活动结合，为这些玄奥的哲学理论借寓于建筑实体提供了操作规范和营造指南。借助于这样的哲学体系，材料、色彩、形体、建筑群甚至城市等不同大小和层次的建筑语汇均与时间、方位、吉凶、天人关系、社会伦理等抽象概念取得了一一对应的关系（图6-27），传统的象征手法也因此具有了哲学思辨的意味。

同时，这种哲学思辨过程也将寓体与本体形成固定的、对应的象征关系。例如，故宫的黄色因其为"中央之色"而对应的本体是"皇权"，民宅里的中央位置则对应的本体是"尊者的栖所"，院落大门东南开设而不对应中轴线，因为这个方位象征"巽"，对应的本体是"迎纳瑞气"。

2）象征寓体和本体的多样性

中国传统建筑象征手法的象征寓体种类繁复多样，包罗万象。常见的寓体主要包括以下几个方面：一是建筑语汇类。如建筑的色彩、材料、形体，以及形体的数量等，例如，屋身的开间数、柱子的数量、须弥座的层数等。二是建筑句群的布置形态。如建筑群总平面的圆形、方形、圆方组合图形，建筑单体的方位等。三是装饰语汇类。有砖雕、木雕、

① 汉宝德.风水与环境.天津：天津古籍出版社，2003：135。作者认为"……与西方合理主义的建筑学对比起来，我们对居住环境的塑造方式是属于非西方的象征主义的一类。"

② 《易经》对哲学思想的阐述凭借的基本上是"象征手法"，《易经》中的《说卦》阐明了各卦的象征意义。参见：刁生虎.周易：中国传统美学思维的源头.周易研究，2006（03）：63～65

③ 易经·系辞.广州：广州出版社，2001：249

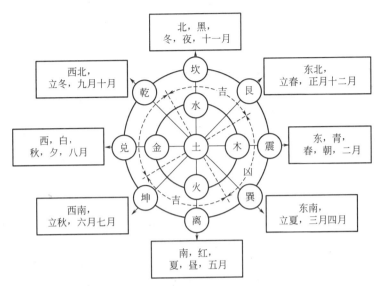

图 6-27　传统方位、时间、色彩与卦象、五行的象征对应

石雕、彩绘、楹联、匾额、题刻等。四是自然山石植物。例如庭院和园林中的湖石、草木植物等，也可成为象征的寓体。

每一种寓体可以被赋予不同的本体意义。例如，数字分阴数（偶数）和阳数（奇数），既可象征宇宙的基本构成，又象征时间概念和等级概念；色彩分冷暖，同样既可象征世界的阴阳构成，又可象征等级、方位。

而象征本体——建筑的语义内涵虽然抽象隐蔽，但也可以进行系统归类，主要形成如下几类象征本体，每一种象征本体可对应若干种寓体[①]：

一是宇宙观。传统哲学认为宇宙的基本构成是阴和阳，由二者生化为时间、空间和万物，即：天、地、人。所以人与天地自然是同源、同构、同律的关系，相互影响又相互和谐，形成特殊的天人关系。

这些哲学观念的象征寓体可以是建筑的数、象、理等[②]。例如，古塔平面边数常为阴数（偶数），层数常为阳数（奇数），分别象征宇宙构成以及天地关系；天坛祈年殿用数字象征时间：十二根外檐柱和十二根内柱分别表示十二时辰和十二月份，二者相加为二十四节气，中间四根通柱代表四季[③]；天坛北圆南方的围墙、历代明堂上圆下方的建筑体形、客家土楼外圆内方或北圆南方的布局，被用于象征天圆地方的宇宙图式；八卦形布局的村落、山墙的"五行"造型等被用于象征万物运用的规律和势态；天坛圆丘用五色土用于象征大地，故宫文渊阁黑色琉璃瓦象征"五行"之水；园林的叠山理水实际上是微缩的大自然，小中见大，用以象征人与自然的亲密关系和主人赏悦自然的情怀，而园林中的松、竹、梅等植物被用来象征园主的高尚情操，将自然与人联结在了一起；风水说在建筑、城

---

①　以下主要参考：（1）吴庆洲.中国民居建筑艺术的象征主义.华中建筑，1994（04）：6～8；（2）顾凯，刘辉瑜.怎样的"象征"？——传统建筑文化中的象征及其在当代建筑创作中的可能.华中建筑，2005（03）：7～9；（3）居阅时.中国建筑象征文化探源.同济大学学报（社会科学版），2002：23～28

②　吴庆洲.中国民居建筑艺术的象征主义.华中建筑，1994（04）：6

③　李乾朗.穿墙透壁——剖视中国经典古建筑.南宁：广西师范大学出版社，2009：267

市、村镇、陵墓的择址过程中用龙、砂、穴等来象征自然地形特征，用吉凶来象征自然对人的影响等。

二是礼制观①。儒家所宣扬的伦理观念追求社会的稳定和有序，是天人和谐观念的社会学分支，用于约束国家、社会各阶层、家庭各成员之间的关系，形成一张稳定的制度网络，而每个人都处于这个网络的某一个固定位置。在建筑上，色彩、材料、形体等语汇，以及建筑体量、建筑组群都受到礼制规范。不同阶层、不同功能的建筑严格按照等级规范使用相应的语汇，进行不同规模的建筑布局，不可僭越。例如，黄色琉璃瓦、龙凤纹饰、重檐庑殿、九开间的建筑仅用于宫廷，是皇权的象征；民居轴线中央的建筑是家庭长者的住所，两厢分住长子、次子，常用三开间，而颜色普遍为无相色、低彩度色，如灰、白、黑、深褐、木本色等，装饰纹样则常用神话人物、吉祥寓意等图案。

三是宗教思想。例如，园林理水常做"一水三山"以象征道教对神仙境地的追求，民居中的砖雕、木雕、石雕、彩绘等装饰语汇刻画的八仙、和合二仙、日神、月神、宝剑、花篮、葫芦等道教神明和法器；源于印度佛教的卒堵坡已成为中国佛塔的一部分，用于代表佛教②。佛教的莲花、法轮、华盖、宝瓶等法器，以及佛教事迹也成为中国佛教建筑的装饰语汇。它们常出现在宗教建筑甚至世俗建筑中，用以宣扬神秘、抽象的教义。

四是幸福吉祥的愿望。这在民居建筑中表现得尤为突出。庶民百姓将自己对人丁兴旺、财运、官运、福运、吉祥、长寿、平安等人生期许，寓于可视可触的砖雕、木雕、石雕、彩绘、窗棂、漏窗中，用动物、植物、器物、历史人物、神明等形象表现出来。例如，用红色表示喜庆，用蝙蝠、梅花鹿、喜鹊、牡丹、松鹤、元宝等象征福、禄、喜、富贵、寿、财，用石榴、葫芦象征子嗣绵延，用五谷图案、鱼戏莲荷图案象征农业丰收、"连年有余"的愿景，用悬鱼、水兽等屋脊、山墙装饰语汇来象征消灭火灾等。

3）象征寓体和本体的复合性

传统建筑句群基本上都具有功能复合性，象征的本体意义也具复合性，而非单纯的。每种本体又需要多种寓体来象征，进而形成寓体的多样复合，营造出象征的氛围，使建筑的每一个可视可触的角落都被赋予了一定象征含义。例如，民居建筑既要严格遵守传统礼制，又要达到人与自然的和谐交融，更表达对生活幸福的心理期许，于是就通过中轴对称的布局、层层递进的庭院来分长幼、别内外，通过叠山理水、草木植栽等来表达亲近自然的情怀，用装饰、雕刻、楹联、彩绘等来传递各种心理意愿。

4）寓体安排的合理性

传统建筑象征手法调配寓体种类难以计数，安排的位置也千变万化，但仔细归结起来，亦有章可循，即：既要遵循寓体的自然属性，如力学特征、耐候性、防火性等，又要符合象征本体的内容。对于内容复杂的本体，需要更为具象、更为复杂的寓体，并且要尽量将寓体安排在与建筑结构无涉的位置，使用局部的装饰语汇，以免因寓体的复杂形态而歪曲了建筑结构，或者因建筑结构反过来限定了寓体的自由构图，影响本体意义的充分表达。例如，要表达"连年有余"的心理希冀，常在墙壁、窗棂、梁枋表面等处使用砖雕、

① 吴庆洲.中国民居建筑艺术的象征主义.华中建筑，1994（04）：7
② 顾凯，刘辉瑜.怎样的"象征"？——传统建筑文化中的象征及其在当代建筑创作中的可能.华中建筑，2005（03）：8

石雕、木雕、彩画，描摹出生动的"莲"和"鱼"的形态，决不影响建筑结构的力学传递，更不会将建筑做成"莲"和"鱼"的形态来扭曲建筑的结构性能和空间功能。对应于更为抽象的、难以用具象的寓体表达的本体意义，也往往相应地使用隐晦的寓体进行暗示。例如，用柱子的数量暗示时间概念，用平面图形暗示宇宙图式等，从而使本体与寓体合二为一。

5）传统象征的独特性

千百年来，传统建筑的寓体与本体之间的关系通过各种哲学解释被稳定下来，而不会被随意更改。这种情形颇类似于语言学上的"公共性象征"，即：通过特定文化的约定形成的象征[①]，在一定时间内寓体和本体——对应，而不会错位对接。我们或可称之为程式化象征。

构建中国传统建筑公共象征的基础主要有二：一是独特的哲学观。例如，中国传统哲学认为天圆而地方是宇宙图式，万事万物由阴阳构成。而佛教认为曼陀罗代表了标准的宇宙图式，事物的构成则是"色不异空，空不异色"。二是特定的文化背景。例如，中国传统文化用"竹"来象征谦虚的品格，因为竹子中空而"虚"，与汉语的谦虚之"虚"共字，二者能够建立起象征关系。但在英语文化里，竹子的"中空（hollow）"与人格的"谦虚（modest）"没有任何共同之处，难以建立象征联系。再如，中国民俗文化使用"谐音"法，将福运、禄运分别用蝙蝠、梅花鹿来象征，因为"福"与"蝠"、"禄"与"鹿"谐音。但在英语文化里，"福（blessing，good fortune）"与"蝠（bat）"、"禄（officel salary）"与"鹿（deer）"发音完全不同，也无法建立起象征联系。

传统哲学观常常抽象晦涩，难以把握和理解，象征本体显得玄奥、神秘，甚至带有唯心色彩，这就可能使传统建筑的公共象征在历时的演变中发生异化。例如，故宫文渊阁用黑色琉璃瓦象征"五行"之水，宁波私人"图书馆"天一阁藏书楼用六开间平面象征"天一生水，地六成之"[②]。均希望达到以"水"克灭"火"灾的目的。但事实上，五行所说的"金、木、水、火、土"，是事物运行势态和特征的代称，与物理形体的"金、木、水、火、土"并无必然关联[③]，颜色、开间数对"水"的象征也并不能达到实际的功效。同样，屋脊山墙用水兽、悬鱼作为象征，实际上也难以"克"灭火灾，均为一种心理慰藉。

6.3.2　现代建筑的隐喻和象征

隐喻和象征手法也受现代建筑的青睐，通常所说的"设计立意"、"设计理念"可以被视作建筑的某种本体内涵，而建筑创作中的重要任务——建筑赋形的过程就是为它寻找合理的物理寓体。

在现代社会，传统哲学观念被削弱、淡化甚至被遗弃，传统寓体与本体之间的约定关系失去了生存的基础，现代建筑不宜再僵硬地使用传统的"公共性象征"，而应灵活使用"私设性象征"[④]和隐喻手法，即：根据项目的具体内容挖掘建筑特有的本体内涵，确定

---

① 辞海.上海：上海辞书出版社，2009：2508

② 顾凯，刘辉瑜.怎样的"象征"？——传统建筑文化中的象征及其在当代建筑创作中的可能.华中建筑，2005（03）：8

③ 对于"五行"的理解详见本书第五章注释

④ 辞海.上海：上海辞书出版社，2009：2508

"立意"和"理念",并根据设计师的个人理解、审美趣味等主观条件和环境、气候、材料、结构、设备等客观条件为它匹配合宜的物理寓体——建筑形态。这时,每一个项目都有一个独立无二的主题,都具有专属的本体,也就会被赋予独特的寓体——建筑形态,从而使建筑具有不可复制性。即:现代建筑的本体和寓体并非约定俗成的传统"公共性象征"关系,而是"因题设象",形成有针对性的"主题性象征"或说"非程式化象征",从建筑所要表述的主题中寻找本体,确定设计立意,再选择合理的寓体予以表达。

仔细阅读一下中国的现代建筑,可以发现如下几个主题常常使用象征和隐喻手法进行表述:

a 总平面

b 透视图

c 彩灯展示厅

图 6-28　自贡中国彩灯博物馆

（1）建筑功能

最常见的是一些专题博物馆,如自贡中国彩灯博物馆（1994 年）、上海志丹苑元代水闸博物馆（2012 年）、杭州萧山跨湖桥遗址博物馆（2009 年）等。作为寓体的建筑形态与展示的内容密切相关,暗示了建筑的功能本质。

彩灯博物馆的陈列主题是中国独特的传统工艺品——彩灯,它们给设计者带来了建筑形态的启迪:方正的角窗是简化的宫灯,立面窗洞也是圆形或菱形彩灯的轮廓,金属窗框的枣红色也和传统的彩灯主色调取得呼应。彩灯是展品,建筑也是展品[1],寓体和本体实现了自然的结合（图 6-28）。

元代水闸博物馆的建筑形态也受启于它的展品——平面束腰八字形的元代水闸,闸门中间耸立着两根粗大的青石门柱,而矩形底石用同样束腰八字形的铁锭连接在一起[2]。当然,建筑并不是展品的直接放大,而是经过合理的抽象,与现代结构、设备、材料和展示流线达成默契[3],并被赋予了更为丰富的内涵:晶莹剔透的现代化折线玻璃顶隐喻闸门激流,如银河飞落,和高台水面一起凸显出"水"的主题,而"门柱"上抽象的马头琴弦雕塑则含蓄地透露水闸的历史信息——一个由蒙古贵族统治的时代（图 6-29）。

距今约 8000 年前的"跨湖桥遗址"是新石器时代的人类聚落[4],最著名的文化遗存——独

①　柳发鑫.中国彩灯博物馆.建筑学报,1995（03）：44

②　上海博物馆考古研究部.上海市普陀区志丹苑元代水闸遗址发掘报告.文物,2007（04）：45～50

③　蔡镇钰,曾莹.寓历史,赋新意,求共生——上海市志丹苑元代水闸博物馆方案创作札记.城市建筑,2006（02）：12

④　王伟,鞠治金.杭州萧山跨湖桥遗址博物馆设计.建筑学报,2011（11）：35

a 考古现场图   b 设计草图

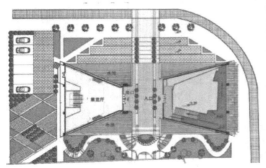

c 一层平面   d 鸟瞰图

e 建筑现状及细部

图 6-29 上海志丹苑元代水闸博物馆

木舟成为建筑构思的原点——它的形象被提炼成雕塑般的建筑造型，表面覆盖着渐变的彩色玻璃和蚀刻铜板，仿木肌理和现代工艺加强了"独木舟"的意象，加上大尺度的悬挑，使建筑如"一叶划向湖面的孤舟"[①]（图 6-30）。与此同时，材料产生的厚重感，又使之与"独木舟"的质感拉开距离，提示人们它是一座建筑，而不是放大的"独木舟"！

（2）建筑环境

作为象征和隐喻的物理寓体，建筑形态向观众暗示建筑所在的自然环境特征，与自然环境形成对话，或者直接源于自然环境中具有代表性的元素。典型实例如福建长乐"海之梦"、台湾兰阳博物馆等。

"海之梦"的形态无疑在隐喻它所在的海滨环境：建筑的两部分"塔"和"厅"分别

---

① 王伟. 杭州萧山跨湖桥遗址博物馆设计. 建筑与文化，2008（04）：4

a 总平面

b 远观和近观

图 6-30　杭州萧山跨湖桥遗址博物馆

图 6-31　"海之梦"

是抽象的"海螺"和"海蚌"——那是两种海滨最常见的代表性生物，使建筑也因此成为当地度假村的标志①（图 6-31）。"海之梦"对现代建筑具有示范作用：它的曲线形态符合现代混凝土工艺，不会歪曲建筑的空间本质，这是所有隐喻和象征手法成立的技术基础。

兰阳博物馆位于一片湿地内，但前身是繁忙的"乌石港"——历史上著名的"开兰第一港"②，人文景观"石港春帆"令人回味③。港口得名于水域内的三块黑色礁石，是当地独有的"单面山"地质景观：礁石缓缓地从陆地伸向海边，形成峭壁，并被海水侵蚀出独特的节理和质感④。"单面山"成为建筑的灵感之源：博物馆状如礁石，斜卧在水边，延续了这种山势，黑色的铸铝和深浅不等的暗色石材组成斑驳的肌理，与空透的玻璃面形成对比，似乎在抽象地再现自然礁石被海水侵蚀的自

①　庄丽娥. 齐康在福建的地域性建筑创作. 山东建筑大学学报，2010（4）：395
②　台湾兰阳博物馆. 中国建筑装饰装修，2011（01）：158
③　兰阳博物馆. 城市环境设计，2011（05）：342
④　台湾兰阳博物馆. 中国建筑装饰装修，159

然过程①（图 6-32）。

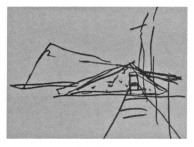 

a 构思草图　　　　　　　　　　　　　　　　b "石港春帆" 图

c 远观博物馆　　　　　　　　　　　　　d 建筑细部

图 6-32　台湾兰阳博物馆

（3）历史事件

建筑要表述的主题是一个重要的历史事件的过程或结果，事件中具有代表性的细节往往成为象征的物理寓体，而本体则是对历史事件特征的概括。典型实例有苏中七战七捷纪念碑（下称"七捷纪念碑"）、南京侵华日军大屠杀遇难同胞纪念馆（下称"南京遇难同胞纪念馆"）、甲午海战纪念馆等。

七捷纪念碑的主题是纪念解放战争时期的一场战役，数字"七"的表达成为建筑师必须解决的课题，寓体则需要"有很强内聚力，能使特定的环境、特定的意义……为大家所理解"②。七个"枪托印"在建筑师潜意识里迸发出来，成为理想的象征寓体，并传递出丰富的含义：那是一场艰苦卓绝的胜利，而"枪托印"就是"战斗的印记"③。纪念碑则是一把尖利的刺刀，与"枪托印"相互补充，进一步扩展了建筑的内涵。值得一提的是，数字象征也是中国传统建筑常用的手法，七捷纪念碑似乎在无意之间继承了这种传统手法（图 6-33）。

南京侵华日军大屠杀遇难同胞纪念馆"以死难同胞被残杀，使人感染当时的悲惨、悲痛、悲奋为出发点"④，象征的本体是死亡和悲剧的气氛。建筑师选择大片白色卵石象征遇难者的累累白骨，并与青青草皮强烈对比，隐喻"生与死"⑤；枯死的树木、散石、悲愤的

①　兰阳博物馆.城市环境设计，2011（05）：342
②　齐康.建筑创作的深层思维——苏中七战七捷纪念碑设计.新建筑，1990（01）：3
③　齐康.建筑创作的深层思维——苏中七战七捷纪念碑设计.新建筑，1990（01）：3～4
④　南京市建筑设计院，南京工学院建筑研究所.侵华日军南京大屠杀遇难同胞纪念馆.建筑学报，1986（05）：53
⑤　南京市建筑设计院，南京工学院建筑研究所.侵华日军南京大屠杀遇难同胞纪念馆.建筑学报，1986（05）：53

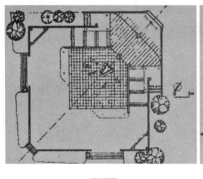
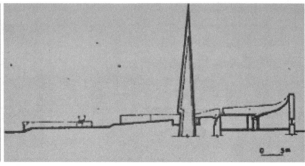

a 平面图　　　　　　　　　　　　　　　b 剖面图

图 6-33　苏中七战七捷纪念碑

母亲雕像、从土里伸出的手臂、残破的墙垣、大片场景浮雕等，也一并述说着那场惨绝人寰、令人发指的悲剧（图 6-34）。

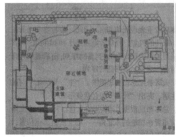

a 总平面图　　　　　　　　b 卵石、枯木及其他　　　　　　　c 场景浮雕

图 6-34　南京侵华日军大屠杀遇难同胞纪念馆

甲午海战纪念馆营造的则是一场"悲壮"的气氛。"壮"的信息来自于巨大而简洁的英雄雕塑，形象刚毅，与建筑如生一体；而折断的桅杆、倒扣的船体、残破的船尾等一系列破碎的寓体形象，达到无声胜有声的效果，倾诉着海战的惨烈[1]（图 6-35）。

a 纪念馆透视图　　　　　　　　　　　　b 大门透视图

图 6-35　甲午海战纪念馆

---

① 彭一刚. 从威海市的两项工程设计谈建筑创作的个性追求. 建筑学报，1995（01）：17～18

（4）传统文化

建筑要表述的主题是传统的生活场景、建筑空间、哲学观念等，象征寓体的原型来自传统文化中的一部分。

绍兴的震元堂是一家有着 240 年历史的中药老店，店名源于创建者求卜所得卦象"震"，与店铺所在场地位置相符①。传统文化中的八卦形象和谐音象征法很自然地被震元堂大楼继承下来："元"与"圆"同音，于是底部三层药店的中庭被设计成圆形平面，剖面则是一个"震"的卦象②。同时，中庭的地面也使用方圆两种六十四卦象作为装饰，"圆代表天作运行，时间变化；方代表东西南北，空间定位，取天地相涵之意"，是"天地的缩影，宇宙时空的表现"③。加之楼顶悬挂的"震"卦徽标、药店外墙的历史雕塑，一起强化了建筑的文化内涵（图 6-36）。

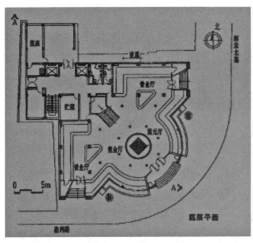

a 平面图

b 剖面图

c 楼顶标志

d 中庭及地面

图 6-36　绍兴震元堂大楼

---

① 戴复东. 老店、地方、传统、现代——浙江绍兴震元堂大楼设计构思. 建筑学报，1996（11）：10
② 戴复东. 老店、地方、传统、现代——浙江绍兴震元堂大楼设计构思. 建筑学报，1996（11）：10
③ 戴复东. 老店、地方、传统、现代——浙江绍兴震元堂大楼设计构思. 建筑学报，1996（11）：12

与震元堂隔街相望的绍兴大剧院则在这座历史悠久的古城中找到了标志性的文化符号——乌篷船作为象征的寓体。在河汉纵横、枕河而居的水城绍兴，乌篷船是无法离开的传统交通工具，是古城地域文化的主要载体①。从用地西侧蜿蜒流过的府河很自然地将绍兴大剧院与乌篷船联系到了一起，而乌篷船层层嵌套的篷顶构造也与剧院的空间组织具有相似之处：门厅、观众厅、舞台、后舞台四部分高低错落，被折板屋顶套叠覆盖。但大剧院显然对乌篷船作了形态上的提炼，而不是简单地模仿：屋顶是银灰色折板，而不是乌篷船的黑色圆弧顶篷，基座略作收分，比船体原型更沉稳②。这些处理使建筑与乌篷船处于似与不似之间，不仅更符合现代建筑的结构特征和功能要求，还制造出模糊、幽远的象征意境（图6-37）。

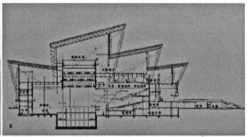

a 现状　　　　　　　　　　　　　　　　　b 剖面图

c 入口和遮阳细节　　　　　　　　　　　d 绍兴的传统交通工具乌篷船

图6-37　绍兴大剧院

李叔同（弘一大师）纪念馆位于浙江平湖市东湖风景区的一个小岛上，建筑受启于弘一大师的佛教背景，选择佛教中最具代表性的圣物——莲花作为象征寓体（图6-38）。因为，莲花于佛教并非普通植物，"而是具备佛教精神的觉悟之花"。《四十二章经》第二十八章云："我为沙门，处于浊世，当如莲花，不为泥污。"佛教认为人类尘世实为五浊恶世，世人当如莲花的品质，超凡脱俗，不受沾染，方能圆融无碍③。回想弘一大师在盛年时毅然脱俗入佛，舍弃尘世功名与纷扰，潜心艺术和佛学，不正如一朵"水上清莲"吗④？

① 蔡镇钰，邹一挥. 乌篷船的情结——绍兴大剧院. 新建筑，2006（01）：41
② 蔡镇钰，杨永刚，曾莹. 越府艺都——浅析绍兴大剧院的文化及生态理念. 建筑学报，2004（06）：56
③ 赵志刚. 莲花的意象与佛教. 中国宗教，2013（08）：64
④ 李叔同（弘一大师）纪念馆. 城市环境设计，2011（04）：106

a 总平面

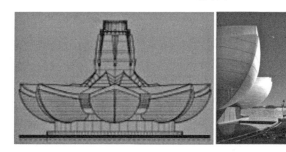

b 剖面图和局部透视

图 6-38　李叔同纪念馆

6.4　本章小结：传统建筑语法的模因变异

（1）传统语法模因的变异

1）围合法则的模因变异

传统建筑的围合法则重视建筑句群的伦理性、生态性，外边界呈现保守、封闭的状态，围合而成的庭院空间具有私密性、专属性和形态上的地域性；而现代建筑的围合法则在一定程度了保留了庭院空间的生态性，没有明显的地域感，重视围合空间的开放性和外向性，围合法则的使用是对传统文化的隐喻。

2）轴线法则的模因变异

传统建筑的轴线法则同样重视建筑句群的伦理性，强调等级意义。在轴线形态上以直线为主，建筑往往处于轴线上，轴线更具虚拟性和南北纵向的单向性，东西横轴较弱。建筑群的扩大依靠增加平行纵轴和拉大纵轴的长度，随着围合庭院的层层递进，轴线句群加强了私密性和专属性。调配的语汇以围合句群、单体建筑、门屋、墙垣等建筑语汇为主。

现代建筑抛弃了传统轴线的伦理和等级意义，轴线串联的空间更具开放性，轴线形态的虚拟性减弱，轴线方向灵活多变，纵横轴均得到加强，均可成为建筑群扩大的手段，不再依赖单一的平行纵轴。轴线调配的语汇更为丰富，不仅有建筑语汇，还包括景观语汇。

3）隐喻与象征的模因变异

传统建筑更倾向于使用程式化的"公共性象征"，寓体和本体的关系呈现一一对应的固定关系。本体往往是抽象、晦涩的哲学观念、伦理观念，或者是某种心理希冀。而现代建筑更倾向于使用非程式化的"专题性象征"，寓体和本体并非一一对应的固定关系，而是从建筑表述的主题中挖掘本体内涵，再寻找理想的物理寓体，因此显示出多元化的非程式化倾向。

（2）语法成分的调整

传统语法被现代建筑采用后，语法成分发生了重大调整：围合法则和轴线法则改变了传统围合空间的封闭性、保守性，转向开放性和公共性；轴线法则的语法成分由传统的以建筑语汇为主转向建筑语汇和景观语汇的结合；作为空间修辞的隐喻和象征则改变了传统的程式化，而转向非程式化。

第7章　阴阳对立与和谐共生的模因转译

在观察完传统建筑显性的语汇和半显性的语法之后，我们最后来看一下隐性的语义是如何从传统建筑传递到现代建筑之中的。

在第2章，我们将哲学观念、美学观念等定义为建筑的深层语义，它深藏于建筑的物质外壳之下，是建筑最核心、最具价值的部分，需要通过"深阅读"才能理解。中国传统建筑在丰富的语汇之下隐含着深邃的哲理，是中国传统建筑最具魅力的部分。它们具有穿越时间的力量，至今仍在潜移默化地影响着中国现代建筑的精神气质，只是借用了迥异于传统的语言外壳，发生了模因"转译"。

本章着力于观察传统哲学观念在传统建筑和现代建筑之间表达的差异性。但建筑的"幅面"巨大，更为抽象，难以一目览尽其中深意，有时需要借助一些同样深受传统哲学影响的绘画、书法、篆刻等小"幅面"的视觉艺术进行类比说明。

7.1　传统建筑的深层语义：阴阳对立与和谐共生

上一章将传统建筑象征的意义主要分为四大类：宇宙观、礼制观、宗教观和对幸福生活的希冀。在传统建筑的材料、色彩、形体、组群……之下，我们比较容易阅读出来是人们对吉祥、平安、财运、官运、幸福……的希冀和对人伦与道德的看法，而哲学观却最为隐晦和模糊，属于深层语义，不易读懂。尽管如此，只要仔细体味，我们还是可以读出深藏于传统建筑表象之下的哲学观以及与之密切关联的审美观等。

阴阳观与和谐观①可以被认为是中国传统哲学最基础和最核心的内容，它们在不同领域深入拓展和运用，深刻影响了中国传统文化的方方面面。例如，绘画、书法、篆刻、戏曲、医学、饮食等等，建筑也不例外。它们通过"风水术"（风水学、堪舆学）所阐述的具体操作方法和指导原则对建筑施加精神影响，成为中国传统建筑最为深刻、最为独特的部分，历经数千年贯通如一。

传统的阴阳观可以被视作对宇宙构成规律的基本认识。"一阴一阳之谓道"②，即："阴"和"阳"是宇宙最基本的组成。在《周易》的六十四个卦象中，除了表示阳极和阴极的乾卦和坤卦外，其他卦象均由阴、阳两爻组成，说明宇宙万物"负阴而抱阳"③，皆为

---

① 参见：亢羽.易学堪舆与建筑.北京：中国书店，1999：206。中国传统的风水术尽管流派有别，操作方法各异，但共同遵循三大原则：天地人合一、阴阳平衡、五行相生相克。可以认为，风水术的本质是将深奥的中国传统哲学观转化为具体的操作步骤，在风水术指导下的营造活动必然反映出这些哲学观念——阴阳观、天人合一观、五行观等。其中的五行相生相克观念，可以理解为阴阳观和天人合一观更具体的阐释。中国传统哲学里存在阴阳与五行合流的"阴阳五行说"，将二者互为印证、互为补充，合为一体互不相分，但阴阳观最为基础。

② 易经·系辞.广州：广州出版社，2001：244

③ 老子·第四十二章

"阴"和"阳"的组合体。自然规律"道"由阴、阳两面互动而成，独阴孤阳意味着事物必然会向另一面发展演变，故无法久存。阴与阳看似对立，实则无法分割，相互促进、相互生化，始终表现为"相反相成"的关系。

传统的五行观可被认为是阴阳观的另一种诠释，它将宇宙事物的运行归纳为"金、木、水、火、土"五种特征不同的态势[①]，五行之间存在相生相胜（克）的关系。"相生相胜"可以被认为是"相反相成"的另一种说法。

传统的和谐观可以被看作是对宇宙运行规律的基本认识，即构成宇宙的事物之间的关系应是和谐有序。这来自"万物同源"的宇宙观念，《易经·序卦》曰："有天地然后万物生焉"，《老子》曰："无名天地之始，有名万物之母"[②]，"天下万物生于有，有生于无"[③]，"道生一，一生二，二生三，三生万物。"[④]"万物"当然要包括人类自身；万物既然同源，就会有相同或相似的构成。如堪舆之术就将自然与人体同等来看："善医者察脉之阴阳而用药，善地理者察脉之沉浮而立穴，其理一也。"[⑤]宋代蔡牧堂《发微论》更将自然与人体作明确地类比："水则人身之血，……火则人身之气，……石则人身之骨，……合水、火、土、石则为地，犹合血气、骨肉为人。"最后，人与自然既然同构，必然遵循同样的运行规律"道"，即天人同律。《老子·第二十五章》曰："人法地，地法天，天法道，道法自然"[⑥]，即人事规律源于自然规律，与自然规律相合，即天人同律，"其理一也"。自然与人同源、同构、同律，故可相互关照，相互依存，构成无法分割、无法独存的共生体，即《庄子·齐物论》所云："天地与我并生，而万物与我为一。"

《老子》又云："故道大，天大，地大，人亦大。域中有四大，而人居其一焉。"[⑦]宇宙万物可划分为三：天、地、人，它们遵守共同的规律是"道"。从人的角度来看，宇宙万物之间的关系有两种关系与人类自身的生存息息相关：人与人的关系和人与自然的关系，或说"天人关系"[⑧]。对于人和自然的关系，中国传统哲学认为应当是"天人合一"、"梵我一如"[⑨]。因为自然没有任何意识，是人类无法否定、无力改变的客观存在，但又与人休戚相关[⑩]。是故，人要发挥自身的智慧，设法调节自身，以自然为师、为友，与自然达成某种默契，才能与之和谐共融，成为稳定的统一体，实现自身的安宁。人与人的关系同样需

---

① 对于"五行"的理解详见第4章注释。

② 老子·第一章

③ 老子·第四十章

④ 老子·第四十二章

⑤ 转引自：白晨曦. 天人合一：从哲学到建筑. 中国社会科学院申请博士学位论文. 2003：5

⑥ 老子·第一章

⑦ 老子·第二十五章

⑧ 季羡林认为，传统哲学各派对"天"有不同认识，但可以简单地认为"天"就是自然和宇宙。见：季羡林."天人合一"新解. 传统文化与现代化. 1993（01）：9～10

⑨ 古代印度哲学称自然或宇宙（中国传统的"天"）为"梵"，称"人"为"我"。"梵"是大"我"，是宇宙，我是小我，是小宇宙。佛教的"梵我一如"观近于中国传统的"天人合一"观。见：季羡林."天人合一"新解. 传统文化与现代化. 1993（01）：10

⑩ 钱穆认为"天人合一"是中国传统文化对人类最大的贡献。"天人合一"观认为"人生"与"天命"应结合为一体，无"天命"则无"人生"的依凭，无"人生"则"天命"失去存在的意义。可以理解为，人与自然是相互依存的关系，没有自然就不会有人的存在，没有人的存在，自然就失去了价值。见：钱穆. 中国文化对人类未来可有的贡献. 中国文化. 1991（4）：93～96

要和谐共融，因为每个人都处在一个由芸芸众生组成的社会环境中，社会需要一定伦理秩序，成员需要恪守自己在等级网络中的位置，各司其职，相互协同，才能保持社会的整体稳定，即"人我合一"。

对阴阳观的表达，传统建筑通常借助相互对立但而又相互依赖、相互衬托的建筑语言，或说"相反相成"的形象来实现。对和谐观的表达有两个主要途径：一是通过建筑、建筑群乃至城镇与自然的有机融合或对自然事物的模仿来表现"天人合一"；二是通过严整有序的轴线句群、主次有别的形象与色彩来表现"人我合一"。下文，我们就以"阴阳对立"和"和谐共生"为题，分别阐述阴阳观与和谐观在传统建筑和现代建筑中的不同表达。

7.2　阴阳对立的传统特征及现代表达

7.2.1　阴阳对立的传统建筑表达

（1）主辅并存的色彩

前文论及[①]，中国传统建筑的用色特征之一是"彩化"的倾向，即所有的建筑基本上都由多色构成，罕有单一的纯色建筑。但是，多色构成并未造成色彩的混乱，因为从建筑单体、建筑群乃至一座城镇都存在一个色彩主调，控制色彩的整体面貌。如果说，面积最大的主调色彩是"阳"，那么，起着活跃气氛的小面积的辅助色彩就是"阴"。主辅色彩分工明确，前者形成建筑总体的色彩背景，后者多施于建筑细节，进行气氛上的调和。

传统建筑的另一个色彩特征是"因类施色"，即"业主"不同的社会地位或建筑的功能地位决定了建筑的用色特征，地位等级越高越倾向于使用高彩度的有相色，反之越倾向于使用低彩度有相色或无相色。因此，地位的高低也就决定了色彩主调的差异。故宫为封建社会最高等级的建筑群，其主色调为明亮的金黄色与饱和的红色所构成的暖色，辅助色调是檐下蓝绿彩绘所形成的冷色，给灼热、威压的整体视觉中带来些许清凉、轻松的感受。

民居建筑的主色调具有强烈的地域性。北方民居主调多为青砖和陶瓦构成的无相色——灰色；外露的生土民居、竹楼民居和石筑民居，大面积显示的是自然材料的本底色，或者加上屋顶陶瓦的灰黑色，呈现低彩度的总体特征；徽州、苏州、浙东等地民居由屋顶陶瓦的灰黑色和墙体的纯白色构成，两种无相色本身明度对比显明，在不同的视角下，主色调不同：平视时建筑以白色为主调，灰黑的屋顶、墙顶如墨线勾边，而俯视时建筑以灰黑色为主，白色则使之免于沉闷。尽管主色调多低彩色或无相色，但民居建筑也并非一味沉闷：木制梁、柱、门、窗等构件上的暗红色、蓝绿色、木本色，以及局部木雕的富丽用色，都给民居建筑在沉静中增加一抹灵动的生活气息。

（2）虚实并置和张弛有序的形体

在论述中国传统建筑的形体特征时，我们把形体的界面特征做了如下划分：无窗或少窗的实、硬界面，有檐廊的虚界面，大面积开设门窗的软界面。中国传统建筑的单体具有"各向异质"的界面特征，即：南向的界面多虚而软，而其他三向多实而硬；围合的建筑

---

①　笔者论文原稿有一章论述传统建筑色彩模因在现代建筑中的变异规律，由于本书篇幅所限，将该章删除。

群也如此，外边界多实而硬，内界面一般虚而软。这样，建筑总体特征以实硬为主，以虚软为辅，外向保守，内向开放。实硬的界面对空间进行明确的限定，突出虚软界面的重要性，而虚软的界面则改变了建筑整体的刻板，使之表情丰富，二者并存不悖。

在中国传统建筑中，坡顶建筑分布最为广泛。对于重檐、多重檐殿堂建筑或多重檐塔体建筑来说，建筑的形体由外张的坡顶和内收的屋身组成，它们分层构图，上下交替，一张一弛形成韵律。由于屋面体积硕大，在竖向比例中占据优势，从而决定了建筑的总体形态和主要色调。同时，内收的屋身形成深深的投影，使屋身与屋顶形成鲜明对比，建筑的整体形象得以突出。但由于建筑整体经过层层切割，巨大的体量被分割成接近人的尺度，加上屋顶在投影衬托下犹如悬浮空中，削弱了摄人心魄的沉重感。

这种通过韵律和对比来加强自身形象的方式与西方传统建筑格外不同。金字塔没有水平分层，自身没有投影，上下浑然一体；哥特式建筑在室内外都强调高直的线条，主立面虽然也光影丰富，但体量高大；文艺复兴之后更加成熟的集中式构图，用厚重的底部托举起饱满高大的穹顶，同样以威吓人心的尺度感和沉重感来突出建筑形象。换言之，西方传统建筑形象的突出倾向于借助巨大尺度所产生的震慑力，使渺小的人在与尺度超常的建筑的对比中得到心理感受，而中国传统建筑则更倾向于借助于"阴"、"阳"之道，通过相反相成的构图来彰显建筑形象。

（3）有无相生的布局

中国传统建筑以匍匐于地的形态展开，规模的扩大借助于单体建筑的复制与构成，是一种类似篆刻、书法和绘画的"平面艺术"，表述着同样的阴阳思想及审美趣味。

篆刻之中对立的双方是白底朱文或朱底白文，二者互为阴阳，互为衬托。篆刻之美，全在于朱白分布与对比之妙，方寸之间便得阴阳构成之宇宙气象：或者是朱白均匀分布，有规律地交互出现，或者依靠篆字笔画的疏密、曲直、参差、奇正形成对比和韵律[①]。限定的底色"空间"面积不等，一白一朱，相衬互动（图7-1）。

图7-1　篆刻的阴阳之美：疏密、曲直、参差、奇正和韵律

书法之中对立的双方主要是白底与墨文。由线条构成的汉字在不同的书法家笔下呈现不同的姿态，尤其是行书、草书等，恣意奔放、粗细不均、浓淡不同、勾挂牵连的线条自由地分割着白色的纸面，限定出大小不等、形态不一的"空间"，而文字自身也进行着大小、收放、轻重、缓急的对比。书法中的飞白效果更有一番意趣，在浓重的笔画之中、之末产生白色的丝丝点点，自然天成，使得单个字体也产生了黑白对比的效果，从而增加了书法作品的审美层次（图7-2）。

传统绘画所谓的"气韵生动"，本质上讲的也是相反相成的画面效果：画面中对立的

①　参见：王月洋.篆刻艺术与中国传统园林空间布局之关联探析.申请北京林业大学硕士学位论文.2010；23～30

a（唐）张旭《肚痛帖》（局部）　　　　　b 石鲁书法

图 7-2　书法的布白与飞白

双方是有墨或浓墨之处和无墨或淡墨之处，"气韵"实际上是由深浅不一的墨色和画面上的空白之处或淡墨之处相互衬托的结果，二者层层限定，相互映衬和遮掩，便在一纸平面上产生出幽远、深邃的空间感，从而达到"以少胜多"，"以虚胜实"。典型的例子就是宋代马远、夏圭等人的构图之法，往往在画面一角进行密集施墨，几不透风，而其他部分几乎空无一物，或仅浅淡数笔。无空白之处便无墨色之美，无墨色映衬则白色也失去了存在的意义，二者同为一幅作品中不可或缺的组成部分，这便是传统绘画中的辩证法（图 7-3）。

图 7-3　　（宋）马远《梅石溪凫图》和夏圭《烟岫林居图》

中国传统建筑布局的阴阳之道与它们完全相通，可以看作是放大版的篆刻和书画，只不过创作的介质不再是印石、纸绢，而是大地。相反相成的双方也不再是篆刻的朱白、书法的黑白、绘画的墨迹与空白，而换成物理实体的建筑、墙垣、连廊、门庑等建筑语汇和由它们围合限定的庭院。

方正的宅院、王府、皇宫乃至城池，其布局之法近于一枚篆刻：围墙勾画的外边界如印章之边框，建筑、廊庑、隔墙等分割内部空间，如朱色线条，而大小不等、形态各异的中庭、边庭则如印面之白。建筑之"实有"与庭院之"空无"的关系也犹如印面之篆文与底色的关系，均为建筑不可缺少的有机部分，分担不同的功能：建筑用以避寒雨、别男女、供止栖，庭院用以通风、采光、交流、活动、观时变。没有实体存在，庭院无法形成；没有庭院，建筑便如死水一潭，无法成为人与自然沟通的"天地之枢纽"（图 7-4）。

江南私园则将相反相成的阴阳之道体现得更为深彻。其总体布局或如马远、夏圭之绘画，或如疏密对比之篆刻：宅院部分建筑密集，甚至非常工整，气氛较为严肃，如绘画之

239

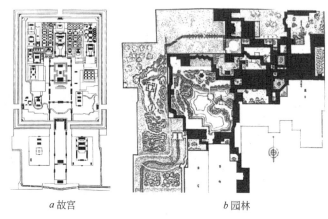

a 故宫　　　　　　　　　　　b 园林

图 7-4　中国传统建筑的黑白布局

浓墨重彩、篆刻之线条稠集。而园林部分则建筑疏朗，仅垣、廊、亭、轩……而已，如绘画、篆刻之空白，无顶的空间以自然为主体，气氛轻松。其中的垣、廊曲折行进，使园林的空间边界自由、随意，如草书之游线，恣意天成，亭、轩点缀其中，如飞扬的墨点。

　　江南私园的局部也表达和体现着相反相成的意趣：宅院密集的建筑之中，常有小尺寸的"蟹眼"天井以利通风采光，连廊与墙垣粘连一体、并行游走，但却不经意之间分离开来，闪出一片露天的"微型庭院"，此二者犹如书画浓墨重彩之中偶然形成的飞白（图 7-4b）。

　　园林游览线路上的景观布置也匠心独运，尽显阴阳哲理。王斌在《理性解读苏州网师园空间的多样性》一文中，用现代方法对网师园游线两侧的"实景"与"虚景"进行直观地绘图分析，证明游线两侧的景深总是一远一近地交替震荡出现①，"实景"与"虚景"也基本上如影随形，相伴而生（图 7-5）。换言之，游线两侧的空间一直处于一正一反、一远一近的"阴阳"对比之中。

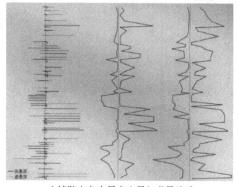

a 景深分析的线路和选点　　　　　　b 线路上各个景点实景与虚景关系

图 7-5　网师园实景与虚景的交替生成

---

　　① 王斌. 理性解读苏州网师园空间的多样性. 新建筑，2011（01）：148～151。作者的分析过程如下：先在园林的游线上选取观察点，将每个观察点左右两边的景物定义为"虚景"和"实景"。其中通过洞口或透明体观察到的景物为"虚景"，直接观察到的为"实景"；在每个观察点左右进行拍照，量取景深。实景的景深为观察点到景物界面的距离，虚景的景深为限定景物的两个界面之间的距离；在游线展开图两侧分别绘制实景和虚景的景深，用曲线连接两者的景深端点，便可直接观察到景深的远近变化，以及实景与虚景的交替状况。

7.2.2　阴阳对立的传统特征

（1）偶然性

这是"阴弱"一方所带来的变化和趣味。传统建筑艺术的哲学本质就是在"阳"中求"阴"，具体的表现就是：在实有中求"虚无"，在直线中求曲折，在规则中求变化，在整体中求残缺，在均质中求偶发。没有这些对比变化，建筑便索然无味。就像书画在浓墨中求布白之妙，篆刻在均衡中求朱白之巧；书画、篆刻无"白"便失去了气韵和灵动，无法形成幽旷的意境和奇险的趣味。

"反者道之动；弱者道之用。"[①]总之，在包括建筑在内的传统艺术中，"阴弱"的一面才是人们欣赏和关注的焦点。当然，"阴弱"的出现应巧妙安排，不可刻意为之，或者不可生硬为之，而应追求趣味性、偶然性。例如，连廊与墙垣粘连并行的关系为阳，局部分离的状态是"阴"，形成的"微庭"犹如书法中产生的飞白，但不可频繁出现，也不可有规则地出现，"微庭"的形态也不可千篇一律，否则就失去了偶然的意趣。再如，园林分隔墙上的"门空"和"漏窗"，是完整的墙体上"阴弱"的一方，在连续而硬实的墙体之上镂刻而成，形成对比。它们自身也在追求变化，尤其是当甚至数个"门空"或"漏窗"连续并置时，就要打破这种规则感，洞口形态、棂格图案尽量相异，避免雷同。

（2）整体性

阴阳对立最终的状态是"相成"，是整体感、和谐感，而非混乱。在整体感的产生中，对立双方中相对强势的方在对总体效果的控制中往往起到决定作用。不论是单体建筑、还是建筑群，传统的屋顶比例最大，颜色面积也最大，主导了整体感和总体印象的形成。在传统建筑的三类语汇中，最易控制整体感和总体印象的是色彩语汇——建筑形体可以千变万化，建筑材料可以性能各异，但共同的色彩倾向会在一定程度上削弱这些差异。"彩化"的中国传统建筑似乎深谙此道：不论是皇宫还是民居，建筑群中单体的体量、形态、用料均不相同，但总体印象会由色彩达到统———人们可以忽略太和殿、保和殿、午门城楼等建筑的屋顶形态，却一定会牢记它们共同的色彩——黄和红；人们也可以把徽州民居多姿的马头墙、大小不同的天井很快遗忘，但"黑""白"二色却难以从印象中抹去。

虽然"弱者道之用"，但"阴弱"的局部必须以"阳刚"的整体为背景，变化必须是整体中的局部变化，偶然性和趣味性只是传统建筑整体的局部。阴阳对立，互衬互生，合二为一，才是传统建筑的全部。

（3）时间性

在一座方正的建筑群之中，有顶的空间为阳，犹如传统绘画中着墨或浓墨之处，无顶的空间为阴，犹如画中无墨或淡墨之处。游走其中，可以感觉到两种空间有规律地交替出现，光线也随之晦明变化；在一片萧散的园林中，限定视线的墙垣、假山等实体界面和"漏窗"、"门空"、连廊等透明界面在曲折的游线左右交互设置，两侧的景物一近一远有节奏地呈现在观者眼前。这种"有无互生"之境，正如传统绘画中的阴阳互掩互显，在平面的纸绢之上制造出幽远的空间感，观者游目而视，如旅实境，需要一定的时间才能欣赏完毕（图7-6）。传统建筑的这种体验，又如对音乐的欣赏和品味，音乐是时间的艺术，在行

---

① 老子·第四十章

进中展示意境和魄力，而建筑是凝固的音乐，中国传统建筑将无形无影的时间化作了可视、可触、可感的物理实体。

a 关仝, 秋山晚翠图

b 李成, 晴峦萧寺图

图7-6　传统绘画的阴阳互动与时空一体性

（4）生态性

在一个建筑群里，如果说墙垣、连廊和有顶的建筑等物理实体是"阳刚"的一方，那么虚空无顶的庭院便是"阴弱"的一方。"弱者道之用"，庭院就是中国传统建筑最为传神的一方。如前文所述，在传统建筑保守、封闭的外观之下，庭院成为建筑与自然交流的场所，对气候变化最为敏感，它的平面形态、界面高度、界面特征均体现出建筑的地域性和生态性：北方需要冬日暖阳，庭院宜大进深、少檐廊、南界面低，平面可纵向窄长或方正；长江三角洲夏季酷热，需要遮阳通风，庭院宜小进深、多檐廊、高界面，平面可横向窄长，可做高深的天井；南粤之地亦需夏季遮阳通风，但由于在北回归线之南，太阳夏季较高，甚至可以北向照射，故庭院界面对遮阳作用不大，但檐廊的遮阳作用明显，而平面形态可无定，可纵、可横、可方，亦可做高深的天井。

7.2.3　阴阳对立的现代建筑表达

现代建筑之中还会表现出"阴阳"之境吗？从模因论的角度理解，中国现代建筑是中国现代社会整体和建筑相关人的文化心理结构的真实反映——它具有"混血"的特质：首先，中国现代建筑来自西方，建筑师"对西方建筑的了解要远多于对本土建筑的了解"，对中国现代建筑的解读以及建筑设计的方式和逻辑也难免西化，"难以一种深切体会的方式来进行研究"[①]。同时，中国传统文化具有难得的先天的韧性和天然的合理性，"屡仆屡起"[②]，顽强地生存——无论是可以直接感知的物理实体，还是深藏其中的哲学思想，都没有被历史完全遗弃——它的"场"还在起作用，还在润物无声地"磁化"着曾经或正在身处其中的每一个人，潜移默化地渗入他们的"骨髓"。只是在不同时代、不同个人的文化心理结构中所占比重不同而已。中国现代建筑一直或多或少、或实或虚、或巧或拙地使用传统建筑的各种语汇和语法，就是一种明证。这至少说明，传统建筑文化的模因还会顽强地延续下去。只不过，显性的语汇和半显性的语法易于被观察到，更易于被捕捉、变异和使用，而隐性的语义常玄奥晦涩，不易领会和掌握。

现代建筑与传统建筑相比，完全是另一个"语种"，现代建筑师不会再使用传统的"阴"和"阳"等字眼来表达设计中的思辨，而是使用其他语言外壳进行表述。有时候这些建筑语言甚至完全是舶来品，看似与中国传统建筑语义无涉，实则几乎是"近义词"甚至是"同义语"。只不过，中国传统文化的哲学思想常显粗朴、古拙，而舶来品则看起来

①　王凯. 王澍的本土建筑学——对话王澍. 美术报，2007年5月5日第008版

②　钱穆. 中国文化对人类未来可有的贡献. 中国文化. 1991（4）：96

时髦、精致、炫目和"实用"。下文，我们仅以三位建筑师的作品来阐述"阴阳对立"在现代建筑中的表达。

（1）多元对比

让我们再看一下方塔园中的何陋轩（图 7-7）。在上文中，我们提到这个小建筑竹架草顶的自然材料所带来的传统意趣，实际上更引人入胜的是它的哲学思辨——轻与重、曲与直、静与动、整与缺的对比和互动。

a 何陋轩西南透视

b 松江农舍

c 模型照片

d 切去的屋角

e 临水矮墙在交接处断开

f 弧形挡土墙的分离

图 7-7　何陋轩的多元对比

何陋轩的原型是松江到嘉兴一带的农舍，但它并不像农舍一样沉重，支撑屋顶的不是厚重的墙体，而是涂白的竹架，曲线的草顶在光线作用下体态轻盈、飘逸，但旁边的厨房却是厚墙短檐，显得淡定和稳重，"似帆船的系桩，引鸟的饮钵"[①]。

何陋轩周边的围墙高低不等，有的空透，有的实砌，平面均为或正或反的曲线，而何陋轩的台基和厨房却均为直线。如果说建筑是静止的，那么光影则是可动的，变化的光线雕琢出灵动的空间，曲线围墙上的光影时刻在变，"花墙闪烁，竹林摇曳，光、暗、阴、影，由黑到灰，由灰到白，构成了墨分五彩的动画，同步地平添了几分空间不确定性质。"[②]

完整与残缺是何陋轩的另一处对比：它的歇山顶并非人们常见的完整的形态，而是切去了四个角。它的曲线围墙和直线的台基矮墙也不是连续的，全都是独立的线段，在交接处断开，并不像常见的围墙那样连在一起。"似乎谦抱自若，互不隶属，逸散偶然；其实是有条似絮，紧密扣结，相得益彰的"[③]。

---

①　冯纪忠.何陋轩答客问.时代建筑，1988（3）：4～5

②　冯纪忠.何陋轩答客问.时代建筑，1988（3）：5

③　冯纪忠.何陋轩答客问.时代建筑，1988（3）：5

"完整"与"残缺"的对比造成的感觉对应的是"熟悉化"和"陌生化"。将传统形象异化，产生新鲜感，这实际包含着"阴阳对立"的哲学思辨。如果我们将何陋轩与林风眠的绘画对比[①]，就可以更清晰地看到建筑所隐含的阴阳之理和对比之趣。林风眠的《水鸟》、《裸女》刻画的主题分别是一只鹭鸟和女性的裸体，西式的透视、比例、光感在画中尽现，但流露出的却是中国传统的美学趣味：首先是线条的曲直对比。《水鸟》中的芦苇、鸟腿，《裸女》周边的墨迹均显出直线的倾向，而鸟体、鸟翼和女体皆为流畅、轻盈的曲线。二是方向对比。鸟体通体水平，女体曲身斜卧，而鸟腿、芦苇、墨迹几乎为垂直，二者相互交叉对比；曲直、横竖对比之下，就让画面产生动静之比，鸟体周边的芦苇和人体上下的墨迹为静，反衬出鸟体与人体的动感；最妙之处是画中的"有无相生"，以着墨之处反衬无墨之处，鸟的白羽和赤裸的胴体皆不施色，留下空白，只在周边着墨施色。有墨和无墨之处互衬互生，相映成趣：有墨处深浅变化，无墨处为观者留下想象的空间，任由观者的想象力去描绘，使画面空灵有趣、耐人寻味，是传统绘画常见的意境（图7-8）。

何陋轩亦然，曲与直、轻与重的对比产生动与静的感觉，至于残缺之处，则如林氏画中之空白，又如书法之笔断意连，也着实为观者留下想象空间去填补，使这座小建筑隽永有味，常读常新。

a 水鸟　　　　　　　　　　　　　　*b* 裸女

图7-8　林风眠绘画中的多元对比

（2）整体与微变

在另一位建筑师张雷的作品中，"阴阳对立"的同义语是"对立统一"[②]。它们共同的特点是：在稳定、明确的体量和均匀的材料质感中追求局部的变化，或者制造偶然的"空白"，形成趣味视点，即所谓的"弱者道之用"。

在均质中追求变化的作品可以郑州东区的城市规划展览馆（下简称"郑东城展馆"）、高淳诗人住宅和扬州三间院等为例。郑东城展馆远看就是一个乳白色的、轻薄的立方体，质感的来源是一层白色彩釉玻璃表皮，均为300宽的竖条。但悬挂的角度却有0°、45°、90°之分，以应对不同部分的采光和通风要求，从而在整体中造成局部光感的变化。不仅

---

　　① 林风眠绘画与冯纪忠建筑的对比主要参见：刘小虎.时空转换和意动空间——冯纪忠晚年学术思想研究.申请华中科技大学博士学位，2009：5～7。二人一生为挚友，都致力于"东西融合"，但从二人作品可以看出，中式哲学似乎是作品的"魄"，而西式手法则为"器"，颇有"中体西用"的意味。

　　② 这个词被用以评价张雷的作品，其主要来源参见：（1）张雷.对立统一——中国国际建筑艺术实践展四号住宅设计.建筑学报，2012（11）56～57；（2）周庆华，张雷.对立统一——张雷教授访谈.时代建筑，2013（1）：68～71

如此，看似简单的表皮实际包裹着复杂的内容，实际上是另一种"对立统一"：宽大而开敞的台阶引导观众沿着周边设置的室外楼梯逐级上行，体验各个角度室外景观的变化，最后到达露天的庭院和封闭的展厅，空间的意义是逐渐地自我展示，无须"旁白"（图 7-9）。

a 效果图　　　　　　　　　　　*b* 架空入口

c 玻璃条的变化　　　　　*d* 木制阶梯　　　　　*e* 屋顶庭院

图 7-9　郑东城展馆的整体与局部

　　高淳诗人住宅和扬州三间院的表皮是当地常见的材料——红砖。但建筑师却在刻意削弱传统红砖墙面的沉重感和平淡、稳定的气质，编织起了不同肌理的"红砖外衣"，在"熟悉感"中追求"陌生感"：三间院里有规则的方格砖墙和变化的丁砖和立砖砌法：有的"丁砖"扭转 45°，形成通风透光但不透视的效果[1]，有的将立砖凸出墙面半砖，在阳光下形成落影；高淳诗人住宅的墙面以基本的"二顺一丁"为原型进行变化，有的为平砌，有的将丁砖凸出半砖，有的丁砖凹进半砖，阳光的落影和内凹的细格使墙面显得生动有趣，形成"实"与"透"、"重"与"轻"的对比，从而将对立的各方包容一体，"我们也可以说，这是对于中国古老的阴阳平衡体系的一种现代诠释"[2]（图 7-10*a*）。

　　若论在明确的形体里追求偶然性，则以中国国际建筑艺术实践展（CIPEA）四号住宅（下简称"四号宅"）、南京的"缝之宅"和江苏溧阳的新四军江南指挥部纪念馆（下简称"N4A 纪念馆"）等作品表现得最为典型。

　　CIPEA 的四号宅看上去更像一个模型，而非完成的建筑[3]。它的原型是一个纯粹的白色混凝土立方体，由水平的窄条裂缝分割出沉重的五层，垂直叠摞在一起。趣味点就在这些裂缝的变化上：每条裂缝都在特定的位置上以平滑的曲线状态放大。从建筑内部观察周

---

① 参见：沈开康.编织砖的微观都市.2010（03）：26～28
② （德）爱德华·库格尔著，孙凌波译.从简单到复杂：张雷的设计.世界建筑，2011（04）：18
③ （德）爱德华·库格尔著，孙凌波译.从简单到复杂：张雷的设计.世界建筑，2011（04）：18

a 诗人住宅的整体与局部

b N4A的立面及庭院

c 缝之宅侧立面和正立面

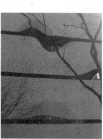

d 四号宅外观及细部　　　　　　　*e* 四号宅窄缝呈现的连续画面

图 7-10　四个作品的整体与局部

边的自然景观时，裂缝就限定出连续的、局部放大的画面，是"对古老传统的一种现代诠释"[1]，是中国传统的横轴山水画的当代立体版，"纯净的几何体由非线型的裂缝叠加而成，纯粹的几何和纯净的自然，聚集了对立统一的能量。"[2]（图 7-10*d*，*e*）

　　"缝之宅"与四号宅有所不同。后者的白色和非线型裂缝似乎削弱了建筑体块的重量

---

① （德）爱德华·库格尔著，孙凌波译. 从简单到复杂：张雷的设计. 世界建筑，2011（04）：19
② 张雷. 对立统一——中国国际建筑艺术实践展四号住宅. 建筑学报，2012（11）：57

感，而前者的灰色木模混凝土显得沉重，抽象和纯净得像童话里"圣诞老人之屋"[①]。与四号宅完全不同的是那条曲折的垂直裂缝，将原本浑然一体的灰色体量一分为二，释放出了建筑内部的全部能量[②]（图 7-10c），其效果却和四号宅有相通之处。

N4A 纪念馆原本是一个表面覆盖着深灰花岗岩的水平体块，安静而平淡。但室内空间之丰富却让人吃惊，"如同一块多孔的瑞士奶酪"[③]，不规则的露天庭院表面为红色金属板，象征革命战争中洒在山岩上的鲜血[④]，扭曲流动，和雕塑般的外观形成反差，充满生命的张力。而管窥内部的是四个立面上"偶然"生成的不规则排列的孔洞，它们将建筑内部的丰富性和力量性释放出来（图 7-10b）。

"缝之宅"的折缝和 N4A 纪念馆的孔洞，就像传统绘画里浓墨的群山上留出的细长飞瀑和层层云雾，虽浅淡甚至空白无墨，却胜过浓墨，引人遐想，造成画面生动的气韵和幽远的意境。正所谓"道之为物，惟恍惟惚。惚兮恍兮，其中有象；恍兮惚兮，其中有物；窈兮冥兮，其中有精。"[⑤]

（3）疏密有致

王澍的象山校区是另一个值得再次提起的实例，它对"阴阳对立"做了另一番表达。在总体布局上，这个校园几乎就是杭州城传统格局"一半湖山一半城"[⑥]的再阐释。实际上，校园对自然做出了最大程度的谦让，可以说是"七分湖山三分城"，使总图带上了传统园林和书画的意境：建筑环绕着山体进行扭转布局，自动退让到条状的山北区和弯月状的山南区。用地的压缩提高了建筑密度，而绿色的山体则成为校园疏朗的中心。一疏一密的对比，加上黑、白、灰的雅致色调，校园一如江南密集的建筑群和大片萧散园林的对比，又恰如马远、夏圭之画，密集的着墨处是校园建筑，而空白无墨之处则是浓郁的自然（图 7-11a）。建筑的曲折摆动之势，则更像流畅自如的草书线条[⑦]，相互之间勾连、呼应，分割和限定出形态各异的"空白"——庭院，其中的点点天井，便如浓墨之中偶现的"飞白"，丰富了空间层次，增加了空间趣味（图 7-11b）。

如果说，象山校区总图上的对比格局受到自然环境的限定，疏密之比的形成带有偶然性，是自然约束而造成的自然形态，那么，建筑造型中的对比则完全是建筑师审美情趣的无意流露。在张雷作品中，建筑体块是纯净、规整的几何体，犹如"楷书"或"隶书"，而象山校区的建筑多带有"草书"或"行书"的感觉，建筑体量总处于盘旋曲折的运动之中。

建筑的对比还发生在不同的立面之间，这一点似乎继承了传统建筑"各向异质"的形体特征：有的立面开窗较少甚至无窗，显得"硬实"，有的立面开窗较多，或者做大片横向披檐，显得"虚软"。尤其是山南区的实验中心，背立面为大量硬实的墙体，但却不规则地开设着点点窄窗，横竖无定，聚散无序，恰似大片浓墨之下偶然生成的细小但又传神

① （德）爱德华·库格尔著，孙凌波译.从简单到复杂：张雷的设计.世界建筑，2011（04）：18
② 周庆华，张雷.对立统一——张雷教授访谈.时代建筑，2013（1）：69
③ （德）爱德华·库格尔著，孙凌波译.从简单到复杂：张雷的设计.世界建筑，2011（04）：19
④ 胡恒.历史即快感——张雷设计的江苏溧阳的新四军江南指挥部纪念馆.时代建筑，2008（2）：85
⑤ 老子·第二十一章
⑥ 王澍，陆文宇.循环再造的诗意——创造一个与自然相似的世界.时代建筑，2012（2）：68
⑦ 王澍，陆文宇.中国美术学院象山校区山南二期工程设计.时代建筑，2008（3）：73

的"飞白"(图 7-11)。

a 布局的疏密和建筑的摆动　　　　　b 绘画的浓墨与空白(李可染作品)

c 建筑形体的摆动　　　　　　　　　　d 同一墙面开窗的疏密

e 书法线条的流动(怀素《自叙贴》局部)　　f 不同立面的虚实对比

图 7-11　象山校区的疏密布局与书画的意境

　　事实上，建筑师曾说"在中国园林里，城市、建筑、自然和诗歌、绘画形成了不可分隔、难以分类并密集混合的综合状态"[①]，并多次在文章中提到传统绘画对他设计的影响：2010 上海世博会藤头馆的隔墙上不规则的孔洞与明代陈缫《五泄山图》中的山体、树形有关[②]，威尼斯双年展上的瓦园与五代董源《溪岸图》的水意有关[③]，象山校区南区的建筑群使用的是绘画"三远法"中的"平远法"[④]，如北宋王希孟《千里江山图》中重峦叠嶂层层远去的感觉[⑤]。体块巨大的宁波博物馆表达的似乎也是书画的意境，如南宋李唐《万

① 王澍，陆文宇.循环再造的诗意——创造一个与自然相似的世界.时代建筑，2012（2）：67
② 王澍.剖面的视野——宁波藤头案例馆.建筑学报，2010（05）：130
③ 王澍.营造琐记.建筑学报，2008（07）：61
④ 冯萍.王澍，超越城市之上的行走.明日风尚，2006（01）：42
⑤ 赖德霖.中国文人建筑传统现代复兴与发展之路上的王澍.建筑学报，2012（05）：4

鐢松风图》中山峰的奇绝[①]；分裂的体量"类似于山体的形状"[②]，而裂隙则如山谷，似画中的无墨之云雾或瀑溪，有漫道诱人登临，和 N4A 纪念馆无序的孔洞一样，释放了建筑内部包裹的能量，此亦谓"弱者道之用"；这时，站在广场上看建筑，如观"高远法"的山体：高大坚实的瓦片墙和竹模混凝土墙肌理杂驳，深浅不一，使建筑体块更近于"皴法"绘制的山体质感。而横竖无序、时聚时散的窗洞又与硬实、杂驳的墙体对比，呈现"飞白"的偶然之趣，在沉实之中平添了几份灵气和生机（图 7-12～图 7-15）。

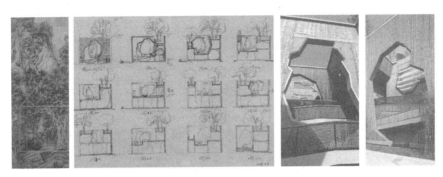

图 7-12　（明）陈洪绶《五泄山图》与上海世博会宁波藤头案例馆

图 7-13　（五代）董源《溪岩图》的局部水意与威尼斯双年展瓦园

图 7-14　（北宋）王希孟《千里江山图》（局部）的"平远法"与象山校区山南区

---

① 赖德霖. 中国文人建筑传统现代复兴与发展之路上的王澍. 建筑学报，2012（05）：4

② 王澍. 建筑如山. 城市环境设计，2009（12）：102

图 7-15 （南宋）李唐《万壑松风图》的奇峰与宁波博物馆的体量和质感

这些作品反映出建筑师对中国传统深层次的把握。事实上，受到现代建筑教育的王澍本身却是一位"心仪和追慕中国文人传统"、"喜欢箫管，擅长书法和山水画"，以品茶、游园为乐事的现代文人[①]。他认为"中国曾经是一个诗意遍布城乡的国家"[②]，要求学生研读《老子》、《庄子》、《论语》、《浮生六记》[③]，并立志于重建中国当代本土建筑学[④]。这种志趣使他根本无力或者说无意摆脱传统文化"磁场"的浸染，传统哲学思想以及与之关联的审美观无疑会潜伏于建筑师的心灵世界，成为建筑师心理文化结构中比重很大的一部分，即："心由境造"。而其建筑作品"传统文人园林的气质"[⑤] 是其文化经历的真实流露，即："境由心造"。

"阴阳对立"和下文所说的"和谐共生"本身就具有很强的"现代性"和"先进性"，甚或非常"前卫"。只是我们身在此山中，被铺天盖地的、光怪陆离的、时髦的西方"流派"和"主义"所盅惑，乱花迷眼，不知所措，并不清楚自己家中被束之高阁甚至曾经被视如敝履的"古董"中藏着真正的宝贝，或者知之不深，不知如何使用。

7.3 和谐共生的传统特征与现代表达

中国传统哲学认为阴和阳是构成世界的基础，宇宙万物无不同时包含着"阴""阳"两面，它们的相反对立使事物总是处于永恒的运动变化之中——二者互为存在的参照，向着对方转化，最终联结为无法分离、无法独存的和谐的共生体。即："相反"的终极状态是"相成"，是一个同时包含着矛盾双方的统一体。在老子所说的域内四大"人、地、天、道"之中，"天、地、道"或者说自然和自然规律都是无意识的客观事实，由于有意识、有情感的"人"的存在才具有了存在的意义。人类无法改变它们，只能自觉遵守自然规律，师法自然，与自然友好相处，把人类自己的命运与自然的命运维系在一起[⑥]，休戚与

① 赖德霖.中国文人建筑传统现代复兴与发展之路上的王澍.建筑学报，2012（05）：4
② 王澍，陆文宇.循环再造的诗意———创造一个与自然相似的世界.时代建筑，2012（2）：67
③ 参见（1）王凯.王澍的本土建筑学——对话王澍.美术报，2007 年 5 月 5 日第 008 版；（2）史建，冯格如.王澍访谈——恢复想象的中国建筑教育传统.世界建筑，2012（05）：28
④ 史建，冯格如.王澍访谈——恢复想象的中国建筑教育传统.世界建筑，2012（05）：28～29
⑤ 业余建筑工作室.时代建筑，2009（5）：150
⑥ 钱穆.中国文化对人类未来可有的贡献.中国文化.1991（4）：93～96

共，才能求得人类自身的安宁。即：人类与自然之间必然是"天人合一"的和谐关系。当然，人类存在的客观世界中不仅包括自然，还包括社会其他成员，他们同样是无法改变的客观存在，同样需要以一种以"和而不同"的包容态度，尊重对方，承认对方的价值，才能达到社会的整体稳定，即人类之间必然是"人我合一"的和谐关系。对于建筑来说，"天人合一"就指建筑和星空、地形、地貌、气候、山体、草木、水体等一切自然事物之间的和谐共生，"人我合一"则指建筑、建筑群、城镇等人工环境之间的和谐共生。

7.3.1 和谐共生的传统建筑表达

（1）效法天象

传统的"天人合一"观认为，人与自然既然同源、同构、同律，那么二者就具有一定的对应关系，自然现象的变化就预示着人事的更变，自然现象的结构和规律可以被人类效仿。高悬于大地之上的天界，是主宰万物的神灵的居所，是一个以"帝星"为中心的庞大有序的天国体制，而星象则直观地反映出它的等级秩序和组织框架，成为人间帝国建构政治体制、营建国都皇宫的现实榜样和理论依据。例如，秦代的都城咸阳被视作整个国家的"天极"，而咸阳宫则是都城的"天极"，渭水为"天汉"，周围的宫苑为群星，以复道、甬道、桥梁与核心咸阳宫相连，构成众星拱极的天象。以秦代上林苑为基础兴建起来的汉代长安城则是南斗和北斗构成的"斗城"，其比较附会的解释就是"斗为帝车，运乎中央，临制四乡。分阴阳，建四时，均五行，移节度，定诸世，皆系于斗"[①]，并且北斗七星，象征"旋玑玉衡以齐七政"[②]。明清故宫则更是严格地按照"三垣、四象、二十八宿"的星象进行布局，紫禁城得名于"帝星"居住的天国中心"紫微垣"，故宫三大殿象征天界"三垣"，而内寝三宫和东西各六所则一起象征紫微垣的十五星[③]。

传统的都城、皇宫是通过总体布局来"法天"的，那么规模较小的单体建筑或小建筑群如何"法天"呢？这时，形体与色彩语汇开始扮演象征宇宙结构的角色。中国传统观念认为天空如圆形穹窿覆盖在方形的大地之上。于是，传统礼制、祭祀建筑里常出现圆、方形体以象征这种朴素的宇宙图式。譬如，历代的明堂均有上圆下方的构图，天坛为北圆南方的总图，其主体祈年殿及须弥座平面皆为圆形，加上屋顶的三层阳数和宝蓝色，一起象征"天"，而圆形殿堂共计二十八根柱子则暗合天象中的"二十八星宿"[④]。就连一些民居建筑也会效仿天象，例如福建客家土楼中就同样存在北圆南方的布局。

效法天象的目的不仅是为了"天人合一"，更重要的是为了从自然现象中寻找统治的合法依据，维护天子的尊严。这种功利性需求难免会异化出对统治者有利的唯心性解释。例如，"天人感应"论在今天看来就显得荒诞不经。按照现代人们对宇宙的认知，"天圆地方"的宇宙图式也显得幼稚和荒谬。因此，"效法天象"无法与现代人类的心理文化结构合拍，实不足为现代建筑所取。当然，现代建筑中也会用"天圆地方"来解释自己的某些造型语汇，但都属于对传统观念的隐喻，而非对这一观念的认同。

---

① （汉）司马迁. 史记·天宫书第五. 北京：大众文艺出版社，1998：109
② （汉）司马迁. 史记·天宫书第五. 北京：大众文艺出版社，1998：109
③ 本书关于秦咸阳城、汉长安城、明清故宫效法天象的解释主要参见：白晨曦. 天人合一：从哲学到建筑. 申请中国社会科学院博士学位论文. 2003：184～191
④ 李乾朗. 穿墙透壁——剖视中国经典古建筑. 南宁：广西师范大学出版社，2009：267

（2）顺应地脉

自然地质的漫长变迁发育成相对稳定的地形、地貌和生物群落，加上特定气候的作用，综合成为影响人类生存的生态环境。中国传统的风水术实际可以被理解为朴素的"生态环境"优化选择法[①]，而"觅龙"、"察砂"、"观水"、"点穴"等一系列过程，可以被视作评价、对比和选择理想生态环境的操作步骤。绝佳的风水宝地往往能够"藏风聚气"：依山、傍水、面田、向阳、迎风、植被繁茂……。在这样的生态环境内，建筑、村镇、城市不仅可以得到"龙"与"砂"的环抱、依托和保护，还有清洁的水体可资生活、生产、灌溉、行舟、对外交流……，排涝泄洪以绝水渍之患，既有良田、林地可就近耕作、采摘，以保证生活自足，又有良好的日照和通风，以利植物的生长和人类的身心健康（图7-16）。即使是亡者的居所——墓冢和陵寝的选址也同样受到重视，基址周边和邻近的山形、地貌、水体、植被等自然元素也要经过风水术的严格评价、对比，以选择最佳的自然环境，并相信可以荫泽后嗣。

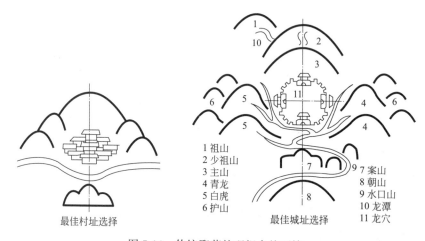

最佳村址选择　　　　　　最佳城址选择

1 祖山
2 少祖山
3 主山
4 青龙
5 白虎
6 护山
7 案山
8 朝山
9 水口山
10 龙潭
11 龙穴

图7-16　传统聚落的理想自然环境

图7-17　传统聚落的散点式布局

为了维护这些自然天成的生态环境，传统的营造过程绝少对其进行大规模的人为扰动，而是顺应自然的地形、地貌进行布局和调整。例如，在地形复杂的山地，建筑或建筑群不再像平原地区那样固守严格的南北朝向，也不再追求严整的合院，而是灵活变通，进行一定角度的扭转，随着等高线进行高低错落地散点式自由布局（图7-17）。即便对自然环境进行必要的改造，也显得克制和适度，并尽量顺应自然的脉络，其结果也是为自然增色而不减损自然之美，使自然环境与人工环境能够相互交融，形成动人的地域性景观。在中国传统的村镇、城市，人们津津乐道的美景常常就是自然与人工的结合体，如杭

---

① 杨文衡.中国风水十讲.北京：华夏出版社，2007：120

州西湖的宋代"十景"、明清"十景"，承德避暑山庄的乾隆"三十六景"等，而"青山横北郭，白水绕东城"①、"绿树村边合，青山郭外斜"② 的城市、村落格局则是人类顺应地脉的真实写照。

这与今天的建筑和城市建设形成了鲜明的对比。人类已经进化到地球生物链的顶层，好像无所不能，凭借先进的现代技术移山填海，将大自然为我们创造的环境视作发展的障碍，削平丘陵、山体，填埋湖泽、河溪……，最终建成的却是景观单调、空气污浊、水体变质的人工环境，并严重威胁到了自己的生存。这时，我们才幡然醒悟——自然是万物之母，自然恩赐的环境才是最理想的，破坏自然环境与自杀何异。人类只能以自然为师、为友，只能与自然和睦相处，方可求得自身的安宁。而颇具讽刺的是，这样的传统智慧曾经被我们自己视若敝屣，对自然藐视、轻慢，贪婪无度地劫掠，甚至幼稚地认为"人定胜天"，直至在自然面前碰壁才又重新审视"天人"关系，又返回到传统哲学的原点。

（3）响应气候

和天空、山岳、大地、河流……一样，气候也是人类必须面对的客观存在。中国传统哲学认为季节更替本属自然运行之道，是自然跳动的脉搏，人类无力改变，也无须去改变，只需在生产、生活上应季节而调整，设法适应，从而与大自然的律动合拍，达到"天人合一"的境地。

气温、风向、日照、降水、湿度等气候因素，不仅可以影响人类的舒适感，甚至关乎农收和生存。随着季节的更替而变化，人类的衣着可以随之增减，但静态的建筑却无法像衣物那样轻巧地改变。建筑回应气候的策略是：专注于应对当地气候中最极端、对人类影响最负面的因素。在上一章，本书在论述围合空间的地域特征时，特别强调了传统民居的庭院对本地极端气候的回应：它们虽然有着类似的外界面特征——少开窗甚至无窗，硬实、保守和封闭，但庭院的内部界面形态却因气候而产生了巨大差异：在中国北方的寒冷、严寒地区，建筑主要应对的是冬季的低温和北风，方形或纵向庭院较为常见，建筑主界面也趋于实硬，开窗变小，更强调建筑的"各向异质"，即：南向（或内向）设廊、开门窗，而其他三向甚至可以无窗，主要目的就是在冬季分别利用庭院纳阳、厚墙保暖、挡风和避寒……。在中国南方的夏热冬冷区，建筑主要应对的则是夏季的高温和潮湿，遮阳和通风得到普遍重视，高深的天井、横向庭院、可大面积开启的虚软的主界面……就成为必然的选择。当然，独立式民居对付高温高湿的气候有别的"招术"——云南的干栏竹楼以架空的底层、细缝的竹墙、开洞的歇山顶、出挑的深檐来达到遮阳、通风、除湿的作用③。

传统建筑的地域特征是地脉、材料、生产力水平、生活方式、世界观等多种因素共同作用的综合结果，但气候的影响是深远的、无法忽略的，相信在建筑发展的"婴儿期"甚至可能扮演过主要角色！

（4）亲近自然

"天人合一"观使中国人对自然有着异乎寻常的亲近感，人和自然"是父子的亲和关

---

① （唐）李白. 送友人

② （唐）孟浩然. 过故人庄

③ 侯幼彬，李婉贞. 中国古代建筑历史图说. 北京：中国建筑工业出版社，2002：210

系，……没有奴役的态度"①，天人相亲的程度是世界其他文化系统中所没有的②。在中国人的心目中，天地万物"大美不言"，人们赏悦自然的一切，星辰、山岳、水体、风云、植物、动物……，都成为人们欣赏的对象，并比德于人，赋予人类的高尚品格和心理期许。例如，用松、竹、菊、梅等象征高洁的人品，用南山、老松寄托长寿的愿望，用爱山、乐水象征"仁者""智者"。进而，自然之物可以为人友，甚至可以为人"妻"、人"子"，而在中国古典文献里常将动物、植物人格化，和人类共事、交友、甚至发生感情纠葛乃至联姻……。总之，在中国传统的"天人合一"观里，人与自然完全相类无界。

　　这种亲密无间的天人情感最直观的表白莫过于绘画。依据内容，传统绘画大体可以分为无人和有人两大类。无人的绘画多以植物、动物、山石、器物等作为刻画的主题，画中虽无人，表现的却是人的内心情感、人对世界的认知以及人的审美趣味。有人的绘画又大体分为两类：人为配角或主角。人为配角时，大面积的笔墨给了自然山体、水体、云雾、草木等，然而就在这幽远、空渺、清寂、寒荒，抑或生机盎然的意境之中，总能在精妙、细微之处看到姿态各异的人物，或樵、钓、僧、道，或为高士，其状或行、坐、倚、卧，或抚琴高歌……均气质洒脱高逸、神情悠然。即使画面主角为人，也往往少不了自然元素，几株植物、数点山石，便渲染出深远的自然意境，揭示出超然淡泊的人物心理（图 7-18）。可以说，传统绘画中的自然与人是相互衬托、相互关照的关系，互为存在的意义，亲密如一，无法分离。

图 7-18　（元）盛懋《秋江待渡图》和《秋舸清啸图》及其局部

　　有人的绘画往往还少不了建筑的配合。就在那群峦环抱之中、溪谷瀑流之旁、云雾缥缈之际、松林竹丛之下……，往往掩映出点点屋舍、草墅、茅庐、亭轩、佛塔、寺观、村落、城池……（图 7-19）。它们与自然交织而成的意境完全是人们心驰神往的仙山洞府和世外桃源。当建筑、村落、城市为画面主角时，自然元素也往往比重很大，如著名的《清明上河图》，除了刻画入微的建筑、城墙、桥梁以外，就是蜿蜒的河流、繁茂的树木、平旷的田园……。以建筑为主题的界画更是如此，在画面的构图中，山石、植物、流水等被统筹考虑，巧妙安排，虽然比例不一，但无不显示出建筑与自然的有机性和整体性（图 7-19b）。一言蔽之，传统绘画的意境，实际就是人、建筑与自然和谐关系的无意识的流露。

　　与绘画相比，实体的建筑、村落和城镇"画幅"要大得多，虽然难以一目览尽，但与

---

①　宗白华.艺术与中国社会.上海：上海文艺出版社，1991：69
②　徐复观.中国艺术精神.沈阳：春风文艺出版社，1987：193

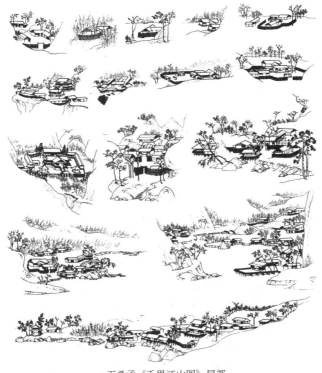

a 王希孟《千里江山图》局部

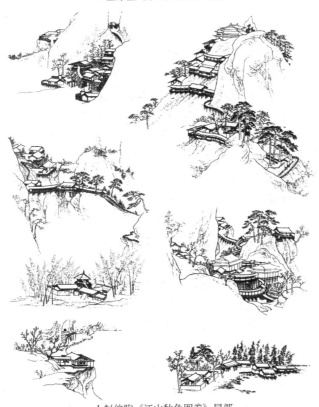

b 赵伯驹《江山秋色图卷》局部

图 7-19　传统绘画中的聚落与自然的关系

自然的关系实际上也是亲密无隙。无论是单体建筑、建筑群、村镇，还是大规模的城市，在营造活动中，也像绘画一样，将山水、植物等自然元素作为不可分离的部分整体考虑。这主要表现在两个方面：

一是建筑主动容身于自然之中。对人类的生存而言，自然界的生态环境有吉、凶之别，风水术相地择址的结果就是给建筑提供一个亲近自然的机会，群山与流水、田野与茂林一起环绕着镶嵌其中的建筑、村落和城镇，如母亲将"婴儿"揽于怀中，给它提供庇护、营养和呼吸。

二是建筑对自然元素的自觉包容。对于大规模的城镇来说，自然山水与植被可以优化城市生态环境，丰富空间层次和景观结构，传统城市"一半湖山一半城"、"十里青山半入城"的布局无疑是最有力的证据；"榆柳荫后檐，桃李罗堂前"，"曲径通幽处，禅房花木深"，对于建筑来说，庭院内的植物、花卉、景石则可以调节小气候，平抚心灵，为蜗居深宅内的人提供与自然沟通的机会；对于园林来说，自然更是无处不在，一片墙垣将车马喧扰的闹市阻隔于外，其内包备的是另一番天地：平坂湖石，溪池驳岸，繁花修木，篱落曲径，廊桥亭馆，尽显海山胜境，田园趣味，人工与自然，缠绵互绕，难以分离。因此，宽泛地说，中国传统建筑的语汇中不仅包括人工事物，还应包括草、木、花、石、水等自然元素。

（5）语法秩序与语汇规范

那么，传统建筑又是如何做到"人我合一"的呢？笔者认为主要途径有二：一是轴线语法的广泛使用，形成布局上的严整有序、主次分明；二是形体语汇、色彩语汇的模数化、规范化。

人们普遍认为，轴线语法的使用是"礼乐"思想的反映。儒家宣扬的伦理纲常，要求社会成员恪守自己在制度网络中的位置，各行其德，各司其职，才能保持社会的整体安定。森严的等级制度反映在建筑的营造上，就是强调"居中为尊"——都城要设于国域之中，皇宫设于都城之中，而皇权建筑又在皇宫之中。至于庶民大宅，也要严格区分长幼，用子女的厢房围卫着家长的堂屋。尊崇的建筑全部从南到北居中布置，次要建筑左右均齐，镜像对称，虚拟出一条"中轴线"。处于中轴线上的建筑地位最为尊崇，而左右建筑衬托之、辅弼之，形成主次分明的空间秩序。当建筑群再扩大时，以同样的"轴线句群"向左右对称扩展，从而使城市肌理显得条理清晰，统一严整。

对整体空间的有效统摄作用，使轴线语法不仅深受皇宫、王府、民宅、宗祠等濡染了儒家思想的建筑青睐，也影响到了其他信仰的建筑的群体布局，如道观、佛寺，甚至伊斯兰教建筑。如西安大觉巷清真寺、北京牛街清真寺，迥异于新疆以及中东清真寺的格局，建筑群也强调轴线序列和主次之别。

严格的等级制度还约束了材料、色彩、形体等建筑语汇的使用，形成用材、用色、赋形的规范，不同等级的材料、色彩、形体被分配给社会地位不同的"业主"，在一国之内形成材料、色彩、形体的序列。只要在同一建筑群、同一村落甚至同一城镇之内，建筑的色彩总是倾向于统一，由主色调来控制建筑群整体色彩效果。形体同样如此，在同一建筑群、同一村落甚至同一城镇之内，形体语汇呈现出一致性。

建筑语汇也可以对建筑群进行有效统摄。尤其对于散点分布于山地的村落、集镇，虽然没有轴线统治，但相同的材料、近似的色调和形体，依然能够在建筑群内部甚至建筑群与自然环境之间，营造出和谐一体的效果（图7-20）。

综上所述，语法秩序和语汇规范，最终都形成了整体感、统一感。尽管如此，传统建筑群、村落和城镇却并不单调和乏味，因为"相反相成"与"和谐共生"始终并存不悖。例如，轴线句群中的单体建筑的主次对比、建筑与庭院的虚实对比、色彩语汇中的主辅对比、明度对比、形体语汇中的体量对比、张缩对比等等，使建筑群或村落、城镇在整体、稳定中求得变化，产生音乐般的节奏和韵律——规整者是黄钟大吕，庄严高妙，

图 7-20　散点式自由布局的村寨

萧散者如柔和的行板，自由舒缓。虽韵味不同，但均体现出和谐之美。

概言之，中国传统建筑由星空、大地、山脉、水体、河流、植被、气候等与人伦秩序共同塑造而成，是一个自然与人互利互容的共生体。在传统的中国乡村、城镇、田野、山岳、河流、森林，凡人类栖止之处，均可感悟到深邃的哲学，观察到玄秘的宇宙图式，体味到人与自然的亲情，寻觅到浪漫的诗意，倾听到和谐的乐章，绝非现代城镇的孤傲、混乱、冷漠、乏味和无趣。李约瑟说："遍中国的田园、房屋、村镇之美，不可胜收"[1] 所言不虚。

7.3.2　和谐共生的现代建筑表达

如前文所述，现代建筑与传统建筑基本上分属两个"语种"，在表达同一语义时使用的是不同的语汇与语法。现代建筑的材料语汇不再受到传统社会等级、地域的限制，现代科技也为建筑提供了更为丰富的材料语汇，并伴随着时代发展而快速更新。随之而来的是与之适应的新的形体语汇和新的语法，进一步加剧了建筑表达的多样性。

当然，现代建筑的多样性是更深层地来自于现代社会整体和所有建筑相关人的心理文化结构——一个多元的、复合的、"混血"的结构，包含了传统与西方的两种成分，只是两种成分在每个人的心中比例有所不同，并且会应时而变。人们的世界观、价值观、审美观随之倾向于多样性，对建筑与城市的评价、欣赏也趋向多元性、多层次性，但最重要的还是和谐[2]，因为"和谐是事物多样性共存的最佳形式，是美的基本原则"[3]。

在一个思想开放、没有等级约束、商业气息浓重的时代，没有权威可以束缚和禁绝人们张扬个性、标新立异，但延续了数千年的"和谐"观念仍然无声地隐伏于人们的心灵世界。即使是在追求个性的西方现代建筑及其理论中，也隐含着"和谐"的观念。例如，"文脉"观念强调对历史文化环境的尊重，绿色建筑、生态建筑、可持续建筑等观念强调对自然环境的重视，与中国传统"天人合一"观念有着重叠的容量，只是前者更加具体和现实，后者深富哲理，在某种程度上可谓殊途同归。"和谐"观念成为现代建筑和城市发展的隐性的约束力量，使其在个性化、多元化的同时免于混乱到失控的地步。

考察中国现代建筑，本书将其实现"和谐共生"的策略主要归纳为以下几个方面：

（1）虚化与隐形

现代建筑同样需要处理好建筑之间的"人我关系"。对于一片同时建设的新区来讲，

---

① 转引自：亢羽. 易学堪舆与建筑. 北京：中国书店，1999：194

② 张锦秋. 建筑与和谐. 求是，2011（22）：62

③ 张锦秋. 建筑与和谐. 求是，2011（22）：62

建筑之间的和谐关系比较容易把握，运用相近甚至相同的色彩语汇、形体语汇、材料语汇和统一的空间秩序很容易使建筑群呈现整体感。难以处理的是现代建筑与传统建筑的关系，最能考验建筑师的协调能力和智慧。理性的态度是：新建筑要对当地的文脉和历史环境表现出应有的尊重。

当然，"尊重"同时意味着还应当适度地强调自身的存在。这时，建筑语言的合理选择和准确推敲就显得非常重要，要避免两个极端——"夸大并沉迷于当代技术的表现"和"强调原发，流连于工业化以前的怀旧情绪"①。面对敏感的历史环境，桥上书屋的语言显然拿捏得比较恰当：直线的书屋本与环形土楼差异明显，但表皮上整齐、均匀的竖向木格栅虚化了自身的体量，弱化了两者形体上的冲突，在传统的土楼面前表现出了适度的谦逊（图7-21）。并且，木格栅本底色与土楼的暖灰色发生了呼应，使二者寻找到了又一个契合点。

图7-21　桥上书屋与土楼的关系

"胡同泡泡"面临着同样敏感的历史环境——老北京的胡同和四合院——一个被人津津乐道的历史记忆和现实的矛盾体——"它是旅游者的天堂，但由于卫生设施陈旧，又是居住者的地狱"②。作为改善卫生条件的扩建工程，"胡同泡泡"处于两难境地：它显然先要给自己恰当定位——历史环境是主角，是乐队的"主唱"，自己只能充当谦卑的配角，是乐队的"伴唱"，一定要与"主唱"默契相和；其次，作为公共卫生工程，它又必须具有足够的"私密性"。

"胡同泡泡"选择了非常现代的抛光不锈钢作为解答的语汇：为了削弱自己的存在感，它首先尽量缩小自己的体量。光滑、明亮的不锈钢材料被设计成非线性的、气泡状的形体，似乎在刻意强化材料的可塑性——乍看之下，它个性十足，好像与周边的青砖、灰瓦存在巨大的距离。但它显然又非常理性：如果使用玻璃，虽然可以虚化自己的存在，但私密性欠缺，而不透明的不锈钢却可以同时兼顾"私密"和"谦卑"两个要求——"光滑的金属曲面折射着院子里古老的建筑以及树木和天空……让历史、自然以及未来并存于一个梦幻的世界里"③，而"胡同泡泡"此刻实际上已经谦逊地隐退于历史环境之后（图7-22）。

（2）语汇关联

像桥上书屋、胡同泡泡一样，新苏州博物馆、丽江玉湖村完小、缝之宅也与敏感的历史环境相邻：一个与著名的拙政园和典型的苏州民居为邻，一个旁边是当地民居和重要文

---

① 福建石下村桥上书屋，福建，中国.世界建筑，2010（10）：34
② 胡同泡泡32号，北京，中国.世界建筑，2010（10）：59
③ 胡同泡泡32号，北京，中国.世界建筑，2010（10）：59

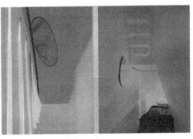

图 7-22　"胡同泡泡"与文脉的关系及其内部

物"洛克故居"，一个被民国时代的青砖建筑所包围。但它们却用另一种方法取得了对"文脉"的尊重，并恰如其分地"镶嵌"到历史环境之中——它们都自动地接受传统建筑的磁场作用，从中提取最具特色的色彩、形体或材料语汇，与传统建筑建立起模因关联，让现代与传统的"对话"显得轻松了许多：新苏州博物馆吸收的是古城经典的黑、白语汇，粉墙如纸、坡顶似墨，如周边建筑一样"吴音媚好"（图 7-23）；玉湖完小与传统建筑实现了材料、形体和色彩三种语汇的高度关联，如本地的石料、陶瓦①，民居一样的坡顶，木料、石料的暖灰色，瓦顶的灰色等，使建筑犹如历史环境的自然衍生体（图 7-24）；缝之宅的语汇更抽象一些，灰色的水平小模板混凝土墙面与老建筑的青砖墙面在色彩与质感上产生了一定程度的默契，积木似的光滑的体块似乎是老建筑侧立面的简化，省略了坡顶的檐口（图 7-10）。

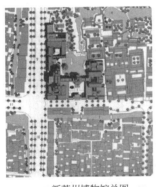

a 新苏州博物馆总图

b 新苏州博物馆内景

c 苏州民居

d 新苏州博物馆的邻居——拙政园

图 7-23　新苏州博物馆及其周边的传统环境

① 王路.纳西文化景观的再诠释——丽江玉湖小学及社区中心设计.世界建筑，2004（11）：86～89

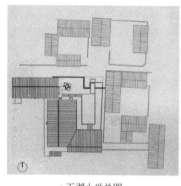

a 玉湖小学总图 　　　　　　　　　　 b 玉湖小学与传统建筑的色彩关系

图 7-24　玉湖小学

当然，它们也像桥上小学、胡同泡泡一样，尽量削弱自身的体量来向传统建筑致敬：新苏州博物馆将一部分空间隐藏到地下，以降低层数，并采用分散布局的方式来回应老苏州的城市肌理；玉湖完小也与周边的传统民居一样，进行曲尺形分散布局，有效地控制体块的大小，避免与历史环境形成较大的体量反差；缝之宅则让自己退缩到最小[①]，似乎要极力隐藏在老建筑群之中。

三者的另一个共同点是：在对历史环境保持谦卑的同时，又没有失去自我，没有极力地伪装成一个"古董"，而是以差异化的方式适度地显示自身的存在，表明自身的现代身份：新苏州博物馆以墨线勾勒轮廓，坡屋顶简洁、抽象、分裂的形态及黑石的"瓦材"[②]，门头、景亭的玻璃顶和钢结构等，都迥异于传统；玉湖小学也与传统保持着适当的距离——传统的石料与现代混凝土并用，木格栅的外廊也比传统建筑看上去轻盈；缝之宅的体块完全是抽象的，没有老建筑的墙体与屋面之分，而是一个质感均匀的"光滑"的体量。总之，传统的语汇模因发生了微妙的变异，现代建筑犹如操着一口带着"洋味"的"方言"，使自己既能与传统建筑交流，又可以明确自己的身份，游刃于"熟悉化"与"陌生化"之间，新与旧保持着"和而不同"的和谐关系。

这种做法与"高仿"的"仿古"和"复古"划清了界限。因为，现代材料有自身的自然属性，适应现代工艺流程和形体特征，高度"仿古"和"复古"往往意味着对现代材料自然属性的扭曲，同时使建筑群新旧莫辨，扰动了真实的历史场景，传递出混乱甚至错误的信息。

值得一提的是色彩语汇的协调能力。如前文所述，在传统建筑群里，单体建筑的功能地位有高低之分，体量有大小之别，形体也存在差异，但是共同的色彩主调却能够使建筑群呈现出整体感。这给现代建筑带来启示：现代材料语汇必然与现代的形体语汇及语法规则相匹配。当现代建筑身处历史环境时，要与传统建筑保持和谐关系，可以不必拘泥于和传统材料语汇、形体语汇及语法秩序保持严格的呼应，与传统建筑建立色彩语汇的模因关联是一个经济、有效的方式。

---

① 张雷. 缝之宅，南京，中国. 世界建筑，2011（04）：82

② 高福民. 贝聿铭与苏州博物馆. 苏州：古吴轩出版社，2007：63～64

（3）灰色建筑

台湾大溪的斋明寺增建工程向人们展示了与传统建筑和谐相处的另一种方式。斋明寺的老建筑是建于 1911 年的小巧的三合院，"装饰平素，酷似民居"[①]，实际上带有闽南传统民居的典型特征：红色的砖墙，鞍形的曲线屋面和色彩繁复的尖翘正脊（图 7-25）。

a 斋明寺　　　　b 新与旧的布局关系　　　　c 灰色长廊

d 灰色建筑　　　　e 新与旧的色彩对比　　　　f 混凝土墙柱

g 新与旧的剖面关系

图 7-25　斋明寺增建部分与传统建筑的关系

增建部分采用的是完全现代的材料语汇：墙柱、窗格是清水混凝土，坡顶是金属板。平直舒展的坡顶、质感沉重的墙柱和浑然一体的灰色，与老建筑的形体语汇和色彩语汇存在较大的差异，语汇的模因关联非常少，但两者依然能够融洽地相处。主因有二：新建筑与老建筑拉开了距离，并沿着地形的起伏将自己"碎化"成若干段，分散了自己的体量，削弱新旧建筑体量上的反差；更重要的是，新建筑使用了含蓄的灰色，反衬出老建筑的"靓丽"，自己宁做"伴唱"，谦逊而低调地退隐于后[②]，将舞台的中心让位于老建筑，二者一唱一和，相随相伴。

斋明寺增建工程的灰色提醒我们重新回顾一下中国传统建筑的色彩特征。前文提到，中国传统建筑是色彩斑斓的"彩化"建筑。但是，丰富的色彩并未导致混乱的局面，建筑群、村落、城镇总能保持色彩上的整体感，这一方面得益于"因类施色"的用色规范，另一方面可以说源于对"灰色"的深刻认识和娴熟把握：虽然和黑、白二色同为无相色，与

① 孙德鸿建筑师事务所.大溪斋时寺增建筑.(台湾)建筑师，2011（02）：55
② 阮庆岳.明建筑——斋明寺的一种《道德经》解读法.时代建筑，2011（3）：103

有相色均可以达到协调，但灰色的亮度较低，在亮度和彩度上都不会突出于环境色彩之外，比黑、白二色更容易达到和谐的效果；而且，灰色的亮度处于黑、白二色之间，有无数个中间层次，在沉稳之中又不失变化。因此，在色彩性格上，灰色虽然低调但又不乏内涵，朴素而又平和，与中国传统建筑内敛、清雅的气质相得益彰，可以有效地平抑有相色所带来的冲突感。尤其在数量最大的庶民建筑中，灰色可以被认为是分布面积最大的色彩：北方青砖灰瓦的合院民居自不必说，以木、竹、土、石等天然材料为主的民居也因材料化学成分的混合性而呈现一定的"含灰量"，并非光鲜的有相色，最常见的坡顶"黑瓦"其实也是一种低亮度的深灰色。一言以蔽之，中国传统建筑既是"彩化"的建筑，又是"灰色"的建筑。

"灰色"的建筑传统一直延续到当下，灰色来源于材料的表层色和本底色，前者如木材、竹材、金属的饰面漆色，后者如青砖、陶瓦、石料和清水混凝土的本质颜色……。前文提到的象山校区和宁波博物馆、四川美术学院虎溪校区图书馆（图7-26）等建筑，混凝土墙柱、斑驳的瓦爿墙、老旧的灰瓦顶、粗糙的模板混凝土墙面、青砖与混凝土组合墙面……呈现出来的深浅不一的灰色，犹如绘画中的"五彩水墨"变幻莫测。灰色使现代建筑显得沉静、素雅、朴实，能够同时与自然环境和人工环境达到和谐共融，犹如禅坐于竹丛中、草庐间的高士、大德，神情安祥、淡泊，但内心深邃和丰蕴。

a 建筑与环境的关系　　　　　　b 入口

c 新与旧的关系　　　　　　d 墙面材料

图7-26　四川美术学院虎溪校区图书馆

建筑师对灰色的钟爱甚至可以延续到本应五彩缤纷的小学建筑中。5·12震后重建的四川德阳孝泉镇民族小学（下称"孝泉镇民小"）就可以被视作一个典型的"灰色"建筑——墙面和地面的主色调均为"灰色"，来自于本土传统的青色页岩砖（地面铺砖是震后旧砖的循环利用）和混凝土①的本底色。深沉的灰色并没有让这所小学失去活泼

---

① 华黎. 微缩城市——四川德阳孝泉镇民族小学灾后重建设计. 建筑学报，2011（07）：66～67

的性格，方案设计出许多类似城市的有趣空间，如广场、街巷、庭院、屋面平台……，激发孩子们的想象和游戏的乐趣①，墙体上不规则的窗洞、壁龛和本土木材、竹材温暖的色调一起打破了灰色的沉闷感。这所小学分散的体量、曲折的布局与周边自然生长的小镇肌理一致，而灰色的主调使它能够更加低调地隐伏于灰顶、白墙、木门窗的老街的身后，削弱因形体差异而带来的冲突感（图 7-27）。

a 实体模型　　　　　b 小镇肌理　　　　　c 混凝土墙柱　　　　d 混凝土墙柱和竹木对比

e 灰色页岩砖、灵活开启的门窗洞口与木料的质感对比

图 7-27　孝泉镇民族小学

中国国际建筑艺术实践展（CIPEA）已经竣工的建筑群也向人们展示出"灰色"的统合能力②。它们处于一片风景优美的山林中，环绕着两汪清澈的湖面。每一位建筑师都使用着自己熟悉的材料语汇、形体语汇和组织语法，但建筑之间、建筑与环境之间没有因此而产生剧烈的冲突。因为多数建筑似乎在刻意寻找彼此的共同点——"灰色"："会议中心"、"三合宅"、"六间"等的建筑深浅不一的灰色来自不同质感的混凝土墙面，"睡莲"的灰色为金属屋面、金属结构和混凝土板，"接待中心"的灰色是青砖与混凝土的混合，"光盒子"墙面的条板石材呈现斑驳的灰黑色（图 7-28）。姿态各异的"灰色建筑"以近似的色调向山、水、草、木和"邻居"表达出和谐相处的愿望，而非旁若无人的自我炫耀。

（4）地景建筑和自然的肌肤

这是两种与自然环境相融合的典型方法。现代地景建筑体现的是城市、景观、建筑一体化特征，与大地肌理、地表形态相吻合，墙体、屋面是地表的延续，并成为可供人们停留、活动和植物生长的界面。与"地景建筑"比较接近的概念还有"毯式建筑"、"大地建筑"、"地形建筑"、"漫步建筑"等，共同的特征就是体现了建筑与大地之间的亲密联系③。

地景建筑并非始于现代，地下栖居的方式在世界各地古已有之，在中国也并非舶来品。中国黄土高原的传统窑洞可被视为一种典型和成熟的地景建筑，它充分利用了土壤优

---

① 华黎. 微缩城市——四川德阳孝泉镇民族小学灾后重建设计. 建筑学报，2011（07）：66

② 四方当代艺术湖区——中国国际建筑艺术实践的永久展区. 现代建筑技术，2013（2）：10～71

③ 关于地景建筑的定义参见：王晓艳. 地景建筑设计研究. 申请北方工业大学硕士学位论文，2010：2

a 接待中心与美术馆 　　　　　　　　　　　　　　b 会议中心与美术馆

c "光盒子" 　　　　　　d "三合宅" 　　　　　　e "六间"

f 不同材料的灰色

图 7-28　中国国际建筑艺术实践展的部分灰色建筑

良的热工性能，使室内温度在酷暑严冬均能够维持在相对舒适的状态，同时又易于开掘，经济实用①。窑洞的另一个重要特征就是与自然的亲和感，是"天人合一"观念最为生动的体现②——开掘于断崖或地下的窑洞让人投身于自然的怀抱之中，为人提供了舒适、安全、安静的栖止空间，让人深切体会到自然的温情，而"负空间"的形式也减少了对自然景观的扰动（图 7-29）。

a 靠崖窑 　　　　　　　　　　　　　　　　　b 地坑窑

图 7-29　中国传统的地景建筑——窑洞

---

① 侯继尧，王军.中国窑洞（前言）.郑州：河南科学技术出版社，1999：2
② 侯继尧，王军.中国窑洞（前言）.郑州：河南科学技术出版社，1999：2

　　以安阳殷墟博物馆、陕西华山游客中心和台湾宜兰礁溪樱花陵园 D 区纳骨廊（下分别简称"殷墟博物馆、华山游客中心、礁溪纳骨廊"）为代表的现代地景建筑继承了这一传统特点，即：环境才是设计的主角，建筑要谦逊地隐伏于自然之后。

　　殷墟博物馆与被列入世界遗产的遗址近在咫尺，为了"尊重遗址主体和现存环境"，显然有必要"尽量淡化和隐藏建筑主体，减少对遗址区的视觉干扰"[①]。于是，建筑主动地沉入地下，只有中庭向天空开口，其他部分均掩埋于绿化之下（图 7-30）。华山游客中心位于华阴市与西岳华山的视觉走廊上，"华山才是城市永恒的对景"，建筑"宜小不宜大，宜低不宜高，宜藏不宜露"。建筑师刻意压低了建筑高度，把中间部分隐藏于地下，两侧舒缓的坡顶轻触地面，呼应着远处的山峦，亲密地匍匐于大地之上[②]（图 7-31）。礁溪纳骨廊的场地是一片山坡，远眺大洋，周围是青翠的群山，可谓"风水绝佳"[③]。纳骨廊悄悄地从山体里生长出来，沿着等高线依附于山体之上，而绿草就在它的上方安然地生长。建筑轻柔的介入丝毫没有打扰自然的梦境，也为归栖其中的灵魂营造出天国般的宁静（图 7-32）。

a 总图　　　　　　　　b 鸟瞰　　　　　　　　　　c 地面景观

图 7-30　殷墟博物馆与大地的关系

a 建筑的区位　　　　b 屋面与地面的关系　　　　　c 视觉通道

图 7-31　华山游客中心与环境的关系

　　表达对自然亲和感的另一种方式是给建筑穿上一层产于自然的外衣：生土、石料或植物材料，让建筑与大地、山体、植被保持质感上的一致，同样能够让栖身其中的人类感到自然的温情。就地取材地运用本地的自然材料是世界各地普遍的建筑传统，中国也不例外。更为重要的是，如前文所述，中国传统建筑对生土、石料、竹材、木材等等自然材料

①　崔恺. 本土设计. 北京：清华大学出版社，2010：70

②　庄惟敏，陈琦，张葵，章宇贲. 华山游客中心. 世界建筑，2011（12）：100

③　黄声远建筑师事务所. 樱花陵园 D 区纳骨廊.（台湾）建筑师，2011（02）39～40

a 总图　　　　　　　　b 俯视山地与建筑　　　　　　c 建筑与山体的关系

图 7-32　礁溪纳骨廊与环境的关系

的使用，不仅仅是因为取用和营造上的经济、方便，还受到深层的风水、五行等哲学思想、审美观念的影响，是"天人合一"观念的自然流露。

在现代建筑中，自然材料依然受到青睐，成为表达建筑的"地域性"和"生态性"的重要词汇。例如马文化博物馆、毛寺小学等建筑对生土的使用、南迦巴瓦接待站、雅鲁藏布江小码头等建筑对石料的使用，高黎贡手工造纸博物馆、何陋轩等建筑对木、竹、草等植物材料的使用，均表现出建筑与环境的亲和力。但无法否认的是，自然材料在防水、防火、耐候、力学等方面的天然缺陷限制了它的使用规模和使用范围，必须与现代材料、现代结构混合，或者必须通过现代技术手段提高它的各种性能。否则，在功能复杂、体积庞大的现代建筑中难以独存。

（5）与自然互容

现代建筑与城市的规模之大远非传统可比。逐渐扩大的城市、日益增高的密度、越来越多的摩天楼……，经济繁荣的代价就是自然的山水、植物等元素的空间被压缩到极限，人与自然的距离越来越远。更有甚者，山体、丘陵、河湖、海洋……被简单地看作发展的障碍，被现代力量削平、填满，然后再费力地在狭小的地表、屋面上人工堆山、引水、植树……。自然似乎不再被尊重，不再为"师"、为"友"、为"父"，可以逆来顺受，被随心所欲地摆布。

当然，中国现代建筑也一直存在一种努力，尝试用建筑实践弥合人与自然之间的距离，调整人与自然的关系，甚至在许可的条件下尽力重塑传统天人互容的和谐关系。对此，本书仅以莫伯治（1914～2003 年）和王澍的建筑作品为例进行分析。

首先，在总图布局中，强调自然的主体地位，让建筑谦逊地嵌入自然环境之中。这是中国传统城镇、村镇对待自然环境的常见做法。用地的特殊性正好给莫伯治的白云山山庄旅舍（下称"山庄旅舍"，1962 年）和王澍的象山校区（2007 年）提供了机会，使它们得以重现传统的天人关系。前者在一片溪谷山林之中，为了不夺自然之美，建筑刻意分散自己的体量，"不同功能的建筑空间，分散成为独立的小体量建筑，然后将这些小体量建筑采用中国传统的建筑群布局手法，组织成大大小小的庭院体系"，"山庄的庭园组合，……溯山溪而上，……或临溪或临崖"[①]，顺应地势，掩映在山林之中（图 7-33）。

象山校区追求的是"一半湖山一半城"的传统城市意境。自然景观占据了整个校区的大多数面积，建筑围绕着植被繁茂的山体进行布局。山脚下刻意退让出来的河流、鱼塘、农田

---

① 莫伯治文集.广州：广东科技出版社，2003：187

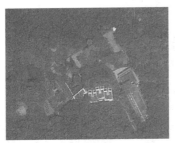
a 总平面

b 与地形结合

c 现代语汇

d 现代走廊

e 庭园景观

f 现代水榭

图 7-33　白云山山庄旅舍建筑与自然的互容

以及堆积淤泥而成的缓坡、复种的芦苇①，使建筑有了些许田园诗意。在这里，建筑对自然形成了向心感，自然成为舞台上绝对的"领舞者"，而建筑恰如一群"伴舞者"（图 7-34）。

其次，将自然元素纳入到建筑设计之中。山庄旅舍的各个小庭院包容着自然的景物，运用山池树石，组成诗画意境，形成多层次的空间和丰富的庭园体系②。自然景观在建筑的内外交融，可被视作莫氏作品最让人感动的地方，在 1950～1960 年代的北园酒家、泮溪酒家、南园酒家等作品中反复出现。在 1980 年代，更被引进了 30 多层高的白天鹅宾馆的中庭、餐厅、咖啡厅等处，甚至被冠以岭南"酒家园林"的"雅称"，以对应北方皇家园林和江南私家园林③（图 7-35）。

象山校区的建筑也呈现出对自然元素的包容态度。不同形态的围合空间不失时机地接纳着花草和树木，"瓦爿墙"、干垒石墙、涂料外墙等外界面也给攀爬植物提供了附着的依靠。在名为"钱江时代"的高层住宅里，建筑师甚至将自然关系延伸到高层建筑领域，作

①　王澍，陆文宇.中国美术学院象山校区.建筑学报，2008（09）：51
②　莫伯治文集.广州：广东科技出版社，2003：187
③　曾昭奋.莫伯治与酒家园林.华中建筑，2009（06）：19

a 田园景观与建筑　　　　　　　　　　　　　b 象山与建筑

c 瓦片墙与植物　　　　　　d 干垒石墙与植物　　　　　　e 天井绿化

f 边庭绿化　　　　g 建筑之间的绿化　　　　h 庭院绿化

图 7-34　象山校区建筑与自然的互容

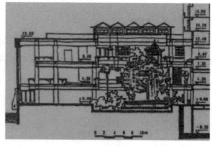

a 裙房及室外绿化　　　b 中庭"故乡水"　　　　c 中庭景观剖面

图 7-35　白天鹅宾馆对自然的包容

了一个"乌托邦"式的"空中庭院"，以期在高层住宅中实现种植的可能性："每一户，无论住在什么高度，都有前院和后院，每个院子都可以种植植物……。可自由选择的园艺活动不仅是在提倡一种正在消失的生活方式，也提供了另一种可能性，住户可以凭借植物重建场所的归属感"①，"因植物的不同而能被站在一座 100 米高的住宅下的人识别"②（图 7-36）。

a "空中庭院" 的草图

b "空中庭院"　　　　c "交错的庭院"　　　　d "庭院绿化"

图 7-36　钱江时代的 "空中庭院" 和绿化

山庄旅舍和象山校区虽然同时表现出尊重自然的传统意境，但二者都没有套用传统语言。前者完全是彼时典型的现代主义建筑：平而薄的屋面，直而细的柱子，直线的栏杆，柱子与屋顶和地面直接相接，没有古典式的过渡，大玻璃门窗，玻璃屋顶……③；后者虽然在色彩语汇、材料语汇上与传统存在着模因关联，但却和现代材料和结构一起混用，形体语汇和语法却完全是现代的：起伏的波形 "水房"，轻缓的直线单坡顶……，一起营造出既熟悉又陌生的地域印象。

最重要的是，二者都与崇尚自然的中国传统园林有关。莫伯治对传统园林做过深刻的研究，在 1950 年代与人合写或独著过《中国古代造园与组景》、《漫谈岭南庭园》、《中国庭园空间的小稳定性》、《中国庭园空间组合浅说》等文④。他对自然和建筑的关系认识独到："山水草木，自然景物，不仅能够满足人们卫生健康的功能要求，当人们接触到自然景物时，会悠然产生某种'复归'的感觉……，将山池树石有机地组织、融合于建筑空间，并不是可有可无，而是必不可少。这样做可以使建筑空间的层次更加深远，序列的变化更富于韵律，增加四维空间的感觉；另外，建筑与景物组合起，透过传统的文化意识（如诗情画意），诱导人们对人自然意境的联想和对空间的感情移入，赋予空间以生

① 王澍，陆文宇."垂直院宅"：杭州钱江时代，中国.世界建筑，2006（03）：82
② 王澍，陈卓."中国式住宅"的可能性——王澍和他的研究生们的对话.时代建筑，2006（3;）：39～40
③ 吴焕加.解读莫伯治.建筑学报，2002（02）：38
④ 吴焕加.解读莫伯治.建筑学报，2002（02）：38

命力。"①

王澍也同样深谙传统园林之美。前面我们已经提到，他"心仪和追慕中国文人传统"，喜欢箫管、书法、山水画、龙井茶和游园林②，对苏州园林烂熟于胸。他认为"在中国园林里，城市、建筑、自然和诗歌、绘画形成了不可分隔、难以分类并密集混合的综合状态"③，"园林""这个词无法用英语的'花园'去翻译，它特指'自然'被植入'城市'，而城市建筑因此发生某种质变，呈现为半建筑半自然的状态。"④ 可以说，正是对传统园林的深彻感悟才会使他的建筑作品在不经意之中透露出"传统文人园林的气质"⑤。

在以上对比讨论中，我们可以看出建筑师对传统文化领悟之深刻，而其建筑成就则再次证明了传统审美的魅力和现代价值。

7.4 本章小结：传统深层语义的模因转译

建筑的语义隐藏于建筑的物质外壳之下，尤其是最深层的哲学思想，最难被读者"解读"，但它却决定了建筑的面貌和气质。中国传统建筑的深层语义包含了两个基本部分：阴阳观与和谐观，前者是对世界构成的基本认识；后者是对世界万物之间关系的深刻思辨。它们以潜移默化的方式影响着中国现代建筑，并以多元的现代建筑语言隐形地"转译"出来。

传统建筑使用"相反相成"的语汇组合来表达"阴阳观"，主要包括：主辅并存的色彩、虚实并置和张弛有序的形体等。而现代建筑的表达方式更多，如动与静、完整与残缺、整体与微变、疏密有序的布局等。"天人合一"观在传统建筑中表现为建筑与建筑、建筑与自然之间的"和谐共生"，即效法天象、顺应地脉、响应气候、规则的语法、规范的语汇以及与自然的亲密。现代建筑使用统一的语汇、完整的构图进行统筹协调，面对历史环境和自然环境时则使用虚化、隐形的方式或灰色的基调来弱化自我的存在，使用语汇关联表达对文脉的尊重和呼应，使用地景策略、自然材料以及与自然互容的姿态来表达与自然环境的亲和。

当然，传统哲学中的一些唯心的成分，如"天人感应"的观念和"天圆地方"的宇宙图式，由于与现代科学观念冲突而被舍弃，即使在现代建筑中进行表达，也属于对传统哲学的隐喻。

---

① 莫伯治文集. 广州：广东科技出版社，2003：29
② 赖德霖. 中国文人建筑传统现代复兴与发展之路上的王澍. 建筑学报，2012（05）：4
③ 王澍，陆文宇. 循环再造的诗意——创造一个与自然相似的世界. 时代建筑，2012（2）：67
④ 王澍，陆文宇. 中国美术学院象山校区. 建筑学报，2008（09）：51～52
⑤ 业余建筑工作室. 时代建筑，2009（5）：150

第 8 章　结论

8.1　研究总结

8.1.1　总体回顾

在现代建筑的中国本土化过程中，传统建筑的现代承传是"一个最明显、最持久、最广泛的思潮"[①]。本书将"模因论"引入建筑学领域，以文化演化的视角来审视这一问题。

"模因"是文化的复制因子，是文化传递的基本单位，通过复制的方式在人际之间传播。传统建筑的现代承传本质上就是传统建筑的某一部分被复制到了现代建筑之中，是一种典型的模因传播现象。由此，本书首先架构建筑承传的模因观，探析建筑模因的传播规律，然后以这样的观念为基础来观察传统建筑承传的现代建筑实践，总结和归纳承传的特征，以期对中国现代建筑未来的本土化进程和地域性塑造有所裨益。

全书主干分为两个部分：第一部分是建筑模因论的架构，为后面的研究提供理论支持。第二部分在第一部分研究的基础上，用建筑模因论的视野来观察传统建筑的现代承传实践，并对观察结果进行总结和归纳。

在第一部分首先讨论了建筑模因的内容，切入点是文化结构的分析。本书将文化解析为三个部分：文化的基础物质材料、基础物质材料的组织逻辑、文化的意义。前二者组成了文化的物质外壳，文化的意义附载其上。这就是文化的"三分"结构。自然语言具有典型的"三分"文化结构，分别是语汇、语法和语义。建筑具有明显的类语言特征，也可以解析出三个部分：建筑语汇、建筑语法和建筑语义。建筑语汇分为建筑材料、色彩、形体三种语汇，建筑语法分为组件法则、组图法则、组群法则等，建筑语义分为表层语义、引申语义和深层语义等，其中的深层语义是建筑最具价值、最核心的部分，决定了建筑的面貌和气质。从建筑发展的历史视野来看，建筑的语汇、语法和语义均能够得以承传，均可以成为建筑模因。

然后，本书对建筑模因论的用语进行了讨论，并解释了它们所描述的建筑承传现象。这些用语分别是：模仿和复制、模因信息、心理文化结构、宿主、携带者、代际、变异度、保真度、选择性、多产性、长寿性、模因复合体、分离性、拉马克式的进化。建筑模因的内容和建筑模因论的用语为后面的研究提供了概念支持。

最后，本书用两组辅助性实验来直观论述模因传播的重要特征：模因的变异是必然的、随机的，传播的轨迹是不可逆的，模因的变异体是唯一的，其选择是多元的。模因的

---

① 郝曙光.当代中国建筑思潮研究.北京：中国建筑工业出版社，2006：26

概念实际上包含着两个必不可少的部分：复制与变异。复制是文化承传的基础，变异则是文化革新的动力。传统建筑的现代承传意味着，现代建筑接纳了传统建筑的某一部分，二者发生了模因关联，并对接纳的部分进行了多元性变异，促进建筑的演化。

在第二部分，本书分别对传统建筑的语汇、语法、深层语义的现代承传进行观察，并总结和归纳各自承传的特征。首先，用了 3 章篇幅来观察和讨论传统建筑的材料语汇、色彩语汇和形体语汇在现代建筑中发生模因变异的主要倾向：传统材料语汇受制于自然缺陷，在现代建筑中无法独立运用，必须与现代材料、结构和工艺相结合，其纹理、色彩等可以从传统材料的物理体中剥离出来，被现代材料取代；传统色彩语汇经历了从"彩化"到"纯化"的转变；传统形体语汇的运用则由具象逐渐转向抽象。

然后，本书分别观察了围合法则、轴线法则、隐喻和象征等传统建筑语法的模因变异，其总体趋势是语法成分的调整：传统建筑的围合法则重视建筑句群的伦理性、生态性，外边界保守和封闭，围合的庭院空间重视私密性、专属性和地域性。而现代建筑的围合法则重视围合空间的开放性和外向性。传统建筑的轴线法则同样重视建筑句群的伦理性、私密性和专属性，强调等级意义，在形态上强调虚拟性和单向性，东西横轴较弱，轴线以调配建筑语汇为主。现代建筑抛弃了传统轴线的伦理和等级意义，轴线空间更具开放性，轴线形态的虚拟性减弱，轴线方向灵活多变，轴线调配的语汇包括了建筑语汇和景观语汇。传统的象征是程式化的"公共性象征"，寓体和本体的关系呈现——对应的固定关系。本体往往是抽象、晦涩的哲学观念、伦理观念、心理希冀。而现代建筑更倾向于使用非程式化的"专题性象征"，寓体和本体并非固定关系，而是从主题中挖掘本体内涵，再寻找理想的物理寓体，显示出多元化的非程式化倾向。其中，围合法则和轴线法则的现代承传还具有一定的历史隐喻性。

最后，本书观察了传统深层语义——阴阳观、和谐观的现代转译现象，指出传统建筑与现代建筑在表达深层语义上的差异性：传统建筑表现阴阳观使用的是相反相成的语汇，即：主辅并存的色彩、虚实并置和张弛有序的形体等。而现代建筑表达方式趋向多元，动与静、完整与残缺、整体与微变、疏密有序的布局等。和谐观在传统建筑中表现为效法天象、顺应地脉、响应气候、与自然的亲近以及规则的语法秩序和规范的语汇。在现代建筑中，最需要和谐智慧的是如何平衡现代建筑与传统建筑之间的关系。通过对现代建筑的观察，本书指出：现代建筑用虚化、隐形、灰色等方式弱化自我的存在，使用语汇关联表达对文脉的尊重和呼应。此外，现代建筑还使用地景策略、自然材料以及与自然互容的姿态来表达与自然的亲和。

8.1.2 典型实例的回顾

（1）"新唐风"建筑语汇模因的历时性演变

"新唐风"建筑对我们研究传统语汇（尤其是形体语汇）纷乱繁杂的模因变异现象具有理想的样本意义。

"新唐风"建筑起初并没有确切的定义和概念的界定，是民众对张锦秋建筑作品风格的称呼[①]。如果从 1980 年代初的青龙寺"仿唐"[②] 建筑实践开始计算，它已经持续了 30

---

① 张锦秋.文化历史名城西安的建筑风貌.建筑学报，1994（01）：30～32
② 张锦秋.江山胜迹在，溯源意自长——青龙寺仿唐建筑设计札记.建筑学报，1983（05）：61～67

多年时间。我们可以将如下建筑看作是重要的演变节点：青龙寺空海纪念碑院（1982年）、唐华宾馆（1988 年）、陕西历史博物馆（1991 年）、丹凤门遗址馆（2010 年）和长安塔（2011 年）。

由于唐代距今时间遥远，现存实物历经修葺，并非原貌，"唐风"的模因信息已然衰减，这使得"新唐风"建筑的伊始便需要大量的历史资料和考古信息作为依据，这意味着"新唐风"建筑的起点就不是对"唐风"100％的复原，而是无限地接近。这必然会导致人们对"唐风"的理解产生差异。对比一下空海纪念堂①和空海纪念碑院，就可以看到两者在斗栱、屋顶等语汇形态的明显不同。

空海纪念碑院在努力与"唐风"原貌接近：木制的梁柱、窗棂、窗框、斗栱，褐红的木构件与白色的墙体，黑色的坡顶也具有地道的比例；唐华宾馆继承了这些色彩信息，但却出现了材料转换的现象：褐红的构件并非木制，而是现代材料，局部斗栱似有简化的倾向；陕西历史博物馆是"唐风"色彩信息的一次重要衰减，只保留了墙体的白色和屋顶的黑色，而"仿木"构件部分的褐红色无存，这些似乎有意告诉人们：它的屋顶比例和色彩虽然近于原型，而建筑的整体材料和结构完全是现代的；丹凤门遗址馆完全是对前三个建筑色彩的颠覆，用色高度抽象——建筑通体"萃取"得近于一个色相，并非传统建筑"因位施色"的"彩化"特征，材料的转换更为彻底，屋顶、斗栱、梁柱等皆为金属，"夯土墙"是现代挂板；长安塔不仅是对原型色彩和材料的颠覆，形体语汇的模因信息也大量衰减——已然是屋顶无瓦，檐下无斗栱，只留下层叠出挑的水平构件来反映斗栱构造的原始逻辑，所有构件的连接也完全反映出现代金属材料在质感、力学、色彩等方面的真实性（表 8-1）。

"新唐风"建筑语汇模因的变异节点　　　　　　　　　表 8-1

建筑 语汇	青龙寺空海纪念 碑院(1982)	唐华宾馆 (1988)	陕西历史 博物馆(1991)	丹凤门 遗址馆(2010)	长安塔 (2011)
坡屋顶	屋面为瓦	屋面为瓦	屋面为瓦,钢筋混凝土板	屋面瓦和板均为金属	屋面为玻璃和金属,无瓦
斗栱	近乎比例	近乎比例	近乎比例	近乎比例	原形无存
色彩	褐红木件,白墙,黑顶	褐红"木件",白墙,黑顶	白色"木件"和墙体,黑顶	通体近灰黄色,各部分色相接近	金属结构均为银灰色,纯净的玻璃
梁柱	木制	钢筋混凝土	钢筋混凝土	钢结构	钢结构

"新唐风"建筑语汇的演变反映出如下事实：一是对传统语汇合理性的清晰认识——传统建筑与现代建筑完全基于不同的材料和结构，传统形体语汇与传统木材的自然性相匹配，但用现代材料进行表现，则是对材料自然性的扭曲；二是模因变异与文化场演变的一致性，即建筑师的文化心理结构无法背离文化场影响，二者都处于动态变化之中。反映于现实就是模因变异的时代特征。例如，唐华宾馆与同时代的阙里宾舍在做法上具有相似性，丹凤门遗址馆的"夯土"挂板同时出现在大唐西市博物馆的墙体上，长安塔的"斗

---

① 杨鸿勋.空海纪念堂设计——唐长安青龙寺真言密宗殿堂（遗址下 4 层）复原.建筑学报，1983（07）：41～49

栱"形态则同时出现在国家博物馆扩建部分的檐下，其金属材料则完全是当代技术特征。这反映出人们对建筑现代性更为深刻的理解，传统语汇的模因信息逐渐衰减乃至最后完全消解是必然的演变趋势。

（2）象征与隐喻的建筑

象征与隐喻手法并非中国独有的建筑传统，但中国传统建筑"通常比西方人更重视环境中所包含的象征及其文化意义。一个环境的物质形式往往被赋予浓重的伦理、宗教，或历史上的含义"。"圣人"先贤、民间传说、吉祥心理、伦理秩序、宇宙观、风水观念等，这些深浅不一的抽象概念都被用来确定大门朝向、台阶数目、城市平面、建筑平面、建筑色彩等[①]。而且，在漫长的历史发展过程中被固定下来，本体和寓体之间成为约定俗成的"公共性象征"关系，属于"程式化象征"。

这种"隐性"模因也被中国现代建筑明显地承传了下来，成为塑造地域性、历史性、中国性和思想性的重要手段。但和传统的象征与隐喻不同，现代建筑象征与隐喻的一个重要特点是"因题设象"，形成有针对性的"主题性象征"或说"非程式化象征"，从建筑所要表述的主题中寻找本体，确定设计立意，再选择合理的寓体予以表达。由于本体的来源更为宽泛，使得建筑更能体现唯一性、思想性。例如，绍兴大剧院以本土的文化象征"乌篷船"为隐喻本体，上海志丹苑元代水闸博物馆以展示内容——元代水闸的结构与构件作为现代建筑语汇的来源，南京遇难同胞纪念馆和甲午海战纪念馆则分别以重大历史事件作为主题。

现代象征与隐喻建筑的另一个特点是对传统语汇的放弃，转而从本体中寻找准确的现代建筑的语汇。例如，绍兴大剧院层顶的折板式屋顶、志丹苑元代水闸博物馆的楔形平面和窗洞、南京遇难同胞纪念馆的白色卵石和浮雕、甲午海战纪念馆残破的船体等，都是具有针对性的建筑语汇。这既是建筑师对建筑意义的深刻认识的结果，又是建筑师对传统建筑和现代建筑两种语言系统差异性深层思考的结果，再次预示着传统语汇必然走向衰减乃至消失。

对寓体的抽象和概括，使得本体和寓体之间拉开了一定的"空间距离"，引发"读者"的某种联想，吸引"读者"用自己的思维去猜测和填充这个"空间"，产生建筑与"读者"的互动关系，塑造出更为独特的现代地域性，发掘出丰富的人类学内涵，增加了建筑的思想深度。

（3）象山校区建筑群与何陋轩

象山校区建筑群似乎是对传统模因变异的集中展示，包括了材料语汇、色彩语汇、形体语汇、深层语义等丰富的变异现象。校区山体南北分两期完成，变异的差异性又印证了模因变异的历时性多元。

材料语汇的使用最大限度地反映出材料的真实性：不论是传统的生土、竹木、旧砖瓦、石材还是现代的钢结构、钢筋混凝土，全都近乎无任何修饰的裸露，真实地展现着自身的纹理、色彩和质感。但传统材料并不遵守传统的语法逻辑，全都与现代材料、现代结构和现代科技紧密结合。例如，屋顶的旧瓦为竖向排列，放弃了传统的铺贴规则；旧砖的砌筑似乎也不起承重作用，而砌筑成多种花格；夯制的生土中掺入钢筋网，从取土、筛

---

① 缪朴. 传统的本质——中国传统建筑的十三个特点. 建筑师，1991（03）：69

选、夯制到维护的全部过程，都建立在现代实验的基础之上①；"瓦爿墙"的内部结合的是中空的钢筋混凝土墙，而非传统的生土墙，旧瓦的披檐是用黑色的钢构件支撑起来的，而非传统的木结构与现代材料的混用和现代的构造逻辑，使传统材料语汇给人既熟悉又陌生的感觉。

传统材料的真实性还在于建造痕迹的表露。旧砖瓦的砌筑和铺贴明显是由人工完成的，灰缝和接缝均呈现非机械的不均匀状态；"瓦爿墙"上各种规格不等、年代不一、色彩多变的旧砖瓦在砌筑时任由工匠临场发挥；干垒的毛石墙则完全是当地龙井茶园挡土坎的做法；杉木板的疤节像传统做法一样暴露和无序，木板上铁制的风钩和插销完全是手工打造的②。建造的痕迹自然表现出材料背后本土的建造习俗和人们的审美趣味，具有丰富的人类学内涵。

象山校区建筑群对传统形体的变异也显得异常精彩，尤其是对传统坡顶的变异。象山以北的坡顶近于传统的做法，但却以单坡顶为主，而非传统的双坡顶；山体以南的坡顶"水房"则完全不是传统的逻辑——在一座建筑中会出现两、三个连续的屋脊，屋脊也并不像传统做法那样横向布置，而是平行于平面的短向，两个屋脊之间的"山谷"明白无误地告诉人们：坡顶并非为了排水，而是为了隐喻传统；围合的院落也往往少一个界面，将传统"四水归堂"的围合感化解掉，而将内部空间裸露出来。

象山校区建筑群对传统色彩的使用具有一定的保真性。灰色的砖瓦和清水混凝土、白色的墙体、暖灰色的杉木板和竹条栏板，都与传统无异；黑色的钢结构似乎是对当地木构件涂黑传统的回应。相较于材料和形体，传统色彩语汇似乎更易继续保留在现代建筑的语言体系之中。

除了显性的模因变异外，象山校区建筑群还具备了足够的含隐的思想深度，用完全现代的语汇对深层的传统思想和美学观念进行转译：山南区座座"水房"似《千里江山图》中"平远法"绘就的意境，建筑体量与建筑群的摆动布局，又似书法线条游动之美；建筑群与山体、与自然的关系，建筑与自然互含的关系，以及对山体和原有农田的刻意保留，体现出传统的和谐自然观；而密集与疏朗对比的布局则是阴阳观念的自然流露。

象山校区建筑群同时又深刻领悟了现代建筑思想，体现出时代精神。材料与结构的真实性是建筑师清晰的建构思想和人类学意识的反映，建筑群步移景异的自然展开让场所充满魅力（这一点也是传统园林的景观叙事方式），传统材料的循环再造则反映出建筑师以扎实的建筑实践来回应现代社会的生态意识。

与大规模的象山校区建筑群相比，小小的何陋轩具有同样的特征。它的屋顶形态源于本土农舍，草顶、竹架、青砖铺地，则完全是本土的传统材料③。但何陋轩对屋顶的变异、材料的现代使用都与传统产生了差异。草顶、竹架与青砖已经蕴含了足够的人类学意义，对空间进行曲径通幽式的，逐层自然展示则完全是在不经意之间流露出的场所

---

① 参见：(1) 陈立超. 匠作之道，宛自天开——"水岸山居"夯土营造实录. 建筑学报，2014（01）：49～50；(2) 陈立超. 另一种方式的建造——中国美术学院象山中心校区"水岸山居"营造志. 新美术，2013（08）90～91

② 参见：(1) 王澍，陆文宇. 循环建造的诗意——建造一个与自然相似的世界. 时代建筑，2012（2）：66～69；(2) 王澍，陆文宇. 中国美术学院象山校区. 建筑学报，2008（09）：50～59

③ 冯纪忠. 何陋轩答客问. 时代建筑，1988（3）4，5，58

意识，轻与重、直与曲、动与静、完整与残缺……的多种对比①，是深层次的传统审美意识的自然反映。

（4）简语建筑与山庄旅舍

郑东城展馆、CIPEA四号宅、缝之宅、N4A纪念馆具有共同的特征——完全没有传统语汇的痕迹，现代语汇也简化到了极致，呈现出高度的抽象性：体量为简单的几何体——完整而简洁的平面和立面轮廓，材料和色彩的种类控制到最少，近于"极简主义"风格，故本书暂称之为"简语建筑"。

然而，简单的语汇外表之下却蕴含着丰富的哲理性："也可以说，这是对于中国古老的阴阳平衡体系的一种现代诠释"②，具体来说，就是体现一种"对立统一"的哲学思辨③。例如，郑东城展馆的外皮通体使用了半透明的乳白色玻璃条，用白色的钢架支撑起来，但悬挂的角度却有0°、45°、90°之分，在整体中造成局部光感和质感的变化。

四号宅像一个简单的白色模型，水平的窄条裂缝将它分割出叠摞在一起的五层，每条裂缝都在特定的位置上以平滑的曲线状态放大，限定出连续的、局部放大的画面，是"对古老传统的一种现代诠释"，如立体版的中国传统的横轴山水画。"纯净的几何体由非线型的裂缝叠加而成，纯粹的几何和纯净的自然，聚集了对立统一的能量。"

"缝之宅"外表是灰色木模混凝土，显得沉重，被抽象和简化得像"圣诞老人之屋"。它的体块上有一条曲折的垂直裂缝，将浑然一体的沉重的体量分为两半，似乎内部有能量要从裂缝中释放出来④，与四号宅有异曲同工之妙，体现出相同的传统思想。

N4A纪念馆表现为一个深灰色的沉重而平淡的立方体块，但却有着丰富的内部空间，"如同一块多孔的瑞士奶酪"，露天庭院呈现出不规则的边界，覆盖了红色金属板，象征扭曲流动的山岩与鲜血⑤，和沉静的外观形成巨大反差。

"缝之宅"和N4A纪念馆，如传统绘画里浓墨的群山上留出的细长飞瀑和层层云雾，虽浅淡甚至空白无墨，却仍然呈现出生动的气韵和幽远的意境。"道之为物，惟恍惟惚。惚兮恍兮，其中有象；恍兮惚兮，其中有物；窈兮冥兮，其中有精"⑥，用这句话来描述这四个作品似乎再恰当不过了。

用现代建筑语汇来转译传统哲学思想的典型实例还有山庄旅舍，它完全是典型的现代主义建筑：轻薄的平屋面，圆形的、方形的直细的柱子，与屋顶和地面直接相交，没有古典式的过渡，大玻璃门窗等⑦。

它处于一片溪谷山林之中，建筑师似乎完全是以"无意识"的状态要与自然亲近："不同功能的建筑空间，分散成为独立的小体量建筑，然后将这些小体量建筑采用中国传统的建筑群布局手法，组织成大大小小的庭院体系"，"山庄的庭园组合，……溯山溪而

---

① 刘小虎.时空转换和意动空间——冯纪忠晚年学术思想研究.申请华中科技大学博士学位，2009
② 对于张雷建筑的评论参见：（德）爱德华·库格尔著，孙凌波译.从简单到复杂：张雷的设计.世界建筑，2011（04）
③ 这个词被用以评价张雷的作品，其主要来源参见：（1）张雷.对立统一——中国国际建筑艺术实践展四号住宅设计.建筑学报，2012（11）；（2）周庆华，张雷.对立统一——张雷教授访谈.时代建筑，2013（1）
④ 周庆华，张雷.对立统一——张雷教授访谈.时代建筑，2013（1）：69
⑤ 胡恒.历史即快感——张雷设计的江苏溧阳的新四军江南指挥部纪念馆.时代建筑，2008（2）：85
⑥ 老子·第二十一章
⑦ 吴焕加.解读莫伯治.建筑学报，2002（02）：38

上，……或临溪或临崖"①。传统的自然意识在建筑的分散布局之中逐渐表露无遗，任何"旁白"和注解都是多余的。

8.1.3 传统建筑模因的现代演变轨迹

通过对全书和个别典型实例的回顾，我们从纷繁杂芜的现象之中隐约分辨出传统建筑模因的演变轨迹：在远端是民国期间的复古主义、折中主义，中间是反复无常的各式民族建筑，近旁是对地域性的探索，眼前是各种现象的杂陈，包括上述各种建筑形态的延续、西方各种建筑思想的浸染，以及"实验建筑"在内的部分现代建筑对传统语汇的反思和扬弃，以及用现代语汇对深层传统思想的转译。

妹岛和世与西泽立卫、伊东丰雄、坂茂等日本建筑师在近几年内接连摘得普利茨克奖，使我们对这条演化轨迹有了更为明确而清醒的认识。从现代建筑发展的过程来看，日本传统模因的演变有类似的轨迹：从初始阶段（"二战"以前）对西方的模仿，起步阶段和发展阶段（1950～1960 年代）对民族风格的探索和积累，以及传统与现代的融合，到巩固阶段和创新阶段（1970～1990～当下）对民族精神的回归②，也经历了对传统语汇的继承（帝冠式建筑），对传统语汇与现代建筑融合的反思，最后摆脱传统语汇的束缚，完全摈弃外形上对"和风"、"和式"的追求③，用现代语汇转译"和魂"。如安藤忠雄用纯净的清水混凝土和完整的几何形来表达"禅意"，妹岛和世与西泽立卫、伊东丰雄等人用纤细柔韧、轻盈的语汇、抽象而纯净的空间等表达精致细腻的日本美学等④。这条轨迹的起始端是对传统语汇彰显、写实的使用，近端是对传统美学和思想的含隐、写意的表达⑤。

二者轨迹的总体方向有相似性，只是日本的轨迹更为平滑、流畅和短捷，而中国的轨迹则伴随着国运的沉浮、政治的动荡、文化的兴衰与自省、体制的流弊等，走得更为曲折，过程更为艰难，有时甚至是反复，耗时也难免更长。但伴随着中国建筑师在国际舞台上的频频发声、获奖，并日趋受到注目，演变的轨迹逐渐露出熹微的曙光。传统语汇将渐行渐远，而思想精髓则会借助于更为丰富的新语汇进行合理表达。当然，由于社会整体和个人文化心理结构的不同，以及各种因素的影响，在可以看到的未来，传统建筑模因仍将以多元变异的面貌出现，语汇模因的各种变异体还会顽强地生存下去。这也正是模因变异的自然规律。

8.2 基本结论

（1）模因的传播过程必然伴随着变异的产生，变异的过程表现为随机性、不可逆性，变异的结果表现为多元性。这预示着文化承传与变革共存的客观性，模因变异正是推动文化进化的力量。中国传统建筑的现代承传总体表现出了这种特征。

（2）在传统建筑的三种语汇中，色彩语汇与现代建筑具有较强的兼容性，材料语汇受

---

① 莫伯治文集.广州：广东科技出版社，2003：187
② 日本现代建筑发展阶段的分类详见：何柯.从模仿到回归——论日本现代建筑发展的五个阶段.建筑文化，2010（12）：15～17
③ 何山.中日建筑现代化过程中的传统与创新.建筑，2004（11）：84
④ 何柯.从模仿到回归——论日本现代建筑发展的五个阶段.建筑文化，2010（12）：17
⑤ 彭一刚.从彰显到含隐——现代建筑的日本表现.建筑师，2006（2）

制于自身缺陷而必须和现代建筑材料及结构混用。具象的传统形体语汇与现代建筑技术难以实现良好的兼容，必然走向简化乃至消亡。现代建筑对传统建筑语汇的使用整体倾向抽象性、隐喻性、多元性，模因信息逐步衰减。

（3）现代建筑对传统建筑语法的使用也具有隐喻性，削弱了传统围合法则、轴线法则的等级意义，打破了传统围合空间和轴线空间的封闭性、保守性、专属性，强调现代围合空间、轴线空间的开放性、公共性。传统建筑的象征呈现出程式化，而现代建筑的象征与隐喻呈现非程式化和专题性。

（4）现代建筑可以表达出传统建筑的美学意境，但二者使用的方式完全不同。传统建筑使用主辅并存的色彩、虚实并置和张弛有序的形体等来表现阴阳观念，而现代建筑用动与静、完整与残缺、整体与微变、疏密有序的布局等多元方式来表现深层的哲学思辨；传统建筑用效法天象、顺应地脉、响应气候、亲近自然、规则的语法、规范的语汇……来表现和谐观念，现代建筑使用统一的语汇、完整的构图来协调新建筑之间的关系，对历史敏感环境和自然环境则用虚化、隐形的手段、灰色的基调、语汇的关联、地景策略、融合自然的姿态……来表达对文脉和自然的尊重。

（5）传统建筑的材料、色彩、形体语汇和围合法则、轴线法则等语法透过阴阳、五行、礼制等思想观念的解释，具有了一定的哲学性象征意义，而现代建筑对它们的使用则倾向于对历史和地域的隐喻。

8.3 主要创新点

（1）本书对模因变异规律的分析在文化学领域具有一定的普遍意义。

（2）本书将模因论引入建筑学领域，用进化的观点来看待传统建筑的现代承传现象，在理论研究上具有一定的开拓性。

（3）本书从模因论的视角对比观察传统建筑的现代承传现象，得出的结论对中国现代建筑的地域性塑造具有一定的借鉴意义。

8.4 存在的不足

（1）模因论的局限性。模因论是一个年轻的文化学说，引进国内也仅有十多年的时间，本身发展尚不充分，主要表现在两个方面：1）对模因本体的认识尚存争议。本书认为，模因不同于基因，并非可以具体描述的事物，只是一种文化概念，在不同的文化领域有不同的物理表现，能够用人类可以感知的方式进行观察。其精神要义是以动态的、辩证的、联系的眼光看待事物的发展，而非只聚焦于事物发展的某一阶段、某一固定形态。2）缺乏自足的术语体系①。模因论尚不能被看作一个独立的学科，本书筛选的多个用语都是对其他专业术语的借鉴，这给研究带了诸多不便。3）目前的研究文献对模因本质的认识已经较为深入，但对模因传播和变异规律的认识尚不够充分，模因的深层研究多表现在应用模因论的相关概念对文化现象的解释上。例如，在模因论里程碑式的著作《模因机器》

---

① 本观点参考：刘宇红. 模因学具有学科的独立性与理论的科学性吗？外国语言文学，2006（03）：145～149

一书中，作者苏珊·布莱克摩尔用模因观念来解释"宗教"、"利他主义"、"性"等问题，中国学者何自然等用模因论的观点来解释语言学中的语用现象，俞挺等人用模因观念来解释大众对现代建筑的影响，乌再荣的博士论文用模因的基因型和表现型关系来解释苏州城市空间历史变迁的深层次文化原因等。这些文献均未能涉及模因传播和变异规律的研究，是模因论发展的另一个明显短板。4）由于模因论本身发展不充分，尚存在一定的理论瑕疵。它尚无法像"现象学"、"人类学"、"符号学"等现代建筑理论一样，为建筑学的理论研究和设计实践提供有力支撑和完美的指导，因而以它为基础做出的理论拓展难免会存在某种缺陷。

（2）建筑学并非一个单薄的学科，其综合性意味着建筑学领域的研究需要更多其他学科知识作为支撑。建筑模因论研究亦如此，本书中的辅助性实验、辅助性社会问卷的设计与统计实际上需要获得更为专业的行为学、心理学、社会学、数学等学科知识作为支撑。

（3）建筑模因论实际上是以动态的、进化的、辩证的眼光来观察中国传统建筑的现代承传现象，每一个观察结论的得出都需要以大量的实例积累作为分析的基础。但由于个人能力所限，研究样本和学术成果都难免具有一定局限性。

（4）中国现代建筑源自西方，它的发展深受西方现代建筑思潮的影响，与西方现代建筑发展一直存在千丝万缕的联系。从民国期间第一代建筑师的海外归来，到当代"崛起的一代""实验建筑师"，历代大家大多都有深厚的西学基础[1]。可以说，中国的现代建筑成就离不开世界建筑的滋养，世界现代建筑也是中国传统建筑模因现代变异的重要影响因素。本书聚焦于中国现代建筑的传统承传现象，对中国现代建筑与世界现代建筑之间的紧密联系分析不足。

（5）本书结构的局限。本书将建筑切分为建筑语汇、建筑语法和建筑语义三个部分进行分类观察，每次看到的只是建筑的一个"切片"，得到的只是建筑的局部信息。要看到建筑的全貌，还需要将所有"切片"进行组装和综合。而目前的篇幅难以做到。

（6）研究样本的局限。本书聚焦于传统建筑的现代承传现象，加上个人学术视野的限制，采集的研究样本只是中国现代建筑的沧海一粟，并不能反映中国现代建筑的全貌，研究的结论也一定具有局限性。

8.5 后续研究与建议

（1）本书针对模因变异规律的认识只是一个初步研究成果，建筑模因论的进一步深入研究需要更多的学科知识作为支撑，尤其需要从心理学和社会学角度建立更为专业的实验，以便进行更为可靠的实证研究。

（2）模因论实际反映了文化承传的一个重要特征：复制与变异的并存。复制是文化承传的基础，而变异是文化变革的力量之源。这意味着，任何文化领域的模因研究都需要对模因的历史经纬有所认识，需要用对比的方式对前后两代模因特征进行分析，不能仅将目光聚焦于此时此刻。这显然需要长期的、持续的学术付出。

（3）传统哲学思想、美学思想的表达应成为中国传统建筑现代承传的主要方向。传统

---

① 薛求理著，水润宇，喻蓉霞译. 建造革命：1980 年以来的中国建筑. 北京：清华大学出版社，2009：210～299

建筑与现代建筑为两个完全不同的"语种"，传统建筑语汇尤其是形体语汇有其自身局限性，现代建筑需要自己的语言外壳作为表意支撑。因此，除了特殊需要，传统建筑的现代承传应以对传统哲学、传统美学的发掘作为重点，剔除其唯心成分，同时使用现代的、能为世界所理解的建筑语汇进行表述，让现代建筑成为传达中国传统哲学和美学精神的物质载体。传统建筑的现代承传应是精神的承传，应具有深层的内在思想，而不是沉湎于物质外壳的表现。

（4）生态性应成为中国现代建筑地域性重建的另一个主要方向。尤其在当下，严重的环境问题和能源问题已经威胁到了国人的生存和国家的正常发展，生态建筑应成为中国现代建筑的一个及时的、必然的选择。传统建筑的生态哲理对现代建筑具有深刻的启示作用[1]，传统哲学的天人和谐意识应重归人们的心理世界，促成人们自觉的生态行为。

（5）对传统文化要有客观理性的态度。世界任何事物都有两面性，中国传统文化历经数千年不间断的演变，以其博大精深而闻名于世，它既包含积极的一面又必然有其历史局限。放眼世界历史，面对包装精美的各色现代西方建筑思潮时既不妄自菲薄，要树立本国文化的自信心，但又不可盲目乐观，高估甚至片面拔高传统文化的历史作用和现实价值。对传统文化也要像对西方思潮一样，进行理性的甄别和选择，去粗存精。

（6）从世界历史来看，任何一种成熟的文化都不是在与世隔绝的情况下独立发展出来的，总是离不开对异质文化的吸收与融合。中国现代建筑的本土化之路亦然，过去、现在和未来都离不开对世界现代建筑思想、建筑技术的学习和借鉴。在改革开放之后，形形色色的海外设计和建筑理论涌入中国，全球化的影响已经无处不在。我们没有理由将它们拒之门外，但一定要建立在甄别和选择的基础上，同时要立足于精研和承传本国传统文化、解决本国实际问题，做到中西文化的融会贯通，"外之既不后于世界之思潮，内之仍弗失固有之血脉"[2]。

8.6 结语

加拿大学者的心理文化结构研究对中国传统文化的现代承传具有重要参考价值，它从心理学角度反映出了这样的文化规律：人们对某一事物或某一观念的认可程度与社会整体文化环境有关，它们在社会整体文化环境中所占比重越大，人们对它们的认可度越高。对传统文化认可度的增强有赖于社会整体对传统价值的认识和传统文化氛围的重构。这需要系统性、持续性投入，局部性、暂时性的权宜之计难以做到。同时，传统文化作为国家软实力的重要组成部分，在对外交流、扩大国际影响、促进国家发展上具有无法替代的作用。因此，传统文化的现代承传应上升为一个严肃的、可持续的、系统的国家工程。

---

① 蔡镇钰.中国民居的生态精神.住宅科技，1999（10）：6～9
② 语出鲁迅《文化偏至论》.原文载于1908年8月《河南》月刊第七号.参见：邓国伟.《文化偏至论》之我见——纪念《文化偏至论》发表100周年.鲁迅研究月刊，2009（03）：32～38

附录　图形传递的变异特征实验

F1.1　实验依据和目的

英国学者理查德·道金斯（Richard Dawkins）在《自私的基因》（*The Selfish Gene*）一书中认为，文化传播的最基本方式是"模仿"。而文化传播过程中被模仿的部分被定义为"模因"（meme），就是人与人之间传播的一个观念、行为或风格。例如：音乐曲调、思想观念、流行语、服装样式、陶罐制作方式、建筑方法等等，都是不同形式的"模因"[①]。"模仿"实际上就意味着文化的某一部分被复制了过来，即被复制下来的部分就是文化的模因，是文化传播中的复制因子。

同时，理查德·道金斯认为文化也像生物一样，存在着演化现象，例如一个现代英国人无法和600多年前的英国文学家乔叟进行流畅的对话，因为英语在600多年间发生了巨大的变化[②]。这就意味着，模因在传播过程中会发生变异。英国心理学家苏珊·布莱克摩尔（Susan Blackmore）在《谜米机器》（*The Meme Machine*）一书中指出："模因的进化是'拉马克式'的"[③]。也就是说，模因总是通过可以被人感知的某种物理表现进行传播和变异，人们可以直接通过视觉和听觉的观察、体验和分析来研究某种模因演变的规律。

"临摹"是一种美术学习的基本方法，是一种可以被人类的视觉直接观察到的"模仿"现象。在临摹的过程中，"范本"中的某些成分，例如色彩、造型、构图等等，被"摹本"复制过来，也可以被理解为模因。但是，摹本与范本之间总是或多或少的存在差别。也就是说，在临摹过程中，模因发生了变异，并且可以被直接观察到。

如果每代摹本都被后来的学习者临摹，那么模因将会发生持续变化，最后的摹本与初始范本之间的差别就会加大。所有这些摹本按临摹的次序排列起来，就会形成一条模因演化的可视链条。本实验的目的就是借助于一张纯粹的图形在临摹传递过程中形成的一系列摹本，组成图形演变的序列，从而直接观察作为模因的图形在传递中的变异规律。

F1.2　实验设计

F1.2.1　实验对象

将要被传递的是一组由等边三角形、正方形和矩形组成的图形（图 F1-1）。各个边的

---

① Richard Dawkins. *The Selfish Gene*. Oxford：Oxford University Press，1976：192
② Richard Dawkins. *The Selfish Gene*. Oxford：Oxford University Press，1976：189
③ （英）苏珊·布莱克摩尔著，高申春，吴友军，许波译. 谜米机器. 长春：吉林人民出版社，2001：101～109

相对边长为：a＝b＝c＝d＝e＝f＝g＝k＝i＝2，h＝j＝1；三角形的底边与正方形上边平行，二者距离 D_1＝1；正方形与矩形竖边平行，二者距离 D_2＝1。

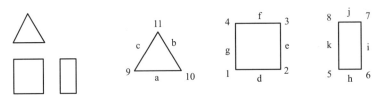

图 F1-1　被传递的图形及各部分的命名

F1.2.2　实验工具

绘图卡（A5 白色复印纸），橡皮，HB 铅笔，圆头黑色水彩笔（笔尖直径 2mm）。

F1.2.3　实验参与者

实验参与者为两个年龄段：

（1）幼儿组：幼儿园小朋友 205 位（中班 3 位，大班 202 位），要求有一定的书写能力，可以写出自己的姓名、年龄和英语字母。

（2）成人组：在校大学生 81 位。

F1.3　实验过程

F1.3.1　实验分组

图形的传递过程共分为两种形式：直线式传递和辐射式传递。

（1）直线式传递

如图 F1-2，第 1 位参与者临摹原图（O），得到的摹本由第 2 位参与者临摹，……，以此类推，共得到 30 幅摹本，最终结果按顺序依次填入表格。

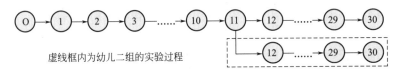

图 F1-2　图形的直线式临摹传递过程

图形的直线式传递实验共进行三组：由幼儿和成人共完成两个独立的完整过程，各得 30 幅摹本；为了进一步观察图形变异的规律，增加一个幼儿组实验，从第一个幼儿组的第 11 个摹本向下传递，得到 19 幅摹本。因此，图形的直线式临摹传递实验共可得到 3 张结果记录表。

（2）辐射式传递

如图 F1-3，由多位参与者临摹原图（O），得到的第一代摹本 1A，1B，1C，1D……，每幅第一代摹本再提供给多位参考者临摹，各得到第二代摹本 2A，2B，2C，2D……。图形的辐射式临摹传递实验只进行到第二代，得到的所有摹本填入表格。

本实验共进行两组。幼儿组由 156 位参与者完成，先得到 12 幅第一代摹本，每一幅

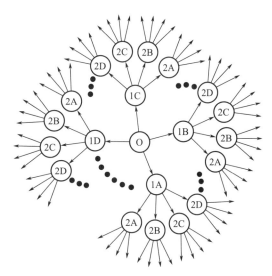

图 F1-3　图形的辐射式临摹传递过程

第一代摹本再产生 12 幅第二摹本，完成一张完整的记录表格；成人组产生 15 幅第一代摹本，从中选出 3 幅，各自产生 12 幅第二摹本，完成两张局部传递过程的记录表。

F1.3.2　实验时间和地点

（1）幼儿组

实验进行日期：2012 年 3 月 12 日～23 日；实验地点：郑州市实验幼儿园及其康桥分园，各班活动室。

（2）成人组

实验进行日期：2012 年 3 月 24 日～4 月 3 日；实验地点：中原工学院龙湖校区，4 号教学楼多媒体教室。

F1.3.3　实验过程

（1）实验现场

做图形的直线式临摹传递实验时，现场每次只允许一位参与者进入；做图形的辐射式临摹传递实验时，每次按设定控制现场的参与者人数，每位参与者临摹的范本完全相同。

（2）绘图要求

临摹过程没有时间限制，参与者可以放松地画图，摹本的画面尺寸也不做统一要求。但要求参与者独立完成临摹任务，尽最大可能将范本临摹准确。临摹时可以先用铅笔打草稿，再用黑色水笔加深加粗，以便扫描和记录。

参与者在提交摹本时，应在绘图卡相应的位置亲手签写姓名（可不注）、年龄、专业（或职业）、顺序号码等信息，以便判断摹本的有效性。

F1.4　实验结果记录

对所有的摹本进行扫描，按各自的顺序号码填入相应的表格内。得到表 F1-1～表 F1-3。

图形辐射式临摹传递的结果（幼儿组）　　　　　　　　表 F1-1

序号 图形序号	1A	1B	1C	1D	1E	1F	1G	1H	1I	1J	1K	1L
2A												
2B												
2C												
2D												
2E												
2F												
2G												
2H												
2I												
2J												
2K												
2L												

图形辐射式临摹传递的结果（成人组局部 1）　　　　　　　表 F1-2

序号	1A	1B	1C	1D	1E	1F	1G	1H	1I	1J	1K	1L	1M	1N	1P
图形															

图形辐射式临摹传递的结果（成人组局部 2）　　　　　表 F1-3

序号＼图形＼序号	2A	2B	2C	2D	2E	2F	2G	2H	2I	2J	2K	2L
1E												
1L												
1M												

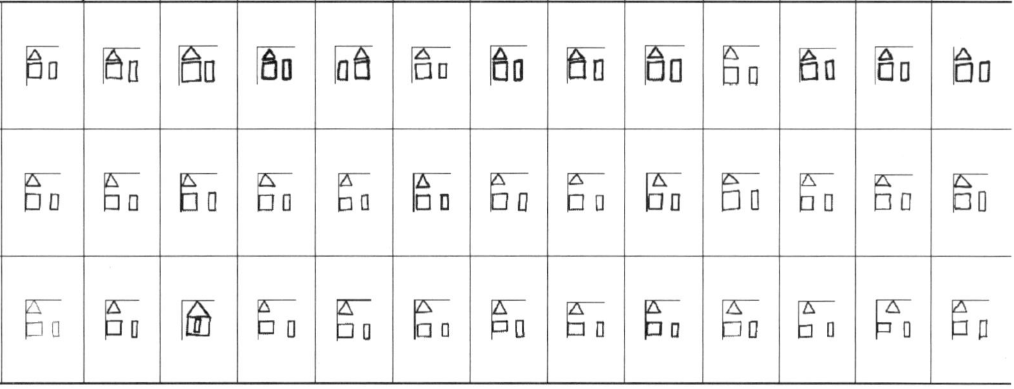

F1.5　实验分析

F1.5.1　数据采集

对成年组的直线式临摹传递过程形成的 30 幅摹本的图形边线和内角进行数据采集。如图 F1-4，先对摹本的组合图形进行分解，然后对每个图形边线进行大体定位，最后测量边长和内角的绝对值。这样每幅摹本获得边长和内角的 22 个数据，30 幅摹本共获得 660 个数据。

F1.5.2　数据处理

（1）边长数据的处理：在每幅摹本中，均定义 h＝1，其他边线绝对值均与之相比，获得每条边线的相对边长；（2）内角原始测量数据保持不变；（3）根据处理的数据生成三组曲线图，分别是正三角形、正方形和矩形的内角度变化曲线和相对边长的变异趋势（图 F1-5～图 F1～10）。

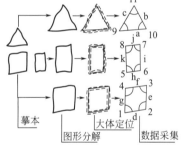

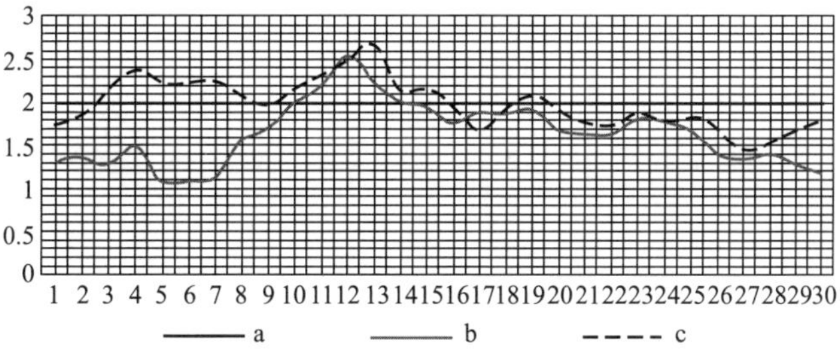

图 F1-4　摹本图形数据采集过程

图 F1-5　三角形边长的变异趋势 1

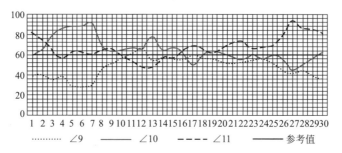

图 F1-6　三角形边长的变异趋势 2

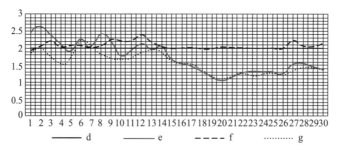

图 F1-7　正方形边长的变异趋势

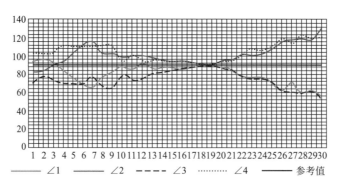

图 F1-8　正方形内角的变异趋势

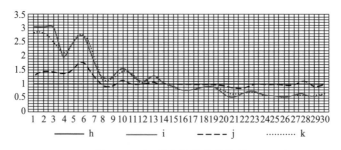

图 F1-9　矩形边长的变异趋势

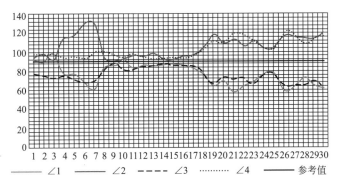

图 F1-10　矩形内角的变异趋势

F1.6　实验结论

在以上实验中，由于成人对图形具有较深的理解和较好的绘图技巧，范本的图形信息在摹本中保留相对较多，图形的代际变异度较小，图形变异的速度较慢；与此相对的是，幼儿图的形理解能力和绘图技巧相对欠缺，范本图形信息在摹本中丢失较多，图形的变异度较大，从而加速了图形的变异。

但是，无论速度的快慢，图形在临摹传递过程的变异呈现出以下共同特点：

F1.6.1　图形变异的随机性

表 F1-1、表 F1-2 和表 F1-3 分别描述了图形在幼儿和成人中进行辐射式临摹传递的过程：面对同样的范本，幼儿的 12 幅一代摹本 1A、1B、1C……1K、1L 没有两张完全相同，每幅摹本中的三个图形都进行了不同程度的明显变异。即使它们各自的 12 幅二代摹本，也都向不同的方向进行变异。

成人组的 12 幅一代摹本虽然对范本进行了较为忠实的临摹，但是某些图形还是出现了较为明显的、无规律的变异：1A、1B、1G、1M 明显将范本中的正方形压扁成了矩形，而 1E、1J 分别将正方形和三角形的一个水平边线画成了斜线。成人组的二代摹本对一代摹本忠实临摹的基础上，同样表现出无规律的变异倾向。这就意味着，图形在传递中可以发生共时性的随机变异。

表 F1-4、F1-5 和表 F1-6 分别是图形在幼儿和成人中进行直线式临摹传递的结果：在前两张表格里，幼儿的第 1 幅摹本和最后的摹本之间均产生较大的差异，但对于相同的第 11 幅摹本，两个最后摹本却大不一样，也就是说两个传递链条朝着不同的方向进行变化。这说明，由于变异的随机性造成的传递的链条也是随机的、不可重复的。

图形直线式临摹传递的结果（幼儿一组）									表 F1-4
序号	1	2	3	4	5	6	7	8	9	10
图形										

续表

序号	20	19	18	17	16	15	14	13	12	11
图形										

序号	21	22	23	24	25	26	27	28	29	30
图形										

图形直线式临摹传递的结果（幼儿二组）　　　　表 F1-5

序号	1	2	3	4	5	6	7	8	9	10
图形										

序号	20	19	18	17	16	15	14	13	12	11
图形										

序号	21	22	23	24	25	26	27	28	29	30
图形										

图形直线式临摹传递的结果（成人组）　　　　表 F1-6

序号	1	2	3	4	5	6	7	8	9	10
图形										

序号	20	19	18	17	16	15	14	13	12	11
图形										

序号	21	22	23	24	25	26	27	28	29	30
图形										

　　成人的直线临摹传递表现出相对的稳定性，但是变异一旦发生，每一个变体就朝着不同的方向进行演变，曲线图 F1-11～图 F1-16 是对初始三角形、正方形、矩形各边长、内角在直线临摹传递过程的描述。这些曲线均表现为无规律性、无方向性：无法根据曲线上的前一个点来预判下一点的具体方位。这说明，图形传递中也可以发生历时性的随机变异。

F1.6.2　图形变异体的多元性和唯一性

　　变异的随机性、无方向性和无规律性，造成的事实是：在两种形式的图形传递中，那些发生变异的摹本里几乎找不到两张完全相同的。例如，在成人组辐射式传递产生的一代摹本里（表 F1-2 和表 F1-3），所有图形都或多或少地发生了变异，其中的 1A 和 1B 大致

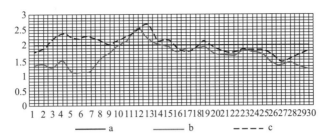

图 F1-11　三角形边长的变异趋势 1

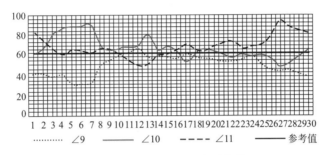

图 F1-12　三角形边长的变异趋势 2

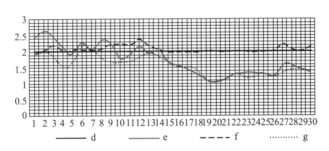

图 F1-13　正方形边长的变异趋势

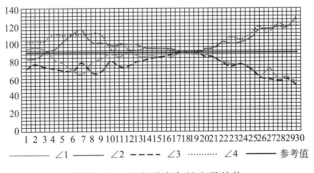

图 F1-14　正方形内角的变异趋势

相同，但仍然存在细微的、可以被直接观察到的差别；在二代摹本里也有相同的情形：被列为实验对象的 1E、1L 和 1M 都各自产生了差别不等的 12 个二代摹本。

幼儿组的辐射传递更能说明这一问题（表 F1-1）：所有的一代摹本和二代摹本都找不

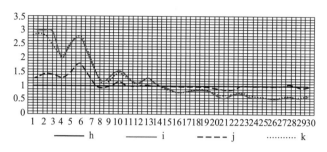

图 F1-15 矩形边长的变异趋势

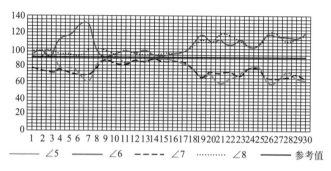

图 F1-16 矩形内角的变异趋势

到变异的倾向性，每个摹本的图形均可以认为是一个独立的个体。

在直线式传递过程中（表 F1-4、F1-5 和表 F1-6），产生的每幅摹本都与上一代摹本不尽相同。尤为明显的是幼儿组直线式传递产生的一代摹本和最后的摹本，二者的反差如此之大，如果不是将传递过程所有摹本都连接起来，甚至无法肯定二者之间的关系，也无法判断两个最后摹本都和第 11 代摹本之间的同源性。两个链条上的每个摹本都是唯一的个体。

F1.6.3 图形变异过程的单向性

如上文所述，即使相同的初始范本，经过不同的传递链条、不同的传递长度，最终的结果可以完全不同。由于后代摹本对前代摹本信息的保真，加上变异的随机性，变异总是沿着传递的方向持续下去。也就是说，以传递链条的最后的摹本为起点进行传递，不可能产生初始摹本。传递的过程一旦出现变异，变异将向着某一个方向持续地推进而不可逆转。

图片索引

第 1 章

图 1-1 政府建筑的趋同性.(a，b）包头市新区政府，宁波市新区政府.作者摄影

图 1-2 文化的层次论：哲学、科学、艺术、宗教是文化的核心.作者描图，底图来源：冯天瑜，何晓明，周积明.中华文化史（导论）.上海：上海人民出版社，2010：17

图 1-3 建筑的时代分野.作者绘图

图 1-4 "传统建筑的现代承传"的年度文献量.作者绘图.数据来源：http：//epub.cnki.net/，统计截止日期：2013 年 1 月 2 日

图 1-5 国内模因研究的年度文献量.作者绘图。数据来源：http：//epub.cnki.net/，统计截止日期：2012 年 10 月 21 日

图 1-6 国内模因研究的硕、博士论文年度数量.作者绘图。数据来源：http：//epub.cnki.net/，统计截止日期：2012 年 10 月 21 日

图 1-7 模因研究的学科分布和文献数量比.作者绘图。数据来源：http：//epub.cnki.net/，统计截止日期：2012 年 10 月 21 日

图 1-8 本书研究框架.作者绘图

第 2 章

图 2-1 文化的"三分"结构.作者绘图

图 2-2 自然语言的文化结构及层次.作者绘图

图 2-3 建筑语汇的分类.作者绘图

图 2-4 建筑的类语言文化结构及层次.作者绘图

图 2-5 现代汉字的复合构字法及示例.作者描图，底图来源：杨润陆.现代汉字学.北京：北京师范大学出版社，2008：139

图 2-6 各代汉字著作及收录字数的变化.作者绘图，资料来源：杨润陆.现代汉字学.北京：北京师范大学出版社，2008：187

图 2-7 中西殿堂式建筑的构图差异.作者仿绘，底图来源：（1）梁思成著，梁从诫译.图像中国建筑史.天津：百花文艺出版社，2001：80；（2）（法）罗兰·马丁著，张似赞，张军英译.希腊建筑.北京：中国建筑工业出版社，1999：95

图 2-8 轴线布局的普适性和通用性及实例.(b，c，g）明清故宫，佛寺，凡尔赛宫.彭一刚.中国古典园林分析.北京：中国建筑工业出版社，1986：4，3；（d，e，f）卡纳克阿蒙神庙，古罗马广场群，圣彼得大教堂.陈志华.外国建筑史（19 世纪末叶以前）.北京：

291

中国建筑工业出版社，2004：16，71，171

图 2-9　五行与地理方位.作者描图，底图来源：王其亨.风水理论研究.天津：天津大学出版社，2004：95

图 2-10　文学精神内涵的可视化"转译"：西方文学与戏剧的京剧表达.（a）京剧版《巴黎圣母院》剧照.意栋.《情殇钟楼》的审美文化物质略说.戏剧之家，2012（08）：5，6；（b）京剧版《哈姆雷特》剧照.李伟民.从莎剧《哈姆雷特》到京剧《王子复仇记》的现代文化转型.中国戏曲学院院报，2008（08）：12，13；（c，d）《后赤壁赋图》（局部）和《寒江独钓图》（局部）.韩清华，邱科平.中国名画全集（二）.北京：光明日报出版社，2002：14，32

图 2-11　基督教堂"一义多词"的"转译"现象.（a，b，c，d）百度百科：http：//baike.baidu.com/

图 2-12　柱式承传的部分历史节点.（a）从古希腊到古罗马.陈志华.外国古建筑二十讲.北京：生活·读书·新知三联书店.2002：34；（b）拜占庭与罗马风建筑变异的柱式（1）（美）西里尔·曼戈著，张本慎译.拜占庭建筑.北京：中国建筑工业出版社，2000：65；（2）（德）汉斯埃里希库巴赫著，汪丽君，舒平等译.罗马风建筑.北京：中国建筑工业出版社，1999：125；（c）帕拉第奥母题和巴洛克建筑.罗小未，蔡琬英.外国建筑历史图说.上海：同济大学出版社，1986：131，133；（d）巴黎歌剧院.吴焕加.20世纪西方建筑史.郑州：河南科学技术出版社，1998：41

图 2-13　集中式构图的部分历史节点：（a，b，c，d，e，f，g）罗小未，蔡琬英.外国建筑历史图说.上海：同济大学出版社，1986：51，69，121，125，128，140，146

图 2-14　透平机车间.吴焕加.20世纪西方建筑史.郑州：河南科学技术出版社，1998：75

图 2-15　赖特的建筑：传统的语汇和语义.（a）玛雅符号.王受之.世界现代建筑史.北京：中国建筑工业出版社，1999：475；（b，c）草原别墅，西塔里埃森.吴焕加.20世纪西方建筑史.郑州：河南科学技术出版社，1998：138，143

图 2-16　阿尔托的传统材料.吴焕加.20世纪西方建筑史.郑州：河南科学技术出版社，1998：18

图 2-17　斯图加特住宅展（1927）的密斯作品.吴焕加.20世纪西方建筑史.郑州：河南科学技术出版社，1998：114

图 2-18　巴塞罗那世界博览会的德国馆.吴焕加.20世纪西方建筑史.郑州：河南科学技术出版社，1998：116

图 2-19　后现代建筑中的传统语汇.（a，b）母亲住宅，变异的柱式.吴焕加.20世纪西方建筑史.郑州：河南科学技术出版社，1998：282，283

图 2-20　柯里亚：斋浦尔艺术中心.汪芳.查尔斯·柯里亚.北京：中国建筑工业出版社，2003：13，32，33

图 2-21　传统与安藤忠雄的建筑.百度百科：http：//baike.baidu.com/

图 2-22　建筑中的积极模仿：古代建筑中的仿木现象.（a）古希腊柱式的线脚模仿木结构上的陶片.陈志华.外国建筑史（19世纪末叶以前）.北京：建筑工业出版社，2004：39；（b）汉代仿木石阙及其局部.百度图片：http：//image.baidu.com/

第 3 章

图 3-7　艾宾浩斯遗忘曲线.作者翻译并描图,底图来源:梁宁建.心理学导论.上海教育出版社,2006:13

图 3-8　汉字变异的随机性.(a)汉字的历时性变异.作者描图,底图来源:王凤阳.汉字学.长春:吉林文史出版社,1989:159;(b)字体的多种变异.书法大字典.北京:商务印书馆,2012:86,87;(c)楷书的多种变异.徐潜.楷书字典.长春:吉林文史出版社,2010:94,414,595

图 3-9　传统艺术的模因传播与变异:山水画的演化谱系(局部).作者绘图,参考资料:(1)董晓畔.山水画的源流与意趣.艺术研究,2003(02);(2)王伯敏.中国绘画史.上海:上海人民美术出版社,1982;(3)百度百科:http://baike.baidu.com/

图 3-10　传统艺术的模因传播与变异:京剧旦角流派的演化谱系(局部).作者绘图,参考资料:(1)仲立斌.京剧梅派唱腔艺术研究.申请福建师范大学博士学位论文,2009;(2)安志强.京剧流派艺术(续).中国戏曲,1999(09):61~63;(3)百度百科:http://baike.baidu.com/

图 3-11　汽车造型演变的无序轨迹.彭岳华.现代汽车造型设计.北京:机械工业出版社,2011:1

图 3-12　"西安城墙连接工程"设计竞赛的设计条件及部分答案.建筑师学会建筑理论与创作委员会.中国青年建筑师奖设计竞赛获奖作品集.北京:中国建筑工业出版社,2005:8~75.底图来源:百度地图:http://map.baidu.com/

图 3-13　"西安城墙连接工程"设计竞赛部分答案.建筑师学会理论与创作委员会.中国青年建筑师奖设计竞赛获奖作品.北京:中国建筑工业出版社,2005:8-75

图 3-14　"西安城墙连接工程"的竣工现场.作者摄影

图 3-15　北京长安街:坡顶模因的无序变异.作者摄影并绘图,底图来源:百度地图:http://map.baidu.com/

图 3-16　北派山水画的模因变异.(a)荆浩 匡庐图;(b)关仝 晴山翠晚图;(c)李成晴峦萧寺图;(d)范宽 溪山行旅图.韩清华,邱科平.中国名画全集(一).北京:光明日报出版社,2002:67,68,80,82

图 3-17　宝马汽车前脸进气栅的演变.张磊.产品语义学在中国汽车设计中的应用研究.申请天津理工大学硕士学位论文,2011:15

图 3-18　五张实验卡(Ⅰ-Ⅴ).作者绘图

图 3-19　待选图形.作者绘图

图 3-20　五张实验卡的图形环境特征.作者绘图

图 3-21　待选图形在五张实验卡里的比例分布.作者绘图

图 3-22　"宅形"的决定因素.作者绘图

图 3-23　社会的各层级对建筑的影响.作者仿绘,底图来源:张勃.社会心理对当代北京建筑艺术倾向影响初探.北京联合大学学报,2001(03):48

图 3-24　建筑模因变异动力机制.作者绘图

图 3-25　平原(左)与山地(中、右)合院平面形态的差异.底图来源:宋海波.豫北山地传统石砌民居营造技术研究——以林州高家台村为例.申请郑州大学硕士学位论文,2012:10,26

第 4 章

图 4-12 毛寺生态实验小学.吴恩融.毛寺生态希望小学，毛寺村，庆阳，甘肃.世界建筑，2008（07）：13

图 4-13 二分宅生的生土墙.（a，b）分解图，现场图.王祥生.传统建筑材料表情的当代表达.西安建筑科技大学硕士论文，2012：67

图 4-14 马文化博物馆.（a，b，c，d）平面图，轴测图，剖面图，室内和庭院.温捷强.马文化博物馆.城市环境设计，2012：193，196，197，199

图 4-15 安吉生态屋框架分析.王祥生.传统建筑材料表情的当代表达.西安建筑科技大学硕士论文，2012：57

图 4-16 毛寺村生态小学.（a，b，c，d）鸟瞰，外观，剖面图，热工计算曲线.吴恩融，穆钧.毛寺生态实验小学.新建筑，2009（03）：37，39，35

图 4-17 "水岸山居"夯土墙的营造.（a，c，d，e）土样分析，开裂墙体的分析，现代模板，钢筋网.陈立超.匠作之道，宛自天开——"水岸山居"夯土营造实录.建筑学报，2014（01）：49，51；（b）实验墙体的效果.作者摄影

图 4-18 鸿山遗址馆鸟瞰和仿土墙.崔恺.无锡鸿山遗址博物馆.建筑创作，2007（08）：37

图 4-19 金胡杨宾馆.（a，b）外墙，勒脚.刘谞.金杨湖宾馆.建筑学报，2011（11）：74，73

图 4-20 丹凤门遗址馆的仿制生土外墙.作者摄影

图 4-21 西市遗址馆的仿生土外墙.作者摄影

图 4-22 灰砖的历史记忆.作者摄影

图 4-23 德胜尚城：灰砖的文脉关联.作者摄影

图 4-24 "井宇"的内外墙面.Mada S. P. A. M. *Well House*：*Grafting New Roots*.[J] *Architectural Record*，2010（04）：62，63，64

图 4-25 三间院外墙.张雷.三间院.建筑环境设计，2010（03）：140，141

图 4-26 高淳诗人住宅外.张雷.高淳诗人住宅.南京.世界建筑，2009（02）：30，32

图 4-27 红砖的特殊质感.（a）当代艺术中心.梁井宇.伊比利亚当代艺术中心.北京，中国.世界建筑，2009（02）：45；（b）建川"文革"馆.建川"文革"镜鉴博物馆暨汶川地震纪念馆.城市环境设计，2011：183

图 4-28 "五散房"之小画廊.作者摄影

图 4-29 象山校区特殊的"砖作".作者摄影

图 4-30 宁波博物馆特殊的"砖作".（a）墙身和剖面（1）作者摄影；（2）王澍.自然形态的叙事与几何宁波博物馆创作笔记.时代建筑，2009（3）：31；（b）浙东传统的"瓦爿墙".陈饰.寻找瓦爿墙.今日镇海数字报，2013 年 02 月 05 日.网址：http：//epaper. zhxww. net/

图 4-31 现代"瓦作".（a，b）象山校区水波状屋顶，小体育馆屋顶.作者摄影；（c）威尼斯双年展的"瓦园".业余建筑工作室.瓦园：威尼斯双年展第 10 届国际建筑展首届中国国家馆，威尼斯，意大利.世界建筑，2012（05）：88

图 4-32 奥体 6 号院线描"瓦"顶.（a）吴冠中画作线描的瓦顶.百度图片：http：//image. baidu. com；（b，c，d）写实的瓦顶，线描的瓦顶，线描瓦顶的细部.作者摄影

第 5 章

十讲.北京：生活·读书·新知三联书店，2001（09）：277

图 5-3 盝顶建筑.侯幼彬，李婉贞.中国古代建筑历史图说.北京：中国建筑工业出版社，2002（11）：184

图 5-4 传统坡顶的几何关系.作者绘图

图 5-5 传统屋顶的垂直量变和组合.（a，d）曲阜孔庙奎文阁.故宫角楼.李乾朗.穿墙透壁——剖视中国经典古建筑.桂林：广西师范大学出版社，2009（10）：276；（b，c）天坛祈年殿.侗族鼓楼图.楼庆西.中国古建筑二十讲.北京：生活·读书·新知三联书店，2001（09）：76，238

图 5-6 （a，b）"正"式建筑的平面及屋顶，"杂"式建筑的平面及屋顶.侯幼彬.中国建筑美学.哈尔滨：黑龙江科学技术出版社，2004（02）：22

图 5-7 "下分"语汇的形变.（a，b）清式须弥座，清式石勾阑.侯幼彬.中国建筑美学.哈尔滨：黑龙江科学技术出版社，2004（02）：38；（c）干阑竹楼.楼庆西.中国古建筑二十讲.北京：生活·读书·新知三联书店，2001（09）：240

图 5-8a 偷心造斗栱.潘谷西.中国建筑史（第五版）.北京：中国建筑工业出版社，2003（10）148

图 5-8 （b，c） 计心造斗栱，角铺作、柱头铺作与柱间铺作.侯幼彬，李婉贞.中国古代建筑历史图说.北京：中国建筑工业出版社，2002（11）：180，116

图 5-8d 斗栱的垂直与水平的共时性量变.侯幼彬.中国建筑美学.哈尔滨：黑龙江科学技术出版社，2004（02）：183

图 5-9 围墙上的空门.侯幼彬.中国建筑美学.哈尔滨：黑龙江科学技术出版社，2004（02）：138

图 5-10 （a，b） 屋面的南北差别，翼角的南北差别.彭一刚.中国古典园林分析.北京：中国建筑工业出版社，1986：104

图 5-11 闽南民居屋面.谢弘颖.厦门嘉庚风格建筑研究.浙江大学硕士学位论文，16

图 5-12 全开的槅扇.侯幼彬.中国建筑美学.哈尔滨：黑龙江科学技术出版社，2004（02）：128

图 5-13 山墙的地域形态.（1）皖南民居马头墙.沈福煦.中国古代建筑文化史.上海：上海古籍出版社，2001：316；（2）广东民居人字山墙，北京五花山墙.李乾朗.穿墙透壁——剖视中国经典古建筑.桂林：广西师范大学出版社，2009

图 5-14 汉瓦当字样.侯幼彬，李婉贞.中国古代建筑历史图说.北京：中国建筑工业出版社，2002（11）：38

图 5-15 水族神兽.李乾朗.穿墙透壁——剖视中国经典古建筑.桂林：广西师范大学出版社，2009：246

图 5-16 "五行"山墙.白晨曦.天人合一：从哲学到建筑.申请中国社会科学院博士学位论文，2003：155

图 5-17 国子监辟雍.李乾朗.穿墙透壁——剖视中国经典古建筑.桂林：广西师范大学出版社，2009：287

图 5-18 天坛祈年殿图.李乾朗.穿墙透壁——剖视中国经典古建筑.桂林：广西师范大学出版社，2009：267

图 5-41　苏州新博物馆玻璃亭子.作者摄影

图 5-42　闾山山门.(a，b) 山门立面，独乐寺山门立面.吴焕加.山门的故事.建筑学报，1990（08）：15，16；（c）富兰克林故居纪念.刘先觉.现代建筑理论——建筑结合人文科学自然科学与技术科学的新成就.北京：中国建筑工业出版社，1999：138

图 5-43　奥体 6 号院.作者摄影

图 5-44　首都新博物馆现状.作者摄影

图 5-45　斗栱从三维到二维的过渡.作者摄影

图 5-46　景观小品中的斗栱（郑州和苏州）.作者摄影

图 5-47　斗栱的体积感.(a) 上海商城柱顶构件.作者摄影；（b）黄帝陵轩辕殿局部.张锦秋.为炎黄子孙的祭祖圣地增辉——黄帝陵祭祀大院（殿）设计.建筑学报，2005（06）：22；（c）乌海市人民艺术中心.作者摄影

图 5-48　斗栱的穿插感.(a) 拉萨火车站大厅.崔愷.本土设计.清华大学出版社，2008（12）：65；（b）世博会中国馆局部.作者摄影

图 5-49　斗栱的出挑形象.作者摄影

图 5-50　客家圆形土楼的平面和剖透视图.侯幼彬，李婉贞.中国古代建筑历史图说.北京：中国建筑工业出版社，2002（11）：207

图 5-51　土楼公社：平面图、鸟瞰图和局部透视图.(1) 杨超英.土楼公社，住区.2011（04）：55；（2）方振宁.土楼公社.建筑知识，2011（10）：32

图 5-52　塔的现代转变.作者摄影

图 5-53　塔形摩天大楼.作者摄影

图 6.54　苏州新博物馆的漏窗和窗景.作者摄影

图 5-55a　象山校区的漏窗和窗景.作者摄影

图 5-55b　藤头馆的"漏窗".业余建筑工作室.上海世博会宁波滕头案例馆，上海，中国.世界建筑，2012（05）：109~111

图 5-55c　藤头馆剖面与山水画的关系.王澍.剖面的视野——宁波藤头案例馆.建筑学报，2010（05）：129

图 5-55d　"五散房"TEAHOUSE1 设计图解.王澍，陆文宇.宁波五散房.世界建筑导报，2010（02）：95

图 5-56　现代建筑的棂格表皮.作者摄影

图 5-57　惠州博物馆的镂空表皮及细部.作者摄影

图 5-58　"五散房"的 TEAHOUSE1 和东方商厦冰裂纹表皮.作者摄影

图 5-59　轻薄的冰裂纹表皮.(a) 徐州美术馆的冰裂纹表皮生成.祁斌.城市的"人文复兴"——徐州美术馆建筑创作有感.建筑学报，2010（11）：62；（b）玻璃上的印刷冰裂纹.大舍.设计与完成——青浦私企协会办公楼设计.时代建筑，2006（1）：99

图 5-60　传统建筑的现代"剪影".(a) 亭子"窗".作者摄影；（b）"月映虎丘"的生成.浙江大学建筑创作小组.现代理念与传统情结——苏州商品贸易市场建筑设计感悟.建筑学报，1997（04）：28

图 5-61a　"石库门"——立面和平面.梅青，陈慧倩.上海石库门考今与可持续发展探讨.建筑学报，2008（04）：86

第 6 章

图 6-18　潮汕民居平面.侯幼彬，李婉贞.中国古代建筑历史图说.北京：中国建筑工业出版社，2002：202

图 6-19　山西民居的多路轴线.侯幼彬，李婉贞.中国古代建筑历史图说.北京：中国建筑工业出版社，2002：194

图 6-20　故宫东路轴线与乾隆花园的局部变通（底图）.百度地图：http：//map.baidu.com/

图 6-21　留园的正格轴线和自由的花园（底图）.百度地图：http：//map.baidu.com/

图 6-22　现代建筑中的轴线（底图）.百度地图：http：//map.baidu.com/

图 6-23　中山陵和传统陵墓的轴线对比——中山陵的空间序列解读.蒋雅君.现代性与中国建筑文艺复兴：以南京中山陵为例.第四届中国建筑史学国际研讨会论文集（2007）：116

图 6-24　中山陵和传统陵墓的轴线对比.百度图片和百度地图：http：//image.baidu.com/，http：//map.baidu.com/

图 6-25　民国高校与中国传统和西方高校的轴线空间.（a，b）燕京大学局部总图，金陵女大局部总图.百度地图：http：//map.baidu.com/.（c）岳麓书院：传统高校发达的纵向轴线.魏春雨，许昊皓，卢健松.异质同构——从岳麓书院到湖南大学.建筑学报，2012（03）：8；（d）美国弗吉尼亚大学规划总图（底图）.方雪.墨菲在近代中国的建筑活动.申请清华大学工学硕士学位论文，2010：32

图 6-26　现代纪念建筑的轴线（底图）.（a，c）雨花台纪念馆总图，c 周恩来纪念馆总图.谷歌地图：http：//ditu.google.com/；（b，d）雨花台纪念馆鸟瞰，周恩来纪念馆的瞻台、水面、草坪.齐康的红色建筑.建筑与文化.2010（07）：44，39，43

图 6-27　传统方位、时间、色彩与卦象、五行的象征对应.作者绘图

图 6-28　自贡中国彩灯博物馆.（a）总平面.谷歌地图：http：//ditu.google.com/；（b，c）透视图，彩灯展示厅.柳发鑫.中国彩灯博物馆.建筑学报，1995（03）：44

图 6-29　上海志丹苑元代水闸博物馆.（a）考古现场图.上海博物馆考古研究部.上海市普陀区志丹苑元代水闸遗址发掘报告.文物，2007（04）：51；（b，c，d）设计草图，一层平面，鸟瞰图.蔡镇钰，曾莹.寓历史，赋新意，求共生——上海市志丹苑元代水闸博物馆方案创作札记.城市建筑，2006（02）：12～14；（b，e，f）建筑现状及细部.作者摄影

图 6-30　杭州萧山跨湖桥遗址博物馆.（a）总平面.谷歌地图：http：//ditu.google.com/；（b）远观和近观.（1）王伟，鞠治金.杭州萧山跨湖桥遗址博物馆设计.建筑学报，2011（11）：33，30，31

图 6-31　"海之梦".庄丽娥.齐康在福建的地域性建筑创作.山东建筑大学学报，2010（4）：395

图 6-32　台湾兰阳博物馆.城市环境设计，2011（05）：340～348

图 6-33　苏中七战七捷纪念碑.（a，b）齐康.建筑创作的深层思维——苏中七战七捷纪念碑设计.新建筑，1990（01）：3

图 6-34　南京侵华日军大屠杀遇难同胞纪念馆.（a，b，c）齐康.构思的钥匙——记南京大屠杀纪念馆方案的创作.新建筑，1986：5，7

图 6-35　甲午海战纪念馆.（a，b）彭一刚.从威海市的两项工程设计谈建筑创作的个

性追求.建筑学报，1995（01）：17～18

图 6-36　绍兴震元堂大楼.（a，b）戴复东.老店、地方、传统、现代——浙江绍兴震元堂大楼设计构思.建筑学报，1996（11）：11；（c，d）作者拍摄

图 6-37　绍兴大剧院.（a，c，d）作者自拍摄；（b）蔡镇钰，邹一挥.乌篷船的情结——绍兴大剧院.新建筑，2006（01）：43～44

图 6-38　李叔同纪念馆.（a）总平面.谷歌地图：http：//ditu.google.com/；（b）剖面和局部透视.李叔同（弘一大师）纪念馆.城市环境设计，2011（04）：107

第 7 章

图 7-1　篆刻的阴阳之美：疏密、曲直、参差、奇正和韵律.王月洋.篆刻艺术与中国传统园林空间布局之关联探析.申请北京林业大学硕士学位论文.2010：23，27，28，29

图 7-2　书法的布白与飞白.（a）（唐）张旭《肚痛帖》（局部）.周俊杰.书法美学论稿.郑州：大象出版社，2011：72；（b）石鲁的书法.周俊杰.书法美学论稿.郑州：大象出版社，2011：126

图 7-3　（宋）马远《梅石溪凫图》和夏圭《烟岫林居图》.韩清华，邱科平.中国名画全集（二）.北京：光明日报出版社，2002：12，15

图 7-4　中国传统建筑的黑白布局.（a）故宫.侯幼彬.中国建筑美学.哈尔滨：黑龙江科学技术出版社，1997：156；（b）园林.王月洋.篆刻艺术与中国传统园林空间布局之关联探析.申请北京林业大学硕士学位论文.2010：24

图 7-5　网师园实景与虚景的交替生成.王斌.理性解读苏州网师园空间的多样性.新建筑，2011（01）：149～150

图 7-6　传统绘画的阴阳互动产生的时空一体性.中国名画全集（一）.上海：光明日报出版社，2002：68，80

图 7-7　何陋轩的多元对比.（a，b，c）何陋轩西南透视，松江农舍，模型照片.刘小虎.时空转换和意动空间——冯纪忠晚年学术思想研究.申请华中科技大学博士学位.2009：5，7；（d，e，f）作者摄影

图 7-8　林风眠画中的多元对比.（a，b）水鸟，裸女.刘小虎.时空转换和意动空间——冯纪忠晚年学术思想研究.申请华中科技大学博士学位.2009：6，110

图 7-9　郑东城展馆的整体与局部.（a，b）效果图，架空入口.周庆华，张雷.对立统一——张雷教授访谈.时代建筑，2013（1）：70；（c，d，e）作者摄影

图 7-10　四个作品的整体与局部.（a，b，c，d，e）诗人住宅的整体与局部，N4A 的庭院，缝之宅侧立面和正立面，N4A 的立面整体，四号宅现场和模型.周庆华，张雷.对立统一——张雷教授访谈.时代建筑，2013（1）：69，71；（f）四号宅窄缝呈现的连续画面.张雷.对立统一——中国国际建筑艺术实践展四号住宅.建筑学报，2012（11）：52

图 7-11　象山校区的疏密布局与书画同理.（a，c，d）布局的疏密和建筑的摆动，建筑形体的摆动，同一墙面开窗的疏密.王澍，陆文宇.中国美术学院象山校区.建筑学报，2008（09）：52，56，57；（b）绘画的浓墨与空白（李可染作品）.百度图片 http：//image.baidu.com/；（e）书法线条的流动（怀素《自叙贴》局部）.周俊杰.书法美学论稿.

郑州：大象出版社，2011：96；（f）作者摄影

图7-12 （明）陈洪绶《五泄山图》与2010上海世博会宁波藤头案例馆.王澍.剖面的视野——宁波藤头案例馆.建筑学报，2010（05）：129，130，131

图7-13 （五代）董源《溪岩图》的局部水意与威尼斯双年展瓦园.王澍.营造琐记.建筑学报，2008（07）：61

图7-14 （北宋）王希孟《千里江山图》（局部）的"平远法"与象山校区山南区.（1）韩清华，邱科平.中国名画全集（一）.北京：光明日报出版社，2002：108；（2）王澍，陆文宇.中国美术学院象山校区.建筑学报，2008（09）：58

图7-15 （南宋）李唐《万壑松风图》的奇峰与宁波博物馆的体量和质感.（1）韩清华，邱科平.中国名画全集（二）.北京：光明日报出版社，2002：4；（2）王澍.建筑如山.城市环境设计，2009（12）：102，105

图7-16 传统聚落的理想自然环境.亢亮，亢羽.风水与建筑.天津：百花文艺出版社，1999：82

图7-17 传统聚落的散点式布局.侯幼彬.中国建筑美学.哈尔滨：黑龙江科学技术出版社，1997：84

图7-18 （元）盛懋《秋江待渡图》和《秋舸清啸图》中的人与自然的关系.韩清华，邱科平.中国名画全集（二）.北京：光明日报出版社，2002：98，99

图7-19 传统绘画中的聚落与自然的关系.（a，b）王希孟《千里江山图》局部，王伯驹《江山秋色图卷》（局部）.刘敦桢.中国古代建筑史.北京：中国建筑工业出版社，1984：185，190

图7-20 散点式自由布局的村寨.侯幼彬.中国建筑美学.哈尔滨：黑龙江科学技术出版社，1997：84

图7-21 桥上书屋与土楼的关系. *The Architectural Review*，2009（12）：81，82，83

图7-22 "胡同泡泡"与文脉的关系及其内部.胡同泡泡32号，北京，中国.世界建筑，2010（10）：61，62，63

图7-23 新苏州博物馆及其周边的传统环境.作者摄影

图7-24 玉湖小学.作者摄影

图7-25 斋明寺增建部分与传统建筑的关系.（a）斋明寺.百度图片 http：//image.baidu.com/；（b～g）阮庆岳.明建筑——斋明寺的一种《道德经》解读法.时代建筑，2011（3）：98～104

图7-26 四川美术学院虎溪校区图书馆.作者摄影

图7-27 孝泉镇民族小学.（a）孝泉镇民族小学.城市环境设计，2011（5）：282；（b～d）华黎.四川德阳孝泉镇民族小学重建.建筑学报，2011（07）：58，59，60；（e）华黎.微缩城市——四川德阳孝泉镇民族小学灾后重建设计.建筑学报，2011（07）：65

图7-28 中国国际建筑艺术实践展的部分灰色建筑.四方当代艺术湖区——中国国际建筑艺术实践的永久展区.现代建筑技术，2013（2）：10～77

图7-29 中国传统的地景建筑——窑洞.侯幼彬.中国建筑美学.哈尔滨：黑龙江科学技术出版社，1997：215

图7-30 殷墟博物馆与大地的关系.崔恺.本土设计.北京：清华大学出版社，2008：

参考文献

中文文献

[1] 陈志华.外国建筑史（19世纪末叶以前）.北京：中国建筑工业出版社，2004

[2] 李乾朗.穿墙透壁——剖视中国经典古建筑.桂林：广西师范大学出版社，2009

[3] 俞茂宏.古建筑结构研究的历史性、艺术性和科学性——第十三届全国结构工程学术会议特邀报告.工程力学学术研讨会论文集，2007（04）

[4] 侯幼彬，李婉贞.中国古代建筑历史图说.北京：中国建筑工业出版社，2009

[5] 吴恩融.毛寺生态希望小学，毛寺村，庆阳，甘肃.世界建筑，2008（07）

[6] 温捷强，付少勇，张华等.马文化博物馆.建筑环境设计，2012（Z2）

[7] 吴恩融，穆钧.毛寺生态实验小学.新建筑，2009（03）

[8] 侯立萍.山门澡堂.建筑知识，2012（07）

[9] 崔恺.无锡鸿山遗址博物馆.建筑创作，2007（08）

[10] 崔恺，张广源.无锡鸿山遗址博物馆.城市环境设计，2012（Z2）

[11] 张锦秋.大明宫国家遗址公园：丹凤门遗址博物馆设计.建筑创作，2012（01）

[12] 刘克成.唐西市遗址及丝绸之路博物馆.建筑与文化，2013（01）

[13] 刘揩.金杨湖宾馆.建筑学报，2011（12）

[14] 崔愷.本土设计.北京：清华大学出版社，2008

[15] 名可.图说西南生物工程产业化中间试验基地.时代建筑，2002（05）

[16] 沈开康.编织砖的微观都市扬州三间院餐厅.室内设计与装修，2010（03）

[17] 张雷.优胜奖：高淳诗人住宅，南京.世界建筑，2009（02）

[18] 毛坪浙商希望小学，毛坪村，耒阳，湖南，中国.世界建筑，2008（07）

[19] 梁井宇.优胜奖：伊比利亚当代艺术中心，北京，中国.世界建筑 2009（02）

[20] 李兴钢，张音玄，付邦保等.建川"文革"镜鉴博物馆暨汶川地震纪念馆.城市环境设计，2011（06）

[21] 王澍.自然形态的叙事与几何宁波博物馆创作笔记.时代建筑，2009（03）

[22] 刘克成，肖莉.西安唐西市丝绸之路博物馆，陕西，中国.世界建筑，2010（10）

[23] 刘克成.贾平凹文学艺术馆.城市环境设计，2010（07）

[24] 齐欣.下沉花园6号院合院谐趣——似合院.世界建筑，2008（06）

[25] 李晓东.福建下石村桥上书屋，福建，中国.世界建筑，2010（10）

[26] 王路.纳西文化景观的再诠释——丽江玉湖小学及社区中心设计.世界建筑，2004（11）

[27] 李晓东.森庐.住区，2011（02）

[28] 高黎.云南高黎贡手工造纸博物馆.时代建筑，2011（01）

[29] 王受之.世界现代建筑史.北京：中国建筑工业出版社，1999

[30] 惠飞.山地民居系列贵州石板房.中华民居，2010（08）

[31] 林鹤.藏族碉楼与园林.科学大观园，2010（02）

[32] 任浩.羌族建筑与村寨.建筑学报，2003（08）

[33] 周芸，唐丽，华欣.浅析豫西南山地传统石板民居的聚落空间及建筑特征——以淅川县土地岭村为例.河南科学，2013（03）

[34] 张物，张弘，侯正.西藏林芝南迪巴瓦接待站.时代建筑，2009（01）

[35] 侯正华，张轲，张弘.标准营造——雅鲁藏布江小码头.时代建筑，2008（06）

[36] 赵杨.尼洋河游客中心.城市环境设计，2010（06）

[37] 张轲.西藏雅鲁藏布大峡谷艺术.时代建筑，2011（05）

[38] 赵扬，陈玲，孙青峰.尼洋河旅客中心.城市环境设计，2010（06）

[39] 王澍，陆文宇.循环再造的诗意——创造一个与自然相似的世界.时代建筑，2012（02）

[40] 董萱.父亲，石头，家.建筑知识，2012（02）

[41] 王晖.西藏阿里苹果小学.时代建筑，2006（04）

[42] 张永和.拓扑景框——柿子林别墅/会馆.世界建筑 2004（10）

[43] 张男，崔恺.辽宁五女山山城高句丽遗址博物馆工程记录.时代建筑，2009（01）

[44] 建筑中国——中国当代优秀建筑作品集（3）.长沙：湖南美术出版社，2012

[45] 康凯.在援建中寻求"原筑"——起山、搭寨、造田：北川羌族自治县文化中心的建设之路.建筑学报，2011（12）

[46] 张男，崔恺.殷墟博物馆.建筑学报，2007（01）

[47] 何镜堂，刘宇波，张振辉等.四水归堂，五方相连——安徽省博物馆新馆创作构思.建筑学报，2011（12）

[48] 王澍，陆文宇.中国美术学院象山校区.建筑学报，2008（09）

[49] 王雅宁.谢英俊和他的协力造屋.中华民居，2008（01）

[50] 高淳.诗人住宅，高淳，南京，中国.世界建筑，2011（04）

[51] 张雷.三间院.城市环境设计，2010（07）

[52] 布鲁诺·法约勒-吕萨克，周莽.一项边缘上的计划，一种情境化的现代性——刘克成设计的富平陶艺村博物馆群主馆、法国馆.时代建筑，2006（04）

[53] 陈治邦，陈宇莹.建筑形态学.北京：中国建筑工业出版社，2006

[54] 宋建明.中国古代建筑色彩探微——在绚丽与质朴营造中的传统建筑色彩.新美术，2013（04）

[55] 黄健敏.回响与重现——体验贝聿铭暨贝氏建筑事务所设计的苏州博物馆.时代建筑，2007（03）

[56] 荆其敏，张丽安.中外传统民居.天津：百花文艺出版社，2004

[57] 楼庆西.中国古建筑二十讲.北京：生活·读书·新知三联书店，2001

[58] 艾妮莎.寺庙与教堂建筑之差异——以寒山寺与科隆教堂为例.美术大观，2011（07）

[59] 鲍丽蓓，玄峰.武当山明成祖敕建道宫建筑平面布局及主要建筑初探.华中建筑，2011（12）

[60] 黄汉民.倾听"福建土楼"的呼唤.建筑创作，2006（09）

[61] 王金平，徐强，韩卫成.山西民居.北京：中国建工出版社，2009

[62] 闽南民居——古早厝.神州，2012（13）

[63] 王小东，刘静，倪一丁.喀什高台民居的抗震改造与风貌保护.建筑学报，2010（03）

[64] 刘馨，闫波.探析摄像头交互技术在和合文化传播中的应用——以苏州寒山寺钟楼的符号化表达为例.美与时代，2012（09）

[65] 任浩.羌族建筑与村寨.建筑学报，2003（08）

[66] 张雷.混凝土缝之宅，南京，中国.世界建筑，2011（04）

[67] 邓庆坦，常玮，刘鹏.图解中国近代建筑史（第二版）.武汉：华中科技大学出版社，2012

[68] 高福民.贝聿铭与苏州博物馆.苏州：古吴轩出版社，2007

[69] 邵韦平.面向未来的枢纽机场航站楼——北京首都机场T3航站楼.世界建筑，2008（08）

[70] 张松，吴黎梅.大城市郊外历史城镇的保护问题初探——上海青浦水乡古镇的风貌划示和建筑普

查. 2005 城市规划学会年会论文集：1149

[71] 李立. 根系乡土——费孝通江村纪念馆建筑创作. 建筑学报，2011（04）

[72] 张斌，周蔚. 风物之间，内化的江南，上海青浦练塘镇政府办公楼设计策略分析. 时代建筑，2010
（05）

[73] 汤桦. 四川美术学院虎溪校区图书馆. 城市建筑，2011（07）

[74] 刘家琨，汪伦. 鹿野苑石刻艺术博物馆. 城市环境设计，2009（12）

[75] 崔愷. 属于拉萨的车站. 建筑学报，2006（10）

[76] 崔愷，朱小地，庄惟敏等. 20 年后回眸香山饭店. 百年建筑，2003（zl）

[77] 陈卉，马璐. 中式建筑文化的传承——万科第五园. 土木建筑学术文库，2010（vol.14）

[78] 何镜堂，张利，倪阳. 东方之冠——中国 2010 年上海世博会中国馆设计. 时代建筑，2006（04）

[79] 张佳璐. 北京故宫与沈阳故宫的对比——浅谈清朝皇家建筑的特点. 中外建筑，2011（09）

[80] 刘宗轩. 中国园林，我们理想的家园——访北京市建筑设计研究院有限公司 EA4 设计所所长徐聪
艺. 中国勘察设计，2013（07）

[81] 张锦秋. 江山胜迹在溯源意自长——青龙寺仿唐建筑设计札记. 建筑学报，1983（05）

[82] 王凤阳. 汉字学. 长春：吉林文史出版社，1989

[83] 张锦秋. 唐韵盛景曲水丹青——长安芙蓉园规划设计. 建筑创作，2004（03）

[84] 张锦秋. 大明宫国家遗址公园：丹凤门遗址博物馆设计. 建筑创作，2012（01）

[85] 张锦秋，徐嵘. 长安塔创作札记. 建筑学报，2011（08）

[86] 邓洁. 居住区主题景观的表达与诠释——以深圳第五园一、二期为例. 规划设计，2010（09）

[87] 贾珺. 北京四合院. 北京：清华大学出版社，2010

[88] 王金平，徐强，韩卫成. 山西民居. 北京：中国建筑工业出版社，2009

[89] 侯幼彬. 中国建筑美学. 哈尔滨：黑龙江科学技术出版社，2004

[90] 潘谷西. 中国建筑史（第五版）. 北京：中国建筑工业出版社，2003

[91] 彭一刚. 中国古典园林分析. 北京：中国建筑工业出版社，1986

[92] 塞缪尔·亨廷顿. 文明的冲突和世界秩序的重建. 北京：新华出版社，1998

[93] 沈福煦. 中国古代建筑文化史. 上海：上海古籍出版社，2001

[94] 张岱年，方克立. 中国文化概论. 北京：北京师范大学出版社，2004

[95] 辛艺华. 福、禄、寿、喜、财——民间装饰字体的文化蕴涵. 文史知识，1998（02）

[96] 胡诗仙. 少林寺武术馆创作札记. 世界建筑导报，1995（05）

[97] 楚超超. 理性与浪漫的交织——解读原金陵女子大学校园建筑. 华中建筑，2005（01）

[98] 卢洁峰. 金陵女子大学建筑群与中山陵——广州中山纪念堂的联系. 建筑创作，2012（04）

[99] 顾馥保. 中国现代建筑 100 年. 北京：中国计划出版社，1999

[100] 严何. 古韵的现代表达——新古典主义建筑演变脉络初探. 南京：东南大学出版社，2011

[101] 杨鸿勋. 空海纪念堂设计——唐长安青龙寺真言密宗殿堂（遗址 4 下层）复原. 建筑学报，1983
（07）

[102] 萧世荣，樊迺麟，葛缘恰. 漫话滕王阁之重建. 新建筑，1992（09）

[103] 沃祖全. 滕王阁重建规划. 城市规划，1983（05）

[104] 戴念慈. 阙里宾舍的设计介绍. 建筑学报，1986（01）

[105] 毛梓尧. 辽沈战役纪念馆设计. 建筑学报，1992（03）

[106] 王澍. 三合宅. 建筑技艺，2009（07）

[107] 张锦秋. 为炎黄子孙的祭祖圣地增辉——黄帝陵祭祀大院（殿）设计. 建筑学报，2005（06）

[108] 刘力. 北京炎黄艺术馆. 建筑学报，1992（02）

[109] 魏大中. 光华长安大厦. 建筑创作，2002（Z1）

[110]　黄克武，翟宗璠.北京图书馆新馆设计.建筑学报，1998（01）

[111]　丁飞.古今合璧系出名门——侧写贝聿铭所设计之苏州新博物馆.中外文化交流，2009（03）

[112]　白少峰，韩松.苏州博物馆新馆的遮阳系统.建筑节能，2009（07）

[113]　陈世民.建筑文化的现代化与地域化——从两个建筑创作实例的构思谈起.建筑学报，1999（11）

[114]　吴焕加.山门的故事.建筑学报，1990（08）

[115]　宋晔皓，孙菁芬.装饰与建筑——评阿道夫·克利尚尼兹.世界建筑，2011（07）

[116]　崔海东.文化的逻辑——首都博物馆新馆设计.建筑创作，2009（03）

[117]　薛求理，李颖春."全球—地方"语境下的美国建筑输入——以波特曼建筑设计事务所在上海的实践为例.建筑师，2007（04）

[118]　佟旭.还原的建筑——中科院建筑设计研究院总建筑师崔彤作品解读.科学中国人，2009（02）

[119]　（德）斯特凡·胥茨.中国国家博物馆改扩建工程设计.建筑学报，2011（07）

[120]　梁思成著，梁从诫译.图像中国建筑史.天津：百花文艺出版社，2001

[121]　杨超英.土楼公社.住区，2011（02）

[122]　方振宁.土楼公社.建筑知识，2011（10）

[123]　李威.千年溯源，建筑体现：世界客属文化中心设计.建筑创作，2006（01）

[124]　邢同和.城市品位的标志——谈金民大厦建筑设计.建筑创作，2001（03）

[125]　陈占鹏."现代嵩岳寺塔"——郑州绿地广场设计.华中建筑，2008（09）

[126]　杨乔娴.传统建筑的现代表达——品评贝聿铭的苏州博物馆新馆.建筑，2007（21）

[127]　业余建筑工作室.上海世博会宁波滕头案例馆，上海，中国.世界建筑，2012（05）

[128]　王澍.剖面的视野——宁波滕头案例馆.建筑学报，2010（05）

[129]　宋峻，胡世忻，章伟.孔洞的魅力——西交利物浦大学行政信息楼设计.建筑技艺，2012（04）

[130]　王澍，陆文宇.宁波五散房.世界建筑导报，2010（02）

[131]　光大国际中心.建筑创作，2010（05）

[132]　邹子敬，曾群.惠州市科技馆、博物馆设计.建筑学报，2009（12）

[133]　陶郅，陈子坚，郭嘉.合肥学院图书馆.建筑学报，2011（11）

[134]　祁斌.城市的"人文复兴"——徐州美术馆建筑创作有感.建筑学报，2010（11）

[135]　唐玉恩，张皆正.追求文化的意境——上海图书馆新馆室内.室内设计与装修，1998（02）

[136]　浙江大学建筑创作小组.现代理念与传统情结——苏州商品贸易市场建筑设计感悟.建筑学报，1997（04）

[137]　（法）罗兰·马丁.张似赞，张军英译.希腊建筑.北京：中国建筑工业出版社，1999

[138]　杨润陆.现代汉字学.北京：北京师范大学出版社，2008

[139]　罗小未，蔡琬英.外国建筑历史图说.上海：同济大学出版社，2001

[140]　孙凤歧.悉尼歌剧院——20世纪伟大又浪漫的建筑.世界建筑，2003（08）

[141]　罗迪威，钱则军.落成20周年的悉尼歌剧院.世界建筑导报，1994（05）

[142]　吴亚明.台北圆山饭店探秘.黄埔，2007（06）

[143]　书法大字典.北京：商务印书馆，2012

[144]　北京市规划管理局设计院博物馆设计组.中国革命和中国历史博物馆.建筑学报，1959（10）

[145]　崔彤，白小菁，高林.中国科学院图书馆.建筑学报，2006（09）

[146]　张秀国.北京中国工商银行总行营业办公楼.建筑创作，2002（Z1）

[147]　崔恺，崔海东.文化客厅——首都博物馆新馆.建筑学报，2009（07）

[148]　（美）艾德里安·史密斯.从金茂大厦到吉达王国大厦：追寻亚洲超高层的本土性.世界高层都市建筑学会第九届全球会议论文集，2012

[149]　魏春雨，许昊皓，卢健松.异质同构——从岳麓书院到湖南大学.建筑学报，2012（03）

[150] 齐康的红色建筑.建筑与文化，2010（07）

[151] 柳发鑫.中国彩灯博物馆.建筑学报，1995（03）

[152] 上海博物馆考古研究部.上海市普陀区志丹苑元代水闸遗址发掘报告.文物，2007（04）

[153] 蔡镇钰，曾莹.寓历史，赋新意，求共生——上海市志丹苑元代水闸博物馆方案创作札记.城市建筑，2006（02）

[154] 上海水闸博物馆.上海现代建筑设计（集团）有限公司丛书，2013

[155] 王伟，鞠治金.杭州萧山跨湖桥遗址博物馆设计.建筑学报，2011（11）

[156] 王伟.杭州萧山跨湖桥遗址博物馆设计.建筑与文化，2008（04）

[157] 庄丽娥.齐康在福建的地域性建筑创作.山东建筑大学学报，2010（04）

[158] 姚仁喜.台湾兰阳博物馆.城市环境设计，2011（Z2）

[159] 齐康.建筑创作的深层思维——苏中七战七捷纪念碑设计.新建筑，1990（01）

[160] 齐康.构思的钥匙——记南京大屠杀纪念馆方案的创作.新建筑，1986

[161] 彭一刚.从威海市的两项工程设计谈建筑创作的个性追求.建筑学报，1995（01）

[162] 戴复东.老店、地方、传统、现代——浙江绍兴震元堂大楼设计构思.建筑学报，1996（11）

[163] 蔡镇钰，邹一挥.乌篷船的情结——绍兴大剧院.新建筑，2006（01）

[164] 程泰宁，梁繁天，邱文晓.李叔同（弘一大师）纪念馆.城市环境设计，2011（04）

[165] 冯天瑜，何晓明，周积明.中华文化史.上海：上海人民出版社，2010

[166] 周俊杰.书法美学论稿.郑州：大象出版社，2011

[167] 杨再春.行草章法.北京：北京体育学院出版社，1992

[168] 中国名画全集（一）（二）.上海：光明日报出版社，2002

[169] 王斌.理性解读苏州网师园空间的多样性.新建筑，2011（01）

[170] 周庆华，张雷.对立统一——张雷教授访谈.时代建筑，2013（01）

[171] 张雷.对立统一——中国国际建筑艺术实践展四号住宅.建筑学报，2012（11）

[172] 王澍.营造琐记.建筑学报，2008（07）

[173] 王澍.建筑如山.城市环境设计，2009（12）

[174] 亢亮，亢羽.风水与建筑.天津：百花文艺出版社，1999

[175] 刘敦桢.中国古代建筑史.北京：中国建筑工业出版社，1984

[176] 徐潜.楷书字典.长春：吉林文史出版社，2010

[177] 胡同泡泡32号，北京，中国.世界建筑，2010（10）

[178] 大舍.青浦私企协会办公楼.建筑师，2006（04）

[179] 阮庆岳.明建筑——斋明寺的一种《道德经》解读法.时代建筑，2011（03）

[180] 汤桦.四川美术学院虎溪校区图书馆.建筑学院，2011（06）

[181] 孝泉镇民族小学.城市环境设计，2011（05）

[182] 华黎.微缩城市——四川德阳孝泉镇民族小学灾后重建设计.建筑学报，2011（07）

[183] 四方当代艺术湖区——中国国际建筑艺术实践的永久展区.现代建筑技术，2013（02）

[184] 庄惟敏，陈琦，张葵等.华山游客中心.世界建筑，2011（12）

[185] 黄声远建筑师事务所.礁溪樱花陵园D区纳骨廊，宜兰，台湾，中国.世界建筑，2010（10）

[186] 莫伯治.建筑创作的实践与思维.建筑学报，2000（05）

[187] 曾昭奋.莫伯治与酒家园林.华中建筑，2009（06）

[188] 王澍，陈卓."中国式住宅"的可能性——王澍和他的研究生们的对话.时代建筑，2006（03）

[189] 王澍，陆文宇."垂直院宅"：杭州钱江时代，中国.世界建筑，2006（03）

[190] 陆元鼎，杨谷生.中国民居建筑（上卷）.广州：华南理工大学出版社，2004

[191] （英）爱德华·泰勒著，连树声译.原始文化.桂林：广西师范大学出版社，2005

[192] 李道增."全球本土化"与创造性转化.世界建筑,2004（01）

[193] 邹德侬,刘丛红,赵建波.中国地域性建筑的成就、局限和前瞻.建筑学报,2002（05）

[194] 邓庆坦.中国近、现代建筑历史整合研究论纲.北京：中国建筑工业出版社,2008

[195] 邹德侬,曾坚.论中国现代建筑史起始年代的确定.建筑学报,1995（07）

[196] 吴焕加.中国建筑传统与新统.南京：东南大学出版社,2003

[197] （英）苏珊·布莱克摩尔著,高申春,吴友军,许波译.谜米机器.长春：吉林人民出版社,2001

[198] 钟玲俐.国内外模因研究综述.长春师范学院学报（人文社会科学版）,2011（09）

[199] 何自然,何雪林.模因论与社会语用.现代外语,2003（02）

[200] 吴燕琼,国内近五年来模因论研究述评.福州大学学报（哲学社会科学版）,2009（03）

[201] 郝曙光.当代中国建筑思潮研究.北京：中国建筑工业出版社,2006.

[202] 侯国金.模因宿主的元语用意识和模因变异.四川外语学院学报,2008（04）

[203] 陆琦.中国民居建筑丛书——广东民居.北京：中国建筑工业出版社,2008

[204] 潘小波.模因论的新发展——国外模因地图研究.广西社会科学,2010（08）

[205] 李晓黎.模因论的研究状况与分析.哈尔滨职业技术学院学报,2009（06）

[206] 梁思成.古建序论.文物参考资料,1951（02）

[207] 梁思成,林徽因.古建序论.文物参考资料,1953（03）

[208] 梁思成.中国建筑的特征.建筑学报,1954（01）

[209] 王辉,丁明达.从梁思成先生"语汇、文法"思想说起——中国语境中的建筑与城市语言学.建筑学报,2011（S1）

[210] （英）查尔斯·詹克斯著,李大夏译.后现代建筑语言.北京：中国建筑工业出版社,1986

[211] 中国社会科学院语言研究所词典编辑室.现代汉语词典.北京：商务印书馆,2012

[212] （古罗马）维特鲁威著,高履泰译.建筑十书.北京：中国建筑工业出版社,1986

[213] 王其亨.风水理论研究.天津：天津大学出版社,2004

[214] 许克琪,屈远卓.模因研究30年.江苏外语教学研究,2011（02）

[215] （澳）卢端芳著,金秋野译.建筑中的现代性：述评与重构.建筑师,2011（01）

[216] 汪芳编著.查尔斯·柯里亚.北京：中国建筑工业出版社,2003

[217] 何自然.语言中的模因.语言科学,2005 vol.4（6）

[218] 刘静.中国传统文化模因在西方传播的适应与变异——一个模因论的视角.西北师大学报（社会科学版）.2010 vol.47（05）

[219] 俞挺,邢同和.变革的机会.建筑创作,2009（10）

[220] （法）加布里埃尔·塔尔德著,何道宽译.模仿律.北京：中国人民大学出版社,2008

[221] 梁思成.中国建筑史.天津：百花文艺出版社,1998

[222] 李乐毅.汉字演变五百例.北京：北京语言大学出版社,1992

[223] （英）克里斯多福·泰德格著,吴谨嫣译.古希腊：古典建筑的形成.上海：百家出版社,2001

[224] 常青.建筑志.上海：上海人民出版社,1998

[225] （日）安藤忠雄著,白林译.安藤忠雄论建筑.北京：中国建筑工业出版社,2003

[226] 吴焕加.现代西方建筑的故事.天津：百花文艺出版社,2007

[227] 董黎.中国近代教会大学建筑史研究.北京：科学出版社2010

[228] 刘森林.中华民居——传统住宅建筑分析.上海：同济大学出版社,2009

[229] 梁宁建.心理学导论.上海：上海教育出版社,2006

[230] 右史.中国建筑不只木.建筑师,2007（03）

[231] （日）藤井明著,宁晶译,聚落探访.北京：中国建筑工业出版社,2003

[232] 李允鉌.华夏意匠.天津大学出版社,2005

[233] 薛求理著，水润宇，喻蓉霞译.建筑革命：1980年以来的中国建筑.北京：清华大学出版社，2009

[234] 中国科学院自然科学史研究所.中国古代建筑技术史.北京：科学出版社，2000

[235] 梁思成.梁思成文集.北京：中国建筑工业出版社，2001

[236] 方明绪，刘霄峰，张文海.中国建筑史不应回避传统文化.古建园林技术，2001（04）

[237] 野卜，张洁.从材料角度分析——二分宅.时代建筑，2012（06）

[238] 吴恩融，穆钧.基于传统建筑技术的生态建筑实践——毛寺生态实验小学和无止桥.时代建筑，2008（04）

[239] 许丽萍，马全明.乡土建筑材料与乡土民居的可持续发展——以浙江安吉生态屋为例.全国建筑环境与建筑节能学术会议论文集，2007

[240] 张锦秋，杜韵，王涛.唐大明宫丹凤门遗址博物馆.建筑学报.2010（11）

[241] 刘克成.大唐西市博物馆.世界建筑导报，2011（02）

[242] 张锦秋.长安沃土育古今——唐大明宫丹凤门遗址博物馆设计.建筑学报，2010（11）

[243] 范涛，王欢.泽普县胡杨林宾馆生土建筑设计初探.建筑创作，2011（03）

[244] 刘谞.金胡杨宾馆.建筑学报，2011（12）

[245] 蒋钦全.闽南传统红砖民居特征与营造工法技艺解析.古建园林技术，2012（04）

[246] 名可.图说西南生物工程产业化中间试验基地.时代建筑，2002（05）

[247] 杨天才，张善文译.周易.北京：中华书局，2011

[248] 王鲁民.影壁的发明与中国传统建筑轴线的特征.建筑学报，2011（S1）

[249] 张雷，何碧青.诗意地栖居——南京高淳诗人住宅.室内设计与装修，2009（04）

[250] 王路，卢健松.湖南耒阳市毛坪浙商希望小学.建筑学报，2008（07）

[251] 李兴钢，付邦保，张音玄等.虚像、现实与灾难体验——建川文革镜鉴博物馆暨汶川地震纪念馆设计.建筑学报，2010（11）

[252] 王澍，陆文宇.中国美术学院象山校园山南二期工程设计.时代建筑，2008（03）

[253] 侯立萍，李晓东.对话中国元素.建筑与文化，2012（02）

[254] 李晓东.注解天然——云南丽江森庐，中国.世界建筑，2010（11）

[255] 华黎.云南高黎贡手工造纸博物馆.时代建筑，2011（01）

[256] 方振宁.上海世博会宁波滕头案例馆.建筑知识，2011（10）

[257] 竹屋.建筑与文化，2007（07）

[258] 冯纪忠.何陋轩答客问.时代建筑，1988（03）

[259] 戴复东.继承传统、重视文化、为了现代——山东荣成北斗山山庄建筑创作体会.建筑学报，1994（09）

[260] 张轲，张弘，侯正华.西藏林芝南迦巴瓦接待站.时代建筑，2009（01）

[261] 方振宁.尼洋河旅客中心.建筑知识，2011（10）

[262] 张轲，张弘，侯正华.雅鲁藏布大峡谷艺术馆设计.时代建筑，2011（05）

[263] 支文军，王路.新乡土建筑的一次诠释——关于天台博物馆的对谈.时代建筑，2003（5）

[264] 马清运.父亲宅.青年文学，2010（11）

[265] 张华，王倩.来自大地的建筑——天津蓟县国家地质博物馆设计.建筑学报，2010（11）

[266] 张轲，张弘，侯正华.标准营造青城山石头院.时代建筑，2007（4）

[267] 莫洲瑾，叶长青.内敛的复杂——丽水文化艺术中心的适应性表达.建筑学报，2012（02）

[268] 刘家琨，蔡克非，宋春来.上海的青浦区新城建设展示中心.城市环境设计，2010（Z1）

[269] 李存山注译.老子.郑州：中州古籍出版社，2008

[270] 辞海编辑委员会.辞海.上海：上海辞书出版社，2009

[271] 陈飞虎.建筑色彩学.北京：中国建筑工业出版社，2007

[272]　（俄）康定斯基著，余敏玲译.艺术中的精神.重庆：重庆大学出版社，2011

[273]　冯友兰著，涂又光译.中国哲学简史.北京：北京大学出版社，1995

[274]　张开济.建筑设计贵在摆正角色.规划师，1997（01）

[275]　张向永.北京需要什么样的建筑——访建筑大师张开济先生.市场报，2004年10月19日

[276]　邹德侬，戴路，张向炜.中国现代建筑史.北京：中国建筑工业出版社，2010

[277]　北京市建筑设计院毛主席纪念堂设计小组.毛主席纪念堂的建筑设计.建筑学报，1977（04）

[278]　福斯特及合伙人事务所.北京首都国际机场新航站楼.城市建筑，2008（04）

[279]　王澍.宁波美术馆.建筑学报，2006（01）

[280]　马清运.朱家角行政中心.城市环境设计，2010（Z1）

[281]　崔恺.拉萨火车站.建筑知识，2007（03）

[282]　方振宁，赵扬.尼洋河游客中心.建筑知识，2011（10）

[283]　上海市市中心区域建设委员会编：上海市政府征求图案，1930

[284]　关晟，孙捷.寻根——建筑大师贝聿铭谈香山饭店设计.世界建筑，1997（05）

[285]　赵晓平.第五园，一个村落的产生.建筑创作，2005（10）

[286]　张锦秋.文化历史名城西安的建筑风貌.建筑学报，1994（01）

[287]　（汉）司马迁.史记.北京：中华书局，2008

[288]　张锦秋.传统空间意识之今用——"三唐"工程建筑创作札记.古建园林技术，1983（07）

[289]　张锦秋.陕西历史博物馆设计.建筑学报，1991（09）

[290]　张锦秋.唐韵盛景，曲水丹青.建筑学报，2006（07）

[291]　昆明天水国际机场航站楼概述.现代物业，2012（05）

[292]　LwanBaan.三间院，扬州，江苏，中国.世界建筑，2011（04）

[293]　程建军.燮理阴阳——中国传统建筑与周易哲学.北京：中国电影出版社，2005

[294]　郭黛姮.抗震性能优异的中国古代木构楼阁建筑.建筑历史与理论第五辑，1993

[295]　王锋.从古建筑结构受力分析探讨其变形和稳定性.山西建筑，2006（19）

[296]　（美）林同炎，S·D·斯多台斯伯利著，高立人，方鄂华，钱稼茹译.结构概念和体系.北京：中国建筑工业出版社，2004

[297]　蒋岩，毛灵涛，曹晓丽.古建筑檐椽合理出挑尺寸的结构分析.山西建筑，2011（22）

[298]　冷天.金陵大学校园空间形态及历史建筑解析.建筑学报，2010（02）

[299]　林克明.广州中山纪念堂.建筑学报，1982（04）

[300]　向欣然.论黄鹤楼形象的再创造.建筑学报，1986（08）

[301]　张晔.评辽沈战役纪念馆.建筑学报，1992（03）

[302]　崔恺.老字号的新形象——北京丰泽园饭店设计构思.建筑学报，1995（01）

[303]　许勇铁，李桂文.共生视野下的台北国父纪念馆设计诠释.建筑学报，2011（S2）

[304]　杨芸，李培林，翟宗璠.北京图书馆新馆工程设计.建筑技术，1987（11）

[305]　张锦秋.传统与现代的融合——陕西历史博物馆设计简介.古建园林技术，1991（03）

[306]　刘振秀.奥林匹克体育中心游泳馆.建筑学报，1990（09）

[307]　马国馨.国家奥林匹克体育中心总体规划.建筑学报，1990（09）

[308]　凌本立.上海商城.世界建筑，1993（04）

[309]　胡菲菲."纵话横说"波特曼作品——上海商城.时代建筑，1991（01）

[310]　崔恺，单立欣，赵晓刚等.拉萨火车站.建筑知识，2007（03）

[311]　崔彤，范虹.时空艺术的建筑.建筑学报，2003（02）

[312]　蔡晓玮.土楼公社一种温暖一脉相承.东方早报，2008年10月23日第C01版

[313]　邢同和，张行健.跨世纪的里程碑——88层金茂大厦建筑设计浅谈.建筑学报，1999（03）

[314] 大舍.设计与完——青浦私企协会办公楼设计.时代建筑，2006（01）

[315] 张皆正，唐玉恩.上海图书馆新馆.建筑学报，1997（05）

[316] 徐中煜.中西合璧式建筑可成为建设世界城市的重要物质载体——以北京旧城为例.北京规划设计，2010（03）

[317] 上海民居：石库门里弄住宅.中华民居，2011（01）

[318] 叶蜚声，徐通锵.语言学概要.北京：北京大学出版社，2010

[319] 冯智强.英汉语法本质异同的哲学思考.云南师范大学学报，2008（01）

[320] 葛信益.汉字构词的特点和方法.语言教学与研究，1979（02）

[321] 施家炜.外国留学生22类现代汉语句式的习得顺序研究.世界汉语教学，1998（04）

[322] 刘伶，黄智显，陈秀珠.语言学概要.北京：北京师范大学出版社，1986

[323] 薛凤生.试论汉语句式特色与语法研究.古汉语研究，1998（04）

[324] 辞源.北京：商务印书馆.1997

[325] 赵辰."普利兹克奖"、伍重与《营造法式》.读书，2003（10）

[326] 张志如.人民大会堂建筑风格的确立.北京党史，2005（06）

[327] 北京中国工商银行大厦.世界建筑导报，1997（02）

[328] 何多苓工作室.建筑师，2007（05）

[329] 余加.何多苓美术馆.世界建筑，2008（03）

[330] 张斌，周蔚.内化的江南：练塘镇政府设计手记.建筑学报，2011（04）

[331] 刘晓都，孟岩.土楼公社，南海，广东，中国.世界建筑，2011（05）

[332] 张雷联合建筑设计事务所.三间院，扬州，江苏，中国.世界建筑，2010（10）

[333] 大舍.青浦区私人企业协会办公与接待中心，上海，中国.世界建筑，2007（02）

[334] 大舍.青浦区私企协会办公楼.建筑师，2006（4）

[335] 大舍.青浦新城区夏雨幼儿园.上海，中国.世界建筑，2007（02）

[336] 大舍.上海青浦新城区夏雨幼儿园.时代建筑，2005（3）

[337] 李国豪.土木建筑工程词典.上海：上海辞书出版社，1999

[338] 易经·说卦.广州：广州出版社，2001

[339] 郑卫，丁康乐，李京生.关于中国古代城市中轴线设计的历史考察.建筑师，2008（08）

[340] 国民党对中山陵寝之商榷.大公报，1925年3月21日

[341] 李恭忠.开放的纪念性：中山陵建筑精神的表达与实践.南京大学学报，2004（03）

[342] （美）郭杰伟（Cody Jeffery）.谱写一首和谐的乐章——外国传教士和"中国风格"的建筑，1911-1949.中国学术，2003（01）

[343] 金俊，叶菁，齐康.传承纪念、续写丰碑淮安周恩来纪馆生平业绩陈列馆设计.建筑与文化.2011（11）

[344] 马振芳.象征小说形态刍议.文论月刊，1990（06）。转引自：文艺理论研究，1990（05）

[345] 杨鸿儒.当代中国修辞学.北京：中国世界语出版社，1997

[346] 汉宝德.风水与环境.天津：天津古籍出版社，2003

[347] 刁生虎.周易：中国传统美学思维的源头.周易研究，2006（03）

[348] 吴庆洲.中国民居建筑艺术的象征主义.华中建筑，1994（04）

[349] 顾凯，刘辉瑜.怎样的"象征"？——传统建筑文化中的象征及其在当代建筑创作中的可能.华中建筑，2005（03）

[350] 姚仁喜.台湾兰阳博物馆.中国建筑装饰装修，2011（01）

[351] 南京市建筑设计院，南京工学院建筑研究所.侵华日军南京大屠杀遇难同胞纪念馆.建筑学报，1986（05）

[352] 蔡镇钰，杨永刚，曾莹.越府艺都——浅析绍兴大剧院的文化及生态理念.建筑学报，2004（06）

[353] 赵志刚.莲花的意象与佛教.中国宗教，2013（08）

[354] 张晓非.符号理论在中国园林研究中应用的初步探讨.华中建筑，2002（03）

[355] 刘先觉.现代建筑理论——建筑结合人文科学自然科学与技术科学的新成就.北京：中国建筑工业出版社，1999

[356] 亢羽.易学堪舆与建筑.北京：中国书店，1999

[357] 季羡林."天人合一"新解.传统文化与现代化.1993（01）

[358] 钱穆.中国文化对人类未来可有的贡献.中国文化.1991（04）

[359] 王凯.王澍的本土建筑学——对话王澍.美术报，2007年5月5日第008版

[360] （德）爱德华·库格尔著，孙凌波译.从简单到复杂：张雷的设计.世界建筑，2011（04）

[361] 张雷.对立统一——中国国际建筑艺术实践展四号住宅.建筑学报，2012（11）

[362] 胡恒.历史即快感——张雷设计的江苏溧阳的新四军江南指挥部纪念馆.时代建筑，2008（02）

[363] 冯萍.王澍，超越城市之上的行走.明日风尚，2006（01）

[364] 赖德霖.中国文人建筑传统现代复兴与发展之路上的王澍.建筑学报，2012（05）

[365] 王澍.建筑如山.城市环境设计，2009（12）

[366] 史建，冯格如.王澍访谈——恢复想象的中国建筑教育传统.世界建筑，2012（05）

[367] 业余建筑工作室.时代建筑，2009（05）

[368] 杨文衡.中国风水十讲.北京：华夏出版社，2007

[369] 宗白华.艺术与中国社会.上海：上海文艺出版社，1991

[370] 徐复观.中国艺术精神.沈阳：春风文艺出版社，1987

[371] 张锦秋.建筑与和谐.求是，2011（22）

[372] 福建石下村桥上书屋，福建，中国.世界建筑，2010（10）

[373] 大舍.设计与完成——青浦私营企业协会办公楼设计.时代建筑，2006（01）

[374] 孙德鸿建筑师事务所.大溪斋时寺增建筑.（台湾）建筑师，2011（02）

[375] 侯继尧，王军.中国窑洞（前言）.郑州：河南科学技术出版社，1999

[376] 黄声远建筑师事务所.樱花陵园D区纳骨廊.（台湾）建筑师，2011（02）39-40

[377] 莫伯治.莫伯治文集.北京：中国建筑工业出版社，2012

[378] 吴焕加.解读莫伯治.建筑学报，2002（02）

[379] 单军.建筑与城市的地区性——一种人居环境理念的地区建筑学研究.北京：中国建筑工业出版社，2010

[380] 陈昌勇，肖大威.以岭南为起点探析国内地域建筑实践新动向.建筑学报，2012（01）

[381] 曾昭奋，张在元.中国当代建筑师.天津：天津科学技术出版社，1988

[382] 萧默.当代中国建筑艺术精品集.北京：中国计划出版社，1999

[383] 黄元炤.20中国当代青年建筑师.北京：中国建筑工业出版社，2011

[384] 黄元炤.流向——中国当代建筑20年观察与解析（1991—2011）.南京：江苏人民出版社，2012

[385] （日）西田龙雄著，鲁忠慧译.西夏文字的分析.西夏研究，2012（02）

[386] 于宝林.契丹文字制时借用汉字的初步研究.内蒙古大学学报（社会科学版），1996（03）

[387] 陈宝勤.日本文字与中国汉字.汉字文化，2001（03）

[388] （美）西里尔·曼戈著，张本慎译.拜占庭建筑.北京：中国建筑工业出版社，2000

[389] （德）汉斯埃里希库巴赫著，汪丽君，舒平等译.罗马风建筑.北京：中国建筑工业出版社，1999

[390] 吴焕加.20世纪西方建筑史.郑州：河南科学技术出版社，1998

[391] 邓国伟.《文化偏至论》之我见——纪念《文化偏至论》发表100周年.鲁迅研究月刊，2009（03）

[392] 居阅时.中国建筑象征文化探源.同济大学学报（社会科学版），2002（04）

[393] 蔡镇钰. 中国民居的生态精神. 住宅科技，1999（10）

[394] 蔡镇钰. 低碳城市需建立城市与建筑的环境观. 中国建设报，2010 年 8 月 18 日第二版.

[395] 蔡镇钰. 琴抒. 北京：中国建筑工业出版社，2007

[396] 刘海翔. 欧洲大地的中国风. 深圳：海天出版社，2005

[397] 李雄飞，樊和. 伊斯兰文化东渐的遗踪（续）——陆上丝绸之路名城喀什中亚风格清真寺建筑构图研究. 华中建筑，2009（01）

[398] 张勃. 社会心理对当代北京建筑艺术倾向影响初探. 北京联合大学学报，2001（03）

[399] 意栋.《情殇钟楼》的审美文化物质略说. 戏剧之家，2012（08）

[400] 李伟民. 从莎剧《哈姆雷特》到京剧《王子复仇记》的现代文化转型. 中国戏曲学院院报，2008（08）

[401] 董晓畔. 山水画的源流与意趣. 艺术研究，2003（02）

[402] 王伯敏. 中国绘画史. 上海：上海人民美术出版社，1982

[403] 彭岳华. 现代汽车造型设计. 北京：机械工业出版社，2011：

[404] 周俊杰. 书法美学论稿. 郑州：大象出版社，2011

[405] 刘敦桢. 中国古代建筑史. 北京：中国建筑工业出版社，1984

[406] 2010 上海世博会西班牙展馆. 世界建筑导报，2013（04）

[407] 唐可清. 大事件中的小建筑解读 2010 年上海世博会英国馆. 时代建筑，2010（3）

[408] 超级纸屋——日本馆. 世界建筑，2000（11）

[409] 古月炜. 光的教堂与朗香教堂形态结构关联研究. 建筑师，2007（12）

[410] 汤凤龙，陈冰."半个"盒子——范斯沃斯别墅之"建造秩序"解读. 建筑师，2010（05）

[411] 余碧平. 现代性的意义和局限. 上海：上海三联书店，2000：

[412] （美）马泰卡林内斯库著，顾爱彬，李瑞华译. 现代性的五副面孔：现代主义、先锋派、颓废、媚俗艺术、后现代主义. 北京：商务印书馆，2002：48

[413] 江巨荣. 情殇钟楼：从外国小说到京剧. 中国文化报，2011 年 11 月 1 日第 008 版

[414] 常立胜. 谈京剧流派艺术. 中国戏曲学院学报，2011（05）

[415] 冯晓冉. 影响现代婚纱设计的因素分析. 服装服饰，2013（05）

[416] 安志强. 京剧流派艺术. 中国戏曲. 1999（09）

[417] 常青. 建筑学的人类学视野. 建筑师，2008（12）

[418] 吴焕加. 建筑风尚与社会文化心理（上）. 世界建筑，1996（03）

[419] （美）阿摩斯·拉普卜特著，常青，徐菁，李颖春，张昕译. 宅形与文化. 北京：中国建筑工业出版社，2007

[420] （俄）普列汉诺夫著，李光谟译. 普列汉诺夫哲学著作选集（Vol.2）. 北京：生活·读书·新知三联书店，1961

[421] 李同予，薛滨夏，白雪. 东北汉族传统民居在迁徙过程中的型制转变及其启示. 城市建筑，2009（05）

[422] 陈纲伦."传统风貌一条街"的综合效益与多元模式. 建筑学报，1994（05）

[423] 张勃. 当代北京建筑艺术风气与社会心理. 北京：机械工业出版社，2002

[424] 孙周兴. 海德格尔选集（下卷）. 上海：三联出版社，1996

[425] 史永高. 材料呈现. 南京：东南大学出版社，2008

[426] 邹广文. 当代中国大众文化论. 沈阳：辽宁大学出版社，2002

[427] 冯江，刘虹. 中国建筑文化之西渐. 武汉：湖北教育出版社，2008

[428] （苏）德罗布尼茨基著，张国钧译. 道德和风俗习惯. 国外社会科学文摘，1989（05）高兆明. 论习惯. 哲学研究，2011（05）

[429]　顾英.来自大不列颠的礼物——2010上海世博会英国馆设计.时代建筑，2009（4）

[430]　埃斯拉·萨赫因著，胡欣译.冷与热，干与湿：彼得·卒姆托作品中"材料的环围属性".建筑师，2009（06）

[431]　左静楠，周琦.彼得·卒姆托的材料观念及其影响下的设计方法初探.建筑师，2012（01）

[432]　史永高.材料呈现.南京：东南大学出版社，2008

[433]　（美）肯尼斯·弗兰普敦著，王骏阳译.建构文化研究——论19世纪和20世纪建筑中的建造诗学.北京：中国建筑工业出版社，2007

[434]　马进，杨靖.当代建筑构造的建构解析.南京：东南大学出版社，2005

[435]　（德）戈特弗里德·森佩尔著，罗德胤，赵雯雯，包志禹译.建筑四要素.北京：中国建筑工业出版社，2010

[436]　陈立超.另一种方式的建造——中国美术学院象山中心校区"水岸山居"营造志.新美术，2013（08）

[437]　陈立超.匠作之道，宛自天开——"水岸山居"夯土营造实录.建筑学报，2014（01）

[438]　上海世博会越南馆.建筑技艺，2012（02）

[439]　（澳）奥利弗·弗里斯著，刘可为译.全球竹建筑概述——趋势和挑战.世界建筑，2013（12）

[440]　竹屋.建筑与文化，2007（07）

[441]　华黎.建筑的痕迹云南高黎贡手工造纸博物馆设计与建造志.建筑学报，2011（06）

[442]　雷姆·库哈斯，诺曼·福斯特，亚历山德罗·门迪尼著，李亮，李华译.大师的色彩.北京：知识产板出版社，中国水利水电出版社，2003

[443]　郑小东.色彩与材料的真实性.世界建筑，2012（11）

[444]　阿道夫·路斯著，范路译.从《建筑材料》到《饰面原则》——阿道夫·路斯《言入空谷》选译.建筑师，2011（06）

[445]　周磊."纽约五"与白色派建筑.中外建筑，2001（02）

[446]　（法）雅克·斯布里利欧著，王力力，赵海晶译.马赛公寓.北京：中国建筑工业出版社，2006

[447]　谢工曲，杨豪中.路易斯·巴拉干.北京：中国建筑工业出版社，2003

[448]　（美）D. L. 吉尔伯特著，艾定增译.评波特兰大厦.世界建筑，1988

[449]　关晟，孙捷.寻根——建筑大师贝聿铭谈香山饭店设计.世界建筑，1997（05）

[450]　力人，叶子.折中主义在呼啸声中前进.世界建筑导报，2006（05）

[451]　董黎，杨文滢.从折中主义到复古主义——中国近代教会大学建筑形态的演变.华中建筑，2005（04）

[452]　吴焕加.论建筑中的现代主义与后现代主义.世界建筑，1983（02）

[453]　钱锋，魏崴，曲翠松.同济大学文远楼改造工程——历史保护建筑的生态节能更新.时代建筑，2008（2）

[454]　钱锋."现代"还是"古典"？——文远楼建筑语言的重新解读.时代建筑，2009（1）

[455]　（英）查尔斯·詹克斯著，倪群译.晚期现代主义建筑与后现代主义建筑之对抗——两派体系与两种风格（一）.时代建筑，1990（1）

[456]　（英）查尔斯·詹克斯著，顾孟潮，罗加译.晚期现代主义与后现代主义建筑.世界美术，1989（01）

[457]　（英）查尔斯·詹克斯著，倪群译.晚期现代主义建筑与后现代主义建筑之对抗——两派体系与两种风格（二）.时代建筑，1990（2）

[458]　冷天.金陵大学校园空间形态及历史建筑解析.建筑学报，2010（02）

[459]　缪朴.传统的本质——中国传统建筑的十三个特点.建筑师，1989（2），1991（03）

[460]　（澳）麦克尔·达滕著，陈逢逢译.广场——关于北京建成环境的政治人类学研究.时代建筑，

2010（4）

［461］ 蒋雅君. 现代性与中国建筑文艺复兴：以南京中山陵为例. 第四届中国建筑史学国际研讨会论文集
（2007）

［462］ 余碧平. 现代性的意义和局限. 上海：上海三联书店，2000

［463］ （美）马泰卡林内斯库著，顾爱彬，李瑞华译. 现代性的五副面孔：现代主义、先锋派、颓废、媚
俗艺术、后现代主义. 北京：商务印书馆，2002

外文文献

［1］ Martin Albrow，Elizabeth King（eds）.*Globalization*，*Knowledge and Society*. London：Sage. 1990：8-9；

［2］ Nayef R. F. Al-Rodhan，Gérard Stoudmann. *Definitions of Globalization*：*A Comprehensive Overview and a Proposed Definition*.［J］*Program on the Geopolitical Implications of Globalization and Transnational Security*，2006

［3］ Richard Dawkins. *The Selfish Gene*. Oxford：Oxford University Press，1976：189

［4］ Daniel C. Dennett. *Darwin's Dangerous Idea*. London：Penguin，1995

［5］ Aaron Lynch. *Thought contagion*：*How Belief Spreads Through Society-The New Science of Memes*. New York，Basic Books，1996

［6］ Terrence Deacon. *The Symbolic Species*：*The Co-evolution of Language and the Human Brain*. London：Penguin，1997

［7］ Susan Blackmore. *The Meme Machine*. Oxford：Oxford University Press，1999.

［8］ Kate Distin. *The selfish meme*：*a critical reassessment*. Cambridge：Cambridge University Press，2005

［9］ Daniel C. Dennett. *Consciousness Explained*［M］New York：Little，Brown and Co. 1991：79

［10］ Liane Gabora. *The Origin and Evolution of Culture and Greativity*.［J］*Journal of Memetics*，1997：1

［11］ Lloyd Hawkeye Robertson. *Mapping the self with units of culture*.［J］*Psychology* . 2010（3）

［12］ Nikos Angelos Salingaros. *A Theory of Architecture*. Solingen：Umbau-Verlag，2006：243-245

［13］ Daniel C. Dennett. *Consciousness Explained*. Boston：MA，little Brown，1991

［14］ Richard Brodie. *Virus of the Mind*：*The New Science of the Meme*. Seattle：Integral Press，1996

［15］ Richard Dawkins. Viruses of mind. *In Dennett and his Critics*：*Demysifying Mind*. Oxford：Blackwell，1993

［16］ Richard Dawkins. mind Viruses. In *Ars Eletronica Festival* 1996：*Memesis*：*The Future of Evolution*. Vienna：Springer. 1996

［17］ Luis Benitez Bribiesca. *Memetics*：*A dangerous idea*.［J］*Interciencia*：*Revista de Ciencia y Technologia de América*，2001（January）

［18］ *Bridge School of Xiashi*.［J］*The Architecturai Review*，2009（12）

［19］ *Ecological Demonstration Primary School At Moast*.［J］*The Architectural Review*，2009（12）

［20］ *Ningbo Museum Amateur Architecture Studio*.［J］*The Architectural Review*，2010（03）

［21］ *Well Hall*.［J］*Architectural Record*，2010（04）

［22］ *Atelier Deshaus Shanghai*.［J］*Architectural Record*，2011（12）

［23］ Dawn Jacobson. *Chinoiserie*. London：Phaidon，1993

［24］ Christian Norberg-Schulz. *Genius Loci—Towards a Phenomenology of Architecture*. New York：Rizzoli International Publications，Inc.，1979

［25］ M. Gausa，V. Guallart，W. Muller，F. Soriano，F. Porras，J. Morales. *The metapolis dictionary* of advanced architecture. Barcelona：Actar，2003

[26]　John Ruskin. *The seven lamps of arehitecture*. Bareelona：Alta Fulla.，2000

学位论文

[1]　王祥生. 传统建筑材料表情的当代表达. 申请西安建筑科技大学硕士学位论文，2012
[2]　吕英霞. 中国传统建筑色彩的文化理念与文化表征. 申请哈尔滨工业大学硕士学位论文，2008
[3]　周慧. 河南地区佛教建筑装饰色彩研究. 申请西安工程大学硕士学位论文，2012
[4]　朱薏婷. 探析徽派民居在现代建筑创作中的传承. 申请合肥工业大学硕士学位论文，2010
[5]　曾湉. 西安"新唐风"建筑创作评析. 申请西安建筑科技大学硕士学位论文，2009
[6]　徐伟楠. 与历史环境相协调的酒店建筑设计. 申请西安建筑科技大学硕士学位论文，2004
[7]　谢弘颖. 厦门嘉庚风格建筑研究. 申请浙江大学硕士学位论文，2005
[8]　白晨曦. 天人合一：从哲学到建筑. 申请中国社会科学院研究生院博士学位论文，社会学，2003
[9]　方雪. 墨菲在近代中国的建筑活动. 申请清华大学硕士学位论文，2010
[10]　王月洋. 篆刻艺术与中国传统园林空间布局之关联探析. 申请北京林业大学硕士学位论文.2010
[11]　刘小虎. 时空转换和意动空间——冯纪忠晚年学术思想研究. 申请华中科技大学博士学位论文，2009
[12]　张宏志. 河南大学近代教育建筑研究——从书院到大学的演变过程. 申请西安建筑科技大学硕士学位论文，2005
[13]　张同乐. 古建筑中的结构技术及其艺术特征分析. 申请太原理工大学硕士论文，2007
[14]　王晓艳. 地景建筑设计研究. 申请北方工业大学硕士学位论文，2010
[15]　肖世孟. 先秦色彩研究. 申请武汉大学博士学位论文，2012
[16]　盘锦章. 中国木结构古建筑抗震机理分析——主体与基础自然断离隔震的有限元动力分析. 申请同济大学硕士学位论文，2008
[17]　张鹏程. 中国古代木构建筑结构及其抗震发展研究. 申请西安建筑科技大学博士学位论文，2003
[18]　王晓. 表达中国传统美学精神的现代建筑意研究. 申请武汉理工大学博士学位论文，2007.
[19]　李蕾. 建筑与城市的本土观——现代本土建筑理论与设计实践研究. 申请同济大学博士学位论文，2006
[20]　鲍英华. 意境文化传承下的建筑空白研究. 申请哈尔滨工业大学博士学位论文，2009
[21]　孟彤. 中国传统建筑中的时间观察研究. 申请中央美术学院博士学位论文，2006
[22]　董睿. 易学空间观与中国传统建筑. 申请山东大学博士学位论文，2012
[23]　李玲. 中国古建筑和谐理念研究. 申请山东大学博士学位论文，2011
[24]　童淑媛. 时空融合观念下的中国传统建筑现象与特征研究. 申请重庆大学博士学位论文，2012
[25]　毛兵. 中国传统建筑空间修辞研究. 申请西安建筑科技大学博士学位论文，2008
[26]　郝曙光. 当代中国建筑思潮研究. 申请东南大学博士学位论文，2006
[27]　黄增军. 材料的符号学思维探析——建筑设计中的材料应用及观念演变. 申请天津大学博士学位论文，2011
[28]　张磊. 产品语义学在中国汽车设计中的应用研究. 申请天津理工大学硕士学位论文，2011
[29]　宋海波. 豫北山地传统石砌民居营造技术研究——以林州高家台村为例. 申请郑州大学硕士学位论文，2012
[30]　李同予. 东北汉族传统合院式民居院落空间研究. 申请哈尔滨工业大学硕士学位论文，2008
[31]　杨贺. Jamaat：都市中的亚社会研究——以北京牛街回族聚居区更新改造为例. 申请清华大学硕士

　　学位论文，2004

［32］　程伟.建筑透明特征研究.申请同济大学硕士学位论文，2006：8

［33］　王丽莹.墨西哥建筑师路易斯·巴拉干的思想与创作历程.申请天津大学硕士学位论文，2012

［34］　于洋.城市建筑色彩美学表现研究.申请山东大学硕士学位论文，2014

［35］　田银城.传统民居庭院类型的气候适应性初探.申请西安建筑科技大学硕士学位论文

主要网址

［1］　今日镇海数字报：http：//epaper. zhxww. net/

［2］　http：//www. ted. com

［3］　百度地图：http：//map. baidu. com/

［4］　第一旅游网：http：//www. toptour. cn/

［5］　普利茨克奖官网：http：//www. pritzkerprize. cn/

［6］　谷歌地图：http：//ditu. google. com/

［7］　百度图片：http：//image. baidu. com/

［8］　百度百科：http：//baike.. baidu. com/

［9］　维基百科：http：//zh. wikipedia. org/

［10］·朗香教堂官网：http：//www. collinenotredameduhaut. com/

［11］　中国知网：http：//epub. cnki. net/

［12］　中国建工网 http：//www. jiangongcn. com

［13］　北京园博会官网 http：//www. gardensmuseum. cn

［14］　韦氏大词典网络版：http：//www. merriam-webster. com

［15］　http：//www. genome. gov/Glossary

致　谢

　　此书是在我 2015 年博士论文的基础上修改而成的。此时，我又回想起 2008 年那个乍暖还寒的春天，我辞别家人远赴同济大学，开始了新的学习生活。7 年之后的 2015 年，当窗外满树桐花飘香时，我终于收到了博士论文的隐名评审结果。从闭关写作到那一刻，窗外的桐花已经三度开放。

　　回顾那 7 年，为了学业和生计，我奔波于上海和郑州之间，得到了多少人的帮助才坚持到最后，感激之情实在无法言表。

　　我要感谢一些年轻的朋友：郑州大学华欣、西安建筑科技大学李宁、重庆大学刘雁飞、厦门大学杨静静等研究生和电子工程设计院（世源科技工程有限公司）上海分院的肖杰建筑师等。

　　论文中那些并不专业的辅助实验问卷需要对几百幅几何图形进行扫描、制表和统计，工作量既大又极其乏味，但华欣同学在接受我的委托后却能够一丝不苟地反复核对，高质量地完成工作。当我对某些英语文献的理解出现困难时，他也耐心地帮我一起翻译和解读。我需要的大量参考文献也多由他帮忙打印成册。李宁、刘雁飞、杨静静同学是在自己学业最紧张的时候，不厌其烦地帮助收集和整理那些我急需的图片和资料；肖杰建筑师经常在忙碌得难以分身时，还耐心地冒着酷暑严寒陪我一起进行现场考察。作为普通朋友，他们在接到我的求助之后却都能够义无反顾，从不计较得失，所提供的资料保证了论文写作的连续性。

　　在郑州市实验幼儿园的园长李建梅女士的精心安排下，该园 2009 级的 300 多位大班小朋友参与到实验中。中原工学院 200 多位同学和 500 多位社会受访者虽没有留下姓名，但也为本论文做出了重要贡献，素昧平生的他们对我这位冒昧的访问者都报以极大的耐心，使问卷工作得以顺利完成。

　　我当然要感谢我的家人。我的夫人张进女士是中原工学院建筑系的教学骨干，任务繁重。离家之际，我的儿子不满 2 岁，正值多病之时，为了照顾孩子，她时常彻夜难眠。在我论文进展到关键的时候，又恰逢她要晋升职称，经常要熬夜准备研究报告。教学、育子、科研多重压力同时集中于一个小女子的柔弱之躯，其中艰辛谁人可知？

　　儿子是我能够坚持下来的另一个重要动力。那 7 年，为了学业和生计，我要么远在上海，要么闭关独居，他在缺少父亲的陪伴中成长。写作过程中，论文屡陷困境，我曾多次想到放弃。每当此时，电话另一端儿子的喃喃呼唤总让我愧疚不已，也总能重获前进的动力。

　　在事业的道路上，岳父岳母无疑是我的重要靠山。劳碌一生的老两口本该在退休之后安享生活。岂料，已步入中年的儿女们竟然事业晚成，他们无言地承担起所有家务，生活之紧张反而远甚于退休之前，但他们却无怨无悔。正是他们的无私奉献，才让本该挑起重担的我能够安下心来，闭关写作。

　　此生难以回报的是我的父母——一对纯朴、善良、坚毅的农民夫妇。从1978年到1993年，他们在贫病交加之中，以羸弱之躯，用15年的节衣缩食将自己的儿子从懵懂的乡村少年供养到大学毕业，彻底改变了我的人生轨迹。没有他们在长期困境之中的倾力坚持，就不会有我的今天。

　　我非常感激郑州大学的顾馥葆教授和同济大学建筑与城市规划学院。得知我在工作14年后想继续提升自我，顾教授就热心细致地帮我分析当下的学术研究动向，并向我推荐了同济大学。这无疑是我人生的一次重要转折！因为同济大学建筑与城市规划学院是一个学术氛围严格而又宽松的建筑学殿堂，令我仰慕已久的名师荟萃于此。常青教授、莫天伟教授、蔡永洁教授、郑时龄院士等老师的课无不轻松幽默、信息量庞大，总能给人以无限启迪。答辩之前，论文又得到了黄一如教授、章明教授、邢同和大师、魏敦山院士、吴之光院长（上海市政设计院）等名家评阅，人生有幸实在莫过于此！

　　最后要感谢的是我的导师蔡镇钰先生，他是我学术研究的领航人。初入同济之时，我的学术观念一片混沌，经常感到困惑和茫然。幸遇先生，他学识广博、视野开阔、治学严谨，对学生又能循循善诱，使我逐渐理清了思路，明确了研究方向。论文从开题到正式撰写，历时2年多，大纲数度调整，都得到了先生的悉心指导。在我闭关写作的近3年间，先生又常常及时提醒、引领和鼓励，字字句句都恰似醍醐灌顶，使我就像迷途中的航船在黑暗中看到了远处明亮的灯塔，在沮丧和困顿之时又点燃了希望。正是在先生的悉心引导下，论文才能沿着清晰的路线步步推进，从未偏离航线。

　　即使在我毕业之后，先生也经常给我有益的教诲。在我回上海看望他或师生二人互通电话时，他不仅详细询问我的生活状况，更是教导我时刻牢记自己的学术责任，鼓励我在科研、教学和设计中要勇于创新、力求突破！然而，2018年11月，先生突发脑溢血！年底，当我赶回上海看望时，重度昏迷的他似乎有所感应，吃力地睁开双眼，但却无法言语！2019年3月，诸事缠身的我竟然收到先生病逝的噩耗！失去良师，我常痛心！此生唯有继续努力，才能不辜负先生的悉心教诲！